JN299661

太田浩一　［著］

電磁気学の基礎　I
Les fondements de l'électrodynamique I

東京大学出版会

Foundations of Classical Electrodynamics, I
Koichi OHTA
University of Tokyo Press, 2012
ISBN978-4-13-062613-2

PRÉFACE

Dieu dit: Que la lumière soit!
「光あれ」と神が言った

　江戸川乱歩は中学生時代を追想した随筆『レンズ嗜好症』の中で，雨戸の節穴から暗い部屋に斜めに洩れる光の棒を見たときの感想を記している．「私はその光の棒をじっと眺めていた．乳白色に見えるのは，そこに無数のほこりが浮動しているためであることがわかった．ほこりって綺麗なものだった．よく見るとそれぞれに虹のような光輝を持っていた．一本の産毛のようなほこりはルビーの赤さで輝き，あるほこりは晴れた空の深い青さを持ち，あるほこりは孔雀の羽根の紫色であった．」読者の誰もが経験したことのあるティンダル現象である．宮澤賢治は『春と修羅　第三集』の中で，列車の中に朝の光が差し込む様子を，「東の窓はちいさな塵の懸垂と，そのうつくしいティンダル効果」と詠んだ．

　光とはなんだろう．

　「神が天地を創造した初めに"光あれ"と神が言った．すると光があった．」旧約聖書『創世記』の冒頭に書かれた天地創造の様子だが，その光は電磁波である．宇宙全体に充ちている背景輻射は波長 1 mm 程度の電磁波で，137億年前のビッグバン，宇宙創生の名残である．電磁波は電場と磁場（電荷や磁石に作用する力）の波動である．その電気力は電子と原子核を結合してすべての物質をつくる基本的な力である．このように，電磁気学は，微視的な原子の世界から，日常の世界，宇宙の果てまでを支配する物理の法則であり，森羅万象，電磁気学に関係しない現象は存在しない．それらはすべて，マク

スウェル方程式という，これ以上になく簡単で，ただ美しいとしか言いようのない方程式によって記述できるのである．ガリレイは『偽金鑑識官』の中で，「哲学は，眼の前に絶えず開かれているこの最も巨大な書物の中に書かれている」と述べている．まさに，宇宙は数学で書かれた書物である．ガリレイはさらに続けて，「だが，まずその言語を理解し，そこに書かれている文字を解読することを学ばない限り，その書物を理解することはできない．それは数学の言語で書かれており，それらの手段がなければ，人間の力では，その言葉を理解できない．それなしには暗い迷宮を虚しく彷徨うだけである」とも述べている．

本書はできるだけ多くの人に，「その言語を理解」し，「迷宮を彷徨う」ことなく，電磁気学の面白さに触れてもらうための入門書である．電磁気学には無数と言ってよいほど多くの教科書が書かれているが，それらの多くは必ずしも親切ではない．電磁気学の教科書は，実験事実に基づいてマクスウェル方程式にたどり着く「帰納的方法」と，マクスウェル理論を出発点として実験事実を説明していく「演繹的方法」とのいずれかを取る．初等レベルの教科書は帰納的，レベルの高い教科書は演繹的であるのが普通だが，両者を兼ね備え，基本的な概念の説明が十分してある教科書は少ないのではないだろうか．

ボルツマンは『電気と光のマクスウェル理論講義』の巻頭に，ゲーテの『ファウスト』から，「わかってもいないことを，大汗をかきながら教えなければならぬ」を引用している．筆者のことを言っているのではないか，と言われそうだが，上で述べたようなギャップを少しでも埋め，基本概念の説明を徹底することを目的として本書を書いた．筆者の考えでは，電磁気学の理解を妨げているのは，積分形で場の理論を教えること，簡単な物理的意味を与えることができない量 D と H を不用意に使用することである．特に後者は研究者や教育者の間でも統一が得られていないのである．磁気に関する現代の混乱と不合理さを，磁性を研究する実験物理学者自らが磁気の「バベルの塔」と表現したのも頷ける (J. Crangle and M. Gibbs, Physics World 7, no. 11, 31, 1994)．筆者も，「H を使うな」という彼らの提案に賛成する．本書では電場 E と磁場 B を基本的な場の量とし，D と H の使用を必要最小限にとどめた．それによって，むしろ D と H の意味が明瞭になったのではないかと思

う．単位や物理用語も誤解の原因になっている．真空の誘電率，真空の透磁率，物理的には何も流れていないのに流れを表す電束や磁束を使うなど，最たるものである．悪いことには，流体力学との類推を使うのが普通であるから誤解は加速される．用語の不適切さをいちいち指摘したが，それによって物理の理解が深まることを望んでのことである．

　本書は歴史を学ぶ本ではないが，しばしば見られる教科書的虚構はなるべく排するように努力した．マクスウェルは，「電荷保存則から変位電流を導き」，電磁気学を完成した，というのが大方の教科書の書き方だが，事実ではない．どのように物理学者の発見が行われたかを知ることは，物理を理解する上で助けになると思う．また，マクスウェル，アインシュタインなどの巨人の陰に隠れがちな，だが，電磁気学の建設に重要な業績を残した物理学者について，ほとんどの教科書では名前さえ触れられず，行間に埋もれてしまっているが，それは公正ではない．できる限り原典にあたり，伝記も調べて，見落としがないようにした．それでも，生没年さえ不明な物理学者がいることは残念である．人名も，なるべく，母国語とする人たちに直接発音を聞いて確かめ，「ギョエテとはおれのことかとゲーテ言い」などといったことがないようにしたが，習慣に従ったものも多い．英国人の過半はジュールではなく，ジョウルと発音するが，これは習慣に従った（ジュール自身がどう発音していたか明らかではないが，ケンブリッジ大学出版の『科学者人名辞典』によると，人名としてはジョウル，単位としてはジュールになっている）．また，現代ではポアンカレと表すのが普通だが，外国に出かけたとき，アクセントを間違えて恥をかかないように，日頃，ポアンカレーとしている方がよいと思う．これは夏目漱石にならった．伝記を調べるのに，東京大学内の図書館，図書室ばかりでなく，各地の図書館，博物館のお世話になった．マクデブルクの文化歴史博物館では，館員の1人が，ゲーリケについてとうとうと説明をしてくれたが，ドイツ語を半分も聞き取れず，残念な思いをしたこともあった．

　訪ねまわった多くの図書室の中でも，東京大学電気工学科の図書室が古めかしくて懐かしかった．電気工学科はウィリアム・エドワード・エアトンが1879年に世界に先駆けてつくった最初の電気工学の高等教育機関だが，その図書室にはエアトンの写真が飾ってあり，歴史を感じさせる場所である．一葉樋口夏子は本郷菊坂町の住まいから上野の東京図書館に通った．東大の構

内を通り，物理学科や電気工学科のあるあたりから暗闇坂を経て池之端に出たのだろう．一葉が短い生涯を生きた時代は，ちょうど古典電磁気学が完成し，「世界を変えた30年」と呼ばれる大変革が起こる兆しが見え始めた時期である．だが，一葉の文学が少しも古くなることなく，新しい生命を得て，今日でも多くの人を感動させているように，マクスウェル理論も，相対論，量子論の大変革を生き延び（正確に言うとそれらを生み出し），現代物理学の揺るぎない基礎になっている．

　一葉が図書館に通い始めた1891年の，9月22日の『日記』には，「暁がたより雨やみて，朝日のかげの薄らかにさし昇る程，木々の梢小芝垣のひまなどに，玉をつらねたる様に露のみゆるもいとうつくし」とある．読者が，電磁気学を勉強した後で，一葉の日記に書かれたような，自然の中に溢れる電磁現象がより美しく実感できるようになってくれれば幸いである．ルソーは『言語起源論』の中で，「最初の人間の言語は幾何学者の言語ではなく，詩人の言語であったと思われる．はじめ，人は詩で語り，ずっと後になってようやく理性によって考えることを思いついたのだ」と言っている．サンテグジュペリはその『手帖』に，「物理学者と同じように，詩人も真理を検証する．ぼくは詩の真実をかくも強く信じている」と書き残した．

　いちいちお名前を記さないが，本を貸して下さった人，議論につきあってくれた人，原稿を見てくれた人，など，多くの方々から受けた好意や励ましに感謝したい．南半球でも空は青いことを「証明」するため，青空だけを写した写真を送ってくれたオーストラリア人の友人もいた．駅のベンチで原稿を直しているとき，筆記具を忘れて困っていたら，何も言わないのに，鉛筆を貸してくれた見知らぬ中年の婦人にも出会った．本を書くことは「大汗をかく」つらい仕事ではあるが，このような人たちとの出会いはこの上ない報酬である．エミリー・ディキンソンは「出版は人間の心の競売」であるとし，生前その詩集の出版を潔しとしなかったが，図書室の片隅に放置され，おそらく何十年も読まれることがなかったヘヴィサイド，ボルツマン，フェプル，アブラハム，プランクなどの，埃だらけで，頁をめくるとぼろぼろと紙がはげ落ちるような電磁気学の古典を読んだことも，本書を書く免責理由になるのだろうか．映画『男はつらいよ』のフーテンの寅さんが，柴又駅前で甥の満男に，人間は何のために生きているのかと訊かれて，「何ていうかな．ほら，

あー生まれてきてよかったと思うことが何べんかあるだろう．そのために人間生きてんじゃねえのか」と答える場面があった．アインシュタインは，死とはどんなものだと考えるかと訊ねられたとき，「モーツァルトを聴けなくなることだ」と答えたそうである．さて，読者諸嬢，諸君にとって，人生はどんな意味があるのだろう．

2000 年 7 月

著　者

十分クレイジー？　　－改訂にあたって－

　本書は 2000 年に出版した丸善物理学基礎コース『電磁気学 I, II』の改訂版である．旧版は，思いがけず多くの読者を得て，たくさんのファンレターをいただき感激した．ワインの差し入れまでしていただいたことがある．下戸なのだが．特に，現実の世界で電磁気学を使っておられるエンジニアの方々から多くのファンレターをいただいたことは格別な名誉だ．不満足な部分を書き改めたいと思っていたおりに，一切の制限なく，改訂版の出版を引き受けてくださったシュプリンガー・ジャパンに深く感謝している．

　説明を丁寧にしたため，旧版より 50 頁増加している．記号はより整合性のあるものにした．時空の計量は変更した．物理学者の肖像画も大幅に増やし，古い本をあさって，より鮮明なものを探し出した．多くの図書館で助けていただいたことは言うまでもない．ピサ大学物理学教授の小西憲一さんに，ピサ大学の壁にかかっているモッソッティの肖像画の複写を送っていただいたが，小西さんは高校の後輩にあたる．

　最大の変更点は，本文に埋め込んでいた数学の部分を付録の形でまとめたことだ．そこで改訂版の構成を説明しておこう．

　1 章は電磁気学の全体像を予め見わたすためだが，2 章から読み始めてもよい．

　2-5 章が静電気である．電磁気学では最も退屈な部分だが，簡単なクーロンの法則のためにこれだけの頁数を費やすほど内容豊富であるというのも，物理学の醍醐味だろう．

6 章が電流，7-10 章が静磁気である．本書のように，アンペール力に基づいて磁場を導入し，仮想的な磁荷を考えないアプローチでは，磁場のエネルギーを説明するのに，ファラデイの法則を用いるのが普通である．本書では，時間変化しない電磁場は互いに独立した世界をつくっていることが理解できるように，静磁場の範囲で磁場のエネルギーを説明できるように工夫した．

11 章で時間変動する電磁場を扱う．ここでマクスウェル方程式が完成し，帰納的記述が終わる．多くの教科書で，「電場の時間変化が磁場の源になり，磁場の時間変化が電場の源になる」という，遠隔作用論，エーテル論の亡霊が横行闊歩している．現代の量子電気力学では電磁場の源は電荷と電流であると教えているというのに．それは古典電磁気学でも同じで，ローレンツによって確立されて 1 世紀以上も経つのである．このような誤解が生じないように注意して書いた．時間変動する電磁場を理解するには運動の相対性を理解することが必須である．章の後半では相対論への準備をする．

付録 A でベクトル解析，デルタ関数，積分定理などを解説した．微分形式や一般曲線座標についても述べているが，飛ばしてもよい．本書はほかに参考書がなくても，順々に読んでいけば理解できるように書いた．とは言っても，人それぞれに理解の仕方は違うから，途中で難しいと感じたら，そこは抜かして先に進もう．特に数学的な内容が主になる節は飛ばしても理解できるようにしてある．

12 章からマクスウェル方程式に基づく演繹的議論を展開する．物質と同様に，電磁場がエネルギー，運動量，角運動量を持って運動する物理的な実体であることを学ぶ．特に，マクスウェルから 1 世紀以上後で発見された「隠れた運動量」に注意を喚起したい．ほとんどの教科書で触れられていないが，電磁気学（とりわけ H の役割）の理解に必須である．

13-14 章で，マクスウェル方程式の最大，最高の成果である電磁波について述べる．中でも運動する点電荷のつくる電磁場の計算は面倒で，頭の毛を掻きむしり，呪いの言葉を発しながら勉強するところだ．だが，空が青い理由も 14 章まで読まないと理解したことにはならない．読者の健闘を祈る．

15-17 章では相対論，量子論を電磁気学の立場から学ぶ．宇宙背景輻射は，$1\,\mathrm{cm}^3$ に 400 個ほどの密度で分布する光子の集まりである．電磁気学の理解には相対論と量子論が不可欠だ．それらを別々の学問として学ぶのではなく，

互いに密接な関係にあることを示すのが目的である．特に，量子論の発見と量子力学の建設までの四半世紀は，物理学と言わず，人類の歴史の中でも，血湧き肉踊る英雄時代である．量子力学の講義の始めに，古くさい過去の遺物として学ぶより，電磁気学の中で，いかにブレイクスルーが起こったかを学ぶ方がよいのではないだろうか．本書の各所でそのための準備がしてある．アハロノフ-ボーム効果，量子ホール効果，カシミール効果なども取り上げた．特に，カシミール効果とプランクの輻射式の関係を明らかにした．

18章で物質中のマクスウェル方程式について述べる．電磁気学でも最も難解な部分である．よい教科書もなく，教科書によって言っていることが違う．複雑な物質を簡単に表すことは本来不可能である．だが，保存則や相対論の要請から，ある程度の一般論は可能だ．首尾一貫した書き方を徹底し，補助場 H の現れる理由を明らかにした．

付録Bでは波動方程式とダランベール方程式の数学的取り扱いを解説した．付録Cでさらに勉強したい学生のために参考書を紹介した．

まだまだ完全な本とは言えない．生没年がわからない物理学者のリストは減ったがまだかなり残っている．死とは「モーツァルトを聴けなくなることだ」と答えたアインシュタインの言葉の原典はいまだに見つけられない．ある論文の審査を求められ，1つも誤りを見つけられなかったボーアは「この論文は1つも誤りがなくても十分クレイジーではない」と返事を書いた．ボーアはパウリに向かって「君の理論は真実であるには十分クレイジーではない」と言ったという説もあるが，そのパウリは，ある若い物理学者が書いた論文の評価を求められたとき「間違ってすらいないじゃないか」と悪口をたたいた，とパイエルスが伝えている．ボーアやパウリの毒舌を，物理を勉強する読者を刺激する間違いはあってもいいのだ，という意味に勝手に解釈し，遠慮のない批判を受けて，完全な本に近づけていきたいと思っている．

2007年6月

著　者

TOME I

Table des matières
目次

第1章　空の青，海の青

- **1.1** 白鳥は哀しからずや　*1*
- **1.2** 原子を信じた男たち　*5*
- **1.3** ボルツマン：『ドゥイノの悲歌』　*7*
- **1.4** アンペールとヴェーバー：電子は回る　*9*
- **1.5** 運動する電荷間に働く力　*12*
- **1.6** ファラデイとマクスウェル：場の理論　*14*
- **1.7** ローレンツ：それでも電子は回る　*17*
- **1.8** ガリレイとアインシュタイン：相対性原理　*19*
- **1.9** 電磁気の単位　*21*

第2章　電場

- **2.1** クーロン：静止した電荷間に働く力　*23*
- **2.2** 電荷は電場をつくる　*27*
- **2.3** さまざまな電荷分布がつくる電場　*30*
  - 2.3.1　直線電荷がつくる電場　*30*
  - 2.3.2　円柱対称電荷がつくる電場　*32*
  - 2.3.3　平面電荷がつくる電場　*34*
  - 2.3.4　球対称電荷がつくる電場　*35*

- **2.4** 電場と立体角 *37*
- **2.5** ガウスの法則 *39*
- **2.6** ファラデイの心眼：電気力線 *42*
- **2.7** 電場の発散と発散密度 *44*
- **2.8** 静電場の基本方程式 *48*
- **2.9** 循環のない場：保存場 *51*

第3章　ポテンシャル関数

- **3.1** クーロンポテンシャル *53*
- **3.2** さまざまな電荷分布がつくる電位 *56*
    - 3.2.1 球対称電荷がつくる電位 *56*
    - 3.2.2 円柱対称電荷がつくる電位：ノイマンの対数ポテンシャル *58*
- **3.3** 発散面密度と回転面密度：境界面における電場と電位 *60*
- **3.4** ポアソン：ポテンシャル方程式 *62*
- **3.5** 電気双極子モーメント *66*
- **3.6** 電気双極子層 *68*
- **3.7** 電気4極子モーメント *71*

第4章　導体

- **4.1** 導体の静電場と電位：クーロンの定理 *73*
- **4.2** 鏡の国のトムソン：鏡像法 *74*
- **4.3** 「分離して積分せよ」：変数分離法 *78*
- **4.4** 風車小屋での発見：グリーン関数 *81*
    - 4.4.1 ディリクレー問題とノイマン問題 *84*
    - 4.4.2 湯川ポテンシャルとグリーン関数 *85*
- **4.5** 電場はエネルギーを蓄える *87*
    - 4.5.1 自己場と自己エネルギー *92*
    - 4.5.2 容量係数と電位係数 *93*
    - 4.5.3 コンデンサーの電気容量 *95*
    - 4.5.4 キャヴェンディシュ：逆2乗則の検証 *97*
- **4.6** アーンショーの定理 *99*
- **4.7** 導体に働く力 *100*

4.8 電場の応力　*103*
4.8.1 帯電したシャボン玉：電気力線に働く張力と圧力　*103*
4.8.2 電場のマクスウェル応力　*105*
4.8.3 同軸円筒コンデンサーと応力　*107*
4.8.4 マクスウェル応力からクーロンの法則を導く　*110*

第5章　分極

5.1 原子の分極　*111*
5.2 電気双極子モーメント密度：分極　*113*
5.3 電気4極子モーメント密度　*115*
5.4 誘電体中の静電場の基本方程式　*116*
5.4.1 誘電率　*117*
5.4.2 誘電体球の中心に点電荷を置いてみると　*118*
5.4.3 一様静電場中の誘電体球　*119*
5.5 微視的電場と巨視的電場：線平均　*121*
5.6 誘電体のエネルギー：熱力学的関係式　*125*

第6章　電流

6.1 電流と電荷保存則：連続の方程式　*129*
6.2 微視的電流と巨視的電流　*131*
6.3 定常電流：シャールの定理　*133*
6.4 オームの法則　*134*
6.5 ドルーデとゾマーフェルト：自由電子模型　*135*
6.6 電流の発熱作用：ジュールの法則　*139*
6.7 起電力：非保存場　*140*
6.8 定常電流の基礎方程式　*143*

第7章　磁場

7.1 アンペール力　*145*
7.2 グラスマンの法則　*147*
7.3 ビオ - サヴァールの法則：電流も場をつくる　*150*

- 7.4 静磁場の基本方程式　*153*
- 7.5 ベクトルポテンシャル　*154*
- 7.6 境界面における磁場とベクトルポテンシャル　*156*
- 7.7 さまざまな電流がつくる磁場　*157*
    - 7.7.1 直線電流　*157*
    - 7.7.2 円柱対称電流　*159*
    - 7.7.3 平面電流　*161*
    - 7.7.4 環状電流　*163*
    - 7.7.5 螺旋状ソレノイド　*166*
- 7.8 アンペールの回路定理：トポロジー　*168*
- 7.9 ゲージ不変性　*171*

第8章　磁気モーメント

- 8.1 磁気双極子モーメント　*173*
- 8.2 磁気4極子モーメント　*176*
- 8.3 補助場 H　*177*
- 8.4 磁場中の磁気モーメント　*180*
- 8.5 ヴェーバーとコールラウシュ：光速度の電磁的測定　*182*
- 8.6 アンペールの定理：等価双極子層　*183*
- 8.7 回転する荷電球　*185*
    - 8.7.1 回転荷電球殻　*185*
    - 8.7.2 回転荷電球　*188*
- 8.8 シュレーディンガー：地球磁場と光子の質量　*189*
- 8.9 磁場中の回路に働く力　*192*
- 8.10 ノイマンの電気力学ポテンシャル　*193*
- 8.11 並進対称電流の誘導係数　*196*
- 8.12 電子の磁気モーメント　*197*
- 8.13 ラービ：磁気スピン共鳴　*200*

第9章　電流に働く力

- 9.1 ローレンツ力　*203*
- 9.2 磁場中の伝導電流とホール効果　*205*
- 9.3 荷電粒子の正準運動量　*207*

目次　**xv**

- **9.4** 一様静磁場中の電子：サイクロトロン振動　*209*
- **9.5** 一様静電磁場中の電子：サイクロイド運動　*213*
- **9.6** ラーモアの歳差運動とゼーマン効果　*215*
- **9.7** 軸対称磁場中の荷電粒子：ブッシュの定理　*217*
- **9.8** アラゴーの円板：運動する導体に発生する起電力　*219*
- **9.9** レンツの法則　*221*
- **9.10** 磁場もエネルギーを蓄える　*223*
  - 9.10.1 電流のエネルギーと磁場のエネルギー　*226*
  - 9.10.2 回転荷電球のエネルギー　*229*
- **9.11** 磁場の応力　*230*
  - 9.11.1 磁気圧：太陽黒点はなぜ黒い？　*230*
  - 9.11.2 磁場のマクスウェル応力　*231*

第10章　磁化

- **10.1** 原子の反磁性　*233*
- **10.2** 原子の常磁性と強磁性　*236*
- **10.3** ポアソンの磁化　*239*
- **10.4** 磁性体中の静磁場の基本方程式　*242*
  - 10.4.1 透磁率　*245*
  - 10.4.2 一様磁化球の磁場　*247*
- **10.5** 微視的磁場と巨視的磁場：面平均　*248*
- **10.6** 磁性体のエネルギー：熱力学方程式　*250*

第11章　変動電磁場

- **11.1** ファラデイ-ノイマンの法則　*255*
- **11.2** 電気力学ポテンシャルと電流のエネルギー　*257*
  - 11.2.1 電流回路に働く力　*260*
  - 11.2.2 回路の方程式　*261*
- **11.3** ベータトロン：ヴィーデレーエの1/2則　*265*
- **11.4** エーレンフェストの断熱定理　*267*
- **11.5** 画竜点睛：マクスウェルの変位電流　*271*
  - 11.5.1 変位電流は磁場をつくらない　*274*
  - 11.5.2 運動する点電荷のつくる場　*276*

- 11.6 ファラデイの法則とガリレイ不変性　*279*
- 11.7 アルヴェーンの閉じ込め定理：銀河の磁場　*281*
- 11.8 ヘルツ方程式：克服できなかった矛盾　*284*
- 11.9 電磁場の非相対論的変換　*287*

付録A　電磁気学と数学

- **A.1** ベクトルの積　*291*
    - A.1.1 グラスマン：ベクトルの内積と外積　*291*
    - A.1.2 ギブズのダイアドとテンソル　*295*
- **A.2** ヘヴィサイドの階段関数とディラックのデルタ関数　*297*
- **A.3** ヘルムホルツの定理　*300*
- **A.4** 発散定理　*304*
- **A.5** 回転定理　*306*
    - A.5.1 コーシーの積分定理　*309*
    - A.5.2 リーマンのツェータ関数　*311*
- **A.6** 多次元空間のグリーン関数　*313*
- **A.7** テイラーの定理とカルノーの微分　*315*
- **A.8** カルターンの微分形式　*317*
- **A.9** 極性ベクトルと軸性ベクトル　*320*
- **A.10** 非カルテジャン：曲線座標　*323*
    - A.10.1 微分演算子を曲線座標で表す　*325*
    - A.10.2 反変ベクトルと共変ベクトル　*328*
    - A.10.3 クリストッフェルの共変微分　*330*

索引

電磁気学の基礎 II の目次

第12章　マクスウェル - ローレンツ理論　*333*

第13章　電磁波　*381*

第14章　輻射　*419*

第15章　電磁気学と相対論　*449*

第16章　電磁気学と解析力学　*499*

第17章　電磁気学と量子論　*529*

第18章　物質中の変動電磁場　*573*

付録B　波動　*613*

付録C　さらに勉強するために　*651*

基礎物理定数 (E. R. Cohen and B. N. Taylor, Rev. Mod. Phys. **57**, 1121, 1987.)

名称	記号	値	単位
真空中の光速度	c	299792458	$\mathrm{m\,s^{-1}}$
真空の透磁率	μ_0	12.566370614...	$10^{-7}\,\mathrm{N\,A^{-2}}$
真空の誘電率	ϵ_0	8.854187817...	$10^{-12}\,\mathrm{F\,m^{-1}}$
万有引力定数	G	6.67259(85)	$10^{-11}\,\mathrm{m^3\,kg^{-1}\,s^{-2}}$
プランク定数	h	6.6260755(40)	$10^{-34}\,\mathrm{J\,s}$
	$\hbar$	1.05457266(63)	$10^{-34}\,\mathrm{J\,s}$
プランク質量	m_P	2.17671(14)	$10^{-8}\,\mathrm{kg}$
プランク距離	l_P	1.61605(10)	$10^{-35}\,\mathrm{m}$
プランク時間	t_P	5.39056(34)	$10^{-44}\,\mathrm{s}$
素電荷	e	1.60217733(49)	$10^{-19}\,\mathrm{C}$
磁束量子	Φ_0	2.06783461(61)	$10^{-15}\,\mathrm{Wb}$
量子ホール伝導度	e^2/h	3.87404614(17)	$10^{-5}\,\mathrm{S}$
ボーア磁子	μ_B	9.2740154(31)	$10^{-24}\,\mathrm{J\,T^{-1}}$
核磁子	μ_N	5.0507866(17)	$10^{-27}\,\mathrm{J\,T^{-1}}$
微細構造定数	α^{-1}	137.0359895(61)	
ボーア半径	a_0	0.529177249(24)	$10^{-10}\,\mathrm{m}$
電子の質量	m_e	9.1093897(54)	$10^{-31}\,\mathrm{kg}$
電子の比電荷	e/m_e	1.75881962(53)	$10^{11}\,\mathrm{C\,kg^{-1}}$
電子のコンプトン波長	λ_C	2.42631058(22)	$10^{-12}\,\mathrm{m}$
古典電子半径	r_e	2.81794092(38)	$10^{-15}\,\mathrm{m}$
トムソン断面積	σ_e	0.66524616(18)	$10^{-28}\,\mathrm{m^2}$
電子の磁気モーメント	μ_e	$-928.47701(31)$	$10^{-26}\,\mathrm{J\,T^{-1}}$
陽子の質量	m_p	1.6726231(10)	$10^{-27}\,\mathrm{kg}$
陽子の磁気モーメント	μ_p	1.41060761(47)	$10^{-26}\,\mathrm{J\,T^{-1}}$
中性子の質量	m_n	1.6749286(10)	$10^{-27}\,\mathrm{kg}$
中性子の磁気モーメント	μ_n	$-0.96623707(40)$	$10^{-26}\,\mathrm{J\,T^{-1}}$
重陽子の質量	m_d	3.3435860(20)	$10^{-27}\,\mathrm{kg}$
重陽子の磁気モーメント	μ_d	0.43307375(15)	$10^{-26}\,\mathrm{J\,T^{-1}}$
アヴォガードロ定数	N_A	6.0221367(36)	$10^{23}\,\mathrm{mol^{-1}}$
ロシュミット定数	n_0	2.686763(23)	$10^{25}\,\mathrm{m^{-3}}$
ファラデイ定数	F	96485.309(29)	$\mathrm{C\,mol^{-1}}$
気体定数	R	8.314510(70)	$\mathrm{J\,mol^{-1}\,K^{-1}}$
ボルツマン定数	k_B	1.380658(12)	$10^{-23}\,\mathrm{J\,K^{-1}}$
シュテファン-ボルツマン定数	σ	5.67051(19)	$10^{-8}\,\mathrm{W\,m^{-2}\,K^{-4}}$
輻射定数	c_1	3.7417749(22)	$10^{-16}\,\mathrm{W\,m^2}$
	c_2	0.01438769(12)	$\mathrm{m\,K}$
ヴィーンの変位則定数	b	2.897756(24)	$10^{-3}\,\mathrm{m\,K}$

CHAPITRE 1

Le bleu du ciel, le bleu de la mer
空の青，海の青

1.1 白鳥は哀しからずや

　三浦半島北下浦にあった長岡半太郎 (1865-1950) の別荘の前の海岸に歌碑が立っている．「しら鳥はかなしからずやそらの青海のあをにもそまずたゞよふ」1907 年，若山牧水の学生時代の歌だ．美しい空の色は詩人の心を掻き乱す．フラ・アンジェリコがフレスコ画に描いた清澄な青空を見て，この画僧の純朴な信仰心に感銘を受けない人はいないだろう．アリストテレスは『天体論』で，土・水・空気・火の 4 元素に加え，天空を満たす元素，青空を意味するエーテルを

図 1.1　マクスウェル

論じた．『荘子』は「天の蒼蒼たるは其れ正色なるか」と疑問を呈している．ラーマン (C. V. Raman, 1888-1970) は 1921 年，地中海の深い青い色に感激し，その原因の研究を思い立った．

　澄んだ海，晴れた空が青く，朝日や夕日が赤いのはなぜだろう．

　この誰もが抱く疑問を最初に定量的に説明したのはレイリー (J. W. Strutt,

Lord Rayleigh, 1842-1919) で 1871 年のことである．青空の説明にはマクスウェル (J. C. Maxwell, 1831-79) が決定的な役割を果たした電磁気学と物質の原子論が密接にかかわっている．今日では完全に確立したこの 2 つの物理学の基本法則も，1871 年の時点では実験的検証のない仮説に過ぎなかった．レイリーの時代に戻って，空や海が青い理由を考えてみることにしよう．

　光の本性については波動説と粒子説があった．波動説の原型をつくったのはデカルト (R. Descartes, 1596-1650) である．デカルトは，『理性をよく導き，科学において真理を求めるための方法叙説，並びにその方法の試みである屈折光学，気象学および幾何学』(1637) の『気象学』において，空が澄んで雲 1 つないときなぜ青く見えるか，海水が澄んで深い場所でなぜ青くなるかを論じている．デカルトは空間が「微細物質」で充満しており，光は微細物質に与える圧力として伝搬すると考えた．色の違いを，微細物質の粒子の回転速度によるとし，澄んだ空は蒸発物や水蒸気がわずかだから，散乱される微細物質の粒子の回転速度が遅いため青くなると説明した．だが，『屈折光学』では屈折の法則を説明するために粒子説を採り，光をテニスの球に例えて次のように論じた．「粒子である光が空気から水に入射するとき，水面に平行な速度は変化しないから，入射角と屈折角の正弦の比は水中の光速度と空気中の光速度の比になる．入射角より屈折角の方が小さいから，水中の光速度は空気中よりも速くなるはずである．」一方，回折現象を発見したグリマルディ (F. M. Grimaldi, 1618-63) は 1665 年，死後発表された論文で，フック (R. Hooke, 1635-1703) も同年公刊した『微細物誌』の中で波動説を採り，またハイヘンス (C. Huygens, 1629-95) は，光が微粒子を中心に広がる球面波（素元波）として伝搬する理論によって光の反射と屈折を説明し，波動説の基礎をつくった (1678)．だが，18 世紀の物理学者は，ニュートン (I. Newton, 1642-1727) が波動説に反対したと解釈し，粒子説を受け入れていた．

　19 世紀になると風向きが変わる．1801 年，ヤング (T. Young, 1773-1829) が光の干渉の原理を発見する．粒子と異なり，2 つの波は重なると強めあったり弱めあったりする．フレネール (A. Fresnel, 1788-1827) が 1818 年にハイヘンスの原理と干渉の原理によって回折を説明することに成功し，さらに，フーコー (L. Foucault, 1819-68)，フィゾー (H. Fizeau, 1819-96) とブレゲー (L. Breguet, 1804-83) が 1850 年に水中の光速度が空気中より遅くな

ることを発見した後では，光が波動であることは決定的であると考えられるようになった．

レイリーが生涯をかけて取り組むことになる研究の動機は，微粒子によって散乱される光が青や紫に偏っていることを発見したティンダル (J. Tyndall, 1820-93) の実験だった (1868)．レオナルド・ダ・ヴィンチ (Leonardo da Vinci, 1452-1519) は黒を背景にすると煙が青く見えることを発見していた．煙草の紫煙も，遠山が青く霞むのも，青い目も同じ現象である．レオナルドは「空の青は大気の固有の色ではなく，水蒸気に太陽光がぶつかるためである」と考えた．ゲーテ (J. W. von Goethe, 1749-1832) も『色彩論』(1810) で同様の見方を述べている．ティンダルもまた，空気中に浮遊する塵や水蒸気が太陽光の青の成分をより大きく散乱させるためであると説明した．

図 1.2 レイリー

そこでレイリーは，空間を満たす弾性体の波動である光が空気中の微粒子に衝突し，その強度が減衰する度合 h （吸収係数）を計算した．微小な体積 v_0 を持つ微粒子に散乱された光は微粒子から球面波として広がっていく．微粒子からの距離を r とすると，散乱波の振幅は v_0/r のように振る舞う．入射波と散乱波の振幅比は次元を持たないから，波長 λ を用いて $v_0/\lambda^2 r$ に比例する．各微粒子からの散乱波は無秩序で，それらの強度を加えるだけでよいと仮定すると，長さの逆数の次元を持つ h は単位体積あたりの微粒子数 N に比例し，$h \propto N v_0^2/\lambda^4$，正確には (14.42) で与える

$$h = \frac{8\pi^3 N v_0^2}{3\lambda^4} \tag{1.1}$$

になる（レイリーの逆 4 乗則）．波長の短い青い光 ($\lambda = 470\,\text{nm}$) は，波長の長い赤い光 ($\lambda = 700\,\text{nm}$) よりも 5 倍の確率で散乱される．日中空を見上げると，太陽から直進する光は青の成分が減少しているが，微粒子との衝突

によってわれわれの目に届く光は青い波長に偏っている．このため空は青く，朝日や夕日は太陽から直進する光が主であるから赤くなるというのだ．

ティンダルは，微粒子による光の散乱を観測したとき，色が青に偏るだけでなく，光の方向に直交して散乱される光が完全に偏光していることに気づいた．これはアラゴー (F. Arago, 1786-1853) が 1811 年に見つけていた太陽光の性質である．レイリーは，光が進行方向に垂直に振動する横波であるとすることによってこの偏光現象を説明した．微粒子は波の入射方向に垂直な面内で強制振動し，振動の垂直方向に最も強く散乱波を出す．散乱面（入射と散乱方向でつくる面）に垂直に振動する微粒子からの波に対し，散乱面内で振動する微粒子からの波の振幅は $\cos\theta$ の因子だけ減少する（散乱角度を θ とする）．したがって，吸収係数は

$$角度分布 = h \cdot \frac{3}{16\pi}(1 + \cos^2\theta) \tag{1.2}$$

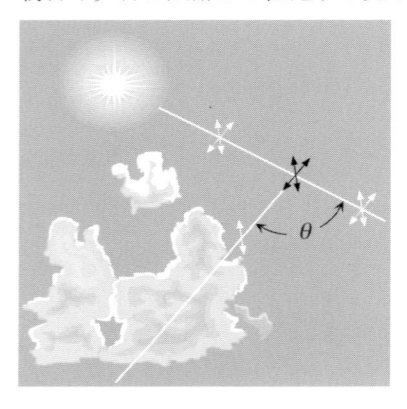

図 1.3 散乱による偏光

を持つ（詳細は 14.8 節）．40 年以上も蜜蜂を観察したフリッシュ(K. Frisch, 1886-1982) は，1949 年に，蜜蜂が雲間の青空から偏光を感知して太陽の位置を知り，ダンスで仲間に食物の方向を知らせたり，巣箱の方向を確認したりすることを発見した（カーシュヴィンクらは 1978 年に蜜蜂に生体磁石を発見した．蜜蜂は太陽コンパスだけでなく地磁気も方向探知に使っている）．中世のヴァイキングは，日長石を空にかざして偏光を観測し，雲に隠れた太陽の位置を知り，航路を決めていた．

何かが太陽光線を散乱させていることは明らかである．だが，1871 年の論文でレイリーは，塵，水蒸気説を支持し，純粋な気体は光を散乱しないと考えた．レオナルド・ダ・ヴィンチやティンダルの説は正しかったのだろうか．

1.2 原子を信じた男たち

物質が不連続な構造を持つとする原子論が確立するのは 20 世紀に入ってからである．19 世紀に原子論を採用したのはごくわずかの物理学者に過ぎなかった．アヴォガードロ (A. Avogadro, 1776-1856) が 1811 年に立てた「等温等圧等体積ですべての気体は同数の分子を持つ」とする仮説も，アンペール (A.-M. Ampère, 1775-1836) の例外 (1814) を除くと完全に無視され，1860 年になってカンニッツァーロ (S. Cannizzaro, 1826-1910) によってようやく紹介されたくらいである．

ベルヌーイ，正しくはベルヌーリ (D. Bernoulli, 1700-82) は，気体が粒子から成り立っており，ビリヤードの玉のように，粒子が容器の壁に衝突して圧力を生じさせると考えた (1738)．1820 年にヘラパス (J. Herapath, 1790-1868)，1845 年にウォータストン (J. J. Waterston, 1811-83) がベルヌーイの考え方を復活させようとしたが，彼らの論文は王立協会の機関誌に掲載を拒否された．1848 年にジュール (J. P. Joule, 1816-89) がヘラパスの仕事を復活させようとしたが注目されなかった．近代的な始まりは，1856 年のクレーニヒ (A. Krönig, 1822-79) と翌年のクラウジウス (R. Clausius, 1822-88) である．ウォータストンの論文は掲載を拒否されただけでなく，1891 年にレイリーが発見してその全文を発表するまで闇に葬られていた．その論文のレフェリーの 1 人の意見はその内容に触れず「この論文はナンセンス以外の何ものでもない」というものだった．返却も拒否され埃をかぶった論文が公表されたときはすでに遅く，マクスウェルとボルツマン (L. Boltzmann, 1844-1906) の研究が世に出た後だった．それでもその内容の概要 (1846) を公表したおかげで，エネルギー等分配の法則の先取権はウォータストンにある．独創的な考え方が無視されたり，攻撃されたりするのはよくあることなのかもしれない．このような事件は再びくり返される．ウォータストンの論文が公表された翌年 (1893) に王立協会はヘヴィサイド (O. Heaviside, 1850-1925) の演算子法（A.2 節）に関する論文の掲載を中断する．皮肉なことに，そのとき掲載拒否の手紙を送ったのはレイリーだった（もちろんそれは形式上の手紙であり，レフェリーは数学者のバーンサイド (W. Burnside, 1852-1927) だった）．ヘヴィサイドについては本書でしばしば触れるだろう．

マクスウェルは原子論においても偉大な足跡を残した．1860 年，気体分子の速度分布則を与え，それによって気体分子の平均自由行程（分子がほかの分子に衝突しないで運動できる平均距離．クラウジウスが 1858 年に導入した）や気体の粘性率を導き，気体分子運動論の基礎を確立する．それはやがてボルツマン，ギブズ (J. W. Gibbs, 1839-1903)，プランク (M. Planck, 1858-1947) に受け継がれていく．気体分子運動論に基づいて分子数を具体的な数値として与えたのは 1865 年のロシュミット (J. Loschmidt, 1821-95) である．ロシュミットが推定した空気の分子 1 つのおおよその直径 10^{-9} m を使うと，単位体積中の分子数（ロシュミット定数）は 1.8×10^{24} m^{-3} 程度である．現在知られる値と比べ 1 桁小さかったが，原子論を証拠づける最初の具体的な数値だった．ロシュミットは，マクスウェルのではなく，マイアー (O. E. Meyer, 1834-1909) の平均自由行程を使ったため，分子数を過小評価してしまったが，1873 年にはマクスウェル自身が現在のロシュミット定数に近い 1.9×10^{25} m^{-3} を得ている．

その 1873 年 8 月 28 日，マクスウェルはレイリーに宛てて手紙を書き，レイリーの青空の理論がロシュミット定数に対する新しい情報を与える可能性を指摘した．マクスウェルは，レイリーの言う微粒子が空気を構成する分子であると見抜いたのだ．レイリーは 1899 年になってマクスウェルの提案を検討し，レイリーの得た結論は，マクスウェルの決めたロシュミット定数と大差ないというものだった．高山に登ると空気は澄み空はますます青くなる．都会を汚す塵埃が雨で流されると青空が現れる．青空の原因がティンダルの言う塵などではなく，空気の分子による散乱であることをレイリーはやっと確信したのである．

ところで 1890 年，レイリー以前にレイリーの式を導き，ロシュミット定数の定量的な値を出した孤高の物理学者がいた．ローレンス (L. Lorenz, 1829-91) は空気の分子による太陽光の散乱理論を展開し，実験値との比較からロシュミット定数 1.63×10^{25} m^{-3} を得た．ローレンスの論文はデンマーク語で書かれたためほかに影響を与えることがなかったが，空の色から空気の分子数を決める最初の研究になっている．ローレンスについても本書でしばしば触れるだろう．

だが青空の理論はこれで終わりにはならなかった．空気の平均分子間距離

は 50 nm 程度である．可視光の波長 (λ = 400-700 nm) 程度の距離内にはたくさんの分子がいる．したがって，各分子からの散乱波は，レイリーの仮定とは異なり，独立ではなく，互いに干渉する（コヒーレント散乱と言う）．もし空気が結晶のように一様な密度を持っているとすると，ある分子からの散乱波は，光路差が半波長異なる近くの分子からの散乱波との干渉によって打ち消され，透明な結晶を通して見るように，空は闇夜のようにまっ黒になってしまうではないか．

1.3　ボルツマン：『ドゥイノの悲歌』

1827 年にブラウン (R. Brown, 1773-1858) は，液体に浮かぶ花粉から出た微粒子が不規則な運動をすることを発見した．1888 年にグーイ (L. Gouy, 1854-1926) は，この微粒子が周囲の分子の熱運動による無秩序な力を受けているからであると説明した．ブラウンの分子運動と呼ばれるこの現象の研究は，アインシュタイン (A. Einstein, 1879-1955) とスモルコフスキー (M. Smoluchowski, 1872-1917) がそれぞれ 1905 年と 1906 年に独立に行った．そして，1863 年にアンドルーズ (T. Andrews, 1813-85) が発見した，気体による光の散乱が臨界温度の付近で急激に増加する臨界乳光の現象を，1908 年にスモルコフスキーは気体密度のゆらぎによって説明し，空の青もまた密度のゆらぎによると考えた．空気分子の熱運動のため，空気の密度の平均値からのずれ（ゆらぎ）が生じ，半波長ずれた位置に分子が必ずいるとは限らなくなる．そのため干渉によって打ち消されない光が残るからである．そして，アインシュタインは 1910 年に，気体の密度が希薄な場合は，密度のゆらぎによる吸収係数が，ローレンスとレイリーの導いた分子の散乱による式に一致することを示した．空気を，干渉が起こらないような，波長程度のスケールを持つ体積 v に分割して考えてみよう．体積 v の中には Nv の分子が含まれているが，その個数のゆらぎは $\sqrt{Nv}$ 程度である．そこで，単位体積あたり v^{-1} 個の，体積 $\sqrt{Nv}v_0$ を持った粒子が互いに干渉せず散乱を起こしていると考えると

$$h = \frac{8\pi^3}{3\lambda^4} \cdot \frac{1}{v} \cdot (\sqrt{Nv}v_0)^2 = \frac{8\pi^3 Nv_0^2}{3\lambda^4}$$

になり，各分子からの散乱が独立であると仮定した (1.1) とまったく同じになる．ラーマンが，空気に比べ分子間距離が小さい水の場合にアインシュタイン - スモルコフスキーのゆらぎの理論を適用し，海の深い青が水分子の散乱によることを証明するのは 1922 年になってからである．

こうして空の青，海の青から光が波動であること，空気や水が不連続な構造を持つことが同時に証明された．1908 年にペラン (J. Perrin, 1870-1942) がブラウン運動からアヴォガードロ定数 6.85×10^{23} mol^{-1} を得，原子論を確立する．量子論への転換点になったことで有名な第 1 回ソルヴェー会議 (1911) でペランは「分子の実在性の証明」について講演し空の青を証拠の 1 つに取り上げている．そのとき，原子論の旗手ボルツマンはすでに亡き後だった．平衡からのずれ，ゆらぎが存在することは 1878 年にボルツマンが予言した．ボルツマンは当時の原子論に対立するマッハ (E. Mach, 1838-1916)，デュエーム (P. Duhem, 1861-1916) やエネルギー論者オストヴァルト (W. Ostwald, 1853-1932)，ヘルム (G. Helm, 1881-1923) らの激しい攻撃にさらされ，トリエステ近郊のドゥイノで自殺を遂げた（自殺の直接の原因は不明だが）．「一時的な敵意のために，しばらくの間でも気体理論が忘れ去られるようなことになるなら，ニュートンの権威のために波動説がそうだったように，科学にとって大いなる悲劇になるだろう．時流に逆らってたった独りで弱々しく戦っていることは自覚しているが，気体理論が再び復活したとき，多くのことが再発見されるなどということがないように貢献する力はまだ私の中に残っている．」ボルツマンが『気体理論講義』第 2 巻 (1898) の序文で表明した悲壮な決意である．「いかに私が叫んでも，天使の序列の中から誰がそれを聞いてくれるだろう？」リルケの『ドゥイノの悲歌』の冒頭の一節は，ボルツマンの心情を代弁するかのようだ．オストヴァルトはペランの研究が出た後原子論に白旗を掲げたが，マッハもデュエームも亡くなるまで原子論を否定し続けた．ヴィーン中央墓地にあるボルツマンの墓碑には，アンブロージによるボルツマン像と，微視的世界と巨視的世界を結びつける統計力学の基本法則，ボルツマンの原理

$$S = k \log W \tag{1.3}$$

が刻まれている（本書ではボルツマン定数を k_B，自然対数を ln で表す）．

1.4 アンペールとヴェーバー：電子は回る

再び 1871 年に戻って，当時の電気の原子論がどうなっていたかを見てみよう．その年ヴェーバー (W. Weber, 1804-91) は原子模型によって電気伝導や磁性などすべての電気的現象を説明しようとした．「原子は正電荷 $+e$ と，厳密にそれに等しく逆符号を持った負電荷 $-e$ からなり，負電荷の質量は圧倒的に大きいため静止し，$+e$ 電荷がそのまわりを運動してアンペールの分子電流をつくっている．」正負の符号を除いて現代の考え方とほとんど同じだ．ノイマン (C. Neumann, 1832-1925) やクラウジ

図 **1.4** ヴェーバー

ウスも同じような考え方を採った．ヴェーバーの考えはアンペールの分子電流に由来する．アンペールは分子のまわりに永久的に電流が流れていると考え，これを分子電流と呼んだ (1821)．フェヒナー (G. T. Fechner, 1801-87) は 1845 年に，導体を流れる電流を，等速度で逆向きに流れる正負電荷からなると考えた．翌年ヴェーバーはフェヒナーの考え方を定量化し，1835 年のガウス (C. F. Gauss, 1777-1855) の未発表論文とは独立に，正負電荷間に働く力に基づく電気力学を提案する．今日の電子論の原型である．

電気の原子論的な性質を最初に示唆したのは 1 価イオン 1 モルを電気分解する電気量（ファラデイ定数）F が一定であるというファラデイ (M. Faraday, 1791-1867) の電気分解の法則 (1833) だろう．ファラデイの法則は，電荷にはそれ以上分割できない最小単位があることを示している．だが，ファラデイは，その論文に「原子に付随する電気の絶対量」などの言葉が見えるが，原子の存在については慎重な態度を取った．マクスウェルも電気に関しては原子論を採らなかった．1873 年に出版した『電気磁気論考』でヴェーバーの電子論やクラウジウスの電気分解の理論を紹介し，電気分解から得られる電気の単位を「電気の分子」と呼んでいる．だが，マクスウェルは，電気現象が真空中を満たしている連続的な媒質（光のエーテル）の性質であると考えた．

電荷を，それを取りまく周囲の媒質の状態によって説明した（電荷をエーテル中につくられた渦のような不連続な特異性と考えた）．原子はそれ以上分割できないと考えていたマクスウェルにとって，連続的な媒質の性質である原子の電荷が離散的な値を取ることは理解できなかった．電気分解でつくられるさまざまな分子が，常に同じ電荷の単位またはその整数倍になることはマクスウェルを困惑させた．前節でも述べたようにマクスウェル自身その年にはロシュミット定数をかなり正確に評価していたから，それによって容易に導くことができるはずの電荷の最小単位，素電荷 e の値を計算しなかった．最初に e を評価したのは翌 1874 年のストーニー (G. J. Stoney, 1826-1911) である．水素イオンの電荷が電荷の基本単位であるとし，電気分解で得られた水素の質量から素電荷の値を現在の値の $\frac{1}{16}$ にあたる 0.1×10^{-19} C と評価した（1868 年ロシュミットとは独立に評価した分子数が 10^{27} m^{-3} 程度と大き過ぎた）．実際に電子を発見したのはトムソン (J. J. Thomson, 1856-1940) で 1897 年のことである．同年トムソンとは独立にカウフマン (W. Kaufmann, 1871-1947) も電子の電荷と質量の比（比電荷）を測定した．電子の電荷を最初に直接測定したのはやはり同じ年のタウンゼンド (J. Townsend, 1868-1957) である．ストーニーは 1891 年に電子が楕円軌道を描いて運動し，電磁波を放射する原子模型を提案した．電子（エレクトロン）という用語は，その論文の中で素電荷につけた名前だった．

マクスウェルが電気の原子論に懐疑的だったのは，実験的な証拠のない仮説を立てたくなかったからだ．マクスウェルは，電流が電荷を持った粒子（つまり電子）によって生じるとすれば観測できる現象を実験的に確かめることを提案している．その 1 つは 1916 年になってトールマン (R. Tolman, 1881-1948) が実行した．コイルを回転させると，その中の電子も回転するから，回転を急に止めても電子は慣性のため運動を続け，電流がしばらく流れる．この電流を測定することによってトールマンは電子の比電荷を決めることができた．また 1931 年にはバーネット (S. J. Barnett, 1873-1956) がマクスウェルのもう 1 つの提案を実行した．トールマンの実験とは逆に，自由に動けるようにしたコイル中の電流を変化させると，電子が加速されることによって導体が反作用を受け，加速度運動をするはずである．バーネットはこの実験によっても電子の比電荷を得た．

ヴェーバーが考えたように，原子が内部構造を持つことが実験的にわかったのは今世紀になってからである．1909 年にガイガー (H. Geiger, 1882-1945) とマースデン (E. Marsden, 1889-1970) は金箔に照射したアルファ粒子の 8000 に 1 つが跳ね返されることを発見した．「それは私の生涯に起こった最も信じられない出来事だった．1 枚の紙きれに 15 インチの砲弾を撃ち込んだらそれが跳ね返って自分に当たったかのようだった．」この結果を見たラザフォード (E. Rutherford, 1871-1937) の言葉である．当時，原子の正電荷は原子全体に広がっているとするトムソン模型が広く信じられていたからである．長岡半太郎は 1904 年にこの模型を批判し，マクスウェルの土星の輪の安定性に関する論文 (1856) にヒントを得て，正電荷の外部を電子が回転する土星型原子模型を提唱していた（惑星型原子模型として上述のストーニーや 1901 年のペランの模型があった）．ラザフォードは 1911 年に，長岡模型とは異なり，電子と原子の中心に局在した原子核からなる原子模型を提案する．だが，安定性の問題を量子論によって説明した有核原子模型はボーア (N. Bohr, 1885-1962) が 1913 年に提唱した．

ラザフォードは 1920 年に，水素原子の原子核を陽子と名づけ，さらに中性子の存在を予言した．1932 年にチャドウィック (J. Chadwick, 1891-1974) が陽子とほぼ同じ質量を持ち，電荷を持たない中性粒子（中性子）を発見すると，イヴァネンコ (D. D. Iwanenko, 1904-94) とハイゼンベルク (W. Heisenberg, 1901-76) は原子核を陽子と中性子の結合系と考えた．1931 年にユーリー (H. Urey, 1893-1981) が発見した重水素の原子核である重陽子は陽子と中性子からなり，その電荷は陽子と同じである．ハイゼンベルクは陽子と中性子は同一粒子の異なる状態と考え，メラー (C. Møller, 1904-80) が陽子と中性子をまとめて核子と名づけた (1941)．陽子は電子に比べ，質量が 1800 倍もあるにもかかわらず，その電荷は電子の電荷の絶対値に等しい．すべての物質は素電荷の整数倍になっている．重陽子の質量は陽子の質量と中性子の質量を加えたものよりもわずかに小さい．陽子と中性子がばらばらでいるよりもエネルギー的に低い束縛状態をつくるからである．ところが電荷は陽子の電荷と同じ大きさを持つ．

核子も素粒子ではなく，より基本的なクォークから構成されている．クォーク模型は 1964 年にゲルマン (M. Gell-Mann, 1929-) とツヴァイク (G. Zweig,

1937-) が独立に提唱した．例えば，陽子は u（アップ）クォーク 2 つと d（ダウン）クォーク 1 つからなる．u クォークや d クォークの質量は陽子の質量の $\frac{1}{100}$ 程度しかない．このことからも，クォークを結合して核子をつくる力は極めて複雑であることが想像される．だが，u クォークは $\frac{2}{3}e$，d クォークは $-\frac{1}{3}e$ という半端な電荷を持っており，陽子の電荷は単にクォークの電荷の代数的な和になっている．これは，電荷がどのような相互作用においても保存されるから成り立つのである．これが物理の基本法則の 1 つである「電荷保存則」にほかならない．

クォークは半端な電荷を持つが素電荷は $\frac{1}{3}e$ ではない．物質の電荷が必ず e の整数倍になっていることを見いだしたのはミリカン (R. A. Millikan, 1868-1953) である．1908 年以来 5 年をかけた有名な油滴の実験で，小さな油滴の電荷は e の整数倍で，e より小さな電荷を持たないことを検証した．ミリカン以後今日に至るまで半端な電荷は発見されていない．現代の量子色力学と呼ばれる核子や中間子（ハドロンと総称する）の基本理論では，クォークはハドロン内部に閉じ込められていて，単独でハドロンから飛び出してくることはないと考えられている．ビッグバンによって宇宙がつくられた直後の超高温超高密度状態では，クォークとそれを閉じ込める粒子グルーオンがばらばらのプラズマ状態だったと考えられているが，そのような極限状態は通常の物質の世界では存在しない．クォークが物質の構成粒子であるとしても，物質の電荷は量子化され e の整数倍になっている．だが，なぜ電荷が量子化されるかは，わかっていない．

1.5 運動する電荷間に働く力

2.1 節で詳しく説明するが，位置座標 $\mathbf{z}_1$ にある電荷 q_1 は $\mathbf{z}_2$ にある q_2 からクーロン力

$$\mathbf{F}_{12} = k_e q_1 q_2 \frac{\mathbf{z}_1 - \mathbf{z}_2}{|\mathbf{z}_1 - \mathbf{z}_2|^3}$$

を受ける．k_e は比例係数である．q_2 は q_1 から $\mathbf{F}_{21} = -\mathbf{F}_{12}$ を受ける．電荷は力を受けると運動を始める．電荷はそれぞれ質量 m_1 と m_2，速度 $\mathbf{v}_1$ と $\mathbf{v}_2$ を持つとすると，電荷の運動は運動方程式

1.5 運動する電荷間に働く力

$$m_1\frac{d\mathbf{v}_1}{dt} = k_e q_1 q_2 \frac{\mathbf{r}}{r^3}, \qquad m_2\frac{d\mathbf{v}_2}{dt} = -k_e q_1 q_2 \frac{\mathbf{r}}{r^3} \tag{1.4}$$

によって記述される.ここで電荷間の距離ベクトルを $\mathbf{r} = \mathbf{z}_1 - \mathbf{z}_2$,その大きさを $r = |\mathbf{z}_1 - \mathbf{z}_2|$ と表した.万有引力のもとに 2 質点の運動を考えるのと同様だ.この 2 つの運動方程式からエネルギー,運動量,角運動量の保存則

$$\frac{d}{dt}\left(\frac{1}{2}m_1 v_1^2 + \frac{1}{2}m_2 v_2^2 + k_e \frac{q_1 q_2}{r}\right) = 0$$

$$\frac{d}{dt}(m_1 \mathbf{v}_1 + m_2 \mathbf{v}_2) = 0$$

$$\frac{d}{dt}(m_1 \mathbf{z}_1 \times \mathbf{v}_1 + m_2 \mathbf{z}_2 \times \mathbf{v}_2) = 0$$

を導くことができる.多数の電荷がある場合も同様である.

運動方程式 (1.4) を立てるにあたり,電荷が運動しているときもクーロン力がそのまま適用されることを前提にした.だが,クーロンの法則が成り立つのは,両方の電荷が静止しているか,力を及ぼす電荷が静止している場合だけで,運動する電荷間にはクーロン力のほかに,速度と加速度を含んだ力が働く.その力は 14.4.3 節で見るように複雑な式だ.ここでは電磁気学の全体像を予め

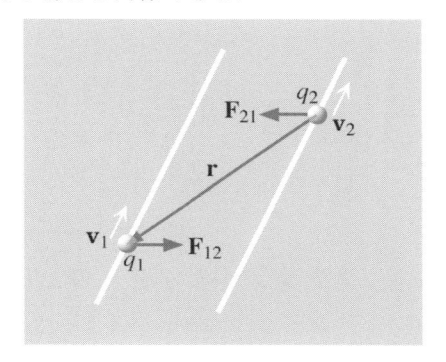

図 1.5 運動する点電荷に働く力

鳥瞰できるように,1 つの式を天下り的に書いておこう.速度 $\mathbf{v}_1$ と $\mathbf{v}_2$ の大きさが光速度 c に比べて小さい場合,q_2 が q_1 に及ぼす力はクーロン力に

$$\mathbf{F}_{12} = k_m q_1 q_2 \mathbf{v}_1 \times \left(\mathbf{v}_2 \times \frac{\mathbf{r}}{r^3}\right) \tag{1.5}$$

で与えられる力が加わる.ベクトルの積については A.1.1 節にまとめてある.$k_m > 0$ はこの力を特徴づける比例係数である.力の大きさがそれぞれの電荷の大きさに比例し,距離の 2 乗に逆比例することはクーロン力と同様だが,どちらの粒子が静止してもこの力は働かない.

この力の著しい特徴は中心力ではないということだ.図 1.5 のように,電荷 q_1,q_2 が,2 本の平行な線上に滑らかに拘束されて運動する場合を考えて

みよう．このときベクトル積 $\mathbf{v}_2 \times \mathbf{r}$ は紙面の裏から表に向かう方向を向いている．$\mathbf{v}_1 \times (\mathbf{v}_2 \times \mathbf{r})$ は平行線と同一平面内のベクトルで，q_1 と q_2 が同一符号であれば引力だが，クーロン力と異なり，2つの電荷を結ぶ方向を向いていない．実際，3つのベクトルの積の公式 (A.4) を使うと (1.5) は

$$\mathbf{F}_{12} = k_\mathrm{m} q_1 q_2 \left(\mathbf{v}_1 \cdot \frac{\mathbf{r}}{r^3} \mathbf{v}_2 - \mathbf{v}_1 \cdot \mathbf{v}_2 \frac{\mathbf{r}}{r^3} \right) \tag{1.6}$$

のように書きかえることができる．括弧内の第 2 項は $\mathbf{r}$ の方向を持つから中心力だが，$\mathbf{v}_2$ の方向を持つ第 1 項は中心力ではない．一方，q_1 が q_2 に及ぼす力は，(1.6) において 1 と 2 を入れかえればよいから，$\mathbf{z}_2 - \mathbf{z}_1 = -\mathbf{r}$ に注意して

$$\mathbf{F}_{21} = k_\mathrm{m} q_1 q_2 \left(-\mathbf{v}_2 \cdot \frac{\mathbf{r}}{r^3} \mathbf{v}_1 + \mathbf{v}_1 \cdot \mathbf{v}_2 \frac{\mathbf{r}}{r^3} \right)$$

になる．$\mathbf{r}$ の方向を持つ中心力の部分は $\mathbf{F}_{12}$ と $\mathbf{F}_{21}$ で打ち消しあうが非中心力は，図で示したような $\mathbf{v}_1$ と $\mathbf{v}_2$ が平行になる場合以外は一般に打ち消されることはない．この非中心力については 1.7 節で述べることにする．

1.6 ファラデイとマクスウェル：場の理論

英語の電気の語源はギリシャ語の琥珀で，エリザベス一世の侍医ギルバート (W. Gilbert, 1540-1603) が名づけた．琥珀を摩擦すると羽毛などを引きつけることを古代ギリシャ人は知っていた．間に何も介さないで物体を引きつける現象は神秘的であり，琥珀に宿る霊魂がそうさせるのだと考えていた．磁石が鉄粉を引きつける力もまた間に何も介さないように見える．中国人はかつて「慈石」の字を使い，『神農本草』では「慈石の鉄を取ること，慈母の子を招くが如し」と述べている．モーツァルトの歌劇『女はみなこうしたもの』で，侍女のデスピーナが医者に変装し，磁気療法を施す場面がある．モーツァルトと親交のあったメスマーの唱えた動物磁気説が当時もてはやされていた．接触しないで互いに力を及ぼす現象は古代人でなくても不思議である．

電気と磁気の力を初めて科学的に説明しようとしたのがギルバートである．ギルバートは電気の引力について，摩擦された物体から放出された微粒子が元に戻るときに物体を引き寄せるとする微粒子説を唱えた．「中間の媒介物を

通して力が作用する」とする考え方を近接作用論,「距離を隔てて直接作用する」とする考え方を遠隔作用論と言う.デカルトは,すべての力が,圧力や張力のように,空間を満たす微細物質を通して伝わる近接作用であると信じていた.だが,ニュートン力学が成功した後では,クーロン力と万有引力の類似から,電気力も遠隔力であるとする考え方が主流になっていった.アンペール,ノイマン (F. Neumann, 1798-1895),ヴェーバーの電気力学はこのような遠隔作用論だった.

それに対し,ファラデイは,電気の作用が電荷の間にある媒質を順々に変えていくことによって伝わっていくものと考えた.ファラデイがその考えを唱道するとき常に引用したのは,1693年にニュートンがベントリーに宛てて書いた手紙の中の「1つの物体がもう一方に,力を伝達する媒介物なく,真空を通して作用するなどというのは,哲学的思考能力のある人間なら絶対に陥らない馬鹿げた考え方である」という言葉だった.もし電気力が中間の媒質によって伝えられるなら力はその媒質によって変化するはずだろう.そして電気力が間にある媒質によって伝わるなら,間に何もない

図 1.6 ファラデイ

真空においても,力は真空を順々に変えていくことによって伝わっていくものと考えた.このファラデイの近接作用論を定式化したのがマクスウェルである.マクスウェルは,流体中の力が流体の応力によって伝えられるように,クーロン力が電荷を取り巻くエーテル中につくられた「電気的緊張状態」から生じる応力によっても表すことができることを示した.さらに,この緊張状態を表す量に対するマクスウェル方程式という理論体系をつくり上げたのである.そして,その方程式によって光速度で伝搬する電磁波を予言し,光の電磁波説を唱えるのである.

中世イスラムのアル・ハイサム (Ibn Al Haytham, 965-1038) は光が有限速度で伝わると考えていた(空気中の粒子のために日中空が明るくなると考

えたのもアル・ハイサムが最初である).1638 年の『新科学対話』でガリレイ (G. Galilei, 1564-1642) は光速度測定の企てを述べているが成功しなかった. その最初の証拠は天体の観測で得られた. レーマー (O. Rømer, 1644-1710) は 1675 年,木星の衛星イオの食の間隔が,木星が地球に近づくときと遠ざかるときで異なる現象を,光が有限で一定の速度を持つとすることによって説明した. また 1728 年にはブラッドリー (J. Bradley, 1693-1762) が,地球の公転と光速度が有限であることによって生じる星の光行差の測定によって,光速度 $3.08 \times 10^8 \, \mathrm{m\,s^{-1}}$ を得た. 1849 年にはフィゾーが回転歯車を用いて,地球上の実験で初めて光速度 $3.14858 \times 10^8 \, \mathrm{m\,s^{-1}}$ を決めた. フーコーは同じ年に回転鏡の方法で光速度を測定した. それは 1834 年にホイートストン (C. Wheatstone, 1802-75) が導線を伝わる電流の速さを測定するために用いた方法で,その結果は $4.6 \times 10^8 \, \mathrm{m\,s^{-1}}$ だった. 1846 年に,ホイートストンは王立研究所でこの注目すべき結果について講演する予定だったが,内気で話の下手なホイートストンにかわってファラデイがその内容を説明し,さらに,光が電気力線の振動であるという大胆な仮説をつけ加えた. 1861 年にマクスウェルは真空中の電磁波の速度 c が

$$\frac{k_\mathrm{e}}{k_\mathrm{m}} = c^2 \tag{1.7}$$

によって決まることを発見し,ヴェーバーとコールラウシュ(R. Kohlrausch, 1809-58) が 1856 年に測定した $k_\mathrm{e}/k_\mathrm{m}$ 比から $c = 3.1074 \times 10^8 \, \mathrm{m\,s^{-1}}$ を得た. 電磁波の伝搬速度がフィゾーの光速度の測定値とあまりにも近いことから,躊躇なく,光が電磁波であることを結論したのである.

レイリーが青空の理論を発表した 1871 年は,田舎に引き込んでいたマクスウェルが,創設されたケンブリッジ大学実験物理学教授に招かれた年だが,マクスウェルが光の電磁波説を唱えてからすでに 10 年が経っていた. だが,その理論は実験的検証もなく,多くの理論の中の 1 つとみなされているに過ぎなかった. マクスウェルの後任になるレイリーも,1871 年の論文ではマクスウェル理論ではなく,光を弾性体の波動とする理論を採用した(1881 年にマクスウェル理論によって再導出している). マクスウェル理論がヘルツ (H. Hertz, 1857-94) の実験によって確かめられるのは 1886 年のことだ.

マクスウェル方程式に感動したボルツマンが『電気と光のマクスウェル理

論講義』第 2 巻 (1893) でゲーテの『ファウスト』からファウストの独白「神秘的な人知れぬ作用によって，自然の力をおれの身のまわりにさらけ出し，胸の中を静かな歓びで満たす，この符を記したのは神であろうか？」（ゲーテの原文と少し違う）を引用したのは有名である．ただし，マクスウェルのどの論文を読んでも，現在マクスウェル方程式として知られる美しい 4 つの式を見つけることはできない．今日の形にしたのはヘヴィサイド (1885) とヘルツ (1890) である．マクスウェル自身は電磁的現象が真空中を満たしているエーテルの電気的緊張状態の性質であると考えていたから，電場や磁場は二義的だった．ゾマーフェルト (A. Sommerfeld, 1868-1951) は「ヘルツの最も重要な論文「静止物体に対する電気力学の基本方程式」を読んだとき，目から鱗が落ちた．そこではヘヴィサイドとヘルツによって整備されたマクスウェル方程式が公理的基礎になっている．すべての電磁現象はそこから系統的に導かれるのである」と述べている．ファラデイが考えた場の概念は電磁気学を超え，今日では物理学の基本的考え方になっている．万有引力も，一般相対論によれば重力場を介する近接作用であり，現在では遠隔作用は存在しないと考えられている．

1.7　ローレンツ：それでも電子は回る

すでに注意したように，速度に依存する力 (1.5) は中心力ではなかった．したがって作用反作用の法則が成り立っていない．そのため，2 つの力を加えると

$$m_1 \frac{d\mathbf{v}_1}{dt} + m_2 \frac{d\mathbf{v}_2}{dt} = k_\mathrm{m} q_1 q_2 (\mathbf{v}_1 \times \mathbf{v}_2) \times \frac{\mathbf{r}}{r^3} \neq 0 \tag{1.8}$$

になる．2 つの電荷は互いに力を及ぼしあうが，そのほかには力が働かない孤立した系をつくっているはずなのに，その重心は加速されてしまう．その理由を考えてみよう．

マクスウェル理論によってそれまでの遠隔作用論のすべてが否定されたように言うのは誤りである．1.4 節でも述べたように，マクスウェルは電子の存在を認めなかった．マクスウェルは，鈴が振動して空気を揺り動かし音波をつくるように，エーテル中の緊張状態を表す分子が振動してエーテルを振

動させ電磁波をつくるとし，電荷や電流が電磁波をつくるとは考えなかった．電荷はそれを取りまく媒質の状態量とし，電流は導体中の緊張状態が破壊されることによって生じる現象と考えた．マクスウェルのエーテル理論の限界をミリカンはその著書『電子』(1917) で「橋の上の男が橋の材木に緊張状態をつくる，と言うのと，男そのものが緊張状態である，と言うのは大違いである」と例え話をしている．これに対し，アンペールやヴェーバーから始まる大陸派は，電荷を担う物質が存在し，それらが何もない真空を隔てて直接相互作用すると考えた．すなわち，すべての電気的現象の原因は電荷を持った粒子であると考えた．だが，それらに働く力は遠隔作用という欠陥があった．遠隔作用というのは，その効果が時間の遅れなく瞬間的に一方から他方に伝わると仮定している．だが，電荷間に働く力が媒介物を通して作用するなら力は有限の速度を持って空間を伝わっていくはずだ．1845 年にはガウスがヴェーバーに宛てた手紙で，電気的な作用が伝搬するのに有限の時間が必要であるとする考え方を表明している．上でも触れたように，ファラデイは遠隔作用が不可能であるというニュートンの見解をよりどころにしていた．そして，リーマン (B. Riemann, 1826-66) は，その同じニュートンの言葉を根拠にして，電気信号が光速度で伝搬する理論を 1858 年に提出していた（2つの積分の順序を理由なく交換するという間違いのため自信作の論文を取り下げてしまった．あのリーマンが計算間違いをするのだ．われわれが間違ってもがっかりすることはない）．またローレンスは 1867 年に，マクスウェルとは独立に，マクスウェルと等価の（エーテルを否定したという意味でより進んだとも言える）電磁理論をつくり，光速度で伝搬する電磁ポテンシャルの理論を提唱した．ヴェーバーの電子論を復活させ，電荷を担う物質とそれを伝える媒質を分離して，電気の原子論の中でマクスウェルの場の理論をつくりかえたのはローレンツ (H. A. Lorentz, 1853-1928) である (1892)．ローレンツは物質を構成する電荷とその運動がその周囲のエーテルを変化させ，そのエーテル中の波動，すなわち電磁波が光速度で伝搬し，ほかの電荷に作用するとしたのである．

この節の最初で述べた矛盾は，電磁場がそれ自体でエネルギー，運動量，角運動量を持ち，電荷に作用する物理的な実在物であるという事実によって説明できる．電荷 q_2 が加速運動をすると電磁波を放射するが，その電磁波は光

速度 c で伝搬し，電荷 q_1 に達してその運動に影響を与える．q_2 が電磁波を放射してから q_1 に達するまでの時間 Δt の間は，q_2 の運動量だけが変化し，q_1 の運動量は変化しない．もし運動量が，物質のみが持つ性質であるとすると，この中間の段階では運動量が保存されていないことになる．運動量だけでなく，エネルギーも角運動量も保存されていない．したがって2つの電荷だけでは閉じた力学系をつくらないのである．

エネルギー，運動量，角運動量の保存則は，電磁場の寄与 U, $\mathbf{G}$, $\mathbf{\Gamma}$ を加えて

$$\frac{\mathrm{d}}{\mathrm{d}t}\left(\frac{1}{2}m_1v_1^2 + \frac{1}{2}m_2v_2^2 + U\right) = 0$$

$$\frac{\mathrm{d}}{\mathrm{d}t}(m_1\mathbf{v}_1 + m_2\mathbf{v}_2 + \mathbf{G}) = 0$$

$$\frac{\mathrm{d}}{\mathrm{d}t}(m_1\mathbf{z}_1 \times \mathbf{v}_1 + m_2\mathbf{z}_2 \times \mathbf{v}_2 + \mathbf{\Gamma}) = 0$$

としなければならない．太陽が放射した電磁波は $\Delta t =$ 約8分後に地球に到達し，空気中の分子によって散乱された青い色がわれわれの目に飛び込んでくる．おうし座かに星雲の超新星爆発は，宋の楊惟徳が観測した記録が『宋会要』に残り，藤原定家が『明月記』に陰陽寮の記録を残し，バグダードの医師イブン・ブトランの記録が医学書 (1242) に残ったが，超新星爆発で放射した電磁波は $\Delta t = 6500$ 年後の1054年に地球に到達した．このような現象を遠隔作用で記述することはできない．

1.8　ガリレイとアインシュタイン：相対性原理

図1.5において，2つの電荷が互いに平行に初速度 $\mathbf{v}$ で運動を始めた場合を考えてみよう．非中心力は，$\mathbf{F}_{12}$ では $\mathbf{v}_1 \cdot \mathbf{r} = 0$，$\mathbf{F}_{21}$ では $\mathbf{v}_2 \cdot \mathbf{r} = 0$ になり線に沿っての力が働かないから2つの電荷は等速度運動をする．任意の時刻で $\mathbf{F}_{12}$ は

$$\mathbf{F}_{12} = -k_\mathrm{m} q_1 q_2 v^2 \frac{\mathbf{r}}{r^3}$$

である．$k_\mathrm{m} > 0$ により，力の向きがクーロン力と逆である．この力は次のように考えると不思議である．2つの電荷が平行に等速度で運動する，と言う

とき，暗黙の前提として，それを観測するわれわれは静止しているものとし，そこで座標系を設定し，2つの電荷の運動を記述している．だが，電荷と同じ速度で運動する観測者から見れば2つの電荷は静止している．それらの間に働く力はクーロン力しかない．元の座標系の観測者はなぜ余分な力を観測するのだろうか．

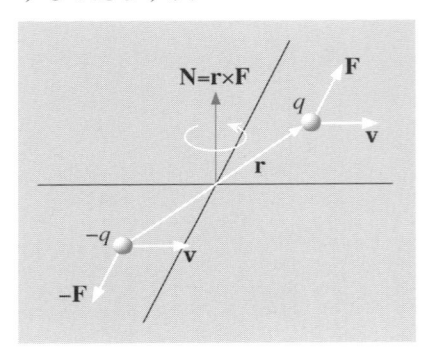

図 1.7 サールの思考実験

サール (G. F. C. Searle, 1864-1954) は 1896 年に，正負に帯電した平行板コンデンサーを一定速度で運動させるという思考実験を考えた．図 1.7 のように，コンデンサーの中心から対称の位置にある極板上の正負の電荷を考えてみよう．2つの電荷間の距離 r は一定であるから電荷を棒の両端に固定して運動させたと思えばよい．クーロン力は棒の方向を向いているから棒にトルクは作用しないが，速度に依存する非中心力 $\mathbf{F}$ は棒にトルク $\mathbf{N} = \mathbf{r} \times \mathbf{F}$ を与える．コンデンサーの両極板のすべての電荷対はトルクを受けコンデンサーは回転するはずである．ところが，コンデンサーと同じ速度で運動する観測者から見ればこのようなトルクは働いていないからコンデンサーは回転するはずがない．実際，フィッツジェラルド (G. F. FitzGerald, 1851-1901) の提案に基づいて 1903 年にトルートン (F. T. Trouton, 1863-1922) とノーブルが行った実験で，運動するコンデンサーは回転しなかった．同様の実験は 1888 年にレントゲン (W. C. Röntgen, 1845-1923) が行い，同じ結論を得ていた．

ニュートン方程式によれば加速度は力に比例する．運動物体の速度はどの座標系を取るかによって違うが，互いに等速度運動する座標系では加速度は不変であり，したがって力も不変である．ガリレイはコペルニクス (N. Copernicus, 1473-1543) の地動説（太陽中心説）を支持するために『天文対話』(1632) を書いた．その中で，船の帆柱の上から落下する鉛を観測する場合を例に取り，鉛は船の運動によらず常に船上の同じ場所に落下することから，船上で鉛の

運動を観測している限り，それによって船の速度を決めることができない．船も大地も区別する理由がない以上，塔の上から自由落下する小石が常に塔の根元に落下することが地球が不動であることの根拠にはならない，と地動説を擁護した．こうしてガリレイは力学の法則が船や大地の速度とかかわりなく同じであることに気づいた（ガリレイは論理的にこの結果を予想したが実験はしなかった．1640 年にガサンディー (P. Gassendi, 1592-1655) がマルセーユ沖で船の帆柱からの落下実験を実行した）．互いに一定速度で運動する異なる観測者で物理法則が同じ形を取るとする法則をガリレイの相対性原理と言う．運動する電荷間の力 (1.5) はこの原理に反している．

運動の第 1 法則（ガリレイの慣性の法則）は，物体が力を受けない限り等速度運動をするというものだった．力を受けない物体が等速直線運動する座標系を慣性系と呼ぶ．任意の慣性系において物理法則は同じ形を取らなければならないというのがニュートン力学におけるガリレイの相対性原理である．だが，電磁気学における速度に依存する力 (1.5) の存在はニュートン力学が正確には成り立たないことを意味する．アインシュタインはニュートン力学を修正して相対論を普遍的な法則として確立したのである．1905 年のことだ．

図 **1.8** アインシュタイン

1.9 電磁気の単位

電荷 q_2 が q_1 に及ぼす力は，クーロン力 (2.1) と速度に依存する力 (1.5) を合わせて

$$\mathbf{F}_{12} = q_1 \left(\mathbf{E} + \frac{1}{\gamma} \mathbf{v}_1 \times \mathbf{B} \right)$$

と書くことができる．$\mathbf{E}$ と $\mathbf{B}$ は，q_2 がつくる電場と磁場

$$\mathbf{E} = k_\mathrm{e} q_2 \frac{\mathbf{r}}{r^3}, \qquad \mathbf{B} = \gamma k_\mathrm{m} q_2 \mathbf{v}_2 \times \frac{\mathbf{r}}{r^3}$$

で，k_e, k_m, γ は単位の取り方によって決まる．さらに，$k_\mathrm{e} = k/\epsilon_0$, $k_\mathrm{m} = k\mu_0/\gamma^2$ と置き，ϵ_0 を真空の誘電率，μ_0 を真空の透磁率と言う．(1.7) から $\gamma^2 = \mu_0 \epsilon_0 c^2$ である．k は自由に選べる．

$k = 1$ とする単位のうち，静電単位は $\epsilon_0 = 1$, $\mu_0 = \frac{1}{c^2}$, 電磁単位は $\epsilon_0 = \frac{1}{c^2}$, $\mu_0 = 1$ とする．いずれも $\gamma = 1$ である．ガウス単位では，$\epsilon_0 = \mu_0 = 1$ であるから，$\gamma = c$ になり，電場と磁場を同じ単位で測ることになる．その上，$k = 1/4\pi$ とすると基本方程式に単位球の表面積 4π が現れない．ヘヴィサイド (1882) が唱道し，ローレンツが採用したヘヴィサイド単位（ヘヴィサイド - ローレンツ単位）である．ヘヴィサイドの呼び方に従って有理化単位と言う（ヘヴィサイドは有理化という用語を好んだ）．電場と磁場を同じ単位で測るガウス単位あるいはヘヴィサイド単位が合理的で美しい．ジョルジ単位 (G. Giorgi, 1871-1950) から発展した SI 単位も有理化単位だが，長さ (m)，質量 (kg)，時間 (s) に，電流の単位，アンペア (A) を加えた 4 元単位で，$\epsilon_0 = 10^7/4\pi c^2$, $\mu_0 = 4\pi \times 10^{-7}$ とする．電荷の単位はクーロン (C = A s) である．k_e, k_m は

$$k_\mathrm{e} = \frac{1}{4\pi\epsilon_0}, \qquad k_\mathrm{m} = \frac{\mu_0}{4\pi} \tag{1.9}$$

になる．だが，真空が 1 と異なる誘電率や透磁率を持つのは変である．真空中においても，$\epsilon_0 \mathbf{E}$ や $\frac{1}{\mu_0}\mathbf{B}$ を異なる物理量として導入する SI 単位は不合理だ．また，$\gamma = 1$ になり，電場と磁場の単位が異なる．シュウォーツ (M. Schwartz, 1932-2006) は『電気力学の原理』(1972) 序文で「電場 $\mathbf{E}$ と磁場 $\mathbf{B}$ が同じ単位となる系が必要である．現在制定されている mks 単位を電磁理論に用いることは，東西をメートルで，南北をヤードで測るようなものである．電場 $\mathbf{E}$ と磁場 $\mathbf{B}$ を異なる単位で測るのは相対論的不変性の全概念に真っ向から反している」と言っている．だが，実用上は SI 単位を使うことになっているので本書もそれに従う．

CHAPITRE 2

Champ électrique
電場

2.1 クーロン：静止した電荷間に働く力

水素原子は陽子を原子核とし1つの電子を持つ．陽子も電子も質量を持つから両者の間に万有引力が働く．ニュートンの万有引力の法則は次のようにまとめることができる．2つの質量 m_1, m_2 の間に働く力は常に引力で，2つの質量を結ぶ方向にあり（中心力），力の大きさは m_1, m_2 それぞれに比例し，距離の2乗に反比例し（逆2乗則），m_1 に働く力と m_2 に働く力は大きさが等しく向きが逆である（作用反作用の法則）．

これらを式で表してみよう．m_1, m_2

図 2.1　クーロン

が位置 $\mathbf{z}_1$, $\mathbf{z}_2$ にあるとき，$\mathbf{z}_1 - \mathbf{z}_2$ は2から1へ向かう距離ベクトルである．その長さを $|\mathbf{z}_1 - \mathbf{z}_2|$ で表すと，$(\mathbf{z}_1 - \mathbf{z}_2)/|\mathbf{z}_1 - \mathbf{z}_2|$ は2から1へ向かう単位ベクトルである．したがって，万有引力定数を G とすると，m_1 に働く力は

$$\mathbf{F}_{12} = -G m_1 m_2 \frac{1}{|\mathbf{z}_1 - \mathbf{z}_2|^2} \frac{\mathbf{z}_1 - \mathbf{z}_2}{|\mathbf{z}_1 - \mathbf{z}_2|}$$

で与えられる．m_2 には $\mathbf{F}_{21} = -\mathbf{F}_{12}$ が働く．だが，ボーアの原子模型で，も

し原子核と電子を結合させる力が万有引力であると仮定すると，水素原子の大きさは宇宙の大きさをはるかに超えてしまう．万有引力は原子をつくるには弱すぎる．

ニュートンの法則の成功は重力以外にも大きな影響を与えた．1750年にミッチェル (J. Michell, 1724-93)，1760年にマイアー (J. T. Mayer, 1723-62) が，磁極間に働く逆2乗力を発見した．1789年にはクーロン (C. Coulomb, 1736-1806) によって再実験が行われた（この法則もクーロンの法則と呼ばれている）．だが，電荷に対応する磁荷を持つ粒子はいまだに発見されていない．磁極間に働く力を基本的相互作用と考えることはできない．原子核と電子を結合させる力は電荷間に働くクーロン力である．

クーロン力も，その大きさは別として，万有引力に似た性質を持っている．2つの電荷 q_1 と q_2 の間に働く力は中心力で，力の大きさは q_1, q_2 それぞれに比例し，逆2乗則と作用反作用の法則が成り立つ（電荷を q で表すのは英語の電気「量」からである）．式で表すと，比例係数を k_e として，q_1 に働く力は

$$\mathbf{F}_{12} = k_e q_1 q_2 \frac{1}{|\mathbf{z}_1 - \mathbf{z}_2|^2} \frac{\mathbf{z}_1 - \mathbf{z}_2}{|\mathbf{z}_1 - \mathbf{z}_2|} \tag{2.1}$$

である．q_2 には $\mathbf{F}_{21} = -\mathbf{F}_{12}$ が働く．

電荷間の逆2乗則を最初に発見したのはロビソン (J. Robison, 1739-1805) で，同種電荷，異種電荷の導体球間でそれぞれ逆2乗則に近い斥力と引力を得た（1769年．公表は1801年および1822年）．クーロンは1785年にねじり秤を用いて，帯電した導体球間に働く力を測定し逆2乗則を確立した．クーロンは測定誤差を評価していないから，どの程度逆2乗則が成り立つことを確かめたかわからない．実際，電荷間の力を直接測定することは今日でも難しい．フランクリン (B. Franklin, 1706-90) は，帯電した銀製の容器の外に置いたコルクが容器に引きつけられるのに，容器の中に釣り下げたときは容器に引きつけられないことを発見した (1755)．それを手紙で知ったプリーストリー (J. Priestley, 1733-1804) は，金属容器では電荷が容器の外側表面に分布することを確かめた．そこで万有引力と電気力の類似に着目した．ニュートンが示したように，球殻状質量内部では物体に万有引力が働かない．プリーストリーは電荷間に働く力も万有引力と同じく逆2乗則が成り立つと推測したのであ

る (1766). このような 0 を測定するヌル実験の方が精度が高い. 逆 2 乗則を最初に定量的に測定したのはキャヴェンディシュ (H. Cavendish, 1731-1810) である. キャヴェンディシュは 1772 年に帯電球殻内部に同心導体球を導線でつなぎ, 外側の球殻に電荷を与えたが, 外球の電荷が内球にほとんど移動しないことを確かめ, $r = |\mathbf{z}_1 - \mathbf{z}_2|$ として, 電気力の大きさを $r^{-2-\delta}$ に比例するとしたとき $|\delta| < 1/50$ を得た. キャヴェンディシュはこの結果を発表しなかったが, 100 年以上経った 1879 年に W. トムソン, 後のケルヴィン卿 (W. Thomson, Lord Kelvin, 1824-1907) の意を受けたマクスウェルが遺稿を公刊した. マクスウェルも 1878 年に, マカリスター (D. MacAlister, 1854-1934) と共同で, 同じ方法を用いて再実験を行い, $|\delta| < 1/21600$ を得た. 今日では, 水素原子の構造をほとんど完全に理解できることも, クーロンの法則が微視的世界でも極めて正確に成り立つ証拠になっている.

電気力が万有引力と異なるのは電荷に 2 種類あることだ. 同種電荷間の斥力を発見したのはゲーリケ (O. von Guericke, 1602-86) である. 帯電した硫黄球に金箔などが引き寄せられた後, 必ず反発することを見つけた. 硫黄球の持つ電気が金箔に移動し斥力が働いたと考えられる. さらに 1733 年デュ・フェー (C.-F. du Fay, 1698-1739) は, ガラス棒で帯電させた金箔が樹脂棒に引き寄せられることから, 電気には 2 種類あり, 異種電荷は引きつけあうことを発見した. デュ・フェーが区別したガラス電気, 樹脂電気をフランクリンが正電気, 負電気と命名したため, 電子の電荷が負と定義されることになった. 2 種類の電荷を, 代数的に和を取ることができる正負としたのは, 電気流体説を唱えたからである (1747). 中性の物体には電気流体が過不足なく存在するが, 摩擦すると, 電気流体が過剰になった物体は正に, 不足になった物体は負に帯電すると考えた. 帯電を, 物体からの電気の移動とする考え方は, 現代にまで受け継がれている. また, 1 種類の電気流体の移動による帯電現象の説明は電荷保存則を意味している. 正負電荷が同時に, 厳密に同じ量だけ生じることを実験的に最初に検証したのはファラデイである (1843). 2 種類の電荷のどちらを正, 負と呼ぶかは単なる約束事だ. 重要なことは, 同種の電荷で斥力, 異種の電荷で引力になることである. したがって, 比例定数 k_e は, 万有引力とは逆に, 正である. 万有引力と電気力は, 見かけの類似にもかかわらず, 本質は極めて違う.

電子と陽子の間に働く万有引力とクーロン力の比は 4.4×10^{-40} である．地球の表面にある 1 つの電子が，地球の全質量 $M_\oplus = 5.976 \times 10^{24}$ kg から受ける万有引力と同じ大きさのクーロン力を受けるためには，地球の中心にわずかに約 2.6×10^{-15} kg の陽子を置けばよい！ 日常の世界でこのような巨大な力を意識することがないのは，電子と原子核の電荷がちょうど打ち消しあって，原子が電荷を持たないからである．天体の生成は，ジーンズ (J. H. Jeans, 1877-1946) が 1902 年に示したように，星間水素気体に密度のゆらぎが生じ，それが万有引力により水素を引きつけ，ジーンズ質量と呼ばれる臨界値を超えたとき，気体の圧力に抗して自己重力により収縮が起こることから始まると考えられている．もし電子の電荷と陽子の電荷が少しでも異なれば，水素原子間にクーロンの斥力が働き万有引力に逆らう．水素原子の電荷が δe であるとすると，天体が生成されるためには

$$k_e (\delta e)^2 < G m_H^2$$

でなければならない．水素原子の質量 $m_H = 1.674 \times 10^{-27}$ kg を使うと，$|\delta e| < 9.0 \times 10^{-19} e$ である．

クーロン力の性質として，電磁気学の基本になるのが重ね合わせの原理である．3 つの電荷 q_1, q_2, q_3 がある場合を考えよう．重ね合わせの原理とは，$\mathbf{F}_{12}$ が q_3 の存在によって影響を受けないということである．もちろん，$\mathbf{F}_{23}$ は q_1 の影響を受けないし，$\mathbf{F}_{31}$ は q_2 の影響を受けない．そこで，q_1 に働く力 $\mathbf{F}_1$ は $\mathbf{F}_{12}$ と $\mathbf{F}_{13}$ のベクトルとしての和 $\mathbf{F}_1 = \mathbf{F}_{12} + \mathbf{F}_{13}$ になる．点電荷が 2 つ以上ある場合も同様である．位置 $\mathbf{z}_1, \mathbf{z}_2, \ldots$ に電荷 $q_1, q_2, \ldots$ があるとする．その中の電荷 q_i に働く力は，それ以外の q_j から受ける力を加えた

$$\mathbf{F}_i = \mathbf{F}_{i1} + \mathbf{F}_{i2} + \mathbf{F}_{i3} + \cdots = k_e q_i \sum_{j \neq i} q_j \frac{\mathbf{z}_i - \mathbf{z}_j}{|\mathbf{z}_i - \mathbf{z}_j|^3} \tag{2.2}$$

である．

電荷間の力がそれぞれの電荷の大きさに比例するという性質を，クーロンは重力の法則から推定したが，それは重ね合わせの原理によって説明できる．2 つの電荷の塊が，その広がりに比べて十分離れていれば，それらの塊の間に働く力はそれぞれの電荷の代数和に比例するからである．クーロン力は素粒子間の力としてではなく，巨視的に電荷が集まった物体同士の間に働く力

として測定されたのだが，微視的世界でも巨視的世界でもまったく同じ力が働いているのはこの重ね合わせの原理のためである．クーロンも，巨視的な逆2乗力から電気流体を構成する分子間に逆2乗力を推定した．だが，電荷間の距離がどのように小さくてもクーロンの法則が成り立つとは考えられない．陽子は内部構造を持つ複合粒子で，その半径は 10^{-15} m 程度である．電子がその程度まで近づいたときには，電子陽子間の距離自体意味を失うだろう．クーロンの法則が成り立つためには2つの電荷間距離に比べ，それらの内部の電荷分布の範囲が小さくなければならない．このとき，それらを点電荷と呼ぶ．

2.2 電荷は電場をつくる

空間の位置 $\mathbf{z}_j$ に点電荷 q_j が固定されているとする．これに試験電荷 q_i を近づけてみよう．q_i と q_j の間に働く力はクーロンの法則によって与えられる．試験電荷の位置座標を $\mathbf{z}_i$ とし，試験電荷に働くクーロン力を $\mathbf{F}(\mathbf{z}_i)$ と書くことにしよう．$\mathbf{z}_j$ は固定されているから，あらわには書かないことにする．すでに述べたように，クーロン力は遠隔作用の考え方に基づいている．同じ実験事実を近接作用の考え方で解釈できないだろうか．そのために，$\mathbf{F}(\mathbf{z}_i)$ を試験電荷で割った量

$$\mathbf{E}(\mathbf{z}_i) = \frac{\mathbf{F}(\mathbf{z}_i)}{q_i} = \frac{q_j}{4\pi\epsilon_0} \frac{\mathbf{z}_i - \mathbf{z}_j}{|\mathbf{z}_i - \mathbf{z}_j|^3}$$

を考えよう．こうして定義した $\mathbf{E}(\mathbf{z}_i)$ は試験電荷の大きさ q_i によらず，電荷 q_j が与えられれば，$\mathbf{z}_i$ に電荷があるなしにかかわらず決まる量で，空間の任意の位置で定義することができる．遠隔作用論では2つの電荷があって初めて力が働くと考えるのだが，$\mathbf{E}(\mathbf{z}_i)$ は q_i によらないから，q_i を小さくしていっても変化せず，q_i が 0 の場合でも，すなわち，試験電荷がなくても $\mathbf{E}(\mathbf{z}_i)$ を定義できる．そのため，$\mathbf{z}_i$ は電荷の位置座標という力学的意味を失い，単に空間の場所を表すだけになる．そこで，近接作用の考え方では，クーロン力を次のように解釈する．電荷 q_j はその周囲の空間の任意の位置 $\mathbf{x}$ に

$$\mathbf{E}(\mathbf{x}) = \frac{q_j}{4\pi\epsilon_0} \frac{\mathbf{x} - \mathbf{z}_j}{|\mathbf{x} - \mathbf{z}_j|^3} \tag{2.3}$$

をつくる．試験電荷 q_i を位置座標 $\mathbf{z}_i$ に持ってくると，$\mathbf{x} = \mathbf{z}_i$ での $\mathbf{E}(\mathbf{z}_i)$ のため，試験電荷は力

$$\mathbf{F}(\mathbf{z}_i) = q_i \mathbf{E}(\mathbf{z}_i) \tag{2.4}$$

を受けるとするのである．$q_i = 0$ ならもちろん $\mathbf{F} = 0$ だが，$\mathbf{E}(\mathbf{x})$ 自体は，q_i の存在にかかわらず存在していると考えるのである．

一般に，空間の各位置で定義された物理量を場と言う．場とは畑だ．「熟れ返つた麦の穂がキンラキラして，うねつたり，凹んだり，扁平たく押つかぶさる」（北原白秋「崖の上の麦畑」）麦畑を思い描いてみよう．風が吹くと，麦の穂はゆれ動くため，無風状態での位置からずれる．このずれを表すベクトル $\mathbf{u}$ は麦が生えている位置座標 $\mathbf{x}$ によって異

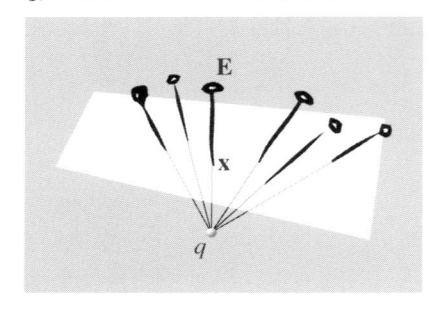

図 2.2 点電荷のつくる場

なり，また時間 t の関数でもあるから，風になびく麦の穂の位置は $\mathbf{u}(\mathbf{x}, t)$ と書ける．これが場の量である．この例からわかるように，$\mathbf{u}$ が力学変数であって，$\mathbf{x}$ は単に場所を表す番号のようなものにすぎない．

位置座標の関数である物理量が大きさだけを持つ場合をスカラー場，大きさばかりでなく方向と向きを持つ場合をベクトル場，などと言う．$\mathbf{E}$ はベクトル場で電場と言う．時間変化しない定常状態では，電気力は，遠隔作用によっても近接作用，すなわち，場によっても定式化できる．だが，電場をつくっている電荷を突然取り除いても全空間の電場がその瞬間に突然なくなることはない．1 章で述べた通り，電気的な信号は有限の速度（光速度）でしか伝わらないからである．電場は，定常状態では遠隔作用を表す数学的道具にしか見えないが，電荷とは独立に存在する物理的な実在物である．

近接作用論の考え方が遠隔作用と根本的に異なるのは，$\mathbf{E}(\mathbf{z}_i)$ において，$\mathbf{z}_i$ が試験電荷の位置を表す力学的自由度であるのに対し，$\mathbf{E}(\mathbf{x})$ において，$\mathbf{x}$ は空間の位置を表す単なる座標で，電場そのものが物理的自由度を表すことである．本書では，粒子の位置座標を表すときは，$\mathbf{z}, \mathbf{z}_1, \mathbf{z}_2, \ldots$ などを使い，

空間の位置を表すときは，$\mathbf{x}, \mathbf{x}', \mathbf{x}'', \ldots$ などと，記号をなるべく区別することにしよう．もっとも，すべてを矛盾なく表す記号法は伝統との兼ねあいで不可能である．$\mathbf{z}$ も $\mathbf{x}$ もその長さは r で表すことにしよう．

点電荷が 2 つ以上ある場合にも電場を定義できる．位置 $\mathbf{z}_1, \mathbf{z}_2, \ldots$ に点電荷 $q_1, q_2, \ldots$ があるとき，重ね合わせの原理によって

$$\mathbf{E}(\mathbf{x}) = \frac{1}{4\pi\epsilon_0} \sum_j q_j \frac{\mathbf{x} - \mathbf{z}_j}{|\mathbf{x} - \mathbf{z}_j|^3} \tag{2.5}$$

が得られる．(2.5) は，力学変数である荷電粒子の位置座標の関数として電場を定義している．物質は電子と原子核からなる多数の荷電粒子から構成されている．だが，巨視的な物質の性質を計算するのに，荷電粒子すべての運動を計算することは「ラプラースの悪魔」でもなければ不可能だ（デュ・ボア＝レモーン (E. du Bois-Reymond, 1818-96) は 1872 年の学会講演で，1814 年にラプラースが考えた悪魔を「ラプラースの悪魔」と呼んだ）．電子も原子核も，空間的な広がりは，それらの間に広がる真空に比べれば無視できる程小さい．それにもかかわらず物質を連続的に分布した電荷の集まりとみなすのが巨視的な見方である．電子や原子核の間隔より十分大きな体積の中には多数の荷電粒子が含まれているから，平均の電荷体積密度を定義できる．空間の任意の場所 $\mathbf{x}'$ での電荷密度を $\varrho(\mathbf{x}')$ とし，その場所で体積 $\Delta V'$ を持つ体積要素を考えよう．その体積 $\Delta V'$ に含まれる電荷量（電荷要素）$\varrho(\mathbf{x}')\Delta V'$ は点電荷とみなしてよいから，(2.5) を適用して，電場は

$$\mathbf{E}(\mathbf{x}) = \frac{1}{4\pi\epsilon_0} \sum_{\mathbf{x}'} \Delta V' \varrho(\mathbf{x}') \frac{\mathbf{x} - \mathbf{x}'}{|\mathbf{x} - \mathbf{x}'|^3}$$

で与えられる．$\mathbf{x}'$ についての和の意味は，有限個の体積要素の位置を表す $\mathbf{x}'$ によって体積要素に番号をつけ，それらを加えるということである．体積要素 $\Delta V'$ を無限小にする極限を取れば

$$\mathbf{E}(\mathbf{x}) = \frac{1}{4\pi\epsilon_0} \int dV' \varrho(\mathbf{x}') \frac{\mathbf{x} - \mathbf{x}'}{|\mathbf{x} - \mathbf{x}'|^3} \tag{2.6}$$

になる．被積分関数は $\mathbf{x}' = \mathbf{x}$ で分母が 0 になるから積分ができないように見えるが，$\mathbf{R} = \mathbf{x} - \mathbf{x}'$ に変数変換すると dV' は $R^2 = |\mathbf{x} - \mathbf{x}'|^2$ の因子を持つので分母の $|\mathbf{x} - \mathbf{x}'|^2$ を打ち消し，ϱ が有限である限り積分値は有限である．

電荷が曲面上の $\mathbf{x}'$ で,単位面積あたり $\sigma(\mathbf{x}')$ の電荷面密度で分布していれば,$\mathbf{x}'$ における面積要素 $\Delta S'$ にある電荷は $\sigma(\mathbf{x}')\Delta S'$ であるから電場は

$$\mathbf{E}(\mathbf{x}) = \frac{1}{4\pi\epsilon_0} \int dS' \sigma(\mathbf{x}') \frac{\mathbf{x} - \mathbf{x}'}{|\mathbf{x} - \mathbf{x}'|^3} \tag{2.7}$$

で与えられる.このように,曲面を面積要素 $\Delta S'$ に分割して和を取り,面積要素の大きさを無限小にしたとき得られる極限値を面積分と呼ぶ.

また,線上の $\mathbf{x}'$ に単位長さあたり $\lambda(\mathbf{x}')$ の線密度で電荷が分布しているとすると,線上の位置は 1 つの媒介変数 s' で指定できるから,線要素 $\Delta s'$ の中にある電荷は $\lambda(\mathbf{x}')\Delta s'$ である.この電荷がつくる電場は線積分

$$\mathbf{E}(\mathbf{x}) = \frac{1}{4\pi\epsilon_0} \int ds' \lambda(\mathbf{x}') \frac{\mathbf{x} - \mathbf{x}'}{|\mathbf{x} - \mathbf{x}'|^3} \tag{2.8}$$

で与えられる.

2.3 さまざまな電荷分布がつくる電場

代表的な対称性を持つ電荷分布のつくる電場を導いてみよう.

2.3.1 直線電荷がつくる電場

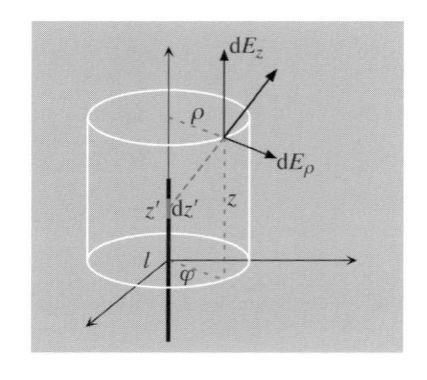

図 2.3 直線電荷のつくる電場

電荷分布が,ある直線を軸として対称であるときは円柱座標 (p. 324) を取ると便利である.中心軸を z 軸として選ぶと,電荷密度は方位角 φ に依存しないから,電場は z 軸を中心として,ρ 方向に広がるようにつくられ,その大きさは φ に依存しない.長さ l の直線上に,電荷が一様に線密度 λ で分布しているとき,図 2.3 のように,直線電荷の中点を座標の原点に取り,観測点を円柱座標で表す.

2.3 さまざまな電荷分布がつくる電場

線要素の位置を z' とすると，媒介変数は $s' = z'$ と選べばよいから，線要素 dz' の持つ電荷 $\lambda dz'$ がつくる電場 dE_ρ を積分すると

$$E_\rho(\mathbf{x}) = \frac{\lambda \rho}{4\pi\epsilon_0} \int_{-l/2}^{l/2} \frac{dz'}{\{\rho^2 + (z-z')^2\}^{3/2}}$$

$$= \frac{\lambda}{4\pi\epsilon_0 \rho} \left\{ -\frac{z-l/2}{\sqrt{\rho^2 + (z-l/2)^2}} + \frac{z+l/2}{\sqrt{\rho^2 + (z+l/2)^2}} \right\}$$

になる．ここで $z' - z = t$ と変数変換し，不定積分

$$\int \frac{dt}{(\rho^2 + t^2)^{3/2}} = \frac{t}{\rho^2 \sqrt{\rho^2 + t^2}} \tag{2.9}$$

を使った．同様に電場 dE_z を積分すると

$$E_z(\mathbf{x}) = \frac{\lambda}{4\pi\epsilon_0} \int_{-l/2}^{l/2} dz' \frac{z - z'}{\{\rho^2 + (z-z')^2\}^{3/2}}$$

$$= \frac{\lambda}{4\pi\epsilon_0} \left\{ \frac{1}{\sqrt{\rho^2 + (z-l/2)^2}} - \frac{1}{\sqrt{\rho^2 + (z+l/2)^2}} \right\}$$

になる．

l が小さいときの電場を知るためにはテイラー展開 (A.42) を使えばよい．

$$\frac{1}{\sqrt{\rho^2 + (z \pm l/2)^2}} = \frac{1}{r}\left(1 \pm \frac{lz}{r^2} + \frac{l^2}{4r^2}\right)^{-1/2} = \frac{1}{r} \mp \frac{lz}{2r^3} + \cdots \tag{2.10}$$

を用いて l の 1 次まで残すと（一般に $(1+x)^n \cong 1 + nx$ を 2 項近似と言う）

$$E_\rho(\mathbf{x}) \cong \frac{\lambda}{4\pi\epsilon_0 \rho} \left(\frac{l}{r} - \frac{lz^2}{r^3} \right) = \frac{\lambda l \rho}{4\pi\epsilon_0 r^3}, \qquad E_z(\mathbf{x}) \cong \frac{\lambda l z}{4\pi\epsilon_0 r^3}$$

になる．$r = |\mathbf{x}| = \sqrt{\rho^2 + z^2}$ は原点からの距離である．全電荷 λl を原点に置いたときの静電場

$$\mathbf{E}(\mathbf{x}) = \frac{\lambda l \mathbf{x}}{4\pi\epsilon_0 r^3}$$

になっている．

半無限の直線電荷の場合，$z = -\infty$ から $z = 0$ まで分布しているとすると

$$E_\rho(\mathbf{x}) = \frac{\lambda \rho}{4\pi\epsilon_0 r(r+z)}, \qquad E_z(\mathbf{x}) = \frac{\lambda}{4\pi\epsilon_0 r} \tag{2.11}$$

が得られる．さらに，直線電荷が無限に長い場合は，$l \to \infty$ で直線電荷に平行な成分 E_z は 0 になる．E_ρ は

$$E_\rho(\rho) = \frac{\lambda}{2\pi\epsilon_0}\frac{1}{\rho} \tag{2.12}$$

である．半無限の電荷の近傍でも電場は (2.12) になる．$z = -r$ の近傍では

$$r = \sqrt{x^2 + y^2 + z^2} = -z\sqrt{1 + \frac{x^2 + y^2}{z^2}} \cong -z - \frac{x^2 + y^2}{2z}$$

から

$$\frac{\rho}{r(r+z)} \cong \frac{2\rho}{x^2 + y^2} = \frac{2}{\rho} \tag{2.13}$$

になるからである．

2.3.2 円柱対称電荷がつくる電場

無限に長い直線電荷のように，電荷分布が軸対称で，その上，z 方向に並進対称性を持ち z にもよらないときは，電場は ρ 成分のみで ρ だけの関数である．このような円柱対称電荷の場合を考えてみよう．そのためにまず，無限に長い半径 a の円筒表面に電荷面密度 σ で一様に帯電しているときの電場を計算しよう．図 2.4 のように，観測点を $\mathbf{x} = (\rho, 0, 0)$ としても，対称性から一般性を失わない．電荷の位置を円柱座標 φ', z' で表し，面積要素 $dS' = a\,d\varphi'\,dz'$ の持つ電荷がつくる電場の ρ 成分 dE_ρ を積分公式 (2.9) によって積分すると

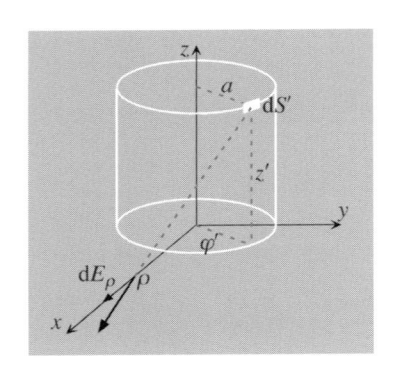

図 2.4 円筒電荷のつくる電場

$$\begin{aligned}E_\rho(\rho) &= \frac{\sigma a}{4\pi\epsilon_0}\int_{-\infty}^{\infty}dz'\int_0^{2\pi}d\varphi'\frac{\rho - a\cos\varphi'}{(a^2 + \rho^2 - 2a\rho\cos\varphi' + z'^2)^{3/2}} \\ &= \frac{\sigma a}{4\pi\epsilon_0 \rho}\int_0^{2\pi}d\varphi'\left(1 + \frac{\rho^2 - a^2}{a^2 + \rho^2 - 2a\rho\cos\varphi'}\right)\end{aligned}$$

になる．φ' について積分するためには，積分公式

$$\int_0^{2\pi} \frac{\mathrm{d}\varphi'}{\alpha - \cos\varphi'} = \frac{2\pi}{\sqrt{\alpha^2 - 1}}\theta(\alpha - 1) \tag{2.14}$$

を適用すればよい．$\theta(x)$ はヘヴィサイドの階段関数（A.2節）

$$\theta(x) = \begin{cases} 0, & (x < 0) \\ 1, & (x > 0) \end{cases} \tag{2.15}$$

である．この積分公式は，被積分関数の周期性から φ' の積分を 0 から π までの積分の 2 倍とし，$t = \tan(\varphi'/2)$ と変数変換した

$$\int_0^{2\pi} \frac{\mathrm{d}\varphi'}{\alpha - \cos\varphi'} = 4\int_0^\infty \frac{\mathrm{d}t}{\alpha - 1 + (\alpha + 1)t^2}$$

によって得られる．こうして

$$E_\rho(\rho) = \frac{\sigma a}{2\epsilon_0 \rho} + \frac{\sigma a}{2\epsilon_0 \rho}\frac{\rho^2 - a^2}{|\rho^2 - a^2|} = \frac{\sigma a}{\epsilon_0 \rho}\theta(\rho - a) \tag{2.16}$$

になる．円筒の外の電場は線電荷 $\lambda = 2\pi a\sigma$ のつくる電場と一致する．

任意の円柱対称電荷のつくる電場は次のように計算することができる．全空間を半径 ρ'，幅 $\mathrm{d}\rho'$ の円筒に分割すると，(2.16) において $\sigma = \varrho(\rho')\mathrm{d}\rho'$，$a = \rho'$ として得られる電場

$$\mathrm{d}E_\rho = \frac{\varrho(\rho')\mathrm{d}\rho'\rho'}{\epsilon_0 \rho}\theta(\rho - \rho') \tag{2.17}$$

を積分することによって

$$E_\rho(\rho) = \frac{\lambda(\rho)}{2\pi\epsilon_0 \rho} \tag{2.18}$$

が得られる．

$$\lambda(\rho) = 2\pi\int_0^\rho \mathrm{d}\rho'\rho'\varrho(\rho')$$

は半径 ρ，単位長さの円柱内に含まれる全電荷である．半径 a の円柱に電荷密度 ϱ で帯電しているとき，

$$E_\rho(\rho) = \frac{\varrho\rho}{2\epsilon_0}\theta(a - \rho) + \frac{\varrho a^2}{2\epsilon_0 \rho}\theta(\rho - a) \tag{2.19}$$

である．円柱の外の電場は線電荷 $\lambda = \pi a^2 \varrho$ のつくる電場と一致する．円柱内の電場は ρ に比例する．

2.3.3 平面電荷がつくる電場

無限に広がる平面に，面密度 σ で一様に分布した電荷がつくる電場を求めよう．電荷分布は軸対称だが，軸方向の並進対称性を持たない．平面上に xy 軸，それに垂直に z 軸を取る．平面のどこを取っても同等であるから，$\mathbf{x} = z\mathbf{e}_z$ で電場を計算しよう．平面上の位置を平面極座標 ρ', φ' で表すと，面積要素 $\rho' \mathrm{d}\varphi' \mathrm{d}\rho'$ に含まれる電荷は $\sigma \rho' \mathrm{d}\varphi' \mathrm{d}\rho'$ だが，φ' での電荷と $\varphi' + \pi$ での電荷のつくる電場は，それらの平面に平行な

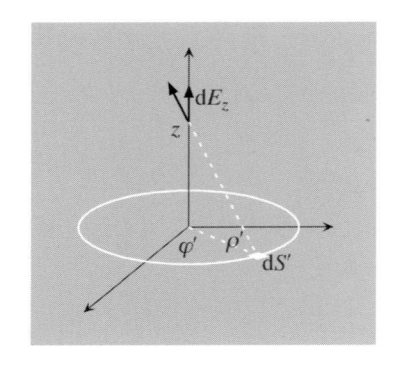

図 2.5 平面電荷のつくる電場

成分が，同じ大きさで向きが逆になり，互いに打ち消しあうから，$\mathrm{d}E_z$ のみを積分すればよい．したがって，電場は

$$E_z(z) = \frac{\sigma}{4\pi\epsilon_0} \int_0^\infty \mathrm{d}\rho' \rho' \int_0^{2\pi} \mathrm{d}\varphi' \frac{z}{(\rho'^2 + z^2)^{3/2}} = \frac{\sigma}{2\epsilon_0} \frac{z}{|z|} \quad (2.20)$$

で与えられる．右辺の最後の因子は，$z > 0$ で $+1$，$z < 0$ で -1 になる．つまり平面の上側では電場は上，下側では下を向いている．また電場の大きさは z によらず一定である．

この計算では，平面を円形の環に細分し，それぞれの環がつくる電場を加えることによって計算したが，平面を細い直線電荷に分割して，直線電荷のつくる電場を重ね合わせても計算できる．平面を x 軸に平行な幅 $\mathrm{d}y'$ の直線に分割するとその電荷線密度は $\sigma \mathrm{d}y'$ である．また，直線電荷のつくる電場の z 成分のみを計算すればよいから，(2.12) を使うと

$$\mathrm{d}E_z = \frac{\sigma \mathrm{d}y'}{2\pi\epsilon_0 \sqrt{y'^2 + z^2}} \frac{z}{\sqrt{y'^2 + z^2}}$$

になる．これを積分すれば

$$E_z(z) = \frac{\sigma}{2\pi\epsilon_0} \int_{-\infty}^\infty \mathrm{d}y' \frac{z}{y'^2 + z^2} = \frac{\sigma}{2\epsilon_0} \frac{z}{|z|} \quad (2.21)$$

になって同じ結果が得られる．

2.3.4 球対称電荷がつくる電場

電荷分布が原点からの距離 r のみに依存しているとき，電場は原点を中心として放射状につくられる．このようなときは球座標 (p. 325) が便利である．球座標で電場は $\mathbf{E} = E_r(r)\mathbf{e}_r$ になる．円柱対称電荷の場合と同様に，全空間を球殻に分割し，球殻電荷のつくる電場を重ね合わせればよいから，まず球殻の場合を考えよう．

半径 a の球殻に一様に面密度 σ で帯電しているとき，球殻の内外につくられる電場を計算しよう．球の中心を座

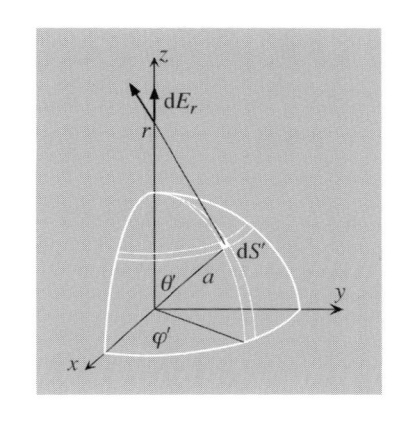

図 2.6 球殻電荷のつくる電場

標軸の原点に取り，z 軸が電場を計算する場所を通るように座標軸を設定し，$\mathbf{x} = r\mathbf{e}_z$ としよう．対称性から，この電荷がつくる電場は r 方向成分しか持たない（ほかの成分は積分の結果，相殺してしまう）．(2.7) において，球面上の $\mathbf{x}'$ を球座標 θ'，φ' で表せば

$$E_r(r) = \frac{\sigma a^2}{4\pi\epsilon_0} \int_0^\pi d\theta' \sin\theta' \int_0^{2\pi} d\varphi' \frac{r - a\cos\theta'}{(a^2 + r^2 - 2ar\cos\theta')^{3/2}}$$

である．φ' について積分し，電荷と観測点間の距離 $R = \sqrt{a^2 + r^2 - 2ar\cos\theta'}$ を積分変数に取り直すと，$RdR = ar\sin\theta' d\theta'$ であるから

$$E_r(r) = \frac{\sigma a}{4\epsilon_0 r^2} \int_{|r-a|}^{r+a} dR \left(1 + \frac{r^2 - a^2}{R^2}\right) = \frac{\sigma a^2}{\epsilon_0 r^2}\theta(r-a) \quad (2.22)$$

が得られる．球外の電場は中心に全電荷 $q = 4\pi a^2 \sigma$ が集まったときと同じであり，球内の電場は 0 である．プリーストリーやキャヴェンディシュが電荷間の逆 2 乗力を推論したのは，2.1 節で述べたように，球殻内部で電場が 0 になることを利用したのである．球外の表面近くで σ/ϵ_0，内側で 0 になり，平面電荷分布のつくる電場 (2.20) と異なるが，その $\pm\sigma/2\epsilon_0$ は面積要素の電荷がつくる電場を与えるからである．考えている面積要素以外の電荷がつくる電場 $\sigma/2\epsilon_0$ を考慮しなければならない．このことは球面に限らず一般的に言

える（3.3 節）．円筒電荷の場合も，(2.16) から円筒の外側表面近くで σ/ϵ_0，内側で 0 になっている．

一般の球対称の電荷分布が与えられたときは，全空間を半径 r'，微小幅 dr' の球殻に分割し，球殻のつくる電場を重ね合わせればよい．$\varrho(r')$ を持つ球殻のつくる電場は，(2.22) に面密度 $\sigma = \varrho(r')dr'$ を用いて

$$dE_r = \frac{\varrho(r')dr'r'^2}{\epsilon_0 r^2}\theta(r-r')$$

になる．これを積分すれば

$$E_r(r) = \frac{q(r)}{4\pi\epsilon_0 r^2} \tag{2.23}$$

である．

$$q(r) = 4\pi \int_0^r dr' r'^2 \varrho(r')$$

は半径 r の球内にある全電荷である．球対称電荷分布のつくる電場は，観測点より内側にある全電荷が中心に集中したときにつくるクーロン電場と同じである．点電荷 q の電荷密度 $\varrho(r') = \frac{q}{2\pi r'^2}\delta(r')$ を代入すると，$\int_0^\infty dr'\delta(r') = \frac{1}{2}$ に注意して，$E_r(r) = \frac{q}{4\pi\epsilon_0 r^2}$ が得られる．球殻電荷の場合も電荷密度 $\varrho(r') = \sigma\delta(r'-a)$ を代入すると (2.22) が再現される．電荷密度 ϱ で一様に分布した半径 a の球電荷密度 $\varrho(r') = \varrho\theta(a-r')$ を代入すると電場は

$$E_r(r) = \frac{\varrho r}{3\epsilon_0}\theta(a-r) + \frac{\varrho a^3}{3\epsilon_0 r^2}\theta(r-a) \tag{2.24}$$

になる．この結果も，一様質量密度を持つ球がその外にある質点に及ぼす力は，全質量が中心に集中した力になるというニュートンの計算と同じことである．球内では r に比例する電場がつくられる．1902 年に W. トムソンは一様に分布した正電荷の球とその中に埋め込まれた電子からなる原子模型を提唱した．この電子に作用する電場が第 1 項で与えられる．1904 年に J. J. トムソンがこの原子模型の安定性などについて詳細に検討しているので，ケルヴィン模型とは言わないでトムソン模型と言う．一方，長岡模型では電子は球の外にあるから逆 2 乗則に従う第 2 項が作用する．

2.4 電場と立体角

　大きさのある物体を離れた位置から見るとき，その見え方は，もちろん，その物体自体の大きさに依存するが，それだけでなく，その物体がどれだけ離れているか，どの方向を向いているかによって違ってくる．この見え方を定量的に量るのが立体角である．任意の曲面をある位置から見るとき，その位置（観測点）から面への包絡面と，観測点に中心を持つ単位球面とが交わってつくる面積を立体角と定義する．図 2.7 のように，観測点から面積要素 dS への包絡面

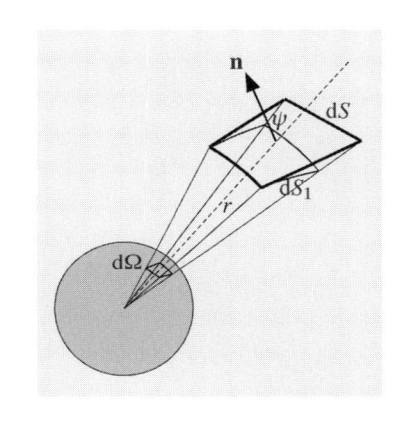

図 **2.7**　立体角

と，観測点を中心とし，dS を通る球面とが交わってつくる面積は $dS_1 = r^2 d\Omega$ である．一方，dS と dS_1 のなす角度を ψ とすれば $dS_1 = \cos\psi dS$ の関係がある．これから

$$d\Omega = \frac{dS_1}{r^2} = \frac{\cos\psi dS}{r^2}$$

が得られる．面積要素に垂直な単位長さのベクトル $\mathbf{n}$ を法線ベクトルと呼ぶ．法線の向きは，閉曲面の場合は閉曲面の中から外に向かう向きに取る．法線ベクトルは，曲面の場所によって方向が異なるから $\mathbf{x}$ の関数である．$\mathbf{n}$ の各成分は，$\mathbf{n}$ と x, y, z 各軸となす角度の余弦を表している．$\mathbf{n} \cdot \mathbf{x} = r\cos\psi$ であるから

$$d\Omega = \frac{\mathbf{x}}{r^3} \cdot \mathbf{n} dS = \frac{\mathbf{x}}{r^3} \cdot d\mathbf{S} \tag{2.25}$$

になる．ここで，法線の方向と面積要素の大きさを持った面積要素ベクトル $d\mathbf{S} = \mathbf{n} dS$ を定義した．$d\mathbf{S}$ は，その x, y, z 各成分がそれぞれ yz, zx, xy 面へ射影したときの面積を表している．球座標を使えば $d\Omega = \sin\theta d\theta d\varphi$ である．全立体角は単位球の表面積 4π である．立体角を (2.25) によって定義すると，図 2.7 の場合は面の下側（$\mathbf{n}$ の下側）から見ているから立体角は正だが，観測点が面の上側のときは立体角は負になる（符号が逆の定義もあるか

ら注意が必要である).ある面積の立体角を下側から見たときを正に定義しても,面を迂回して上側に回り面を通過して元の位置に戻ると立体角は 4π だけ減少する.逆回りをすると 4π だけ増加する.任意の観測点での立体角は 4π の整数倍を除いてしか定まらず,位置の関数として多価関数である.

立体角を使うと,一様平面電荷のつくる電場を次のように計算できる.平面 $(z=0)$ 上に任意の面積要素 dS を取り,観測点から面積要素までの距離を r,観測点から面積要素を見る方向と法線ベクトルとのなす角度を ψ とすると,図 2.8 のように,z の負側にある観測点から面積要素を見る立体角は

$$d\Omega = \frac{\cos\psi dS}{r^2}$$

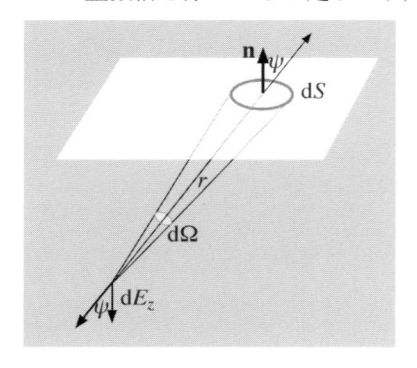

図 2.8 平面電荷のつくる電場

である.一方,一様電荷面密度を σ とすると,面積要素に含まれる電荷 σdS が観測点につくる電場の z 成分は

$$dE_z = -\cos\psi \frac{\sigma dS}{4\pi\epsilon_0 r^2} = -\frac{\sigma d\Omega}{4\pi\epsilon_0}$$

である.両辺を積分すると,平面上の任意の大きさの面積の電荷がつくる電場は,その面積を観測点から見る立体角 Ω を用いて

$$E_z = -\frac{\sigma\Omega}{4\pi\epsilon_0}$$

になる.全平面がつくる電場は,$\Omega = 2\pi$ であるから,$E_z = -\sigma/2\epsilon_0$ になる.観測点が z の正側にある場合は,立体角の符号が逆になるから,電場は $E_z = \sigma/2\epsilon_0$ である.こうして (2.21) と同じ結果が得られた.

球殻電荷内に電場がないことは,直接 (2.7) を積分して示したのだが,なぜ積分が 0 になったかを,立体角を用いて改めて考えてみよう.(2.7) は面密度 σ が一定のとき

$$\mathbf{E}(\mathbf{x}) = \frac{\sigma}{4\pi\epsilon_0}\int dS' \frac{\mathbf{x}-\mathbf{x}'}{|\mathbf{x}-\mathbf{x}'|^3} \tag{2.26}$$

になる．$\mathbf{x}$ は球殻内の観測点，$\mathbf{x}'$ は球面上の位置を表している．立体角を用いるとこの積分は容易に実行できる．$\mathbf{x}$ が球殻内にあるとき，$\mathbf{x}$ から見た球面上の $\mathbf{x}'$ での面積要素 $\mathrm{d}S'$ に対する立体角は

$$\mathrm{d}\Omega' = \frac{\cos\psi \mathrm{d}S'}{|\mathbf{x}' - \mathbf{x}|^2}$$

である．ψ は球面の法線ベクトルと $\mathbf{x}'-\mathbf{x}$ のなす角度である．これを利用して (2.26) は

$$\mathbf{E}(\mathbf{x}) = \frac{\sigma}{4\pi\epsilon_0} \int \frac{\mathrm{d}\Omega'}{\cos\psi} \frac{\mathbf{x} - \mathbf{x}'}{|\mathbf{x} - \mathbf{x}'|}$$

になる．$\mathbf{x}$ から見て，同じ立体角で逆方向にある面積要素についても積分するが，対になる面積要素は $\cos\psi$ が共通で，$(\mathbf{x} - \mathbf{x}')/|\mathbf{x} - \mathbf{x}'|$ が逆向きの単位ベクトルであるから必ず打ち消しあう．つまり，$\mathbf{x}$ を頂点として立体角 $\mathrm{d}\Omega'$ が球面を切る 2 つの面積要素上の電荷がつくる電場が，いつも互いに打ち消しあっているのである．もし逆 2 乗則が成り立たなければ，積分が 2 つの面積要素への距離に依存するようになり，球殻内部で電場が残ることになる．

2.5　ガウスの法則

これまで考えてきた対称性のよい電荷分布の場合，それがつくる電場に規則性があることに気づく．球対称電荷の場合，(2.23) から

$$4\pi r^2 E_r(r) = \frac{1}{\epsilon_0} q(r)$$

である．$4\pi r^2$ は，観測点を通る同心球の表面積である．球面上で電場は法線方向を向いており，その大きさは一定であるから，球面上で電場を積分した $4\pi r^2 E_r$ が定数 $\frac{1}{\epsilon_0}$ を除いてその球に含まれる全電荷 $q(r)$ に等しいことを表している．円柱対称電荷の場合も，(2.18) から

$$2\pi\rho E_\rho(\rho) = \frac{1}{\epsilon_0} \lambda(\rho)$$

である．閉曲面として，電荷分布の対称軸を中心軸とする，半径 ρ，単位長さを持つ円筒を考えると，$2\pi\rho$ はその側面の面積である．円筒の側面では電場と法線ベクトルが同じ向きを持ち，上下面では直交する．したがって，閉曲

面上の電場の法線方向成分を積分すると，側面の寄与のみが残り，$2\pi\rho E_\rho(\rho)$ が閉曲面で囲まれた内部の全電荷 $\lambda(\rho)$ と $\frac{1}{\epsilon_0}$ の積になっている．こうして，この規則性は「閉曲面上で電場の閉曲面に垂直な成分を積分するとその閉曲面に含まれる全電荷と $\frac{1}{\epsilon_0}$ の積に等しい」とすればよいだろう．このような任意の閉曲面をガウス面（ガウスの丸薬箱）と呼ぶ．

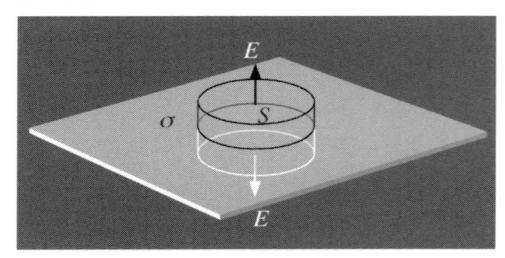

図 2.9 ガウスの丸薬箱

平面電荷のつくる電場を計算してみよう．無限に電荷が広がっているから，電場の大きさは平面からの距離のみの関数である．また，電場の方向は平面に垂直で，平面の上下で逆向きであることも対称性からわかる．そこで閉曲面としては，図 2.9 のように，上下面が面積 S，側面が平面に垂直な立体を考え，立体の半分が平面の上に，残りが下になるように取る．側面の法線は電場に直交するから面積分への寄与はない．上面での電場を E とすると，上下面の積分値は $2ES$ である．閉曲面内の全電荷は σS であるから，$2ES = \sigma S/\epsilon_0$ になり，電場は上面で $E_z = \sigma/2\epsilon_0$，下面で $E_z = -\sigma/2\epsilon_0$ である．(2.20) と同じ結果が得られた．

対称性がある場合は，電場が表面に垂直になり，かつ表面上で一様になるため対称性に見あった閉曲面を取ることができるが，対称性を持たない場合はどうであろうか．任意の閉曲面を面積要素に分割し，閉曲面上の面積要素 dS に垂直な法線ベクトル $\mathbf{n}$ を考えよう．法線ベクトルは閉曲面の内側から外側に向かうように定義する．dS での電場を $\mathbf{E}$ とすると，その法線方向成分は $\mathbf{n} \cdot \mathbf{E}$ で与えられる．そこで，電場の法線方向成分と面積の積を閉曲面上で加えると

$$\oint dS \mathbf{n} \cdot \mathbf{E} = \frac{1}{\epsilon_0} q \tag{2.27}$$

になるだろう．q は閉曲面で囲まれた体積に含まれる全電荷である．これがガウスの法則 (1839) である．閉じた領域の積分は記号 $\oint$ で表す．

2.5 ガウスの法則

点電荷の場合についてガウスの法則を導いておけば，後で示すように，重ね合わせの原理によって一般化するのは容易である．点電荷 q_j が空間の位置 $\mathbf{z}_j$ に置かれているとき，その周囲の空間の任意の位置 $\mathbf{x}$ につくられる電場 $\mathbf{E}$ は (2.3) で与えられている．ここで，空間に任意の閉曲面を取り，点電荷がこの閉曲面内にある場合を考えよう．閉曲面上の位置 $\mathbf{x}$ で，電場の法線方向成分 $\mathbf{n}\cdot\mathbf{E}$ は，定数因子を除いて，立体角 (2.25) とまったく同じである．クーロンの逆 2 乗則は物理法則であり，立体

図 **2.10** ガウス

角は幾何学で決まっているのだが，両者が同じ振る舞いをする．そこで，閉曲面上の電場の法線方向成分と面積要素 dS の積は，立体角を用いて

$$\mathbf{n}\cdot\mathbf{E}dS = \frac{q_j}{4\pi\epsilon_0}\frac{\mathbf{x}-\mathbf{z}_j}{|\mathbf{x}-\mathbf{z}_j|^3}\cdot\mathbf{n}dS = \frac{q_j}{4\pi\epsilon_0}d\Omega \tag{2.28}$$

のように表せる．これを全表面で加えることによって

$$\oint dS\,\mathbf{n}\cdot\mathbf{E} = \frac{q_j}{4\pi\epsilon_0}\oint d\Omega = \frac{q_j}{\epsilon_0}$$

になる．ここで，$\oint d\Omega$ は単位球の全表面積であるから 4π になることを使った．4π が消えたのは，有理化単位で，クーロンの法則に現れる定数因子として前もって 4π で割っておき，ガウスの法則では 4π が現れないようにしたためである．

点電荷が閉曲面内の外側にあるときは，点電荷の位置 $\mathbf{z}_j$ から見た立体角内に偶数個の面積要素がある．2 つの面積要素 dS と dS' がある場合を考えると，$\mathbf{z}_j$ から遠い位置 $\mathbf{x}$ にある面積要素 dS の寄与は (2.28) である．法線ベクトルは常に閉曲面の内側から外側へ向かうように定義するから，$\mathbf{z}_j$ から近い位置 $\mathbf{x}'$ にある面積要素 dS' では，法線の向きから符号が逆になり

$$\mathbf{n}'\cdot\mathbf{E}(\mathbf{x}')dS' = -\frac{q_j}{4\pi\epsilon_0}d\Omega$$

である(法線ベクトルは閉曲面上の位置の関数であるから，$\mathbf{n}(\mathbf{x}')$ と書くべきところを，$\mathbf{n}'$ で表すことにしよう)．したがって，閉曲面上で積分すれば両者の寄与は互いに打ち消しあう．一般には，$\mathbf{z}_j$ から見た立体角内に複数の面積要素が含まれるが，今調べたことから容易にわかるように，結論は変わらない．

点電荷が複数個ある場合も，重ね合わせの原理から，点電荷1つ1つの寄与を加えるだけでよい．任意の閉曲面の外にある点電荷が閉曲面上につくる電場の法線方向成分を積分したものは0になることがわかっているから，閉曲面内にある点電荷だけを考えればよい．閉曲面内に点電荷 $q_1, q_2, \ldots$ があるとすると，それらが閉曲面上につくる電場の法線方向成分を積分したものは，(2.27) において，q を閉曲面内の全電荷 $q = \sum_j q_j$ にすればよい．さらに電荷が連続的に分布している場合は $q = \int dV \varrho(\mathbf{x})$ になる．電荷が曲線上に分布している場合は $q = \int ds \lambda(\mathbf{x})$，曲面上に分布していれば $q = \int dS \sigma(\mathbf{x})$ で与えられる．積分は閉曲面で囲まれた領域だけで行うのはもちろんである．

ガウスの法則は電荷密度が与えられたとき電場を計算する (2.6) からも直接導くことができる．

$$\oint dS \mathbf{n} \cdot \mathbf{E}(\mathbf{x}) = \frac{1}{4\pi\epsilon_0} \int dV' \varrho(\mathbf{x}') \oint dS \mathbf{n} \cdot \frac{\mathbf{x} - \mathbf{x}'}{|\mathbf{x} - \mathbf{x}'|^3}$$

において，電荷のある場所 $\mathbf{x}'$ が閉曲面内にあるときは

$$\oint dS \mathbf{n} \cdot \frac{\mathbf{x} - \mathbf{x}'}{|\mathbf{x} - \mathbf{x}'|^3} = \oint d\Omega = 4\pi$$

になり，$\mathbf{x}'$ が閉曲面外にあるときは0になるから，$\mathbf{x}'$ の積分は閉曲面に囲まれた体積に限られ，ガウスの法則 (2.27) が得られる．

2.6 ファラデイの心眼：電気力線

マクスウェルは『電気磁気論考』の序文で，「ファラデイは，数学者が遠隔力しか見ない全空間を横切る力線をその心眼で見た．彼らが距離しか見ない場所に媒質を見た」と言っている．力線に物理的な意味を与えることはできないが，電場を視覚的に表すには便利である．1本の曲線上のすべての点で，接線の方向がその点の電場の方向を向いている曲線を電気力線と呼ぶ．電場

2.6 ファラデイの心眼：電気力線

は電荷のない場所で連続関数であるから，電気力線が電荷のない場所から突然出て来たり，急に折れ曲がったりすることはない．電気力線は正電荷から出て負電荷に集まっていく．もしある位置で電気力線が交われば，そこで電場が2つの方向を持ってしまうから，電気力線が交わることはない．ある閉曲線上の点を通る電気力線を描くと管になる．これを電気力管と呼ぶ．電気力管の中にある電気力線の数は，どの断面で見ても同じである．もし電気力線が電気力管の側壁から出たり入ったりすれば，電気力線が交差してしまうからである．

最も簡単な例として，点電荷 q がつくる電場を考えてみよう．電気力線は q から放射状に出ているが，q を中心とする任意の半径の同心球面上で電気力線の数は一定である．ところが，ガウスの法則から $4\pi r^2 E_r = q/\epsilon_0$ もまた r によらず一定であるから，電気力線の密度と電場が比例している．このような考え方は，任意の電荷分布がつくる電場に拡張できる．図 2.11 のように，1

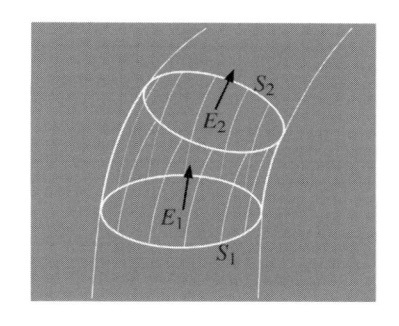

図 2.11 電気力線と電気力管

本の電気力管の2つの切り口 1, 2 と側壁からなる閉曲面にガウスの法則を適用する．側壁では電場の法線方向成分がないことに注意し，切り口1では $\mathbf{n}$ を閉曲面の外から中へ，切り口2では中から外へ向かうように取ると，

$$\int dS_1 \mathbf{n} \cdot \mathbf{E} = \int dS_2 \mathbf{n} \cdot \mathbf{E} \tag{2.29}$$

が得られる．すなわち電場の法線方向成分の面積分は，電気力管を切ったどの面を取っても一定の値を持っている．細い電気力管の，電気力線に垂直な面積 S_1, S_2 を持つ切り口面上で，それぞれの面上の電場の大きさを E_1, E_2 とすれば，(2.29) から $E_1 S_1 = E_2 S_2$ が得られる．これから電気力管に沿っての電場は電気力線の密度に比例する．電場の強い場所で電気力線は密集し，電場が弱い場所で電気力線はまばらになる．任意の面上の電場の法線方向成分の面積分

$$\Phi^E = \int dS\mathbf{n}\cdot\mathbf{E}$$

を電場の流束と言う(英語のフラックスはラテン語の「流れ」を語源とし,流量を表す.流体力学との類推は直感的なイメージを得やすい利点があるが,電場の流束は何かが流れていることを表すわけではなく,似て非なる量であるから,不適切な用語で,注意して用いるべきである).電気力管を切ったどの断面でも,電場の流束は一定である.また,任意の閉曲面を通過する電場の全流束

$$\oint dS\mathbf{n}\cdot\mathbf{E}$$

を電場の発散または湧き出しと言う.これらも流体力学からの類推である.ガウスの法則は,電場の発散が $\frac{1}{\epsilon_0}q$ に等しい,という言い方もできる.q は閉曲面に囲まれた領域に含まれる全電荷である.

2.7 電場の発散と発散密度

直方体体積要素 $\Delta V = \Delta x \Delta y \Delta z$ を囲む閉曲面上で電場の発散を計算してみよう.ΔV を囲む6面のうち,x 軸に垂直な2面の寄与は

$$\{E_x(x+\Delta x,y,z) - E_x(x,y,z)\}\Delta y\Delta z = \frac{\partial E_x(x,y,z)}{\partial x}\Delta x\Delta y\Delta z$$

である.同様に y, z 軸に垂直な面の寄与を加えると,

$$\oint dS\mathbf{n}\cdot\mathbf{E} = \left(\frac{\partial E_x}{\partial x} + \frac{\partial E_y}{\partial y} + \frac{\partial E_z}{\partial z}\right)\Delta V \tag{2.30}$$

が得られる.単位体積あたりの発散

$$\lim_{\Delta V \to 0}\frac{1}{\Delta V}\oint dS\mathbf{n}\cdot\mathbf{E} = \frac{\partial E_x}{\partial x} + \frac{\partial E_y}{\partial y} + \frac{\partial E_z}{\partial z} \tag{2.31}$$

を電場の発散密度または湧き出し密度と言う(普通,略して発散または湧き出しと言うが,物理的意味は密度である).マクスウェルはハミルトンの4元数 (p. 292) を用いていたから,発散密度の符号を変えた量を収束と呼んでいた.ヘヴィサイドは発散密度を div **E** で表していた.発散の用語と div の記号はクリフォード (W. K. Clifford, 1845-79) による.電場の発散密度は,

2.7 電場の発散と発散密度

各成分が偏微分演算子で定義されたナブラと呼ばれるベクトル演算子

$$\boldsymbol{\nabla} = \mathbf{e}_x \frac{\partial}{\partial x} + \mathbf{e}_y \frac{\partial}{\partial y} + \mathbf{e}_z \frac{\partial}{\partial z}$$

と電場の内積の形 $\boldsymbol{\nabla} \cdot \mathbf{E}$ をしている．ナブラは $\partial/\partial \mathbf{x}$ と書くこともある．ナブラの成分は

$$\partial_x = \frac{\partial}{\partial x}, \qquad \partial_y = \frac{\partial}{\partial y}, \qquad \partial_z = \frac{\partial}{\partial z}$$

である．$\boldsymbol{\nabla}$ は 1846 年にハミルトン (W. R. Hamilton, 1805-65) が導入した (最初は $\triangleleft$ と表していた)．マクスウェルの親友テイト (P. G. Tait, 1831-1901) の助手で，後にオリエント言語学者になったロバートソン・スミス (W. Robertson Smith, 1846-94) が，アッシリアの竪琴に似ているその形からナブラと名づけた．デルタを逆から読んでアトレッドとも呼んでいた．デルと呼ぶことも多い．

半径 a の一様帯電球がつくる電場の発散密度を計算してみよう．球対称電場は

$$\mathbf{E} = E_r \mathbf{e}_r = \frac{x}{r} E_r \mathbf{e}_x + \frac{y}{r} E_r \mathbf{e}_y + \frac{z}{r} E_r \mathbf{e}_z$$

によって与えられる．$\partial_x E_x$ は

$$\frac{\partial}{\partial x}\left(\frac{x}{r} E_r\right) = \frac{1}{r} E_r - \frac{x^2}{r^3} E_r + \frac{x^2}{r^2} E_r'$$

である ($E_r' = \mathrm{d}E_r/\mathrm{d}r$)．$\partial_y E_y$, $\partial_z E_z$ は x^2 を y^2, z^2 に置きかえるだけでよいから

$$\boldsymbol{\nabla} \cdot \mathbf{E} = E_r' + \frac{2}{r} E_r = \frac{1}{r^2} \frac{\mathrm{d}}{\mathrm{d}r}(r^2 E_r)$$

になる．帯電球のつくる電場 (2.24) を用いて計算すると

$$\boldsymbol{\nabla} \cdot \mathbf{E} = \frac{q}{\epsilon_0 V} \theta(a - r)$$

が得られる．ここで $V = \frac{4\pi}{3} a^3$ は球の体積である．電荷 q から湧き出す単位体積あたりの発散が $\boldsymbol{\nabla} \cdot \mathbf{E}$ になっている．

ここで，球の半径を限りなく小さくしてみよう．この極限で点電荷のつくる電場の発散密度が得られるはずである．このとき，球の体積 V は 0 に近づ

いていくから $\nabla\cdot\mathbf{E}$ は原点付近で無限大になる．この無限大は当然予想されたものである．球の電荷は $q = \varrho V$ で与えられるから $V \to 0$ の極限で電荷密度 $\varrho = q/V$ は無限大になる．つまり，広がりのない領域に有限の電荷が存在するから，電荷密度はその点で無限大になっていなければならない．単位電荷密度

$$\delta_V(\mathbf{x}) = \frac{1}{V}\theta(a - r) \tag{2.32}$$

を考え，$V \to 0$ の極限を取った

$$\delta(\mathbf{x}) = \lim_{V \to 0} \delta_V(\mathbf{x}) \tag{2.33}$$

を定義し，これをデルタ関数と呼ぶ．ある1点で無限大になり，それ以外のすべての場所で0になる量は物理でしばしば登場する．点電荷というのは，空間の広がりのない1点に電荷が集中していると考える．実際の電荷分布は有限の領域にあっても，この領域の大きさがほかの大きさに比べて無視できるほど小さければ，このような数学的極限を考えても結果は同じになる．そのとき点電荷という考え方ができるのである．デルタ関数は，この点電荷という概念に数学的記述法を与えている（A.2節）．

このデルタ関数を用いると，位置 $\mathbf{z}$ にある点電荷 q のつくる電場の発散密度

$$\nabla\cdot\mathbf{E}(\mathbf{x}) = \frac{1}{\epsilon_0}q\delta(\mathbf{x}-\mathbf{z})$$

が得られる．点電荷の集合の場合は

$$\nabla\cdot\mathbf{E}(\mathbf{x}) = \frac{1}{\epsilon_0}\sum_j q_j\delta(\mathbf{x}-\mathbf{z}_j)$$

とすればよい．さらに電荷が連続的に分布しているときは

$$\nabla\cdot\mathbf{E}(\mathbf{x}) = \frac{1}{\epsilon_0}\int dV' \varrho(\mathbf{x}')\delta(\mathbf{x}-\mathbf{x}')$$

になる．ところが，定義から

$$\int dV' \varrho(\mathbf{x}')\delta(\mathbf{x}-\mathbf{x}') = \lim_{V \to 0}\int dV' \varrho(\mathbf{x}')\delta_V(\mathbf{x}-\mathbf{x}')$$

だが，$\delta_V(\mathbf{x}-\mathbf{x}')$ は $\mathbf{x}=\mathbf{x}'$ 付近でのみ値を持つから，$\varrho(\mathbf{x}')$ をその点での値に置きかえて積分の外に出すことができる．その結果

2.7 電場の発散と発散密度   47

$$\int dV' \varrho(\mathbf{x})\delta(\mathbf{x}-\mathbf{x}') = \varrho(\mathbf{x})\lim_{V\to 0}\left(V\frac{1}{V}\right) = \varrho(\mathbf{x}) \tag{2.34}$$

になる.すなわち

$$\boldsymbol{\nabla}\cdot\mathbf{E}(\mathbf{x}) = \frac{1}{\epsilon_0}\varrho(\mathbf{x}) \tag{2.35}$$

が得られる.これが微分形のガウスの法則である.点電荷に対する電荷密度分布は

$$\varrho(\mathbf{x}) = q\delta(\mathbf{x}-\mathbf{z}) \tag{2.36}$$

である.この表式が物理的自由度を明らかにしている.$\mathbf{z}$ が電荷を持つ粒子の位置座標を表す力学的自由度であるのに対し,$\mathbf{x}$ は場の量 ϱ を量る位置を表しているにすぎない.物理的自由度ではないのである.

ところで,途中で (2.30),すなわち,

$$\oint dS\mathbf{n}\cdot\mathbf{E}(\mathbf{x}) = \int dV\boldsymbol{\nabla}\cdot\mathbf{E}(\mathbf{x}) \tag{2.37}$$

が得られたが,これは微小体積に限らず,任意の閉曲面とそれに囲まれた体積で成り立つ.なぜなら,体積を体積要素に分割し,各体積要素に上の式を適用すると,隣りあう体積要素同士で共有する面積分は法線ベクトルが逆を向いているから必ず互いに相殺するため,共有する面を持たない体積要素の面積分,すなわち閉曲面上の面積分のみが残るからである.(2.37) を発散定理と言う.この数学定理は頻繁に使うので A.4 節で証明する.発散定理は任意のベクトル場について成り立つ数学公式だが,これと物理法則であるガウスの法則 (2.27) を両立させるためには,任意の積分領域で

$$\int dV\boldsymbol{\nabla}\cdot\mathbf{E}(\mathbf{x}) = \frac{1}{\epsilon_0}\int dV\varrho(\mathbf{x})$$

が成り立たなければならない.任意の積分領域で積分して上式が成り立つためには被積分関数がいたるところで等しくなければならない.すなわち,ガウスの法則 (2.35) が成り立たなければならない.こうして,微分形のガウスの法則を再び証明することができた.

積分形と微分形のガウスの法則の違いを考えてみよう.微分方程式は,最終的にはそれを解いて,すなわち積分して電場を決めるから,すでに積分し

たガウスの法則の方が，電荷密度が予め与えられ，対称性がよいときに便利なことがあることはすでに見た通りである．だが，電荷密度と電場を同時に決めなければならないとき積分形は無力である．より基本的なことだが，積分形は近接作用の考え方を表していない．電荷密度が時間変化している場合を考えてみよう．空間のある閉曲面を取ると，その面上の位置 $\mathbf{x}$ で，ある時刻 t における電場は，その瞬間の空間の各点の電荷がつくるのではなく，それより以前に電荷を出発した電気信号が時刻 t に $\mathbf{x}$ に到達してつくり出していると考えなければならない．ところが，積分形のガウスの法則は，時刻 t における電場の表面積分が，その時刻においてその閉曲面に囲まれている全電荷を積分したものである，と言っている．電場をつくるのに寄与した電荷が時刻 t までに閉曲面の外に出てしまえば積分には入らない．また電場をつくるのに寄与しなかった電荷が時刻 t には閉曲面に入っていればこれを積分に入れておかねばならない．これに対し，ある時刻，ある場所での電場と，その時刻，その場所での電荷密度の関係を与える微分形のガウスの法則が近接作用の考え方を最も適切に表現している．実際，これがマクスウェル方程式の 1 つになる．

2.8 静電場の基本方程式

クーロンの法則で与えられた電場 (2.6) がガウスの法則を満たしていることを確認しておこう．そのため
$$\nabla \cdot \frac{\mathbf{x} - \mathbf{x}'}{|\mathbf{x} - \mathbf{x}'|^3} = \frac{\partial}{\partial x}\frac{x - x'}{|\mathbf{x} - \mathbf{x}'|^3} + \frac{\partial}{\partial y}\frac{y - y'}{|\mathbf{x} - \mathbf{x}'|^3} + \frac{\partial}{\partial z}\frac{z - z'}{|\mathbf{x} - \mathbf{x}'|^3} = 0$$
を使う．これは
$$\frac{\partial}{\partial x}\frac{x - x'}{|\mathbf{x} - \mathbf{x}'|^3} = \frac{1}{|\mathbf{x} - \mathbf{x}'|^3} - \frac{3(x - x')^2}{|\mathbf{x} - \mathbf{x}'|^5}$$
などに注意すればよい．ただし，$\mathbf{x} = \mathbf{x}'$ のとき，微分される関数が定義されていないから，$\mathbf{x}'$ 積分において，$\mathbf{x}'$ が $\mathbf{x}$ に近づいたとき問題になる．この困難を避けるため，グリーンが行ったように，$\mathbf{x}$ を中心として微小半径 a を持つ球を考えると，球の外側の領域の寄与は 0 となり球内の積分だけが残る．a は微小だから電荷密度は滑らかな関数であるとして積分の外に出すと

2.8 静電場の基本方程式

$$\nabla \cdot \mathbf{E}(\mathbf{x}) = -\frac{1}{4\pi\epsilon_0}\varrho(\mathbf{x})\int dV'\nabla'\cdot\frac{\mathbf{x}-\mathbf{x}'}{|\mathbf{x}-\mathbf{x}'|^3}$$

になる．$\mathbf{x}-\mathbf{x}'$ のみの関数を $\mathbf{x}$ について微分する ∇ は，$\mathbf{x}'$ について微分する $-\nabla'$ になることを利用した．$\mathbf{x}'-\mathbf{x}$ を改めて $\mathbf{x}'$ に変数変換し，発散定理を適用して球の体積積分をその表面の面積分に書き直すと

$$\int dV'\nabla'\cdot\frac{\mathbf{x}-\mathbf{x}'}{|\mathbf{x}-\mathbf{x}'|^3} = -\int dV'\nabla'\cdot\frac{\mathbf{x}'}{r'^3} = -\oint dS'\mathbf{n}'\cdot\frac{\mathbf{x}'}{r'^3}$$

である．$\mathbf{n}'=\mathbf{x}'/r'$ は球面上の法線ベクトルである．この表面積分は容易に実行できて $-4\pi a^2 \cdot \frac{1}{a^2} = -4\pi$ である．これで確かに (2.6) で与えた電場がガウスの法則を満たすことを証明することができた．ここで行った操作は (2.33) で定義したデルタ関数によって

$$\delta(\mathbf{x}-\mathbf{x}') = \frac{1}{4\pi}\nabla\cdot\frac{\mathbf{x}-\mathbf{x}'}{|\mathbf{x}-\mathbf{x}'|^3} \tag{2.38}$$

と置けることを示している．$\mathbf{x}'=\mathbf{x}$ で滑らかな任意の関数 $f(\mathbf{x}')$ に対し

$$\int dV'\delta(\mathbf{x}-\mathbf{x}')f(\mathbf{x}') = f(\mathbf{x}) \tag{2.39}$$

を証明したのだが，デルタ関数がこの性質を持つことは (2.34) で見た通りである．

ガウスの法則は，クーロンの法則から導いたが，クーロンの法則と同等の法則と考えてはいけない．ガウスの法則だけではクーロンの法則を一意的に導くことができない．球対称の電荷分布が球対称の電場をつくるということを導くことはできないのである．

微分演算子 ∇ とベクトル場 $\mathbf{E}$ の外積

$$\nabla\times\mathbf{E} = \mathbf{e}_x\left(\frac{\partial E_z}{\partial y}-\frac{\partial E_y}{\partial z}\right) + \mathbf{e}_y\left(\frac{\partial E_x}{\partial z}-\frac{\partial E_z}{\partial x}\right) + \mathbf{e}_z\left(\frac{\partial E_y}{\partial x}-\frac{\partial E_x}{\partial y}\right)$$

をマクスウェルは $\mathbf{E}$ のカール，後に回転と呼んだ（さまざまな別名を考えたようである）．ヘヴィサイドは curl $\mathbf{E}$ と表した．また rot $\mathbf{E}$ と表すことも多い．正確には回転密度と呼ぶべきである．次節で証明する積分定理 (2.44)

$$\int dV\nabla\times\mathbf{E} = \oint dS\mathbf{n}\times\mathbf{E}$$

を体積要素 ΔV に適用すると

$$\nabla \times \mathbf{E} \Delta V = \oint \mathrm{d}S \mathbf{n} \times \mathbf{E}$$

が得られるから回転密度を

$$\nabla \times \mathbf{E} = \lim_{\Delta V \to 0} \frac{1}{\Delta V} \oint \mathrm{d}S \mathbf{n} \times \mathbf{E} \tag{2.40}$$

によって定義できるからである．流体の速度場 $\mathbf{v}$ との類似では $\nabla \cdot \mathbf{v}$ が湧き出し密度であるのに対し，$\nabla \times \mathbf{v}$ は渦度，すなわち流体の微小部分が自転する角速度の 2 倍を表している．例えば z 軸のまわりを角速度 ω で回転する剛体球を考えてみよう．球内の位置 (x, y, z) で速度は (A.48) から $\mathbf{v} = (-\omega y, \omega x, 0)$ であるから，その回転密度は $\nabla \times \mathbf{v} = (0, 0, 2\omega)$ である．

クーロン電場 (2.6) の回転密度を計算すると，(3.1) に注意して，

$$\nabla \times \frac{\mathbf{x} - \mathbf{x}'}{|\mathbf{x} - \mathbf{x}'|^3} = -\nabla \times \nabla \frac{1}{|\mathbf{x} - \mathbf{x}'|} = 0$$

によって $\nabla \times \mathbf{E} = 0$ になる．こうして，クーロンの法則からは，ガウスの法則に加えてもう 1 つの基本方程式 $\nabla \times \mathbf{E} = 0$ が導かれる．静電場 $\mathbf{E}$ の満たす基本方程式は次の 2 つである．

$$\nabla \cdot \mathbf{E} = \frac{1}{\epsilon_0} \varrho, \qquad \nabla \times \mathbf{E} = 0 \tag{2.41}$$

例えば，z 軸方向を向き，その大きさが軸からの距離 ρ のみに依存するベクトル $\mathbf{C} = C(\rho) \mathbf{e}_z$ を用いて

$$\mathbf{E} = \frac{1}{2} \mathbf{C} \times \mathbf{x} = -\frac{1}{2} y C(\rho) \mathbf{e}_x + \frac{1}{2} x C(\rho) \mathbf{e}_y \tag{2.42}$$

を考えてみよう．このベクトルは半径 ρ の円周上で一定値を持つ．容易に示せるように $\nabla \cdot \mathbf{E} = 0$ であるから，ガウスの法則を満たす任意の解に (2.42) を加えても解になっている．ガウスの法則を満たすというだけではこのような可能性を除くことができない．ところが，(2.42) の回転密度を計算すると x, y 成分は 0 だが z 成分が 0 ではなく

$$\nabla \times \mathbf{E} = \left\{ C(\rho) + \frac{1}{2} \rho C'(\rho) \right\} \mathbf{e}_z \tag{2.43}$$

になる．(2.42) の例のような可能性を排除するのが基本方程式 $\nabla \times \mathbf{E} = 0$ である．

2.9 循環のない場：保存場

基本方程式 $\nabla \times \mathbf{E} = 0$ は $\mathbf{E}$ が保存場であることを意味している．空間の任意の 2 点間で，場 $\mathbf{E}$ の線積分が経路によらないとき，$\mathbf{E}$ を保存場と言う．電場の中で単位電荷をゆっくり動かしてみよう．単位電荷は $\mathbf{E}$ の力を受けるから，電荷をゆっくり運ぶためには外力 $-\mathbf{E}$ を加えなければならない．単位電荷を微小距離 $d\mathbf{x}$ だけ動かしたとき外力のする仕事は $-\mathbf{E}\cdot d\mathbf{x}$ だから，A から B までの経路 C_1 に沿っての仕事は $-\int_{C_1} d\mathbf{x}\cdot\mathbf{E}$ である．ある経路を通ったときの仕事がほかと異なったとすれば，その経路上でエネルギーを得たか，失ったことになるから保存場ではない．保存場であるためには AB 間の異なる経路 C_1, C_2 について

$$-\int_{C_1} d\mathbf{x}\cdot\mathbf{E} = -\int_{C_2} d\mathbf{x}\cdot\mathbf{E} = \int_{-C_2} d\mathbf{x}\cdot\mathbf{E}$$

が成り立たなければならない．右辺は，A から B までの経路 C_2 に沿う積分を，逆向きに，B から A の経路 $-C_2$ で積分すると積分値の符号が違うだけであることを使った．そこで左辺を移項すると

$$\int_{C_1} d\mathbf{x}\cdot\mathbf{E} + \int_{-C_2} d\mathbf{x}\cdot\mathbf{E} = \oint_C d\mathbf{x}\cdot\mathbf{E} = 0$$

になる．経路 $C = C_1 - C_2$ は C_1 を通って A から B まで達し，$-C_2$ を通って B から A に戻る 1 周の経路（ループ）である．保存場であるための条件は，任意の閉曲線 C に沿っての線積分（循環と言う）が 0 であることである．

$\mathbf{E}$ が保存場であるための必要十分条件が $\nabla \times \mathbf{E} = 0$ である．それは回転定理を用いて証明できる．任意の閉曲線を端とする任意の面上の，$\nabla \times \mathbf{E}$ の法線方向成分の積分が循環になること，すなわち

$$\int dS \mathbf{n}\cdot\nabla \times \mathbf{E} = \oint d\mathbf{x}\cdot\mathbf{E} \tag{2.44}$$

が回転定理である．$\mathbf{E}$ が保存場のとき，任意の閉曲線に沿っての循環が 0 であるから，回転定理によって，曲面上の $\nabla \times \mathbf{E}$ の法線方向成分の積分が 0 である．閉曲線はいくらでも小さく取ることができるから $\nabla \times \mathbf{E} = 0$ が導かれる．逆に $\nabla \times \mathbf{E} = 0$ であれば任意の閉曲線に沿っての循環が 0 であるから保存場である．こうして $\nabla \times \mathbf{E} = 0$ が保存場であるために必要で十分な条件になっている．

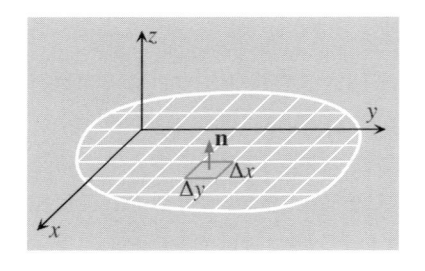

図 2.12 回転定理

(2.44) の一般の場合の証明は A.5 節で行うことにして，ここでは簡単にそれを導いてみよう．図 2.12 のように，面積分を行う面が xy 面上にあるとする．その面を x 方向に Δx，y 方向に Δy の微小な長さを持つ面積要素 $\Delta S = \Delta x \Delta y$ に分割し，各面積要素で面積分を行った後で，それらの和を計算することにしよう（面積要素が平面上の長方形ではない一般の場合の証明は p. 307）．法線ベクトルは z 方向を向いているから，面積要素の 1 つを取ると，$\nabla \times \mathbf{E}$ の法線方向成分の面積分は，

$$\mathbf{n} \cdot \nabla \times \mathbf{E} \Delta S = \left\{ \frac{\partial E_y(x,y,z)}{\partial x} - \frac{\partial E_x(x,y,z)}{\partial y} \right\} \Delta x \Delta y \quad (2.45)$$

である．ところで偏導関数の定義から

$$E_y(x+\Delta x, y, z) - E_y(x,y,z) = \frac{\partial E_y(x,y,z)}{\partial x} \Delta x$$

$$E_x(x, y+\Delta y, z) - E_x(x,y,z) = \frac{\partial E_x(x,y,z)}{\partial y} \Delta y$$

である．これらを (2.45) に代入すれば面積分は

$$\mathbf{n} \cdot \nabla \times \mathbf{E} \Delta S = E_x(x,y,z)\Delta x + E_y(x+\Delta x, y, z)\Delta y$$
$$- E_x(x, y+\Delta y, z)\Delta x - E_y(x,y,z)\Delta y$$

になる．これは，(x,y,z) から出発して，長方形の 4 辺からなるループを反時計回りに線積分した循環にほかならない．すなわち

$$\mathbf{n} \cdot \nabla \times \mathbf{E} \Delta S = \oint d\mathbf{x} \cdot \mathbf{E} \quad (2.46)$$

である．分割したすべての面積要素についての面積分の和を計算すると，隣りあう長方形で辺を共有するとき，必ず互いに相殺するから，結果として残るのは共有する辺を持たない最も外側の辺上の線積分だけである．Δx，Δy を無限小にする極限を取れば，外周上の循環になる．

CHAPITRE 3

Fonction potentielle
ポテンシャル関数

3.1　クーロンポテンシャル

　ラグランジュ(J.-L. Lagrange, 1736-1813) は 1773 年に万有引力をスカラー関数の勾配で表していた．ラプラース(P.-S. Laplace, 1740-1827) も同じ関数を使ったが，それが満たす方程式は不完全だった．ポアソン (S.-D. Poisson, 1781-1840) は 1812 年にクーロン力も万有引力と同じ形に表せるはずだと考え，そのスカラー関数が満たすべき方程式を導いた．グリーン (G. Green, 1793-1841) は，ラグランジュ，ラプラース，ポアソンが使っていたスカラー関数に「ポテンシャル関数」の名を与え，その

図 **3.1**　キャヴェンディシュ

一般理論を系統的に発展させたが，1828 年に私費出版したその優れた論文は 1845 年に W. トムソンが発見するまで知られることはなかった．グリーンとは独立に，用語ポテンシャルを使い，ポテンシャル理論を発展させたのはガウスである (1838)．だが，4.5.4 節で紹介するように，ポテンシャルの概念を初めて導入したのはキャヴェンディシュで 1771 年までさかのぼる．

位置 $\mathbf{z}_j$ にある電荷 q_j が位置 $\mathbf{x}$ につくる電場は，(2.3) で与えたように，
$$\mathbf{E}(\mathbf{x}) = \frac{q_j}{4\pi\epsilon_0} \frac{\mathbf{x} - \mathbf{z}_j}{|\mathbf{x} - \mathbf{z}_j|^3}$$
だった．容易に示すことができる
$$\boldsymbol{\nabla} \frac{1}{|\mathbf{x} - \mathbf{z}_j|} = -\frac{\mathbf{x} - \mathbf{z}_j}{|\mathbf{x} - \mathbf{z}_j|^3} \tag{3.1}$$
を使うと電場は
$$\mathbf{E}(\mathbf{x}) = -\boldsymbol{\nabla}\phi(\mathbf{x}) \tag{3.2}$$
の形に書ける．ここで電位（電気ポテンシャル）
$$\phi(\mathbf{x}) = \frac{1}{4\pi\epsilon_0} \frac{q_j}{|\mathbf{x} - \mathbf{z}_j|} \tag{3.3}$$
を定義した．「電荷要素÷距離」が電位である．電荷線密度 λ，面密度 σ，体積密度 ϱ に対して，電荷要素がつくる電位を積分すると
$$\phi(\mathbf{x}) = \begin{cases} \dfrac{1}{4\pi\epsilon_0} \displaystyle\int \mathrm{d}s' \dfrac{\lambda(\mathbf{x}')}{|\mathbf{x} - \mathbf{x}'|} \\ \dfrac{1}{4\pi\epsilon_0} \displaystyle\int \mathrm{d}S' \dfrac{\sigma(\mathbf{x}')}{|\mathbf{x} - \mathbf{x}'|} \\ \dfrac{1}{4\pi\epsilon_0} \displaystyle\int \mathrm{d}V' \dfrac{\varrho(\mathbf{x}')}{|\mathbf{x} - \mathbf{x}'|} \end{cases} \tag{3.4}$$
が得られる．ϕ に任意の定数を加えても電場自身の値は変わらないから，定数項だけの任意性がある．(3.3), (3.4) では無限遠で ϕ が 0 になるように選んである．p. 29 で連続電荷分布のつくる電場が有限であることを証明したが，同じ理由で連続電荷分布の電位も有限である．

電位の物理的意味を調べる前に，任意の関数 ϕ について成り立つ勾配定理
$$\int_\mathrm{A}^\mathrm{B} \mathrm{d}\mathbf{x} \cdot \boldsymbol{\nabla}\phi(\mathbf{x}) = \phi(\mathrm{B}) - \phi(\mathrm{A})$$
を証明しておこう．A から B までの経路上の点 $\mathbf{x}$ を媒介変数 s で指定すると，電位 $\phi(\mathbf{x})$ は s の関数 $\phi(s)$ と考えることができるから
$$\mathrm{d}\mathbf{x} \cdot \boldsymbol{\nabla}\phi(\mathbf{x}) = \mathrm{d}x \frac{\partial \phi(\mathbf{x})}{\partial x} + \mathrm{d}y \frac{\partial \phi(\mathbf{x})}{\partial y} + \mathrm{d}z \frac{\partial \phi(\mathbf{x})}{\partial z} = \mathrm{d}\phi(s)$$
に注意すれば証明は自明である．

3.1 クーロンポテンシャル

電場 $\mathbf{E}$ の中で電荷 q を A から B までゆっくり動かしてみよう．A から B までに外力のする仕事は 2.9 節と同じように $-q\int_A^B d\mathbf{x}\cdot\mathbf{E}(\mathbf{x})$ で与えられるから $\mathbf{E}(\mathbf{x}) = -\boldsymbol{\nabla}\phi(\mathbf{x})$ を代入し勾配定理を用いると

$$q\int_A^B d\mathbf{x}\cdot\boldsymbol{\nabla}\phi(\mathbf{x}) = q\{\phi(B) - \phi(A)\}$$

になる．A から B までの仕事は A と B の電位差で決まり，経路によらない．$\mathbf{E}$ が保存場であることを表している．こうして $\mathbf{x}=\mathbf{z}$ での位置エネルギー，すなわち，電荷 q を $\mathbf{z}$ まで運ぶに要する仕事は，任意の定数項を除いて

$$V(\mathbf{z}) = q\phi(\mathbf{z})$$

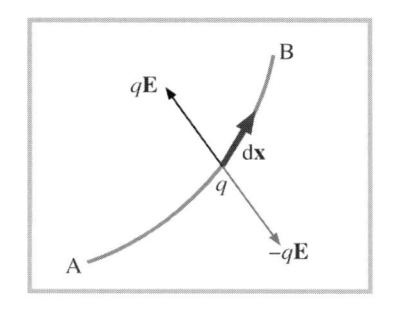

図 **3.2** 電荷の位置エネルギー

で与えられる．電場中で電荷要素 ϱdV が持つポテンシャルエネルギーは $\varrho dV\phi$ になるから，電荷分布が持つポテンシャルエネルギーは

$$V = \int dV\varrho\phi \tag{3.5}$$

で与えられる．

回転定理 (2.44) によって，$\boldsymbol{\nabla}\times\mathbf{E} = 0$ と，$\mathbf{E}$ が保存場であることは同等だった．保存場であることと場がポテンシャルで書けることも同等である．それは次のように証明できる．任意の固定位置 $\mathbf{x}$ から $\mathbf{x}'$ までの保存場の線積分は，途中の経路によらないから，$\mathbf{x}'$ のスカラー関数である．それを $\phi(\mathbf{x}')$ とすると，$\mathbf{x}'=\mathbf{x}$ で線積分が 0 にならなければならないことから，必ず

$$\phi(\mathbf{x}') - \phi(\mathbf{x}) = -\int_\mathbf{x}^{\mathbf{x}'} d\mathbf{x}''\cdot\mathbf{E}(\mathbf{x}'')$$

のように書くことができる．$\mathbf{x}' = \mathbf{x} + d\mathbf{x}$ として両辺をテイラー展開すると

$$d\mathbf{x}\cdot\boldsymbol{\nabla}\phi(\mathbf{x}) = -d\mathbf{x}\cdot\mathbf{E}(\mathbf{x})$$

が得られる．すなわち $\mathbf{E} = -\boldsymbol{\nabla}\phi$ である．逆に，$\mathbf{E} = -\boldsymbol{\nabla}\phi$ であれば $\boldsymbol{\nabla}\times\mathbf{E} = 0$ を満たすことは明らかである．保存場をポテンシャル場とも言う．

3.2 さまざまな電荷分布がつくる電位
3.2.1 球対称電荷がつくる電位

まず半径 a,面密度 σ の球殻電荷を考えよう.電場の計算と同様にして

$$\phi(r) = \frac{\sigma a^2}{2\epsilon_0} \int_0^\pi d\theta' \frac{\sin\theta'}{\sqrt{a^2+r^2-2ar\cos\theta'}}$$

を積分すればよい(φ' について積分した).$t = \cos\theta'$ について積分すると

$$\phi(r) = \frac{\sigma a}{\epsilon_0}\theta(a-r) + \frac{\sigma a^2}{\epsilon_0 r}\theta(r-a) \tag{3.6}$$

になる.球対称電荷分布のつくる電位は r だけの関数である.電場は

$$\mathbf{E}(\mathbf{x}) = -\boldsymbol{\nabla}\phi(r) = -\frac{\mathbf{x}}{r}\frac{d\phi(r)}{dr}$$

になる.すなわち電場の動径成分は

$$E_r(r) = -\frac{d\phi(r)}{dr}$$

で与えられる.(3.6) を r について微分すれば電場 (2.22) が得られる.同様にして半径 a,体積密度 ϱ の球電荷の電位は

$$\phi(r) = \frac{\varrho}{2\epsilon_0}\left(a^2 - \frac{1}{3}r^2\right)\theta(a-r) + \frac{\varrho a^3}{3\epsilon_0 r}\theta(r-a) \tag{3.7}$$

である.(3.6) と (3.7) は,球外ではそれぞれ点電荷 $4\pi a^2\sigma$,$\frac{4\pi}{3}a^3\varrho$ がつくる電位になっている.

一般の球対称電荷に対しても

$$\phi(r) = \frac{1}{2\epsilon_0}\int_0^\infty dr' r'^2 \varrho(r')\int_{-1}^1 \frac{dt}{\sqrt{r^2+r'^2-2rr't}}$$
$$= \frac{1}{2\epsilon_0 r}\int_0^\infty dr' r'(r+r'-|r-r'|)\varrho(r')$$

になるから

$$\phi(r) = \frac{1}{\epsilon_0 r}\int_0^r dr' r'^2 \varrho(r') + \frac{1}{\epsilon_0}\int_r^\infty dr' r' \varrho(r') \tag{3.8}$$

が得られる.点電荷密度 $\frac{q}{2\pi r^2}\delta(r)$,球殻電荷密度 $\sigma\delta(r-a)$,球電荷密度 $\varrho\theta(a-r)$ を代入すればそれぞれ $\frac{q}{4\pi\epsilon_0 r}$,(3.6),(3.7) が再現される.

3.2 さまざまな電荷分布がつくる電位

(3.8) は，電場を求めたときと同じように，全空間を半径 r'，幅 $\mathrm{d}r'$ の球殻に分割し，面密度 $\sigma = \varrho(r')\mathrm{d}r'$ を持つ球殻のつくる電位

$$\mathrm{d}\phi = \frac{\varrho(r')\mathrm{d}r'r'}{\epsilon_0}\theta(r'-r) + \frac{\varrho(r')\mathrm{d}r'r'^2}{\epsilon_0 r}\theta(r-r')$$

を重ね合わせたものになっている．またクーロンの法則から計算した電場 (2.23) を $\phi(r) = \int_r^\infty \mathrm{d}r' E_r(r')$ によって積分すれば

$$\phi(r) = \frac{1}{\epsilon_0} \int_r^\infty \frac{\mathrm{d}r''}{r''^2} \int_0^{r''} \mathrm{d}r' r'^2 \varrho(r')$$

である．$\phi(\infty) = 0$ に選んである．部分積分によって

$$\phi(r) = \frac{1}{\epsilon_0} \left[-\frac{1}{r''} \int_0^{r''} \mathrm{d}r' r'^2 \varrho(r') \right]_r^\infty + \frac{1}{\epsilon_0} \int_r^\infty \mathrm{d}r' r' \varrho(r')$$

になるから (3.8) が得られる．

量子力学については 17 章で述べるが，ここでは水素原子の電荷密度が与えられたものとして電位と電場を求めてみよう．水素原子の電荷密度は，電子の電荷密度 ϱ_e と，原点にある原子核の電荷密度 $e\delta(\mathbf{x})$ を加えた

$$\varrho(\mathbf{x}) = \varrho_\mathrm{e}(\mathbf{x}) + e\delta(\mathbf{x}), \qquad \varrho_\mathrm{e}(\mathbf{x}) = \frac{-e}{\pi a_0^3}\mathrm{e}^{-2r/a_0} \tag{3.9}$$

によって与えられる．ここで，a_0 はボーアが 1913 年に与えた水素原子の電子の軌道半径

$$a_0 = \frac{4\pi\epsilon_0 \hbar^2}{me^2} \tag{3.10}$$

である．$\hbar$ はプランク定数 h を 2π で割ったものである（1930 年にディラックが導入したのでディラック定数と呼ぶこともある）．この電荷密度を (3.8) に代入すると，電位は

$$\phi(r) = \frac{e}{4\pi\epsilon_0 r}\left(1 + \frac{r}{a_0}\right)\mathrm{e}^{-2r/a_0}$$

になる．無限遠でクーロンポテンシャルにならず，指数関数的に減少するのは，原子核と電子の電荷が中和しているからである．電場は ϕ を微分して

$$E_r(r) = \frac{e}{4\pi\epsilon_0 r^2}\left(1 + \frac{2r}{a_0} + \frac{2r^2}{a_0^2}\right)\mathrm{e}^{-2r/a_0} \tag{3.11}$$

である．電場もボーア半径程度の外側では急速に 0 になる．

3.2.2　円柱対称電荷がつくる電位：ノイマンの対数ポテンシャル

2.3.2 節で導いた軸対称電荷の電場に対応する電位を計算しよう．長さ l，線密度 λ の直線電荷がつくる電位は，図 2.3 のように座標を取ると

$$\phi(\mathbf{x}) = \frac{\lambda}{4\pi\epsilon_0} \int_{-l/2}^{l/2} \frac{\mathrm{d}z'}{\sqrt{\rho^2 + (z-z')^2}}$$

$$= \frac{\lambda}{4\pi\epsilon_0} \ln \frac{\sqrt{\rho^2 + (z+l/2)^2} + z + l/2}{\sqrt{\rho^2 + (z-l/2)^2} + z - l/2} \tag{3.12}$$

になる（対数を考案したのは 1614 年のネイピア (J. Napier, 1550-1617) で，オイラー数 e を底とする自然対数 ln だった）．ここで不定積分

$$\int \frac{\mathrm{d}t}{\sqrt{\alpha^2 + t^2}} = \ln(\sqrt{\alpha^2 + t^2} + t) \tag{3.13}$$

を用いた．

l が小さいとき l について展開すると対数関数は

$$\ln \frac{r + lz/2r + \cdots + z + l/2}{r - lz/2r + \cdots + z - l/2} = \ln \frac{1 + l/2r + \cdots}{1 - l/2r + \cdots} = \frac{l}{r} + \cdots$$

になるから，l の 1 次の項まで残すと

$$\phi(\mathbf{x}) = \frac{\lambda l}{4\pi\epsilon_0 r}$$

である．$q = \lambda l$ を持つ点電荷の電位になる．

長い直線電荷の場合は，z/l で展開すると

$$\sqrt{\rho^2 + \left(z \pm \frac{l}{2}\right)^2} = \frac{l}{2}\sqrt{1 \pm \frac{4z}{l} + \frac{4r^2}{l^2}} = \frac{l}{2} \pm z + \frac{\rho^2}{l} + \cdots$$

になり，これを用いると

$$\phi(\mathbf{x}) = \frac{\lambda}{4\pi\epsilon_0} \ln \frac{l^2}{\rho^2} = \frac{\lambda}{2\pi\epsilon_0} \ln \frac{1}{\rho} + \frac{\lambda}{2\pi\epsilon_0} \ln l \tag{3.14}$$

のように $\ln l$ で発散する項が残る．z' が大きい領域で積分は $\int \mathrm{d}z'/z' \sim \ln z'$ になるからである．このとき対数発散すると言う．だが，電位はその導関数が電場を与えるように定義したため，電位に勝手な定数を加えても電場に変化がない．このような定数項は，その大小にかかわらず物理的な意味はない

から捨ててよい．積分が発散するとき，有限の l で積分を切断し，最後の結果で $l \to \infty$ とするとき l をカットオフと言う．直線電荷のつくる電位を C. ノイマンに従って対数ポテンシャルと呼ぶ．

ρ だけに依存する円柱対称電荷分布に対して

$$\phi(\rho) = \frac{1}{4\pi\epsilon_0} \int_0^\infty d\rho' \rho' \varrho(\rho') \int_0^{2\pi} d\varphi' \int_{-\infty}^\infty \frac{dz'}{\sqrt{\rho^2 + \rho'^2 - 2\rho\rho'\cos\varphi' + z'^2}} \tag{3.15}$$

を計算すればよい．z' に関する積分は対数発散する．カットオフを用いると z' 積分は積分公式 (3.13) により

$$\ln \frac{\sqrt{\rho^2 + \rho'^2 - 2\rho\rho'\cos\varphi' + l^2/4} + l/2}{\sqrt{\rho^2 + \rho'^2 - 2\rho\rho'\cos\varphi' + l^2/4} - l/2}$$

になるから

$$\phi(\rho) = \frac{1}{4\pi\epsilon_0} \int_0^\infty d\rho' \rho' \varrho(\rho') \int_0^{2\pi} d\varphi' \ln \frac{l^2}{\rho^2 + \rho'^2 - 2\rho\rho'\cos\varphi'} + \cdots$$

が得られる．$\cdots$ は l が大きい極限で 0 になる項である．l に依存する項は，単位長さあたりの電荷 λ を用いて

$$\frac{1}{4\pi\epsilon_0} \ln l^2 \int_0^\infty d\rho' \rho' \varrho(\rho') \int_0^{2\pi} d\varphi' = \frac{\lambda}{2\pi\epsilon_0} \ln l$$

になり，直線電荷の場合と同じ値を持つ座標によらない定数だから，物理的に意味のない項として落としてよい．残る項は

$$\phi(\rho) = \frac{1}{4\pi\epsilon_0} \int_0^\infty d\rho' \rho' \varrho(\rho') \int_0^{2\pi} d\varphi' \ln \frac{1}{\rho^2 + \rho'^2 - 2\rho\rho'\cos\varphi'}$$

である．ところで，積分公式 (2.14) の両辺を 0 から $\alpha > 1$ まで積分してみよう．

$$\int_0^{\pi/2} d\varphi' \ln\cos\varphi' = -\frac{\pi}{2}\ln 2, \qquad \int_1^\alpha \frac{d\alpha}{\sqrt{\alpha^2 - 1}} = \ln(\alpha + \sqrt{\alpha^2 - 1})$$

を使って

$$\int_0^{2\pi} d\varphi' \ln(\alpha - \cos\varphi') = 2\pi \ln\left\{\frac{1}{2}(\alpha + \sqrt{\alpha^2 - 1})\right\}$$

が得られる．これを用いると

$$\phi(\rho) = \frac{1}{\epsilon_0} \ln \frac{1}{\rho} \int_0^\rho d\rho' \rho' \varrho(\rho') + \frac{1}{\epsilon_0} \int_\rho^\infty d\rho' \rho' \varrho(\rho') \ln \frac{1}{\rho'} \tag{3.16}$$

である．線電荷密度 $\frac{\lambda}{\pi\rho}\delta(\rho)$ を代入すると上で得られた $\phi(\rho) = \frac{\lambda}{2\pi\epsilon_0} \ln \frac{1}{\rho}$ になる．円筒電荷密度 $\sigma\delta(\rho - a)$ に対しては

$$\phi(\rho) = \frac{\sigma a}{\epsilon_0} \theta(\rho - a) \ln \frac{a}{\rho} \tag{3.17}$$

になる．円柱電荷密度 $\varrho\theta(a - \rho)$ は

$$\phi(\rho) = \frac{\varrho}{4\epsilon_0}(a^2 - \rho^2)\theta(a - \rho) + \frac{\varrho a^2}{2\epsilon_0}\theta(\rho - a) \ln \frac{a}{\rho}$$

を与える．a は円筒と円柱の半径で，$\rho = a$ で電位を 0 に選んである．

円柱対称電荷がつくる電場と電位は ρ だけの関数である．電場は

$$\mathbf{E}(\mathbf{x}) = -\boldsymbol{\nabla}\phi(\rho) = -\mathbf{e}_\rho \frac{d\phi(\rho)}{d\rho}$$

になるから

$$E_\rho(\rho) = -\frac{d\phi(\rho)}{d\rho}$$

を計算すれば，それぞれ線電荷，円筒電荷，円柱電荷の電場 (2.12), (2.16), (2.19) が得られる．

3.3　発散面密度と回転面密度：境界面における電場と電位

円筒電荷 (2.16), 平面電荷 (2.20), 球殻電荷 (2.22) などのように，電荷が厚さのない面上に分布しているとき，電場は不連続になる．電荷面にまたがり，その面に沿って面積要素 ΔS, 高さ無限小のガウス面を考えよう．面の両側で，電場を $\mathbf{E}_1$, $\mathbf{E}_2$, 法線ベクトルを $\mathbf{n}_1 = \mathbf{n}$, $\mathbf{n}_2 = -\mathbf{n}$ とすると，

$$\lim_{\Delta S \to 0} \frac{1}{\Delta S} \oint dS \mathbf{n} \cdot \mathbf{E} = \mathbf{n} \cdot \mathbf{E}_1 - \mathbf{n} \cdot \mathbf{E}_2 \tag{3.18}$$

になる．(2.31) で定義した発散密度に対応する発散面密度である．左辺にガウスの法則を適用することによって

$$\mathbf{n} \cdot \mathbf{E}_1 - \mathbf{n} \cdot \mathbf{E}_2 = \frac{\sigma}{\epsilon_0} \tag{3.19}$$

3.3 発散面密度と回転面密度：境界面における電場と電位

が得られる．電荷体積密度が有限である限り，$\mathbf{n}\cdot\mathbf{E}_1 = \mathbf{n}\cdot\mathbf{E}_2$ になり，電場の法線方向成分は境界で連続である．だが，無限小の幅に有限の電荷が分布する面電荷のつくる電場は不連続になり，その不連続性は電荷面密度で決まる．(2.40) で定義した回転密度に対応して回転面密度

$$\lim_{\Delta S \to 0} \frac{1}{\Delta S} \oint \mathrm{d}S\, \mathbf{n}\times\mathbf{E} = \mathbf{n}\times\mathbf{E}_1 - \mathbf{n}\times\mathbf{E}_2 \tag{3.20}$$

を定義しよう．積分公式 (A.24) から $\oint \mathrm{d}S\, \mathbf{n}\times\mathbf{E} = \int \mathrm{d}V\, \boldsymbol{\nabla}\times\mathbf{E} = 0$ である．

$$\mathbf{n}\times\mathbf{E}_1 = \mathbf{n}\times\mathbf{E}_2 \tag{3.21}$$

が境界面で電荷の有無に関係なく成り立つ．電場の接線成分は連続である．

(3.19) を電位で表すと

$$-\frac{\partial \phi_1}{\partial n} + \frac{\partial \phi_2}{\partial n} = \frac{\sigma}{\epsilon_0}, \qquad \frac{\partial}{\partial n} \equiv \mathbf{n}\cdot\boldsymbol{\nabla} \tag{3.22}$$

である．$\partial/\partial n$ を法線微分演算子と言う．電位は面分布の場合でも連続で，

$$\phi_1 = \phi_2$$

が成り立たなければならない．もし電位が連続でないとすると，電場がデルタ関数の特異性を持ってしまうからである．

平面電荷の両側の電位を考えよう．電場を計算したときのように（図 2.5），平面を半径 ρ'，幅 $\mathrm{d}\rho'$ の面積要素に分割し，その面積要素がつくる電位を積分することによって

$$\phi(z) = \frac{\sigma}{2\epsilon_0} \int_0^\infty \mathrm{d}\rho'\, \frac{\rho'}{\sqrt{\rho'^2 + z^2}}$$

が得られる．この積分も ρ' が大きい場所で $\int \mathrm{d}\rho' \sim \rho'$ のように無限大になる．このようなとき線形発散すると言う．ここでもカットオフ l を導入し，ρ' 積分を l で切断し，$l \to \infty$ で残る項のみ取り出すと

$$\phi(z) = \frac{\sigma}{2\epsilon_0}(\sqrt{l^2 + z^2} - |z|) = \frac{\sigma}{2\epsilon_0}(l - |z|)$$

になるが，l を含む項は定数であるから落としてよく

$$\phi(z) = -\frac{\sigma}{2\epsilon_0}|z| \tag{3.23}$$

が得られる．電位は $z=0$ で連続だが，その勾配，すなわち電場は不連続で，(3.19) の境界条件を満たしている．

電場が不連続な面に働く力を計算するとき注意が必要である．導体面上の面積要素 dS 上の電荷 σdS に働く力は，それ以外の電荷がつくる電場 E が及ぼす力 $E\sigma dS$ である．σdS のつくる電場は dS の両側で $\pm\sigma/2\epsilon_0$ だから，dS の両側の電場はそれぞれ $E_1 = E + \sigma/2\epsilon_0$, $E_2 = E - \sigma/2\epsilon_0$ になり $E = \frac{1}{2}(E_1 + E_2)$ が得られる．ここで用いた方法はラプラスによるもので，ポアソンの論文 (1811) に引用されている．こうして電荷面密度に働く力は

$$\mathbf{F} = \int dS\sigma \mathbf{E} = \frac{1}{2}\int dS\sigma(\mathbf{E}_1 + \mathbf{E}_2) \tag{3.24}$$

で与えられる．

3.4　ポアソン：ポテンシャル方程式

(2.41) で与えられた静電場の 2 つの基本方程式を，同等の別の式に書き直そう．$\mathbf{E} = -\boldsymbol{\nabla}\phi$ を (2.41) の第 1 の式，ガウスの法則に代入すると

$$\nabla^2 \phi(\mathbf{x}) = -\frac{1}{\epsilon_0}\varrho(\mathbf{x}) \tag{3.25}$$

になる．これをポアソン方程式と言う（ポテンシャル方程式とも言う）．

$$\nabla^2 = \boldsymbol{\nabla}\cdot\boldsymbol{\nabla} = \frac{\partial^2}{\partial x^2} + \frac{\partial^2}{\partial y^2} + \frac{\partial^2}{\partial z^2}$$

はラプラス演算子である．歴史的にはラプラス演算子の「平方根」としてナブラが発見された．マーフィー (R. Murphy, 1806-43) が 1833 年に考えた記号 $\triangle$ も広く使われている．デルタ関数を与える (2.38) は

$$\delta(\mathbf{x} - \mathbf{x}') = \frac{1}{4\pi}\boldsymbol{\nabla}\cdot\frac{\mathbf{x} - \mathbf{x}'}{|\mathbf{x} - \mathbf{x}'|^3} = -\frac{1}{4\pi}\nabla^2\frac{1}{|\mathbf{x} - \mathbf{x}'|} \tag{3.26}$$

図 3.3　ポアソン

と書ける．これを用いると，(3.4) で与えた $\phi(\mathbf{x})$ がポアソン方程式の解になっていることを示せる．(3.4) にラプラース演算子を作用させると

$$\nabla^2 \phi(\mathbf{x}) = \frac{1}{4\pi\epsilon_0} \int dV' \varrho(\mathbf{x}') \nabla^2 \frac{1}{|\mathbf{x}-\mathbf{x}'|} = -\frac{1}{\epsilon_0} \int dV' \varrho(\mathbf{x}') \delta(\mathbf{x}-\mathbf{x}')$$

になる．電荷分布がない場所ではポアソン方程式はラプラース方程式

$$\nabla^2 \phi(\mathbf{x}) = 0$$

になる．ラプラース (1782) が発見した重力ポテンシャルの満たす方程式だが，ポアソン (1813) は質量密度項を加える必要があることに気づいた．2 次元のラプラース方程式はオイラー (L. Euler, 1707-83) までさかのぼる (1755).

平面電荷

$z = 0$ 平面に一様な面密度 σ を持つ電荷の電位は 1 次元のポアソン方程式

$$\frac{d^2}{dz^2}\phi(z) = -\frac{1}{\epsilon_0}\sigma\delta(z) \tag{3.27}$$

を満たす．$z \neq 0$ では電荷がないから 1 次元のラプラース方程式を解けば

$$\phi'(z) = c_1, \quad (z > 0), \qquad \phi'(z) = c_2, \quad (z < 0)$$

である．対称性により電場 $-\phi'(z)$ は奇関数でなければならないから $c_1 = -c_2$ である．また，(3.19) から電場の境界での跳びが $-c_1 + c_2 = \sigma/\epsilon_0$ でなければならないから $c_1 = -c_2 = -\sigma/2\epsilon_0$ になり (3.23) が得られる．

円柱対称電荷

次に，円柱対称電荷の電位をポアソン方程式によって解いてみよう．x に関する 2 階偏導関数

$$\frac{\partial^2 \phi}{\partial x^2} = \frac{1}{\rho}\phi' - \frac{x^2}{\rho^3}\phi' + \frac{x^2}{\rho^2}\phi''$$

と y に関する 2 階偏導関数を加えるとポアソン方程式

$$\nabla^2 \phi = \phi'' + \frac{1}{\rho}\phi' = \frac{1}{\rho}\frac{d}{d\rho}(\rho\phi') = -\frac{1}{\epsilon_0}\varrho \tag{3.28}$$

が得られる．積分すると，

64　第3章　ポテンシャル関数

$$\rho\phi'(\rho) = -\frac{1}{\epsilon_0}\int_0^\rho d\rho' \rho' \varrho(\rho') + 定数$$

だが，電場は原点で特異性を持たないから 定数 $= 0$ になりクーロンの法則から得た (2.18) と一致する．これを積分した ϕ の式はすでに (3.16) で与えた．

具体的にポアソン方程式を解いて (3.17) で与えられた円筒電荷のつくる電位を得るには注意を要する．円筒の内外でラプラス方程式を解くと，

$$\phi'(\rho) = \frac{c_1}{\rho}, \qquad \phi(\rho) = -c_1 \ln\frac{1}{\rho} + c_2, \qquad (\rho > a)$$

$$\phi'(\rho) = \frac{c_3}{\rho}, \qquad \phi(\rho) = -c_3 \ln\frac{1}{\rho} + c_4, \qquad (\rho < a)$$

になるが，電荷のない $\rho = 0$ で電場が無限大にならないためには $c_3 = 0$ でなければならない．円筒表面での電位を 0 に選ぶことにすると $c_4 = 0$ になる．こうして円筒内部では電場も電位も 0 である．電位は連続でなければならないから $\rho = a$ での接続条件より $c_1 \ln a + c_2 = 0$ が得られる．また，電場の接続条件 (3.19) より $-c_1/a = \sigma/\epsilon_0$ である．こうして c_1, c_2 が決まり (3.17) になる．

球対称電荷

球対称電荷の場合も同様である．x に関する 2 階偏導関数

$$\frac{\partial^2 \phi}{\partial x^2} = \frac{1}{r}\phi' - \frac{x^2}{r^3}\phi' + \frac{x^2}{r^2}\phi'' \tag{3.29}$$

と y, z に関する 2 階偏導関数を加えるとポアソン方程式は

$$\nabla^2 \phi = \phi'' + \frac{2}{r}\phi' = \frac{1}{r^2}\frac{d}{dr}(r^2 \phi') = -\frac{1}{\epsilon_0}\varrho \tag{3.30}$$

になる．(3.28) と比べると，ϕ' の数係数が 1 のかわりに 2 になっている（A.6 節）．(3.30) を積分すると

$$r^2 \phi'(r) = -\frac{1}{\epsilon_0}\int_0^r dr' r'^2 \varrho(r') + 定数$$

だが，原点で電場が発散しないためには 定数 $= 0$ でなければならない．その結果クーロンの法則から計算した電場 (2.23) が得られる．

半径 a の球殻電荷の場合にポアソン方程式 (3.30) を解いてみよう．球の内外で $\varrho(r) = 0$ だからラプラス方程式

3.4 ポアソン：ポテンシャル方程式

$$\frac{\mathrm{d}}{\mathrm{d}r}(r^2\phi') = 0$$

を解けば

$$\phi'(r) = \frac{c_1}{r^2}, \qquad \phi(r) = -\frac{c_1}{r} + c_2, \qquad (r > a)$$

$$\phi'(r) = \frac{c_3}{r^2}, \qquad \phi(r) = -\frac{c_3}{r} + c_4, \qquad (r < a)$$

になる．無限遠でポテンシャルが 0 になるように選ぶと $c_2 = 0$ である．$r = 0$ に電荷はない．$r = 0$ で $E_r(r) = -\phi'(r)$ が有限であるためには $c_3 = 0$ でなければならない．これから $\phi(r) = c_4$ になる．また，$r = a$ で $\phi(r)$ が連続でなければならないから $-c_1/a = c_4$ という条件がつく．だが，$r = a$ で電荷密度が無限大になっているから電場は連続ではない．(3.19) で与えられている電場の不連続性を適用すると $-c_1/a^2 = \sigma/\epsilon_0$，すなわち

$$c_1 = -\frac{\sigma a^2}{\epsilon_0}, \qquad c_4 = \frac{\sigma a}{\epsilon_0}$$

が得られる．この結果はすでに計算した (3.6) に一致している．

半径 a の一様帯電球の場合にポアソン方程式を解いてみよう．$r > a$ では球殻と同じで

$$\phi'(r) = \frac{c_1}{r^2}, \qquad \phi(r) = -\frac{c_1}{r} + c_2$$

のように積分ができる．積分定数は $c_2 = 0$ と選べる．$r < a$ では $\varrho(r) = $ 定数からポアソン方程式は

$$\frac{\mathrm{d}}{\mathrm{d}r}(r^2\phi') = -\frac{\varrho}{\epsilon_0}r^2$$

である．両辺を積分して，積分定数を c_3 とし，積分結果を r^2 で割ると

$$\phi'(r) = -\frac{\varrho}{3\epsilon_0}r + \frac{c_3}{r^2}$$

が得られる．$r = 0$ で電場が有限であるためには $c_3 = 0$ でなければならない．さらにこれを積分すれば積分定数を c_4 として

$$\phi(r) = -\frac{\varrho}{6\epsilon_0}r^2 + c_4$$

となる．こうして球の内外のポテンシャルの形が決まったが，c_1 と c_4 の 2 つ

の定数が残っている．それらは $\phi(r)$ および $\phi'(r)$ が $r = a$ で連続でなければならない条件

$$-\frac{c_1}{a} = -\frac{\varrho}{6\epsilon_0}a^2 + c_4, \qquad \frac{c_1}{a^2} = -\frac{\varrho}{3\epsilon_0}a$$

から

$$c_1 = -\frac{\varrho a^3}{3\epsilon_0}, \qquad c_4 = \frac{\varrho a^2}{2\epsilon_0}$$

のように決まる．この結果はすでに計算した (3.7) に一致している．

3.5 電気双極子モーメント

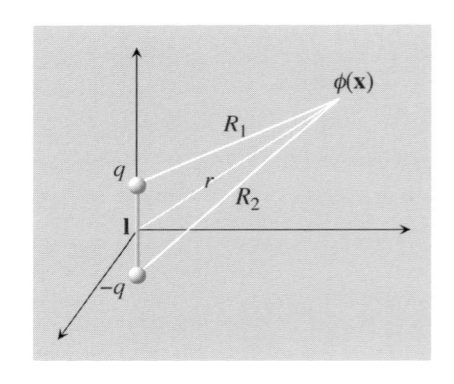

図 3.4 電気双極子

距離 l だけ離れて固定されている2つの電荷 q と $-q$ がつくるクーロンポテンシャルを加えた電位は，空間の任意の位置 $\mathbf{x}$ で

$$\phi(\mathbf{x}) = \frac{q}{4\pi\epsilon_0 R_1} - \frac{q}{4\pi\epsilon_0 R_2} \tag{3.31}$$

になる．図 3.4 で示したように，R_1 および R_2 はそれぞれ電荷 q と $-q$ から観測点までの距離である．2つの電荷の中点を座標の原点に取ると，$R_{1,2} = |\mathbf{x} \mp \frac{1}{2}\mathbf{l}|$ である．原点から観測点までの距離を $r = |\mathbf{x}|$ とすると，l が r に比べて小さい場合

$$\frac{1}{R_{1,2}} = \frac{1}{r}\left(1 \mp \frac{\mathbf{l} \cdot \mathbf{x}}{r^2} + \frac{l^2}{4r^2}\right)^{-1/2} = \frac{1}{r} \pm \frac{\mathbf{l} \cdot \mathbf{x}}{2r^3} + \cdots$$

と展開することができる．それぞれの電荷の寄与 $\frac{1}{r}$ が互いに相殺し

$$\phi(\mathbf{x}) = \frac{q}{4\pi\epsilon_0}\frac{\mathbf{l} \cdot \mathbf{x}}{r^3} = \frac{1}{4\pi\epsilon_0}\mathbf{p} \cdot \frac{\mathbf{x}}{r^3} = -\frac{1}{4\pi\epsilon_0}\mathbf{p} \cdot \boldsymbol{\nabla}\frac{1}{r} \tag{3.32}$$

になる．$\mathbf{p} = q\mathbf{l}$ を一定にして $\mathbf{l} \to 0$, $q \to \infty$ とする電荷対を双極子または2重極と呼び，$\mathbf{p}$ を双極子モーメントと呼ぶ．

3.5 電気双極子モーメント

この電位から電場を計算してみよう．微分公式

$$\partial_i \partial_j \frac{1}{r} = \frac{3x_i x_j}{r^5} - \frac{\delta_{ij}}{r^3} - \frac{4\pi}{3}\delta_{ij}\delta(\mathbf{x}) \tag{3.33}$$

を使う．最後の項は $\nabla^2 \frac{1}{r} = -4\pi\delta(\mathbf{x})$ になるため必要である．得られた

$$\mathbf{E}(\mathbf{x}) = \frac{1}{4\pi\epsilon_0}\left(3\frac{\mathbf{p}\cdot\mathbf{x}\mathbf{x}}{r^5} - \frac{\mathbf{p}}{r^3}\right) - \frac{1}{3\epsilon_0}\mathbf{p}\delta(\mathbf{x}) \tag{3.34}$$

の発散密度は

$$\boldsymbol{\nabla}\cdot\mathbf{E}(\mathbf{x}) = -\nabla^2\phi(\mathbf{x}) = \frac{1}{4\pi\epsilon_0}\mathbf{p}\cdot\boldsymbol{\nabla}\nabla^2\frac{1}{r} = -\frac{1}{\epsilon_0}\mathbf{p}\cdot\boldsymbol{\nabla}\delta(\mathbf{x}) \tag{3.35}$$

を満たす．すなわち，双極子モーメントは電荷密度

$$\varrho^P(\mathbf{x}) = -\mathbf{p}\cdot\boldsymbol{\nabla}\delta(\mathbf{x}) \tag{3.36}$$

によってつくられている．電荷密度はまた

$$\varrho^P(\mathbf{x}) = -\boldsymbol{\nabla}\cdot\mathbf{P}(\mathbf{x}), \qquad \mathbf{P}(\mathbf{x}) = \mathbf{p}\delta(\mathbf{x})$$

と書くことができる．$\mathbf{P}(\mathbf{x})$ は双極子モーメント密度である．

位置 $\mathbf{z}$ に置いた $\mathbf{p}$ に働く力は電荷密度 (3.36) を用いて

$$\mathbf{F} = \int dV \varrho^P \mathbf{E} = -\mathbf{p}\cdot\int dV \boldsymbol{\nabla}\delta(\mathbf{x}-\mathbf{z})\mathbf{E}(\mathbf{x}) = \mathbf{p}\cdot\boldsymbol{\nabla}_\mathbf{z}\mathbf{E}(\mathbf{z}) \tag{3.37}$$

である．$\mathbf{z}$ に関するナブラを $\boldsymbol{\nabla}_\mathbf{z}$ で表した．この結果は

$$V = \int dV \varrho^P \phi = -\mathbf{p}\cdot\int dV \phi(\mathbf{x})\boldsymbol{\nabla}\delta(\mathbf{x}-\mathbf{z}) = \mathbf{p}\cdot\boldsymbol{\nabla}_\mathbf{z}\phi(\mathbf{z}) = -\mathbf{p}\cdot\mathbf{E}(\mathbf{z}) \tag{3.38}$$

から $\mathbf{F} = -\boldsymbol{\nabla}_\mathbf{z}V$ としても導ける（$\mathbf{p}\cdot\boldsymbol{\nabla}\mathbf{E} = \boldsymbol{\nabla}(\mathbf{p}\cdot\mathbf{E}) - \mathbf{p}\times(\boldsymbol{\nabla}\times\mathbf{E})$ が恒等的に成り立つが，$\boldsymbol{\nabla}\times\mathbf{E} = 0$ であることに注意）．

電場と双極子の方向がそろった方がポテンシャルエネルギーが低くなるから，電場中で双極子は電場の方向に向くようにトルク

$$\mathbf{N} = \int dV \mathbf{x}\times\varrho^P\mathbf{E} = -\int dV \mathbf{x}\times\mathbf{E}(\mathbf{x})\,\mathbf{p}\cdot\boldsymbol{\nabla}\delta(\mathbf{x}-\mathbf{z})$$

が働く．上と同様にして積分すると

$$\mathbf{N} = \mathbf{p}\cdot\boldsymbol{\nabla}_\mathbf{z}(\mathbf{z}\times\mathbf{E}) = \mathbf{p}\times\mathbf{E} + \mathbf{z}\times(\mathbf{p}\cdot\boldsymbol{\nabla}_\mathbf{z})\mathbf{E} = \mathbf{p}\times\mathbf{E} + \mathbf{z}\times\mathbf{F} \tag{3.39}$$

が得られる．トルクは基準とする位置に依存する．第1項が双極子の位置から測ったトルク $\mathbf{p} \times \mathbf{E}$ である．もちろん一様な電場中なら位置によらない．実際そのときは $\mathbf{F} = 0$ であるから，トルクは $\mathbf{p} \times \mathbf{E}$ で与えられる．

双極子モーメント $\mathbf{p}_1$ と $\mathbf{p}_2$ があるとき，一方の双極子モーメントのつくる電場を外場と考えると，もう一方の双極子モーメントのポテンシャルエネルギーが相互作用のため生じるポテンシャルエネルギー V_{12} である．$\mathbf{z}_2$ にある双極子モーメント $\mathbf{p}_2$ が位置 $\mathbf{z}_1$ につくる電場は，(3.34) から，距離ベクトルを $\mathbf{r} = \mathbf{z}_1 - \mathbf{z}_2$，その大きさを $r = |\mathbf{z}_1 - \mathbf{z}_2|$ とすると

$$\mathbf{E}(\mathbf{z}_1) = \frac{1}{4\pi\epsilon_0}\left(3\frac{\mathbf{p}_2 \cdot \mathbf{rr}}{r^5} - \frac{\mathbf{p}_2}{r^3}\right) - \frac{1}{3\epsilon_0}\mathbf{p}_2\delta(\mathbf{r})$$

であるから，(3.38) を用いて

$$V_{12} = -\frac{1}{4\pi\epsilon_0}\left(3\frac{\mathbf{p}_1 \cdot \mathbf{r}\mathbf{p}_2 \cdot \mathbf{r}}{r^5} - \frac{\mathbf{p}_1 \cdot \mathbf{p}_2}{r^3}\right) + \frac{1}{3\epsilon_0}\mathbf{p}_1 \cdot \mathbf{p}_2\delta(\mathbf{r})$$

が得られる．

3.6 電気双極子層

いたるところで l だけ離れた 2 曲面がそれぞれ電荷面密度 $\pm\sigma$ に帯電しているとする．$\tau = \sigma l$ を一定に保ったまま $l \to 0$ の極限を取ると双極子層になる．τ は単位面積あたりの双極子モーメントの大きさである．これに双極子モーメントの方向を向いた単位ベクトル $\mathbf{n}$ の方向を持たせた $\boldsymbol{\tau} = \tau\mathbf{n}$ を双極子モーメント面密度と言う．双極子層がつくる電位は (3.32) から

$$\phi(\mathbf{x}) = \frac{\tau}{4\pi\epsilon_0}\int \mathrm{d}S' \mathbf{n}' \cdot \frac{\mathbf{x} - \mathbf{x}'}{|\mathbf{x} - \mathbf{x}'|^3} \tag{3.40}$$

によって与えられる．観測点から面積要素 $\mathrm{d}S'$ を見た立体角は

$$\mathrm{d}\Omega' = \frac{\mathbf{x}' - \mathbf{x}}{|\mathbf{x}' - \mathbf{x}|^3} \cdot \mathbf{n}'\mathrm{d}S'$$

である．これからガウスの公式

$$\phi(\mathbf{x}) = -\frac{\tau}{4\pi\epsilon_0}\int \mathrm{d}\Omega' = -\frac{\tau}{4\pi\epsilon_0}\Omega \tag{3.41}$$

が得られる．Ω は観測点から双極子層を見た立体角である．双極子層表面近

3.6 電気双極子層

くの正, 負電荷側の観測点での立体角を Ω_1, Ω_2, 電位を ϕ_1, ϕ_2 とすると, $\Omega_1 - \Omega_2 = -4\pi$ だから電位も双極子層で連続ではなく

$$\phi_1 - \phi_2 = \frac{\tau}{\epsilon_0} \tag{3.42}$$

だけの跳びがある. 電場を計算するために, ベクトル3重積の公式を使うと

$$\nabla\left(\mathbf{n}' \cdot \frac{\mathbf{x}' - \mathbf{x}}{|\mathbf{x}' - \mathbf{x}|^3}\right) = \mathbf{n}'\nabla \cdot \frac{\mathbf{x}' - \mathbf{x}}{|\mathbf{x}' - \mathbf{x}|^3} + (\mathbf{n}' \times \nabla) \times \frac{\mathbf{x}' - \mathbf{x}}{|\mathbf{x}' - \mathbf{x}|^3}$$

である. 右辺第1項はデルタ関数の表式 (2.38) を使うと電場 $-\frac{\tau}{\epsilon_0}\mathbf{n}\delta(n)$ を与える. 第2項は電場

$$\frac{\tau}{4\pi\epsilon_0}\int dS'(\mathbf{n}' \times \nabla') \times \frac{\mathbf{x}' - \mathbf{x}}{|\mathbf{x}' - \mathbf{x}|^3} = \frac{\tau}{4\pi\epsilon_0}\oint d\mathbf{x}' \times \frac{\mathbf{x} - \mathbf{x}'}{|\mathbf{x} - \mathbf{x}'|^3}$$

を与える. 面積分を線積分に変換するために積分定理 (A.30) を使った. 双極子層の電場は

$$\mathbf{E}(\mathbf{x}) = -\frac{\tau}{\epsilon_0}\mathbf{n}\delta(n) + \frac{\tau}{4\pi\epsilon_0}\oint d\mathbf{x}' \times \frac{\mathbf{x} - \mathbf{x}'}{|\mathbf{x} - \mathbf{x}'|^3} \tag{3.43}$$

になる.

双極子層をまたいでガウス面を取り, ガウスの法則を適用すると, ガウス面内部では正負の電荷が打ち消しあっているから, 電場を $\mathbf{E}_1$, $\mathbf{E}_2$, 電位を ϕ_1, ϕ_2 とすると

$$\mathbf{n} \cdot \mathbf{E}_1 = \mathbf{n} \cdot \mathbf{E}_2, \qquad \frac{\partial \phi_1}{\partial n} = \frac{\partial \phi_2}{\partial n}$$

を満たす. 双極子層の電荷密度を計算すると

$$\varrho_\tau(n) = \sigma\delta\left(n - \frac{l}{2}\right) - \sigma\delta\left(n + \frac{l}{2}\right) = -\sigma l \delta'(n) = -\tau\delta'(n)$$

である. すなわちガウスの法則は

$$E'(n) = \frac{1}{\epsilon_0}\varrho_\tau(n) = -\frac{\tau}{\epsilon_0}\delta'(n) \tag{3.44}$$

になる. 電荷面密度の場合は電位が連続で電場が不連続だったが, 双極子層の場合は電場が連続で電位が不連続になる. もし電位が連続なら, 電場は有限で, その導関数が $\delta'(n)$ の特異性を持つことはありえないからである. (3.44) が成り立つためには, 境界面で電場は

$$E(n) = -\frac{\tau}{\epsilon_0}\delta(n)$$

のようにデルタ関数の特異性を持つ．(3.43) 右辺第 1 項の寄与だ．このような特異性が生じる原因は明らかである．双極子層をつくる 2 つの電荷面分布が有限の距離 l だけ離れているときは，電場が正電荷から負電荷に向かう方向につくられるが，l を無限小にすると電位の傾きが無限大になり電場がデルタ関数の特異性を持つようになる．電場がこの特異性を持つためには境界面の両側で電位に (3.42) の不連続性があればよい．

半径 a の円に双極子モーメントが単位面積あたり τ で分布しているとき，中心軸上での電位を求めてみよう．中心軸を z 軸に取り，観測点を $\mathbf{x}=(0,0,z)$ とし，面上の点を $\mathbf{x}'=(\rho'\cos\varphi',\rho'\sin\varphi',0)$ とすると $dS'=\rho'd\rho'd\varphi'$ から

$$\phi(z) = \frac{\tau z}{4\pi\epsilon_0}\int_0^a d\rho'\frac{2\pi\rho'}{(\rho'^2+z^2)^{3/2}} = \frac{\tau}{2\epsilon_0}\left(\frac{z}{|z|}-\frac{z}{\sqrt{a^2+z^2}}\right)$$

になる．境界での電位の跳びは (3.42) で与えられた通り τ/ϵ_0 である．電場の x,y 成分は 0，z 成分は

$$\frac{d}{dz}\frac{z}{|z|} = \frac{d}{dz}\{\theta(z)-\theta(-z)\} = 2\delta(z)$$

を用いて

$$E_z(z) = -\frac{\tau}{\epsilon_0}\delta(z) + \frac{\tau}{2\epsilon_0}\frac{a^2}{(a^2+z^2)^{3/2}} \qquad (3.45)$$

である．電場は $z=0$ でのデルタ関数以外は連続である．

半径 a の球面上に，双極子モーメントが面密度 τ で分布しているとき，球の内外の電位はガウスの公式 (3.41) から容易に計算できる．観測点が球外部にあるときは，観測点から球への包絡面が球と接する円によって球面が 2 つに分割される．分割された 2 面を見る立体角は，大きさは同じだが，双極子層の正と負側になるため，符号が逆になるから互いに相殺し $\phi=0$ である．一方，観測点が球内部にある場合は，観測点から球面を見る立体角は 4π であるから，電位は $\phi=-\tau/\epsilon_0$ である．球内外の電位は

$$\phi(r) = -\frac{\tau}{\epsilon_0}\theta(a-r)$$

になる．境界条件 (3.42) が成り立っている．電場は球内外ともに 0 である．

3.7 電気4極子モーメント

双極子は，少し離した2つの電荷の場合にだけつくられるのではない．有限の大きさの電荷分布が，ある部分は負に偏って帯電し，ほかの部分が正に偏って帯電しているが，全体として中性になっているとき，遠くから見れば，やはり双極子のように振る舞う．また正と負の電荷分布が2つずつ互い違いに並んでいると，双極子も相殺して高次の項が主要項になる．

座標の原点を物質内の適当な場所に取り，観測点の座標を $\mathbf{x}$ とすると，電位は (3.4) で与えられる．観測点が座標原点から遠く離れているとき，

$$\frac{1}{|\mathbf{x}-\mathbf{x}'|} = \frac{1}{r} - \mathbf{x}' \cdot \boldsymbol{\nabla}\frac{1}{r} + \frac{1}{2}(\mathbf{x}'\cdot\boldsymbol{\nabla})^2\frac{1}{r} - \cdots \tag{3.46}$$

のようにテイラー展開できる．このマッカラーの公式 (J. MacCullagh, 1809-47) を (3.4) に代入すると

$$\phi(\mathbf{x}) = \frac{1}{4\pi\epsilon_0}\frac{q}{r} - \frac{1}{4\pi\epsilon_0}\mathbf{p}\cdot\boldsymbol{\nabla}\frac{1}{r} + \frac{1}{4\pi\epsilon_0}q_{ij}\partial_i\partial_j\frac{1}{r} - \cdots \tag{3.47}$$

が得られる．ここで

$$q = \int dV \varrho(\mathbf{x}), \qquad \mathbf{p} = \int dV \mathbf{x}\varrho(\mathbf{x}), \qquad q_{ij} = \frac{1}{2}\int dV x_i x_j \varrho(\mathbf{x}) \tag{3.48}$$

はそれぞれ全電荷，双極子モーメント，4極子モーメントである．q が有限の場合はクーロンポテンシャルが支配的になる．つまり，どのような電荷分布を持った物質でも，遠くから見ると点電荷のように見える．だが，$q=0$ の物質では展開の初項が0になるから，第2項の双極子による電位が支配的になる．さらに，双極子も0になるような電荷分布では4極子モーメントが生き残る．さらに，高次の電荷分布は8極子モーメント，16極子モーメント，などによって特徴づけられる．このような展開のことを多極子展開と呼ぶ．

ダイアド (A.1.2節) を使うと4極子モーメントは

$$\mathsf{q} = \frac{1}{2}\int dV \mathbf{x}\mathbf{x}\varrho(\mathbf{x})$$

と表すことができる．4極子モーメントによる電位も

$$\phi^Q = \frac{1}{4\pi\epsilon_0}\boldsymbol{\nabla}\cdot\mathsf{q}\cdot\boldsymbol{\nabla}\frac{1}{r} = \frac{1}{4\pi\epsilon_0}q_{ij}\left(\frac{3x_ix_j}{r^5} - \frac{\delta_{ij}}{r^3}\right) = \frac{3}{4\pi\epsilon_0 r^5}\mathbf{x}\cdot\mathsf{q}'\cdot\mathbf{x}$$

になる．微分公式 (3.33) を用いたがデルタ関数は省いた．ここで

$$\mathsf{q}' = \frac{1}{2}\int dV \left(\mathbf{xx} - \frac{1}{3}r^2\right)\varrho(\mathbf{x})$$

は2つの $\mathbf{x}$ からつくられた2階の対称テンソルであり，独立な成分は5つである．4極子モーメントの定義として q と q' のどちらを採用してもよい．ϕ^Q において q のかわりに q' を用いても電位は同じである．

ϕ^Q は原点に置いた4極子モーメントがつくる電位である．ϕ^Q をつくっている電荷密度は

$$\varrho^Q = -\epsilon_0 \nabla^2 \phi^Q = \boldsymbol{\nabla}\cdot\mathsf{q}\cdot\boldsymbol{\nabla}\delta(\mathbf{x}) = -\boldsymbol{\nabla}\cdot\mathbf{P}^Q \tag{3.49}$$

になる．ここで，

$$\mathbf{P}^Q = -\boldsymbol{\nabla}\cdot\mathsf{Q}, \qquad \mathsf{Q} = \mathsf{q}\delta(\mathbf{x})$$

は4極子モーメント密度 Q の双極子モーメント密度への寄与である．高次の多極子モーメントも同様である．局在した電荷分布を多極子展開すると，電荷密度は，原点に電荷 q, 双極子モーメント $\mathbf{p}$, 4極子モーメント q, $\cdots$ を置いたときの電荷密度 ϱ_0, ϱ^P, ϱ^Q, $\cdots$ によって表すことができ，

$$\varrho = \varrho_0 + \varrho^P + \varrho^Q + \cdots = \varrho_0 - \boldsymbol{\nabla}\cdot\mathbf{P}^{\mathrm{tot}} \tag{3.50}$$

になる．$\mathbf{P}^{\mathrm{tot}}$ はすべての多極子モーメントからの寄与を加えた量で，

$$\mathbf{P}^{\mathrm{tot}} = \mathbf{P} + \mathbf{P}^Q + \cdots = \mathbf{P} - \boldsymbol{\nabla}\cdot\mathsf{Q} + \cdots$$

で与えられる．

電場中で位置 $\mathbf{z}$ にある4極子モーメント q が電場から受ける力は

$$\begin{aligned}\mathbf{F} &= \int dV \varrho^Q(\mathbf{x})\mathbf{E}(\mathbf{x}) = \int dV \mathbf{E}(\mathbf{x})\boldsymbol{\nabla}\cdot\mathsf{q}\cdot\boldsymbol{\nabla}\delta(\mathbf{x}-\mathbf{z}) \\ &= \boldsymbol{\nabla}_{\mathbf{z}}\cdot\mathsf{q}\cdot\boldsymbol{\nabla}_{\mathbf{z}}\mathbf{E}(\mathbf{z})\end{aligned} \tag{3.51}$$

になるから（$\boldsymbol{\nabla}_{\mathbf{z}}$ は $\mathbf{z}$ に関するナブラ）

$$\mathbf{F} = -\boldsymbol{\nabla}_{\mathbf{z}}V, \qquad V = -\boldsymbol{\nabla}_{\mathbf{z}}\cdot\mathsf{q}\cdot\mathbf{E}$$

と書ける（恒等式 $\boldsymbol{\nabla}\cdot\mathsf{q}\cdot\boldsymbol{\nabla}\mathbf{E} = \boldsymbol{\nabla}(\boldsymbol{\nabla}\cdot\mathsf{q}\cdot\mathbf{E}) - (\boldsymbol{\nabla}\cdot\mathsf{q})\times(\boldsymbol{\nabla}\times\mathbf{E})$ において $\boldsymbol{\nabla}\times\mathbf{E} = 0$ を使う）．

CHAPITRE 4

Conducteur
導体

4.1 導体の静電場と電位：クーロンの定理

　電気を伝える物質があることを発見したのは染物屋で慈善施設の寄宿人グレイ (S. Gray, 1666-1736) である (1729)．グレイの研究を引き継いだデザギュリエ (J. T. Desagulier, 1683-1744) は，金属などの限られた物質だけが電気を伝えることを発見し，それに導体という名前をつけた．原子は電子と原子核が結合して中性になっているが，原子が集まって金属を形成すると，原子の外側を回る電子（伝導電子，また自由電子とも言う）は電場によって容易に移動する．全体で電気的に中和し電荷を持たない導体に電場 $\mathbf{E}_0$ を加えると，自由電子は力 $-e\mathbf{E}_0$ を受けて導体表面に移動する．導体の一方の端に負電荷がたまっていくと，もう一方の端には正電荷がたまる．この過程はいつまでも続かない．導体の両端に移動した正負電荷が電場 $\mathbf{E}'$ をつくるから，電子には $-e(\mathbf{E}_0 + \mathbf{E}')$ が作用するが，$\mathbf{E} = \mathbf{E}_0 + \mathbf{E}' = 0$ になったとき電子に力が働かなくなり，電荷の移動がなくなった平衡状態に達する．このとき，電荷密度も導体内部では 0 でなければならない．

　導体に電荷を与えた場合も同様である．導体では電荷が常に表面に分布することはフランクリンが発見し，それを知ったプリーストリーが逆 2 乗則を推論したことは 2.1 節で述べた．球面に一様に分布した電荷が球内部に電場をつくらないことはすでに見た通りだが，導体内部に静電場がないことは球形に限らず一般の導体について成り立つ．導体内部では電場がないから電位

の傾きがいたるところで 0. すなわち電位は導体内部および表面で一定値を取る. したがって導体表面では電場は表面に垂直になっている. もし表面に平行な電場の成分があれば表面で電荷が移動する. 平衡状態では電場の表面に平行な成分はない. 導体表面をまたぐガウス面を取り, ガウスの法則を適用すると, 導体の外の電場 $\mathbf{E}$ は「クーロンの定理」で与えられる.

$$\mathbf{E} = \frac{\sigma}{\epsilon_0}\mathbf{n} \tag{4.1}$$

はクーロン (1787) が発見し, ポアソン (1811) が理論的に導いた.

4.2 鏡の国のトムソン：鏡像法

接地された導体平面から $\frac{1}{2}l$ だけ離れた場所に点電荷 q が置いてあるときの電位を求めよう. この問題をまともに解くのは面倒である. 点電荷のために導体表面に異符号の電荷がクーロン力によって引きつけられてくるであろう. 電荷密度は点電荷から最短距離にある場所に最も大きく, そこを遠ざかるに従い小さくなることが予想される. だが, この電荷分布は前もってはわからないから, 電荷分布から電位を計算することはできない. ところで導体内では $\phi = 0$ である. したがって, 知りたいのは導体の外の電位である. その基本方程式であるポアソン方程式を解けば, 導体表面の電荷密度の知

図 **4.1** W. トムソン

識なしにすべてが求まるだろうか. それは不可能である. 微分方程式を解くと積分定数が現れるが, これら積分定数は任意の数であり, その値を決めるのは別の条件である. 今の場合は導体表面で $\phi = 0$ になることが要請されている. このような条件を境界条件と言い, 境界条件のもとに微分方程式を解くことを境界値問題と言う. 静電場の基本方程式はそれだけでは解が定ま

らず，その問題に応じて要請される境界条件のもとに初めて解くことができるのである．境界値問題を解く方法の1つとして，この節ではW.トムソン(1848)による鏡像法を取り上げよう．

点電荷の位置 $\mathbf{z}_1$ から空間の任意の位置 $\mathbf{x}$ までの距離を $R_1 = |\mathbf{x} - \mathbf{z}_1|$ とすると，電位 $\phi = q/4\pi\epsilon_0 R_1$ はポアソン方程式を満たすが，導体表面での境界条件 $\phi = 0$ を満たさない．そこで問題をすりかえて，導体を取り外し，導体表面に関して鏡像の位置だった場所 $\mathbf{z}_2$ に $-q$ の電荷を置いてみよう．このときのポアソン方程式の解は容易に求まり，

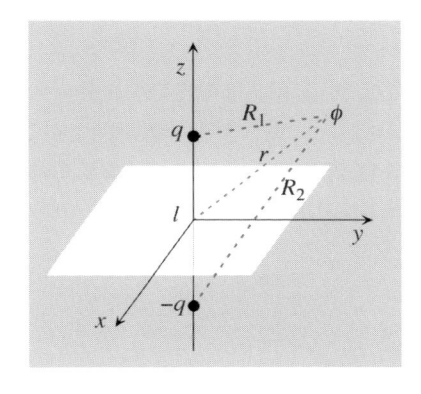

$$\phi = \frac{q}{4\pi\epsilon_0}\left(\frac{1}{R_1} - \frac{1}{R_2}\right) \quad (4.2)$$

図 **4.2** トムソンの鏡像法

である．$R_2 = |\mathbf{x} - \mathbf{z}_2|$ は鏡像の位置から観測点までの距離である．(4.2) はポアソン方程式の解であるばかりでなく，導体表面があった場所，すなわち，$R_1 = R_2$ で $\phi = 0$ である．こうして元の境界条件を満たす解が得られたことになる．4.4節で示すように，解の一意性によってそれ以外の解はない．

この電位から電場を計算してみよう．図 4.2 のように，導体表面を xy 面，それに垂直に電荷 q を通って z 軸を取ると，ϕ は双極子がつくる (3.31) とまったく同じである．$R_{1,2} = \sqrt{\rho^2 + (z \mp \frac{1}{2}l)^2}$ だから

$$E_\rho = \frac{q\rho}{4\pi\epsilon_0}\left(\frac{1}{R_1^3} - \frac{1}{R_2^3}\right), \qquad E_z = \frac{q}{4\pi\epsilon_0}\left(\frac{z-l/2}{R_1^3} - \frac{z+l/2}{R_2^3}\right)$$

が得られる．導体表面，すなわち，$z = 0$ で表面に平行な電場の成分はなく，表面に垂直な成分は

$$E_z = -\frac{q}{4\pi\epsilon_0}\frac{l}{(\rho^2 + l^2/4)^{3/2}}$$

である．ところが，クーロンの定理 (4.1) から，導体表面の電場は電荷面密度 σ によって $E_z = \sigma/\epsilon_0$ になっていなければならないから

$$\sigma = -\frac{q}{4\pi}\frac{l}{(\rho^2+l^2/4)^{3/2}}$$

が得られる．このようにして誘導された電荷の総量は

$$q_{\text{ind}} = 2\pi\int_0^\infty d\rho\rho\sigma = -q$$

になる．導体を静電場の中に置いたとき，導体内に電場ができないように電荷が移動して導体表面の電荷密度が変化する．カントン (J. Canton, 1718-72) が1753年に発見したこの現象を静電誘導と言う．

上に述べた鏡像法は $R_2/R_1 = 1$ を満たす面が平面になることを利用したが，

$$\frac{R_2}{R_1} = \frac{|\mathbf{x}-\mathbf{z}_2|}{|\mathbf{x}-\mathbf{z}_1|} = k \quad (4.3)$$

が1と異なる定数の場合，面が球面になるアポロニオスの定理が知られている．$(k^2\mathbf{z}_1 - \mathbf{z}_2)/(k^2-1)$ が球の中心座標で，半径 a は

$$a = \frac{k}{|k^2-1|}|\mathbf{z}_1 - \mathbf{z}_2|$$

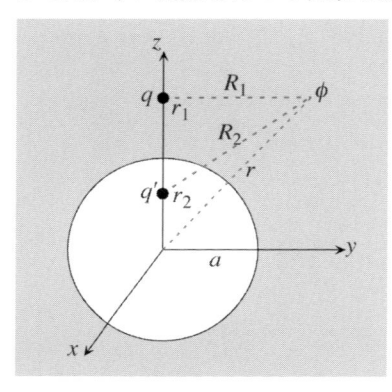

図 4.3 アポロニオスの定理

によって与えられる．球の中心を原点に取ると，$\mathbf{z}_2 = k^2\mathbf{z}_1$, 球半径は $a = kr_1$ になる．そこで，a が与えられたとき，鏡像の位置は $\mathbf{z}_2 = (a/r_1)^2\mathbf{z}_1$ である．鏡像の位置に電荷 q' を置くと電位は

$$\phi = \frac{q}{4\pi\epsilon_0 R_1} + \frac{q'}{4\pi\epsilon_0 R_2} \quad (4.4)$$

になるから，$q' = -kq$ と選べば球面上で $\phi = 0$ とすることができる．球面に誘導される電荷面密度 $\sigma = \epsilon_0 E_n$ は，球面上の電場の法線方向成分

$$E_n = -\frac{\partial \phi(r,\theta)}{\partial r}\bigg|_{r=a} = -\frac{q}{4\pi\epsilon_0}\frac{r_1^2 - a^2}{(a^2+r_1^2-2ar_1\cos\theta)^{3/2}}$$

で与えられるから，球面上の全電荷は

$$2\pi a^2 \int_0^\pi d\theta \sin\theta\sigma = -\frac{a}{r_1}q = q'$$

である．点電荷と導体球の間に働く力は，点電荷と鏡像の間に働く力

$$F = \frac{qq'}{4\pi\epsilon_0(r_1-r_2)^2} = -\frac{ar_1 q^2}{4\pi\epsilon_0(r_1^2-a^2)^2}$$

によって与えられる．

導体球を接地しないで絶縁した場合を考えてみよう．このとき，球面の電位がある一定値になることが境界条件である．また，導体に誘導される全電荷は 0 でなければならない．そこで，原点に電荷 $-q' = kq$ を置けば，電位は

$$\phi = \frac{q}{4\pi\epsilon_0 R_1} - \frac{kq}{4\pi\epsilon_0 R_2} + \frac{kq}{4\pi\epsilon_0 r}$$

になり，球面上で一定値

$$\phi(a) = \frac{kq}{4\pi\epsilon_0 a} = \frac{q}{4\pi\epsilon_0 r_1}$$

を取るから境界条件は満たされている．球面上で電場は

$$E_n = \frac{q}{4\pi\epsilon_0 a}\left\{\frac{1}{r_1} - \frac{r_1^2 - a^2}{(a^2 + r_1^2 - 2ar_1\cos\theta)^{3/2}}\right\}$$

になるが，誘導電荷密度 $\sigma = \epsilon_0 E_n$ を積分した誘導全電荷は 0 である．q に近い球面で負，q に遠い球面で正に帯電する．点電荷と導体球の間に働く力は

$$F = \frac{qq'}{4\pi\epsilon_0(r_1-r_2)^2} - \frac{qq'}{4\pi\epsilon_0 r_1^2} = -\frac{ar_1 q^2}{4\pi\epsilon_0}\left\{\frac{1}{(r_1^2-a^2)^2} - \frac{1}{r_1^4}\right\}$$

である．

$R_1 + R_2$ が定数である楕円体の導体の周囲の電位を求めるのも容易である．z 軸上に $-\frac{1}{2}l$ から $\frac{1}{2}l$ まで一様に分布した直線電荷がつくる電位は，直線電荷の両端からの距離を R_1, R_2 とすると，(3.12) から

$$\phi = \frac{\lambda}{4\pi\epsilon_0}\ln\frac{R_2+z+l/2}{R_1+z-l/2} = \frac{\lambda}{4\pi\epsilon_0}\ln\frac{R_1+R_2+l}{R_1+R_2-l}$$

である．ここで ln の中の分子分母に $2l$ を乗じ，$R_2^2 - R_1^2 = 2lz$ を用いて変形した．この電位は，$R_1 + R_2 = $ 一定のとき一定だから，直線電荷の先端を焦点とする楕円体の外部では導体のつくる電位と同一である．楕円体長軸を a，短軸を b とすると $a^2 - b^2 = \frac{1}{4}l^2$ である．$R_1 + R_2 = 2a$ を満たす導体面上で長軸の先端に $\sigma = \lambda l/4\pi b^2$，短軸の先端に $\sigma = \lambda l/4\pi ab$ の電荷面密度が誘導される．

4.3 「分離して積分せよ」：変数分離法

「分割して統治せよ」は古代ローマが発展するための強力な植民地政策だった．ポアソン方程式を解く強力な方法として，ダランベール (J. d'Alembert, 1717-83) にまでさかのぼる変数分離法がある (1750)．ここでは軸対称な電位を取り上げるが，一般化は容易である（B.2 節参照）．

ラプラース演算子の球座標による表示 (A.56) を用いると，φ に依存しない電位 $\phi(r,\theta)$ が満たすラプラース方程式は

$$\frac{\partial}{\partial r}\left(r^2\frac{\partial \phi}{\partial r}\right) + \frac{1}{\sin\theta}\frac{\partial}{\partial \theta}\left(\sin\theta\frac{\partial \phi}{\partial \theta}\right) = 0$$

図 4.4 ダランベール

である．$\phi(r,\theta)$ を $\phi(r,\theta) = R(r)\Theta(\theta)$ のように，r の関数 R と θ の関数 Θ の積の形に仮定してみよう．変数分離した解をラプラース方程式に代入すると

$$\frac{1}{R}\frac{d}{dr}\left(r^2\frac{dR}{dr}\right) = -\frac{1}{\sin\theta\,\Theta}\frac{d}{d\theta}\left(\sin\theta\frac{d\Theta}{d\theta}\right) \tag{4.5}$$

になる．左辺は r，右辺は θ だけの関数だから，この式が任意の r と θ で成り立つためには両辺とも定数（分離定数と呼ぶ）でなければならない．(4.5) の分離定数を $l(l+1)$ とすると

$$\frac{d}{dr}\left(r^2\frac{dR}{dr}\right) = l(l+1)R, \qquad \frac{d}{d\theta}\left(\sin\theta\frac{d\Theta}{d\theta}\right) = -l(l+1)\sin\theta\,\Theta$$

を解けばよいことになる．R の独立な解は r^l と $\frac{1}{r^{l+1}}$ である．Θ の解 $P_l(\cos\theta)$ はルジャンドルの多項式 (1784) で，l は負でない整数値を取り

$$P_0(x) = 1, \qquad P_1(x) = x, \qquad P_2(x) = \frac{3}{2}x^2 - \frac{1}{2}, \qquad \cdots$$

によって与えられる（独立な解として第 2 種のルジャンドル関数 $Q_l(x)$ もあるが，$x = \pm 1$ で対数的に発散する）．こうして

$$r^l P_l(\cos\theta), \qquad \frac{1}{r^{l+1}}P_l(\cos\theta), \qquad (l = 0, 1, 2, \dots) \tag{4.6}$$

4.3 「分離して積分せよ」：変数分離法

がラプラース方程式の特殊解である．一般解はこれらを重ね合わせた

$$\phi = \sum_{l=0}^{\infty} \left(A_l r^l + \frac{B_l}{r^{l+1}} \right) P_l(\cos\theta) \tag{4.7}$$

で与えられる．

任意の電荷分布がつくる電位を多極子展開することによって，単極子，双極子，4極子，… がつくる電位に分解することができた．曲線座標を用いて電位を多極子展開してみよう．ルジャンドルの多項式は母関数の展開

$$\frac{1}{\sqrt{1-2xt+t^2}} = P_0(x) + tP_1(x) + t^2 P_2(x) + \cdots$$

の展開係数に一致する．$\mathbf{x}$ と $\mathbf{x}'$ のなす角度を θ とすると

$$\frac{1}{|\mathbf{x}-\mathbf{x}'|} = \frac{1}{\sqrt{r^2 - 2rr'\cos\theta + r'^2}} = \frac{1}{r_> \sqrt{1 - 2(r_</r_>)\cos\theta + (r_</r_>)^2}}$$

である．ここで，r と r' で大きい方を $r_>$，小さい方を $r_<$ とした．$1/r_>$ を除いた部分を $r_</r_>$ の関数と見て展開すると

$$\frac{1}{|\mathbf{x}-\mathbf{x}'|} = \frac{1}{r_>} \sum_{l=0}^{\infty} \left(\frac{r_<}{r_>}\right)^l P_l(\cos\theta) \tag{4.8}$$

になる．$\mathbf{x} \neq \mathbf{x}'$ で $\frac{1}{|\mathbf{x}-\mathbf{x}'|}$ はラプラース方程式を満たしていたが，展開の各項もラプラース方程式を満たしている．電位 (3.4) は

$$\begin{aligned}\phi &= \frac{1}{4\pi\epsilon_0 r} \sum_{l=0}^{\infty} \int dV' \left(\frac{r'}{r}\right)^l P_l(\cos\theta) \varrho(\mathbf{x}') \\ &= \frac{1}{4\pi\epsilon_0} \frac{q}{r} - \frac{1}{4\pi\epsilon_0} \mathbf{p} \cdot \boldsymbol{\nabla} \frac{1}{r} + \frac{1}{4\pi\epsilon_0} \boldsymbol{\nabla} \cdot \mathbf{q} \cdot \boldsymbol{\nabla} \frac{1}{r} + \cdots\end{aligned}$$

になり，(3.47) に一致する．例えば第2項は

$$\frac{1}{4\pi\epsilon_0 r^2} \int dV' r' \cos\theta \varrho(\mathbf{x}') = \frac{1}{4\pi\epsilon_0 r^3} \int dV' \mathbf{x} \cdot \mathbf{x}' \varrho(\mathbf{x}') = -\frac{1}{4\pi\epsilon_0} \mathbf{p} \cdot \boldsymbol{\nabla} \frac{1}{r}$$

のように計算すればよい．

z 方向に一様な電場 E_0 が働いているとき，電位は $\phi_0 = -E_0 z = -E_0 r \cos\theta$ で与えられる．(4.7) の展開で $A_1 = -E_0$ だけがある場合である．この電場中に半径 a の球形導体を置くと，電位の低い面に正電荷，電位の高い面に負

電荷が分布して電位 ϕ' がつくられる．ラプラース方程式の特殊解 (4.6) のうち，無限遠で発散しないのは $\frac{1}{r^{l+1}}P_l(\cos\theta)$ であるから

$$\phi = \phi_0 + \phi' = A_1 r\cos\theta + \sum_{l=0}^{\infty} B_l \frac{1}{r^{l+1}} P_l(\cos\theta)$$

とすればよい．一方，球表面では ϕ が定数にならなければならない．そのためには ϕ' には $r=a$ で定数になる B_0 項と，ϕ_0 の θ 依存性を打ち消すことができる B_1 項のみが残る．$r=a$ での境界条件から B_1 が決まり

$$\phi = -E_0 r\cos\theta + \frac{B_0}{r} + \frac{E_0 a^3 \cos\theta}{r^2}$$

になる．球面上の電場の法線方向成分は

$$E_n = -\left.\frac{\partial\phi}{\partial r}\right|_{r=a} = \frac{B_0}{a^2} + 3E_0\cos\theta$$

である．球表面の電荷面密度 $\sigma = \epsilon_0 E_n$ を積分すると，球面上の全電荷は

$$q = 2\pi a^2 \epsilon_0 \int_0^\pi d\theta \sin\theta \left(\frac{B_0}{a^2} + 3E_0\cos\theta\right) = 4\pi\epsilon_0 B_0$$

である．$q=0$ の場合は $B_0=0$ だから，球面上に誘導される電荷面密度は

$$\sigma = P\cos\theta, \qquad P = 3\epsilon_0 E_0 \tag{4.9}$$

になる．予想されたように，$z>0$ で正，$z<0$ で負に電荷が分布する．この電荷分布がつくる電位を，球の中心に置いた双極子モーメント p のつくる電位 (3.32) と比べると

$$p = 4\pi\epsilon_0 E_0 a^3 = \frac{4\pi}{3} a^3 P \tag{4.10}$$

と対応させればよいから，誘導電荷のつくる導体球の外の電場 $\mathbf{E}'$ は

$$\mathbf{E}' = \frac{1}{4\pi\epsilon_0}\left(\frac{3\mathbf{p}\cdot\mathbf{x}\mathbf{x}}{r^5} - \frac{\mathbf{p}}{r^3}\right) = \frac{Pa^3}{3\epsilon_0}\left(\frac{3\mathbf{n}\cdot\mathbf{x}\mathbf{x}}{r^5} - \frac{\mathbf{n}}{r^3}\right) \tag{4.11}$$

になる．$\mathbf{n}$ は電場 $\mathbf{E}_0$ 方向の単位ベクトルである．一方，導体球内部では，電場 $\mathbf{E}_0$ と誘導電場 $\mathbf{E}'$ が打ち消しあって $\mathbf{E} = \mathbf{E}_0 + \mathbf{E}' = 0$ になるから

$$\mathbf{E}' = -\mathbf{E}_0 = -\frac{1}{4\pi\epsilon_0 a^3}\mathbf{p} = -\frac{P}{3\epsilon_0}\mathbf{n} \tag{4.12}$$

である．

4.4 風車小屋での発見：グリーン関数

静電場の基本方程式は重ね合わせの原理が成り立つ．そこで，ある境界条件のもとでポアソン方程式を解くには，同じ境界条件のもとで点電荷の問題を解き，それを重ね合わせればよい．ある境界条件のもとでの点電荷に対するポアソン方程式の解をグリーン関数と言う．この方法は，ポアソン方程式に限らず，重ね合わせの原理が成り立つ場合にいつでも適用できる．グリーンは初等教育を2年受けただけだが，その優れた研究は家業のパン屋と風車小屋で働きながら独学で行ったものだった．ノティンガム郊外の丘の上にはグリーンが

図 **4.5** グリーンの風車小屋

その5階でポアソン方程式の解法を見つけた風車小屋が現存する．

位置 $\mathbf{x}'$ にある点電荷 q がつくる電位に対するポアソン方程式は

$$\nabla^2 \phi(\mathbf{x}) = -\frac{q}{\epsilon_0}\delta(\mathbf{x} - \mathbf{x}')$$

だが，定数因子 q/ϵ_0 を除いた

$$\nabla^2 G(\mathbf{x}, \mathbf{x}') = -\delta(\mathbf{x} - \mathbf{x}') \tag{4.13}$$

の解 $G(\mathbf{x}, \mathbf{x}')$ がポアソン方程式に対するグリーン関数である．無限遠で解が0になる境界条件のもとでは，グリーン関数は q/ϵ_0 を除いて点電荷のクーロンポテンシャルにほかならない．(3.26) から

$$G(\mathbf{x}, \mathbf{x}') = \frac{1}{4\pi|\mathbf{x} - \mathbf{x}'|} \tag{4.14}$$

である．これをグリーン関数の基本解と言う．並進対称性がある場合はグリーン関数は $\mathbf{x} - \mathbf{x}'$ の関数である．

任意のスカラー関数 φ と ψ からつくったベクトル関数 $\varphi\boldsymbol{\nabla}\psi$ に対し，発散

定理を適用すると
$$\oint dS \mathbf{n} \cdot \varphi \boldsymbol{\nabla} \psi = \int dV \boldsymbol{\nabla} \cdot (\varphi \boldsymbol{\nabla} \psi) = \int dV (\varphi \nabla^2 \psi + \boldsymbol{\nabla} \varphi \cdot \boldsymbol{\nabla} \psi) \quad (4.15)$$
になる．この式で φ と ψ を入れかえたものとの差を取ると，グリーンの定理
$$\oint dS \mathbf{n} \cdot (\varphi \boldsymbol{\nabla} \psi - \psi \boldsymbol{\nabla} \varphi) = \int dV (\varphi \nabla^2 \psi - \psi \nabla^2 \varphi) \quad (4.16)$$
が得られる．$\varphi = \phi$, $\psi = G$ を当てはめ，(4.13) とポアソン方程式を用いると，
$$\oint dS \mathbf{n} \cdot (\phi \boldsymbol{\nabla} G - G \boldsymbol{\nabla} \phi) = -\phi + \frac{1}{\epsilon_0} \int dV G \varrho$$
になるから，ポアソン方程式の解はグリーンの公式
$$\phi(\mathbf{x}) = \frac{1}{\epsilon_0} \int dV' G(\mathbf{x}, \mathbf{x}') \varrho(\mathbf{x}')$$
$$+ \oint dS' \left\{ G(\mathbf{x}, \mathbf{x}') \frac{\partial \phi(\mathbf{x}')}{\partial n'} - \phi(\mathbf{x}') \frac{\partial}{\partial n'} G(\mathbf{x}, \mathbf{x}') \right\} \quad (4.17)$$
で与えられる．ここで $\mathbf{n}' \cdot \boldsymbol{\nabla}' = \partial/\partial n'$ と置いた．表面積分は $\sigma = \epsilon_0 \partial \phi/\partial n'$ の電荷面密度，$\tau = -\epsilon_0 \phi$ の双極子面密度がつくる電位と解釈できる（境界面上で $\partial \phi/\partial n'$ と ϕ を勝手に与えることによって電位が計算されるわけではない．次節参照）．領域を無限に大きく取れば，面積分項は 0 になり
$$\phi(\mathbf{x}) = \frac{1}{\epsilon_0} \int dV' G(\mathbf{x}, \mathbf{x}') \varrho(\mathbf{x}') \quad (4.18)$$
が得られる．(3.4) にほかならない．

　ポアソン方程式の解の一意性は，ラプラス方程式の解で有界なものは定数しかないというリウヴィルの定理 (J. Liouville, 1809-82) によって示せる．領域の内部でラプラス方程式 $\nabla^2 \phi = 0$ を満たし，境界面で $\phi = 0$ を満たす問題はグリーンが最初に考えたが，系統的に研究したディリクレー (G. Lejeune-Dirichlet, 1805-59) にちなんでディリクレー問題と言う．また，境界面で $\partial \phi/\partial n = 0$ を満たす問題を考えたのはキルヒホフ (G. Kirchhoff, 1824-87) が最初だが (1845)，これも C. ノイマン (1877) にちなんでノイマン問題と言う．(4.15) で $\varphi = \psi = \phi$ と置けば
$$\oint dS \phi \frac{\partial \phi}{\partial n} = \int dV (\phi \nabla^2 \phi + \boldsymbol{\nabla} \phi \cdot \boldsymbol{\nabla} \phi) = \int dV (\boldsymbol{\nabla} \phi)^2 \quad (4.19)$$

になる.境界面で $\phi = 0$, $\partial\phi/\partial n = 0$ のいずれが与えられても $\int dV (\nabla\phi)^2 = 0$, すなわち,$\nabla\phi = 0$ が得られる.これから ϕ は定数でなければならない.これがリウヴィルの定理である.そこで,電位 ϕ_1 と ϕ_2 がポアソン方程式の解であったとしよう.このときその差 $\phi = \phi_1 - \phi_2$ はラプラス方程式を満たすから,リウヴィルの定理によって ϕ は定数である.ディリクレーの境界条件の場合は境界で $\phi = 0$ であるから領域のいたるところで $\phi = 0$,すなわち $\phi_1 = \phi_2$ になる.ノイマンの境界条件の場合は定数項を除いて ϕ_1 と ϕ_2 は一致する.

リウヴィルの定理によって,(4.18) は無限遠で 0 という境界条件のもとでポアソン方程式の唯一の解である.(4.18) にラプラス方程式の任意の解(調和関数と言う)をつけ加えてもやはりポアソン方程式の解が得られる.例えば一様な電場 $\mathbf{E}_0$ の電位 $-\mathbf{E}_0 \cdot \mathbf{x}$ はラプラス方程式の解だが,無限遠で 0 の境界条件を満たさない.このような項は ϱ 以外の電荷がつくっている外場である.ラプラス方程式の解で有界なものは定数しかない.与えられた ϱ が

図 **4.6** ディリクレー

つくる電位は (4.18) によって一意的に与えられる.

平面電荷の場合は,平面に垂直な z 方向の依存性だけであるから 1 次元の問題になる.平面電荷の電位 (3.23) から 1 次元のグリーン関数の基本解は

$$G(z, z') = -\frac{1}{2}|z - z'| \tag{4.20}$$

である.また,円柱対称電荷分布の場合,対称軸を z 軸に選べば,電荷密度,電位は x, y のみの関数であるからポアソン方程式は 2 次元の方程式になる.線電荷の電位 (3.14) から 2 次元のグリーン関数の基本解は

$$G(\mathbf{x}, \mathbf{x}') = \frac{1}{2\pi} \ln \frac{1}{|\mathbf{x} - \mathbf{x}'|} \tag{4.21}$$

である.n 次元のグリーン関数の基本解は A.6 節に与えた.

4.4.1 ディリクレー問題とノイマン問題

　無限遠で解が 0 になる境界条件以外の場合，グリーン関数は，基本解 (4.14) を特殊解として，これに調和関数 h を加えて

$$G(\mathbf{x}, \mathbf{x}') = \frac{1}{4\pi|\mathbf{x} - \mathbf{x}'|} + h(\mathbf{x}, \mathbf{x}') \tag{4.22}$$

とし，その積分定数を調整することによって与えられた境界条件を満たすようにすればよい．ポアソン方程式の解は (4.17) においてグリーン関数を (4.22) に置きかえればよい．ディリクレー問題では，グリーン関数として，境界面上で $G_\mathrm{D} = 0$ になるように h を選べば，

$$\phi(\mathbf{x}) = \frac{1}{\epsilon_0}\int \mathrm{d}V' G_\mathrm{D}(\mathbf{x}, \mathbf{x}')\varrho(\mathbf{x}') - \oint \mathrm{d}S' \phi(\mathbf{x}')\frac{\partial}{\partial n'} G_\mathrm{D}(\mathbf{x}, \mathbf{x}') \tag{4.23}$$

が得られるから，境界面上で ϕ が与えられればポアソン方程式の解が決まる．鏡像法が使えるような問題ではグリーン関数が容易にわかる．接地された導体球面が境界になっている場合は (4.4) から

$$G_\mathrm{D}(\mathbf{x}, \mathbf{x}') = \frac{1}{4\pi|\mathbf{x} - \mathbf{x}'|} - \frac{k}{4\pi|\mathbf{x} - k^2 \mathbf{x}'|}$$

になる．球面導体に対し $k = a/r'$，平面導体に対し $k = 1$ である．右辺第 1 項が点電荷に対するポアソン方程式の基本解，第 2 項が調和関数である．一方，ノイマン問題の場合は，$\partial G_\mathrm{N}/\partial n' = 0$ になるように h を選ぶことができない．

$$\oint \mathrm{d}S' \frac{\partial}{\partial n'} G_\mathrm{N}(\mathbf{x}, \mathbf{x}') = \frac{1}{4\pi}\oint \mathrm{d}S' \frac{\partial}{\partial n'}\left(\frac{1}{|\mathbf{x}-\mathbf{x}'|}\right) = -1 \tag{4.24}$$

になるからである．グリーンの定理 (4.16) で $\varphi = 1$，$\psi = h$ とすると

$$\oint \mathrm{d}S \frac{\partial h}{\partial n} = \int \mathrm{d}V \nabla^2 h = 0 \tag{4.25}$$

になるから調和関数 h は積分 (4.24) に寄与しない．そこで，境界面の面積を S とし，境界面上で $\partial G_\mathrm{N}/\partial n' = -1/S$ になるグリーン関数を選べば，

$$\phi(\mathbf{x}) = \langle \phi \rangle + \frac{1}{\epsilon_0}\int \mathrm{d}V' G_\mathrm{N}(\mathbf{x}, \mathbf{x}')\varrho(\mathbf{x}') + \oint \mathrm{d}S' G_\mathrm{N}(\mathbf{x}, \mathbf{x}')\frac{\partial \phi(\mathbf{x}')}{\partial n'}$$

である．$\langle \phi \rangle$ は境界面上の ϕ の平均値で定数である．境界面上で $\partial \phi/\partial n'$ が与えられるノイマン問題の解は定数を除いて一意的に決まる．

4.4 風車小屋での発見：グリーン関数

半径 a の円周上で電位 $f(\varphi')$ が与えられたとき，円外の調和関数 ϕ を求めるディリクレーの境界値問題を解いてみよう．2次元のグリーンの公式は (4.23) において面積分を線積分にすればよい．2次元のグリーン関数が境界条件を満たすようにするために，円内の位置 $k^2\mathbf{x}'$ に置いた点電荷の寄与を基本解 (4.21) に加え

$$G_\mathrm{D}(\mathbf{x},\mathbf{x}') = \frac{1}{2\pi}\ln\frac{1}{|\mathbf{x}-\mathbf{x}'|} - \frac{1}{2\pi}\ln\frac{k}{|\mathbf{x}-k^2\mathbf{x}'|}$$

としよう．円周上で $G_\mathrm{D}=0$ になるためには (4.3) を満たせばよいから球面の場合と同様に $k=a/r'$ である．円周上で G の法線方向の導関数

$$\frac{\partial}{\partial n'}G_\mathrm{D}(\mathbf{x},\mathbf{x}') = -\frac{1}{2\pi a}\frac{r^2-a^2}{r^2+a^2-2ar\cos(\varphi-\varphi')}$$

を代入するとポアソンの積分公式

$$\phi = \frac{r^2-a^2}{2\pi}\oint \mathrm{d}\varphi' \frac{f(\varphi')}{r^2+a^2-2ar\cos(\varphi-\varphi')} \tag{4.26}$$

が得られる．多次元のポアソンの積分公式もまったく同様である（A.6節）．

4.4.2 湯川ポテンシャルとグリーン関数

静電場の基本方程式はクーロンの逆2乗則に基づいている．ここで，クーロンポテンシャルが

$$u(r) = \frac{\mathrm{e}^{-\kappa r}}{4\pi\epsilon_0 r} \tag{4.27}$$

のように変形した場合を考えてみよう．このような関数を湯川型と言う．湯川ポテンシャルは質量を持つ中間子によって核力を説明した湯川秀樹 (1907-81) にちなんでいるが，このポテンシャル自体は 1896 年にゼーリガー (H. Seeliger, 1849-1924) と C. ノイマンによって考えられていた．湯川型ポテンシャルが満たす方程式を見つけるために，それにラプラース演算子を作用させてみよう．x に関する2階偏導関数は，$r\neq 0$ のとき

$$\frac{\partial^2}{\partial x^2}\frac{\mathrm{e}^{-\kappa r}}{r} = x^2\left(\frac{3}{r^5}+\frac{3\kappa}{r^4}+\frac{\kappa^2}{r^3}\right)\mathrm{e}^{-\kappa r} - \left(\frac{1}{r^3}+\frac{\kappa}{r^2}\right)\mathrm{e}^{-\kappa r}$$

になり，y, z についても同様にして

$$\nabla^2 \frac{\mathrm{e}^{-\kappa r}}{r} = \kappa^2 \frac{\mathrm{e}^{-\kappa r}}{r}$$

である．$r=0$ の近傍では指数関数は 1 と置いてよいからクーロンポテンシャルにラプラス演算子を作用させたときと同じデルタ関数が現れる．したがって湯川ポテンシャルの満たす方程式は

$$(\nabla^2 - \kappa^2)\frac{\mathrm{e}^{-\kappa r}}{4\pi\epsilon_0 r} = -\frac{1}{\epsilon_0}\delta(\mathbf{x}) \tag{4.28}$$

である．$\kappa=0$ の方程式は単位点電荷がつくるクーロンポテンシャルの満たすポアソン方程式である．これに対し，$\kappa \neq 0$ の方程式の解は到達距離が $\frac{1}{\kappa}$ 程度と短くなる．電荷分布 ϱ が与えられたときの電位は

$$(\nabla^2 - \kappa^2)\phi(\mathbf{x}) = -\frac{1}{\epsilon_0}\varrho(\mathbf{x}) \tag{4.29}$$

を満たす．電場で表せば $\boldsymbol{\nabla} \cdot \mathbf{E} + \kappa^2 \phi = \frac{1}{\epsilon_0}\varrho$ である．この方程式のグリーン関数は (4.28) から

$$G(\mathbf{x}, \mathbf{x}') = \frac{\mathrm{e}^{-\kappa|\mathbf{x}-\mathbf{x}'|}}{4\pi|\mathbf{x}-\mathbf{x}'|} \tag{4.30}$$

である．このグリーン関数を用いれば，(4.29) の解は (3.4) のかわりに

$$\phi(\mathbf{x}) = \frac{1}{4\pi\epsilon_0}\int \mathrm{d}V' \frac{\varrho(\mathbf{x}')}{|\mathbf{x}-\mathbf{x}'|}\mathrm{e}^{-\kappa|\mathbf{x}-\mathbf{x}'|} \tag{4.31}$$

で与えられる．

光は波であると同時に粒子としての性質を持つ．クーロンポテンシャルは粒子としての光，ルイス (G. N. Lewis, 1875-1946) がフォトンと名づけた光子の質量が 0 であることの反映である．もし光子が質量 m を持てばどうなるだろうか．質量を持つ電磁場の方程式はプロカ方程式 (1936) と呼ばれているが，プロカ (A. Proca, 1897-1955) の前にド・ブロイ (L. de Broglie, 1892-1987) が 1934 年に考察していた．κ と m は

$$\kappa = \frac{mc}{\hbar} \tag{4.32}$$

の関係にある．電子が光子を放出する過程を考えてみよう．このときエネルギーと運動量の保存則を同時に満たすことができない．最初電子は静止していたとすると，アインシュタインの関係式によって，エネルギー $m_\mathrm{e}c^2$ を持って

いる．電子が運動量 0 の光子を放出すると，終状態のエネルギーは $(m_e+m)c^2$ だからエネルギー保存則を $\Delta E \sim mc^2$ 程度破っている．この状態が許される時間は量子力学の不確定性原理（17.5.1 節）によって $\Delta t \sim \hbar/\Delta E \sim \hbar/mc^2$ 程度である．したがって，この時間のうちに光子が到達できる距離はたかだか $c\Delta t \sim \hbar/mc = \frac{1}{\kappa}$ 程度である．湯川ポテンシャルの到達距離が $\frac{1}{\kappa}$ 程度であるのはこの事情を反映している．

4.5 電場はエネルギーを蓄える

孤立した導体に電荷が帯電していると，電位は導体表面で一定値を取る．電荷を導体表面と無限遠での電位差で割った量

$$C = \frac{q}{\phi(S) - \phi(\infty)} \tag{4.33}$$

をこの導体の電気容量と言う．C は導体の幾何学的な形状によって決まり，q や $\phi(S)$ に依存しない．その理由を考えてみよう．電位差 $\phi(S) - \phi(\infty)$ は q の関数である．それを $f(q)$ とすると，導体に $q_1 + q_2$ を与えたときの電位差 $f(q_1 + q_2)$ は，重ね合わせの原理によって，q_1 を与えたときの電位差 $f(q_1)$ と q_2 を与えたときの電位差 $f(q_2)$ の和 $f(q_1 + q_2) = f(q_1) + f(q_2)$ にならなければならない．そうなる関数は，C を任意の定数として，$f(q) = q/C$ しかない．したがって C は q や $\phi(S)$ によらないのである．

さて，最初帯電していなかった導体を次のようにして帯電させよう．まず最初に電荷要素 dq' を導体に運んで帯電させると，帯電した電荷により $\phi(S)$ は $\phi(\infty)$ と同じではなくなる．次の dq' を導体につけ加えるためには，すでに導体表面に帯電した dq' から受けるクーロン力に逆らって電荷を導体表面まで運ぶために，外力によって仕事をしなければならない．この操作をくり返していくと，導体表面の電荷量が q' であったとき dq' をつけ加えるのに必要な仕事は，(4.33) を用いて $dq'\{\phi(S) - \phi(\infty)\} = q'dq'/C$ である．したがって，最後に電荷が q に達するまでに必要な全仕事は

$$W^{\text{mech}} = \int_0^q \frac{dq'q'}{C} = \frac{q^2}{2C} = \frac{1}{2}q\{\phi(S) - \phi(\infty)\} \tag{4.34}$$

になる．

外から与えたエネルギー (4.34) はどこに蓄えられたのだろう．導体表面に分布した電荷は互いにクーロン力を及ぼしあっているからポテンシャルエネルギー（クーロンエネルギー）を持っている．それが (4.34) に等しいはずである．2つの電荷 q_1, q_2 の間のポテンシャルエネルギーは

$$V_{12} = \frac{1}{4\pi\epsilon_0}\frac{q_1 q_2}{|\mathbf{z}_1 - \mathbf{z}_2|}$$

である．一般に，複数個の電荷のポテンシャルエネルギーは

$$V = \frac{1}{2}\frac{1}{4\pi\epsilon_0}\sum_{i \neq j}\frac{q_i q_j}{|\mathbf{z}_i - \mathbf{z}_j|}$$

になる．因子 $\frac{1}{2}$ は，i と j について和を取るとき，ij と ji を2重に数えるのを調整するためである．電荷が連続的に分布しているときは，$\mathbf{z}_i$, $\mathbf{z}_j$ のかわりに $\mathbf{x}$, $\mathbf{x}'$, q_i, q_j のかわりに電荷要素 $\sigma(\mathbf{x})\mathrm{d}S$, $\sigma(\mathbf{x}')\mathrm{d}S'$ に置きかえれば，電荷のポテンシャルエネルギーは

$$V = \frac{1}{2}\frac{1}{4\pi\epsilon_0}\int \mathrm{d}S\sigma(\mathbf{x})\int \mathrm{d}S'\sigma(\mathbf{x}')\frac{1}{|\mathbf{x}-\mathbf{x}'|} = \frac{1}{2}\int \mathrm{d}S\sigma(\mathbf{x})\phi(\mathbf{x}) \quad (4.35)$$

になる．ここで電荷分布から電位を求める公式 (3.4) を用いた．点電荷の場合 $i = j$ の項は無限大になる．これは点電荷の自分自身のクーロン力によるエネルギーで，4.5.1 節で詳しく考察する自己エネルギーである．連続分布では，p. 54 で述べたように電位は有限で，$\mathbf{x} = \mathbf{x}'$ の項は積分に寄与しない (p. 90)．(4.35) は，導体表面で電位が一定であるから，

$$V = \frac{1}{2}\phi(\mathrm{S})\int \mathrm{d}S\sigma + \frac{1}{2}\phi(\infty)\int_\infty \mathrm{d}S\sigma$$

になる．最後の項は無限遠での面積分である．導体表面も無限遠でも電荷がなく，したがって，$\phi(\mathrm{S}) = \phi(\infty)$ である状態から電荷を q だけ運んで導体を帯電させると，無限遠の電荷は $-q$ である．導体面と無限遠での電荷はそれぞれ $q = \int \mathrm{d}S\sigma$，$-q = \int_\infty \mathrm{d}S\sigma$ によって与えられるから，(4.34) で与えられた W^{mech} に一致する．

(4.35) は，電荷が電場をつくり，その電場が電荷に作用してポテンシャルエネルギーを持つことを表す式だが，まだ近接作用の考え方になっていない．ゴムひもでつながった2つの質点を考えたとき，ポテンシャルエネルギーは

4.5 電場はエネルギーを蓄える

ゴムひもが担っている．もし電荷間の力が空間を何らかの意味でひずませているとすると，エネルギーはそのひずみが担っているはずである．グリーンの定理 (4.15) において $\varphi = \psi = \phi$ と置くと閉曲面上の積分は

$$\oint \mathrm{d}S \phi \mathbf{n} \cdot \boldsymbol{\nabla}\phi = \int \mathrm{d}V(\phi \nabla^2 \phi + \boldsymbol{\nabla}\phi \cdot \boldsymbol{\nabla}\phi)$$

のように閉曲面内の体積積分になる．導体表面と無限遠で囲まれた領域を取ると，$\nabla^2 \phi = 0$ であるから右辺の積分の第 1 項は消える．両辺に $\mathbf{E} = -\boldsymbol{\nabla}\phi$ を代入し，法線ベクトル $\mathbf{n}$ の向きがこの領域から外に向かう（導体表面では導体の外から中に向かう）ことに注意すると，左辺の表面積分はクーロンの定理を用いて $\frac{1}{\epsilon_0}\oint \mathrm{d}S \sigma \phi$ になる．そこで

$$\frac{1}{2}\oint \mathrm{d}S \sigma \phi = \frac{1}{2}q\{\phi(\mathrm{S}) - \phi(\infty)\} = \frac{1}{2}\epsilon_0 \int \mathrm{d}V E^2$$

が得られるから，電荷を集めるに要した仕事 W^{mech} は電場のエネルギー

$$U = \int \mathrm{d}V u_{\mathrm{e}}, \qquad u_{\mathrm{e}} = \frac{1}{2}\epsilon_0 E^2 \qquad (4.36)$$

にも等しくなる．この式は電場のある場所に単位体積あたり u_{e} の密度でエネルギーが蓄えられていることを表している．

$W^{\mathrm{mech}} = U$ は，次のようにしても示すことができる．導体表面の面積要素 S_0 を取り，それを端とする電気力管の任意の場所で，電気力線に垂直に切った断面積を S，その場所で電場の大きさを E とすると，ES は一定だった．ところが，導体表面での電場を E_0 とすると，クーロンの定理によって電荷面密度は $\sigma = \epsilon_0 E_0$ であるから，面積 S_0 に含まれる電荷は $\sigma S_0 = \epsilon_0 E_0 S_0 = \epsilon_0 ES$ と書ける．電気力管に沿って長さ $\mathrm{d}s$ の柱状体積要素を取れば，その両端の電位差は $E\mathrm{d}s$ であるから，管の導体表面と無限遠での電位差は

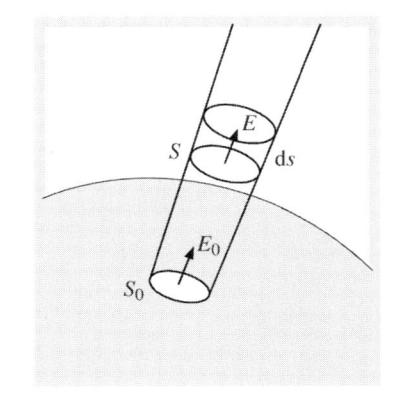

図 **4.7** 電場のエネルギー

$$\phi(\mathrm{S}) - \phi(\infty) = \int_{\mathrm{S}}^{\infty} \mathrm{d}s E$$

で与えられる．この両辺に $\frac{1}{2}\sigma S_0 = \frac{1}{2}\epsilon_0 ES$ を乗じると

$$\frac{1}{2}\sigma S_0\{\phi(\mathrm{S}) - \phi(\infty)\} = \frac{1}{2}\epsilon_0 ES \int \mathrm{d}sE = \frac{1}{2}\epsilon_0 \int \mathrm{d}V E^2$$

になる．ここで $\mathrm{d}V = S\mathrm{d}s$ は柱状の体積要素で，体積積分は1本の電気力管についてである．すべての電気力管について和を取れば電荷を集めるに要した仕事 W^{mech} は電場のエネルギー U になる．

電場のエネルギー (4.36) の体積積分は全空間にわたって行う．導体内部では電場が0だから積分する必要がないが，一般の荷電物質では積分は全空間にわたる．電荷要素 $\varrho(\mathbf{x})\mathrm{d}V$, $\varrho(\mathbf{x}')\mathrm{d}V'$ 間のポテンシャルエネルギーを加えると

$$V = \frac{1}{2}\frac{1}{4\pi\epsilon_0}\int \mathrm{d}V \varrho(\mathbf{x})\int \mathrm{d}V' \varrho(\mathbf{x}')\frac{1}{|\mathbf{x}-\mathbf{x}'|} = \frac{1}{2}\int \mathrm{d}V \varrho(\mathbf{x})\phi(\mathbf{x})$$

になる．p. 29で行ったように，$\mathbf{R} = \mathbf{x} - \mathbf{x}'$ に変数変換すると $\mathrm{d}V'$ は $R^2 = |\mathbf{x}-\mathbf{x}'|^2$ の因子を持つので分母の $|\mathbf{x}-\mathbf{x}'|$ を打ち消し $\mathbf{x} = \mathbf{x}'$ の項は積分に寄与しない．ガウスの法則を用いて電荷密度を電場で書き直せば

$$V = \frac{1}{2}\epsilon_0\int \mathrm{d}V \phi\boldsymbol{\nabla}\cdot\mathbf{E} = \frac{1}{2}\epsilon_0\int \mathrm{d}V(\boldsymbol{\nabla}\cdot\phi\mathbf{E} - \mathbf{E}\cdot\boldsymbol{\nabla}\phi)$$

になる．右辺第1項の積分は発散定理を用いて表面積分になるが，閉曲面として，電荷分布の広がりと比べて十分大きな半径 a の球面を取れば，ϕ は $\frac{1}{a}$ の程度，E は $\frac{1}{a^2}$ の程度，表面積は $4\pi a^2$ だから積分値は $\frac{1}{a}$ の程度になり $a \to \infty$ で0になる．残った項に $\mathbf{E} = -\boldsymbol{\nabla}\phi$ を代入すると (4.36) になる．

電荷のある場所での積分で表したポテンシャルエネルギー V を，電荷のない空間の積分に書きかえることによって電場のエネルギー U を導いた．同じエネルギーでありながら，その空間分布はまったく異なる．電場のエネルギーは本当に電荷のない空間に蓄えられていると考えてよいのだろうか？ 12章で電磁場がエネルギーと運動量を持つ物理的な存在であることを示すが，ここでは電場のエネルギーが空間に局在すると考えてよいことを次のようにして示しておこう．

導体上の面積要素 $\mathrm{d}S$ のすぐ外の電場の大きさは $E = \sigma/\epsilon_0$，内部で0であるとする．電荷 $\sigma\mathrm{d}S$ に働く力は導体上の $\mathrm{d}S$ 以外の面上にあるすべての電荷からのクーロン力で，(3.24) によって導体を場の中に引き込む方向に

$$dF = \frac{1}{2}E \cdot \sigma dS = \frac{1}{2}\epsilon_0 E^2 dS$$

である．単位面積あたりの力は

$$\frac{dF}{dS} = \frac{1}{2}\epsilon_0 E^2 \tag{4.37}$$

である．電荷 σdS を電場の外に向かって n だけ動かしてみよう．σdS には電場の中に向かって力 dF が働いているから，この力に抗して動かすためには，外から仕事 ndF をしなければならない．外力のした仕事は電場のエネルギーの増加に等しくなければならないから，電場のエネルギーは $\frac{1}{2}\epsilon_0 E^2 \cdot ndS$ だけ増加する．したがって，増加した体積 ndS に，単位体積あたり $\frac{1}{2}\epsilon_0 E^2$ のエネルギーが蓄えられていると考えることができる．

だが，静電場の場合には遠隔作用でも近接作用でも物理現象を説明できる．あえて電場のエネルギーが空間に局在していると考えなくても矛盾が生じるわけではない．一様な電場 E_0 の中に置かれた導体球の表面には (4.9) で与えられる電荷密度 $\sigma(\theta) = P\cos\theta$ が誘導された．この電荷分布の持つ電場のエネルギーを計算してみよう．誘導電荷密度 σ がつくる電場は球外では (4.11) により

$$E_x = \frac{p}{4\pi\epsilon_0}\frac{3zx}{r^5}, \qquad E_y = \frac{p}{4\pi\epsilon_0}\frac{3zy}{r^5}, \qquad E_z = \frac{p}{4\pi\epsilon_0}\frac{3z^2-r^2}{r^5}$$

だったから，球外の電場のエネルギーは

$$U_{\text{out}} = \frac{1}{2}\epsilon_0 \left(\frac{p}{4\pi\epsilon_0}\right)^2 2\pi \int_a^\infty dr r^2 \int_0^\pi d\theta \sin\theta \left(\frac{3z^2}{r^8} + \frac{1}{r^6}\right) = \frac{p^2}{12\pi\epsilon_0 a^3}$$

である．球内の電場は (4.12) によって z 方向に $-p/4\pi\epsilon_0 a^3$ で与えられるから，それが持つエネルギーは

$$U_{\text{in}} = \frac{1}{2}\epsilon_0 \left(\frac{p}{4\pi\epsilon_0 a^3}\right)^2 \frac{4\pi}{3}a^3 = \frac{p^2}{24\pi\epsilon_0 a^3}$$

になる．球内外のエネルギーを加えると

$$U = U_{\text{in}} + U_{\text{out}} = \frac{p^2}{8\pi\epsilon_0 a^3}$$

が得られる．この結果を，電荷間のクーロン力によるポテンシャルエネルギーとして導いてみよう．球表面の電荷が球面につくる電位は $\phi = E_0 a\cos\theta$ で

ある．したがって，球表面の電荷間のクーロン力によるポテンシャルエネルギーは，(4.10) を使って

$$V = \frac{1}{2}\int dS\sigma\phi = \frac{1}{2}PE_0 a \cdot 2\pi a^2 \int_0^\pi d\theta \sin\theta \cos^2\theta = \frac{p^2}{8\pi\epsilon_0 a^3}$$

になる．電荷間のポテンシャルエネルギーが電場のエネルギーに一致することが確かめられた．

4.5.1 自己場と自己エネルギー

点電荷 q が外電場の中にあるとき，その電位を ϕ とすると，q が持つポテンシャルエネルギーは $V = q\phi$ だった．このとき点電荷自身も電場をつくるが，ϕ は外場のつくる電位であり，自己場を含んでいない．このことをもう少し詳しく見てみよう．全電場は電場 $\mathbf{E}_0 = -\boldsymbol{\nabla}\phi$ と点電荷がつくる電場 $\mathbf{E}_q = -\boldsymbol{\nabla}\phi_q$ の和 $\mathbf{E} = \mathbf{E}_0 + \mathbf{E}_q$ である．ϕ_q は点電荷のつくる電位

$$\phi_q(\mathbf{x}) = \frac{q}{4\pi\epsilon_0}\frac{1}{|\mathbf{x}-\mathbf{z}|}$$

である．この全電場が持つエネルギーは

$$\frac{1}{2}\epsilon_0\int dV E^2 = \frac{1}{2}\epsilon_0\int dV E_0^2 + \frac{1}{2}\epsilon_0\int dV E_q^2 + \epsilon_0\int dV \mathbf{E}_0\cdot\mathbf{E}_q$$

のように 3 項からなる．第 1 項は電場 $\mathbf{E}_0$ の持つエネルギー，第 2 項は点電荷の自己エネルギー，第 3 項は

$$V = \epsilon_0\int dV \boldsymbol{\nabla}\phi\cdot\boldsymbol{\nabla}\phi_q = \epsilon_0\int dV\{\boldsymbol{\nabla}\cdot(\phi\boldsymbol{\nabla}\phi_q) - \phi\nabla^2\phi_q\}$$

である．積分の第 1 項は表面積分になって消える．ϕ_q はポアソン方程式

$$\nabla^2\phi_q(\mathbf{x}) = -\frac{q}{\epsilon_0}\delta(\mathbf{x}-\mathbf{z})$$

を満たすから，第 2 項に代入すると $V = q\phi(\mathbf{z})$ が得られる．

点電荷 q はクーロンの法則に従ってその周囲に電場 $E_q = q/4\pi\epsilon_0 r^2$ をつくる．電場がエネルギーを担っているとすれば，この電場もエネルギーを持っている．これが自己エネルギーである．有限の半径 a の導体球の電場のエネルギーは

$$U = 4\pi \int_a^\infty \mathrm{d}r\, r^2 \frac{1}{2}\epsilon_0 E_q^2 = \frac{q^2}{8\pi\epsilon_0} \int_a^\infty \frac{\mathrm{d}r}{r^2} = \frac{q^2}{8\pi\epsilon_0 a} \tag{4.38}$$

である．そこで点電荷の場合 $a \to 0$ とすると U は無限大になる．点電荷の原点付近の特異性は，広がりのない場所に有限の電荷，すなわち無限大の電荷密度を与えたことによって生じているのであるから，このような場面で困難が生じる．だが，たいていの場合，電荷の広がりを無限小にしても正しい結果を得るので，点電荷，デルタ関数の考え方は便利である．実際の粒子，例えば陽子を考えてみると，その内部構造は複雑で，電荷分布も簡単ではない．核子の広がりから十分離れているとき内部構造の詳細によらない結果が期待される．自己エネルギーについては，荷電粒子数が変わらない限り，常に一定の自己エネルギーが存在するから，物理現象には何の影響も与えないと考えることができる．a は一種のカットオフである．最終的に $a \to 0$ としたとき，単なる定数の無限大なら捨ててよいと考える．

4.5.2 容量係数と電位係数

2つの独立した導体からなる系の電荷と電位の関係を調べてみよう．無限遠での電位を 0 とする．導体 1 の電位を ϕ_1 に，導体 2 の電位を 0 にすると，導体 1, 2 の表面に現れる電荷は ϕ_1 に比例するはずだから，$q_1 = c_{11}\phi_1$，$q_2 = c_{21}\phi_1$ と書ける．c_{11} と c_{21} は比例係数である．次に，導体 1 の電位を 0 に，導体 2 の電位を ϕ_2 にすると，導体 1, 2 の表面に現れる電荷は $q_1 = c_{12}\phi_2$，$q_2 = c_{22}\phi_2$ になる．そこで，導体 1 の電位を ϕ_1 に，導体 2 の電位を ϕ_2 にすると，重ね合わせの原理から

$$q_1 = c_{11}\phi_1 + c_{12}\phi_2, \qquad q_2 = c_{21}\phi_1 + c_{22}\phi_2$$

である．導体の形状と相互の位置で決まる係数 c_{ij} を容量係数と言う．この 2 式を ϕ_1 と ϕ_2 について解けば

$$\phi_1 = p_{11}q_1 + p_{12}q_2, \qquad \phi_2 = p_{21}q_1 + p_{22}q_2 \tag{4.39}$$

と書ける．p_{ij} を電位係数と言う．

任意の場所で電位は

$$\phi = \phi_1 \varphi + \phi_2 \psi$$

の形を取る．φ は導体 1 で 1，導体 2 で 0，ψ は導体 1 で 0，導体 2 で 1 になる関数である．そこで電場は

$$\mathbf{E} = \phi_1 \mathbf{E}_1 + \phi_2 \mathbf{E}_2, \qquad \mathbf{E}_1 = -\boldsymbol{\nabla}\varphi, \qquad \mathbf{E}_2 = -\boldsymbol{\nabla}\psi \tag{4.40}$$

になる．導体 1 の表面電荷は導体表面上の積分 $q_1 = \epsilon_0 \oint dS_1 \mathbf{n} \cdot \mathbf{E}$ で与えられるから，この式に (4.40) を代入すると，容量係数

$$c_{11} = \epsilon_0 \oint dS_1 \mathbf{n} \cdot \mathbf{E}_1, \qquad c_{12} = \epsilon_0 \oint dS_1 \mathbf{n} \cdot \mathbf{E}_2$$

が得られる．同様に，導体 2 の表面電荷は導体表面上の $q_2 = \epsilon_0 \oint dS_2 \mathbf{n} \cdot \mathbf{E}$ で与えられるから，(4.40) を用いて残りの容量係数

$$c_{21} = \epsilon_0 \oint dS_2 \mathbf{n} \cdot \mathbf{E}_1, \qquad c_{22} = \epsilon_0 \oint dS_2 \mathbf{n} \cdot \mathbf{E}_2$$

が得られる．容量係数は体積積分で表すこともできる．導体の外側の領域で恒等式 (4.15) を適用すると

$$\begin{aligned}\int dV \mathbf{E}_1 \cdot \mathbf{E}_2 &= \int dV \boldsymbol{\nabla}\varphi \cdot \boldsymbol{\nabla}\psi \\ &= -\int dV \varphi \nabla^2 \psi - \oint dS_1 \mathbf{n} \cdot \varphi \boldsymbol{\nabla}\psi - \oint dS_2 \mathbf{n} \cdot \varphi \boldsymbol{\nabla}\psi\end{aligned}$$

になる．最後の 2 項の負符号は，導体の外側の領域の法線ベクトルと導体の法線ベクトルが逆向きになるからである．右辺第 1 項は導体の外側の領域で $\nabla^2 \psi = 0$ であるから消える．また第 2 項で $\varphi = 1$，第 3 項で $\varphi = 0$ であるから，導体 1 の積分のみが残り，c_{12}/ϵ_0 になる．こうして

$$c_{12} = \epsilon_0 \int dV \mathbf{E}_1 \cdot \mathbf{E}_2$$

と書くことができる．右辺は 1，2 の入れかえについて対称であるから $c_{12} = c_{21}$ が成り立つ．この対称性から電位係数も $p_{12} = p_{21}$ を満たす．電位係数と容量係数の対称性を相反定理と呼ぶ．

一般に，多数の導体があるときも同様に取り扱うことができる．導体 i の表面に現れる電荷を q_i，電位を ϕ_i とすると

$$q_i = \sum_j c_{ij} \phi_j, \qquad \phi_i = \sum_j p_{ij} q_j$$

によって与えられる．導体の電荷と電位を並べてベクトル

$$\mathbf{q} = (q_1, q_2, q_3, \dots), \qquad \boldsymbol{\phi} = (\phi_1, \phi_2, \phi_3, \dots)$$

を定義すると

$$\mathbf{q} = \mathsf{C} \cdot \boldsymbol{\phi}, \qquad \boldsymbol{\phi} = \mathsf{P} \cdot \mathbf{q} \tag{4.41}$$

と書くことができる．その定義から $\mathsf{PC} = 1$ の関係を満たす．すなわち P は C の逆行列である．上で示したように行列 P, C はいずれも対称行列である．

電位は定数だけの不定性がある．すべての導体の電位を定数だけずらしても電荷が不変であるためには $\sum_j c_{ij} = 0$ が成り立たなければならない．導体系が 1 つの導体で包まれているとき，この導体を囲む閉曲面にガウスの法則を適用すると，その内部の導体表面に現れる電荷の合計は 0 である．すなわち，$\sum_j q_j = 0$ が成り立つ．1 つの導体で包まれているときはその導体内の電場は外部の電場と独立である．これを電気遮蔽と言う．導体系が 1 つの導体で閉じられているのでなければ，無限遠も 1 つの導体と考えて加えなければならない．

4.5.3　コンデンサーの電気容量

2 つの導体がそれぞれ電荷 q および $-q$ に帯電して電荷が蓄えられているとき，これをコンデンサーと言う（コンデンサーは古語で英米ではキャパシターと言う）．ライデンびんと呼ばれるコンデンサーの原理はクライスト (E. J. G. von Kleist, 1700-48) とミュシェンブルク (P. van Musschenbroek, 1692-1761) が 1745 年に独立に発見した．2 つの導体を 1，2 とするとき

$$C = \frac{q}{\phi_1 - \phi_2}$$

をこのコンデンサーの電気容量と言う．電位係数を用いるとコンデンサーの電位は

$$\phi_1 = (p_{11} - p_{12})q, \qquad \phi_2 = (p_{21} - p_{22})q$$

によって与えられるから，

になる. 無限遠を導体3とすると, $\sum_j c_{ij} = 0$ から得られる

$$c_{22} = c_{11} + c_{13} - c_{23}, \qquad c_{12} = c_{21} = -c_{11} - c_{13}$$

を代入して

$$C = c_{11} + \frac{c_{13}^2}{c_{13} + c_{23}}$$

である. c_{13}^2 を高次の微小量と考えると $C \cong c_{11}$ が得られる.

コンデンサーの例として半径 a, 距離 l の2本の平行円柱導線を考えてみよう. 電位は鏡像法で簡単に求めることができる. 位置 $(\pm\frac{1}{2}d, 0)$ に線密度 $\pm\lambda$ の直線電荷を置いたとき, 直線から観測点までの距離を ρ_1, ρ_2 とすると電位は

$$\phi = \frac{\lambda}{2\pi\epsilon_0} \ln \frac{\rho_2}{\rho_1}$$

である. 等電位面は $\rho_2/\rho_1 = k$, すなわち

$$\left(x \mp \frac{l}{2}\right)^2 + y^2 = a^2, \qquad l = \frac{k^2+1}{|k^2-1|}d, \qquad a = \frac{k}{|k^2-1|}d = \frac{k}{k^2+1}l$$

を満たす円筒上にある (複号は $k > 1$ のとき $-$, $k < 1$ のとき $+$). k には2つの解

$$k_{1,2} = \frac{l \pm \sqrt{l^2 - 4a^2}}{2a}$$

があり, それらの積は1である. $\rho_2/\rho_1 = k_1$ の円筒の中心は $(\frac{1}{2}l, 0)$, $\rho_2/\rho_1 = k_2$ の円筒の中心は $(-\frac{1}{2}l, 0)$ にある. そこで, これらの円筒を導体で置きかえればよい. 導体1, 2の電位は

$$\phi_1 = \frac{\lambda}{2\pi\epsilon_0} \ln k_1 = \frac{\lambda}{2\pi\epsilon_0} \ln \frac{l + \sqrt{l^2 - 4a^2}}{2a} = -\phi_2$$

である. これから単位長さあたりの電気容量は

$$C = \frac{\lambda}{\phi_1 - \phi_2} = \frac{\pi\epsilon_0}{\ln\{(l + \sqrt{l^2 - 4a^2})/2a\}} \tag{4.43}$$

のように求められる.

4.5.4 キャヴェンディシュ：逆2乗則の検証

半径が a と $b\ (>a)$ の同心球 1，2 に電荷 q_1，q_2 を与えたとき，電位は，重ね合わせの原理から，それぞれの電荷がつくる電位を加えた

$$\phi(r) = \begin{cases} \dfrac{1}{4\pi\epsilon_0}\left(\dfrac{q_1}{a}+\dfrac{q_2}{b}\right), & (r<a) \\ \dfrac{1}{4\pi\epsilon_0}\left(\dfrac{q_1}{r}+\dfrac{q_2}{b}\right), & (a<r<b) \\ \dfrac{1}{4\pi\epsilon_0}\left(\dfrac{q_1}{r}+\dfrac{q_2}{r}\right), & (r>b) \end{cases}$$

で与えられる．そこで電位係数は

$$p_{11} = \frac{1}{4\pi\epsilon_0 a}, \qquad p_{12} = p_{21} = p_{22} = \frac{1}{4\pi\epsilon_0 b}$$

で，電気容量

$$C = 4\pi\epsilon_0 \left(\frac{1}{a}-\frac{1}{b}\right)^{-1} \tag{4.44}$$

が得られる．特に $b \to \infty$ とすれば孤立した導体球の電気容量 $C = 4\pi\epsilon_0 a$ になる．

逆2乗則を検証したキャヴェンディシュの実験について考えてみよう．$q_1 = 0$，$q_2 = q$ とすると，外球の中側には電場が存在しないから，1と2を導線でつないでも外球の電荷が内球に移動することはない．これが逆2乗力のみの性質であることを示そう．距離 R の単位点電荷間の電位が $u(R)$ であるとしよう．半径 a の球殻電荷 q のつくる電位は，球殻上の点から観測点までの距離を $R = \sqrt{a^2+r^2-2ar\cos\theta}$ とすると

$$\phi(r) = \frac{q}{4\pi}\int_0^\pi d\theta \sin\theta \int_0^{2\pi} d\varphi\, u(R) = \frac{q}{2ar}\{f(r+a)-f(|r-a|)\}$$

になる．球内部で ϕ が一定になるためには，原始関数 $f(R) = \int dR\, R u(R)$ が2次関数でなければならない．これから，$u = f'/R \propto 1/R+$ 定数，が得られる．半径 a と b の同心球の電位係数は

$$p_{11} = \frac{f(2a)-f(0)}{2a^2}, \qquad p_{22} = \frac{f(2b)-f(0)}{2b^2}$$

$$p_{12} = p_{21} = \frac{f(a+b)-f(b-a)}{2ab}$$

で与えられる．ここで，2つの導体球を導線でつなぐと，それらは等電位にならなければならないから，$\phi(a) = \phi(b) = \phi_0$ とすると，

$$q_1 = \frac{p_{22} - p_{12}}{p_{11}p_{22} - p_{12}^2}\phi_0 \tag{4.45}$$

である．次に，球1，2を絶縁し，外球2をそのままにして接地し電位を0にすると，q_1 はそのまま球1に残るが，q_2 は球2が電位0になるように変化し $q_2 = -(p_{21}/p_{22})q_1$ になる．内球の電位は

$$\phi(a) = \left(1 - \frac{p_{21}}{p_{22}}\right)\phi_0 = \left\{1 - \frac{b}{a}\frac{f(a+b) - f(b-a)}{f(2b) - f(0)}\right\}\phi_0$$

になる．

電荷間の力が逆2乗則から少しずれて

$$u(r) = \frac{1}{4\pi\epsilon_0(1+\delta)}r^{-1-\delta}, \qquad f(r) = \frac{1}{4\pi\epsilon_0(1-\delta^2)}r^{1-\delta}$$

で与えられるとき，クーロンポテンシャルのときと異なり，q_1 と q_2 は0にならず

$$\frac{\phi(a)}{\phi_0} = 1 - \frac{b}{a}\left\{\left(\frac{a+b}{2b}\right)^{1-\delta} - \left(\frac{b-a}{2b}\right)^{1-\delta}\right\}$$

も0にならない．$x^{-\delta} \cong 1 - \delta\ln x$ を用いて δ の1次まで求めると

$$\frac{\phi(a)}{\phi_0} = \frac{1}{2}\delta\left(\ln\frac{4b^2}{b^2-a^2} - \frac{b}{a}\ln\frac{a+b}{b-a}\right)$$

になる．この電位 $\phi(a)$ を測定すれば δ が決まる．1971年に行った実験でウィリアムズ，フォーラー (J. E. Faller, 1934-)，ヒル (H. A. Hill, 1933-) は $\delta = (2.7 \pm 3.6) \times 10^{-16}$ を得た．

電荷間の電位が湯川型 (4.27) のときは，$f(r) = -\mathrm{e}^{-\kappa r}/4\pi\epsilon_0\kappa$ によって，

$$\frac{\phi(a)}{\phi_0} = 1 - \frac{b\sinh\kappa a}{a\sinh\kappa b} \cong \frac{1}{6}\kappa^2(b^2 - a^2) \tag{4.46}$$

も0にならない．$\phi(a)$ の測定値から κ を決めることができる．1936年にプリンプトン (S. J. Plimpton, 1883-) とロートンが行った実験結果は，$\phi_0 = 3000$ V，$a = 1.2$ m，$b = 1.5$ m に対し，$\phi(a)$ は 10^{-6} V 以下だった．(4.46) から $\kappa < 5 \times 10^{-5}$ m^{-1} になるから，光子の質量は $m = \hbar\kappa/c < 1.7 \times 10^{-47}$ kg である．(8.8節参照)．

4.6 アーンショーの定理

15.15 節で述べるように，アブラハム (M. Abraham, 1875-1922) は電荷が球面上に一様に分布した電子の模型を考えたが，この模型にはさまざまな欠陥があった．中でも，静電気の力だけでは安定な状態をつくることができないというアーンショー (S. Earnshaw, 1805-83) の定理に反する．球面上に分布した電荷はクーロン力によって互いに反発するから，球の半径が大きくなるように力が働く．実際，4.5 節で見たように，導体表面の単位面積あたり $\frac{1}{2}\epsilon_0 E^2$ の力が電場の中に引き込むように働くから，球面電荷の場合は

$$F = \frac{1}{2}\epsilon_0 E^2 \cdot 4\pi a^2 = \frac{1}{2}\epsilon_0 \left(\frac{-e}{4\pi\epsilon_0 a^2}\right)^2 4\pi a^2 = \frac{e^2}{8\pi\epsilon_0 a^2}$$

の力が a を大きくする方向に働く．

そのアーンショーの定理を証明してみよう．そのために，電荷分布 ϱ がつくる電位 ϕ を，原点を中心とする半径 a の球面上で平均した量

$$\langle \phi \rangle = \frac{1}{4\pi a^2} \oint dS \phi(\mathbf{x}) = \frac{1}{4\pi\epsilon_0} \int dV' \varrho(\mathbf{x}') \frac{1}{4\pi a^2} \oint dS \frac{1}{|\mathbf{x} - \mathbf{x}'|}$$

を計算してみよう．球面上の積分は，球面上に一様に分布した電荷がつくる電位を計算したときと同じであるから，q_{in} を球内部の全電荷とすると，

$$\langle \phi \rangle = \frac{1}{4\pi\epsilon_0} \int dV' \varrho(\mathbf{x}') \frac{\theta(r' - a)}{r'} + \frac{q_{\text{in}}}{4\pi\epsilon_0 a}$$

が得られる（グリーンの公式 (4.17) において，球を積分領域に選び，(4.25) から得られる $\oint dS \partial \phi/\partial n = \int dV \nabla^2 \phi = -q_{\text{in}}/\epsilon_0$ を使っても同じ結果が得られる）．球内に電荷がない場合 ($q_{\text{in}} = 0$) はガウスの平均値定理

$$\langle \phi \rangle = \frac{1}{4\pi\epsilon_0} \int dV' \frac{\varrho(\mathbf{x}')}{r'} = \phi(0)$$

になる．球面上の電位の平均は原点（球の中心）の電位 $\phi(0)$ に等しくならなければならない．さて，空間の $\varrho = 0$ の領域のある点 P で ϕ の極小があったとしよう．そのとき P を中心とする球面で ϕ の平均を計算すると，必ず P での極小値より大きいはずだから，平均値定理と矛盾する．これは ϕ が極小を持つと仮定したことが誤りだったからである．同様に ϕ が極大になることもない．そこで，電荷分布のつくる電場中に電荷を置いてもそれが安定な平

衡状態になることはない．これがアーンショーの定理である（ϕ が極小の点では ϕ の2階偏導関数がすべての方向で正になるから ϕ がラプラス方程式の解であることと矛盾する，という証明は明らかに間違いである．極小の点で，ϕ の2階偏導関数がすべての方向で0になっていれば矛盾が生じないから証明にはなっていない）．アーンショーは荷電粒子の集団が安定な平衡状態にあるための条件を考察し，ラプラス方程式を満たす逆2乗引力のほかに，2よりも大きな逆べきの斥力が必要になることを示した (1842)．導体で囲まれた空洞内で電場が0になることもアーンショーの定理によって説明できる．導体表面は等電位面になっているから，もし空洞内で導体表面の ϕ と異なる場所があれば，空洞内のどこかで ϕ が極大または極小になっている場所がなければならないことになってしまう．

4.7 導体に働く力

4.5節で得た結果を平行板コンデンサーの例によって考えてみよう．面積 S，距離 l の平行板コンデンサーに電荷 q が蓄えられているとすると，平行板間にだけ電場 $E = \sigma/\epsilon_0 = q/\epsilon_0 S$ が q から $-q$ に向かってつくられる．電荷 $-q$ が電荷 q の極板につくる電場は $\frac{1}{2}E$ であるから，電荷 q が電荷 $-q$ から受ける力は

$$F = -q \cdot \frac{1}{2}E = -\frac{1}{2}\epsilon_0 E^2 \cdot S \tag{4.47}$$

である．電荷を一定に保って l を dl だけ変化させるとき，電荷 q に働く力 F に抗して外からする仕事は

$$W^{\mathrm{mech}} = -F dl = \frac{1}{2}\epsilon_0 E^2 \cdot S dl$$

である．電場は l によらず一定であるから，電場が持つエネルギーは

$$U = \frac{1}{2}\epsilon_0 E^2 \cdot Sl$$

のように l に比例する．したがって，コンデンサーの電場のエネルギーは

$$dU_q = \frac{1}{2}\epsilon_0 E^2 \cdot S dl$$

だけ増える．すなわちエネルギー保存則 $dU_q = W^{\mathrm{mech}}$ が成り立つ．

今度は電池をつないで，極板間の電位差 ϕ を一定に保ったまま導体を動かしてみよう．$\phi = El$ を一定に保って極板間距離を dl だけ動かすと，電場が $dE = -\phi dl/l^2$ だけ増加する．そのため電荷 $q = \epsilon_0 ES$ が $dq = -\epsilon_0 \phi S dl/l^2$ だけ増加する．すなわち電池は仕事

$$W^{\text{elect}} = \phi dq = -\epsilon_0 \phi^2 S \frac{dl}{l^2} = -\epsilon_0 E^2 \cdot S dl = -2W^{\text{mech}}$$

をしなければならない．外力のした仕事 W^{mech} と電池のした仕事 W^{elect} を加えると電場のエネルギーの増加になっているはずだから

$$dU_\phi = W^{\text{mech}} + W^{\text{elect}} = -W^{\text{mech}} \tag{4.48}$$

になる．すなわち，電荷を一定にしたまま導体系を動かしたときの電場のエネルギー変化 dU_q は，電位を一定にしたまま動かしたときの電場のエネルギーの変化 dU_ϕ と大きさが同じで逆符号である．この関係が一般に成り立つことを示そう．

電荷分布の持つ力学的ポテンシャルエネルギー (4.35) を導体系に適用すると，電荷は導体の表面にのみ分布することに注意し，(4.41) を用いて

$$U = \frac{1}{2}\mathbf{q} \cdot \boldsymbol{\phi} = \frac{1}{2}\mathbf{q} \cdot \mathsf{P} \cdot \mathbf{q} = \frac{1}{2}\boldsymbol{\phi} \cdot \mathsf{C} \cdot \boldsymbol{\phi} \tag{4.49}$$

と書くことができる．4.5.2 節で証明した相反定理は

$$c_{ij} = \frac{\partial q_i}{\partial \phi_j} = \frac{\partial}{\partial \phi_j}\frac{\partial U}{\partial \phi_i} = \frac{\partial}{\partial \phi_i}\frac{\partial U}{\partial \phi_j} = c_{ji} \tag{4.50}$$

のようにしても証明できる．相反定理は dU が微分であるための条件である（オイラーが与えた積分可能条件．熱力学のマクスウェルの関係式もその一種である）．

導体の電荷を一定に保ったまま導体を動かしてみよう．電位係数 P は導体の形状と位置によって決まっているから導体を動かすと P が $d\mathsf{P}$ だけ変更を受けたとする．このとき系のエネルギーの変化は

$$dU_q = \frac{1}{2}\mathbf{q} \cdot d\mathsf{P} \cdot \mathbf{q}$$

である．一方，電位を一定に保ったまま導体を動かし，容量係数 C が $d\mathsf{C}$ だけ変化したとすると系のエネルギーの変化は

$$dU_\phi = \frac{1}{2}\boldsymbol{\phi}\cdot d\mathsf{C}\cdot\boldsymbol{\phi}$$

である．この 2 つのエネルギーの間の (4.48) の関係 $dU_q = -dU_\phi$ は直接数学的に証明できる．$\mathsf{PC} = 1$ の両辺を微分して $d\mathsf{PC} + \mathsf{P}d\mathsf{C} = 0$ が得られるから

$$d\mathsf{P} = -\mathsf{C}^{-1}d\mathsf{C}\mathsf{C}^{-1} = -\mathsf{P}d\mathsf{C}\mathsf{C}^{-1}$$

である．これを dU_q に代入すると

$$dU_q = -\frac{1}{2}\mathbf{q}\cdot\mathsf{P}d\mathsf{C}\mathsf{C}^{-1}\cdot\mathbf{q} = -\frac{1}{2}\boldsymbol{\phi}\cdot d\mathsf{C}\cdot\boldsymbol{\phi} = -dU_\phi$$

が得られる．ここで C が対称行列であるため $\mathbf{q}\cdot\mathsf{P} = \mathsf{P}\cdot\mathbf{q} = \boldsymbol{\phi}$ になることを使った．

物理的には次のように説明できる．電位を一定に保ったまま導体を動かすとき，外力は $W^{\mathrm{mech}} = dU_q$ の仕事をするが，電位を一定に保つためには導体に電池をつないで電池が仕事をし，電荷を出入りさせなければならない．導体が電池から受け取る電荷は $d\mathbf{q} = d\mathsf{C}\cdot\boldsymbol{\phi}$ である．このとき電池のする仕事は

$$W^{\mathrm{elect}} = \boldsymbol{\phi}\cdot d\mathbf{q} = \boldsymbol{\phi}\cdot d\mathsf{C}\cdot\boldsymbol{\phi}$$

である．エネルギー保存則 $dU_\phi = W^{\mathrm{mech}} + W^{\mathrm{elect}}$ から

$$W^{\mathrm{mech}} = dU_\phi - W^{\mathrm{elect}} = -\frac{1}{2}\boldsymbol{\phi}\cdot d\mathsf{C}\cdot\boldsymbol{\phi}$$

である．こうして (4.48) が得られる．また

$$W^{\mathrm{elect}} = -2W^{\mathrm{mech}}$$

である．すなわち電池のする仕事は外力のする仕事の 2 倍で符号が逆である．

導体系の幾何学的配置を表す座標を ξ としよう．ξ は導体の位置を表すだけでなく，その回転角など，配置を表す変数ならなんでもよい．ξ は 1 つとは限らないが，ここでは代表的に 1 つの変数を取る．導体上の電荷を一定に保ったまま，外力 $-F$ を加えて準静的に ξ を微小量 $d\xi$ だけ変化させたとき，エネルギー保存則から $dU_q = -Fd\xi$ である．導体系が外部に及ぼす力 F は q を一定にしての偏導関数

$$F = -\left(\frac{\partial U}{\partial \xi}\right)_q = -\frac{1}{2}\mathbf{q} \cdot \frac{\partial \mathsf{P}}{\partial \xi} \cdot \mathbf{q}$$

で与えられる．一方，電位を一定にして外力を加えたとき，系のエネルギーの変化は $dU_\phi = Fd\xi$ であるから F は

$$F = \left(\frac{\partial U}{\partial \xi}\right)_\phi = \frac{1}{2}\phi \cdot \frac{\partial \mathsf{C}}{\partial \xi} \cdot \phi$$

から計算することもできる．通常のエネルギーと力の関係ではなく，符号が逆になるのは，上で調べたように，dU_ϕ が外力のする仕事だけではなく，電池のする仕事も含んでいるからである．

4.8　電場の応力
4.8.1　帯電したシャボン玉：電気力線に働く張力と圧力

シャボン玉は，内外の気圧差 Δp が表面張力と釣りあって空中に飛んでいく．半径 a のシャボン玉表面の，天頂角 θ を持つ面積要素には，z 方向の力

$$2\pi a^2 \int_0^\theta d\theta' \sin\theta' \cdot \Delta p \cos\theta' = \pi a^2 \Delta p \sin^2\theta$$

が働く．一方，単位長さあたりの表面張力を γ とすると，面積要素の周長 $2\pi a \sin\theta$ に働く表面張力の z 成分は，シャボン玉両面を合わせて $-4\pi a\gamma \sin^2\theta$ である．気圧差と表面張力の釣りあいからラプラス - ヤング方程式

$$\Delta p = \frac{4\gamma}{a} \tag{4.51}$$

が成り立つ．表面張力を発見したのはヤング (1805) だが余談だ．ストローをつけたままでは気圧差がなく，表面張力のためにしぼんでしまう．そこで，ストローをつけたまま，シャボン玉に電荷 q を帯電させると，電荷はシャボン玉の表面に電場 $E = q/4\pi\epsilon_0 a$ をつくるから，単位面積あたり $T = \frac{1}{2}\epsilon_0 E^2$ の力が外向きに働き，表面張力と釣りあう．平衡状態 $T = 4\gamma/a$ におけるシャボン玉の半径は

$$a = \left(\frac{q^2}{128\pi^2\epsilon_0\gamma}\right)^{1/3}$$

になる．

遠隔作用の考え方によれば，シャボン玉の表面に働く力 T は，表面の電荷間のクーロン力である．だが，ファラデイは，ゴムひもでつながれた質点を引っ張るとポテンシャルエネルギーがゴムひもに蓄えられるように，電荷はその周囲の真空をひずませ，そのひずみがエネルギーを担っている，と考えた．電気力線は互いに反発する圧力が働くからシャボン玉の外で球対称に広がり，電気力線の方向に張力が働くからシャボン玉を大きくするように力が働く，とするのである．

平行板コンデンサーで，平行板が引っ張りあう力は，(4.47) より単位面積あたり $T = \frac{1}{2}\epsilon_0 E^2$ だった．近接作用論では，力は直接正電荷から負電荷に達するのでなく，途中にはさまれた真空を伝わって働くと考える．上下の極板に囲まれた真空を，極板に平行に微小な幅の体積要素で分割してみよう．正電荷に接した体積要素の力の釣りあいを考えると，正電荷に接する下面は正電荷からの力の反作用が働くから，それを相殺する

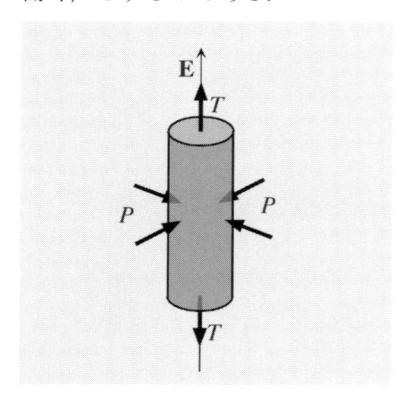

図 4.8 電気力線に働く力

力が上面に働かなければならない．したがってその大きさは単位面積あたり $\frac{1}{2}\epsilon_0 E^2$ である．この体積要素に隣りあう体積要素についても同様に上下面に張力が働く．こうして電場に垂直な任意の面を通して張力 T が働くという考え方はよさそうである．

次に，平行板コンデンサーの距離 l を一定に保ち，極板の一方に横から力 F を加えてずらしてみよう．平行板が長さ a と b の長方形であるとし，da だけずらすと，平行板の面積が bda だけ減少するため，電荷密度が増加し，電場が $dE = (da/a)E$ だけ強くなる．電極間の電場のエネルギーの増加

$$dU = \frac{1}{2}\epsilon_0(E + dE)^2(a - da)bl - \frac{1}{2}\epsilon_0 E^2 abl = \frac{1}{2}\epsilon_0 E^2 bl da$$

は外力のした仕事 $W = Fda$ に等しくなければならない．すなわち

$$F = \frac{1}{2}\epsilon_0 E^2 bl$$

である．この力は，極板間の電場を横から圧縮するために必要だったから，電場の方向に垂直に圧力

$$P = \frac{1}{2}\epsilon_0 E^2 \tag{4.52}$$

が働いていると考えられる．電場に垂直な面に電気力線が短くなるように働く張力 T に加えて，電気力線の間隔が広がろうとする圧力が働く．等方的な圧力（静圧）P は電場に垂直な面にも働いているから，$T = \frac{1}{2}\epsilon_0 E^2$ は本来の張力 T' から P を差し引いたものと解釈すべきである．そこで張力 T' は

$$T' = \epsilon_0 E^2 \tag{4.53}$$

である．こうして電気力線に沿って $\epsilon_0 E^2$ の張力，電気力線のまわりに等方的に圧力 $\frac{1}{2}\epsilon_0 E^2$ が働いていることになる．この張力と圧力を合わせてマクスウェル応力と呼ぶ．以下にその定式化を述べることにする．

4.8.2 電場のマクスウェル応力

ある電荷分布 ϱ を持った電荷の集まりがあるとしよう．その電荷密度は電場 $\mathbf{E}$ をつくっている．任意の場所に体積要素 dV を取れば，その中に含まれる電荷 ϱdV は $\mathbf{E}$ から力 $\varrho dV \mathbf{E}$ を受ける．ガウスの法則を使って書き直すと，単位体積あたり

$$\mathbf{f} = \varrho \mathbf{E} = \epsilon_0 \mathbf{E} \nabla \cdot \mathbf{E} \tag{4.54}$$

の力が働いている．ところが

$$\mathbf{E} \nabla \cdot \mathbf{E} = \nabla \cdot (\mathbf{E}\mathbf{E}) - \frac{1}{2}\nabla E^2 + \mathbf{E} \times (\nabla \times \mathbf{E}) \tag{4.55}$$

が恒等的に成り立つ（成分ごとに書けばすぐ証明できる）．右辺の最後の項は $\nabla \times \mathbf{E} = 0$ の条件を使って 0 になる．そこで，ダイアディック T を

$$\mathsf{T} = \epsilon_0 \left(\mathbf{E}\mathbf{E} - \frac{1}{2}E^2 \right), \qquad T_{ij} = \epsilon_0 \left(E_i E_j - \frac{1}{2}E^2 \delta_{ij} \right) \tag{4.56}$$

によって定義すれば

$$\mathbf{f} = \boldsymbol{\nabla} \cdot \mathsf{T} \tag{4.57}$$

と書くことができる．T を応力テンソルと言う．

任意の閉曲面で囲まれた領域 1 とその外側の領域 2 に分けてみよう．領域 1 内にある電荷が受ける力は，領域 1 における体積積分 $\int dV_1 \mathbf{f}$ である．電場 $\mathbf{E}$ は領域 1，2 の電荷分布がつくる電場 $\mathbf{E}_1$，$\mathbf{E}_2$ を加えた

$$\mathbf{E} = \mathbf{E}_1 + \mathbf{E}_2$$

である．だが，電荷 1 がつくる電場が領域 1 内の電荷に及ぼす自己力

$$\mathbf{F}_{11} = \int dV_1 \varrho \mathbf{E}_1 \tag{4.58}$$

は 0 である．(2.6) を用いて

$$\mathbf{F}_{11} = \frac{1}{4\pi\epsilon_0} \int dV_1 \varrho(\mathbf{x}) \int dV_1' \varrho(\mathbf{x}') \frac{\mathbf{x} - \mathbf{x}'}{|\mathbf{x} - \mathbf{x}'|^3}$$

だが，積分変数 $\mathbf{x}$ と $\mathbf{x}'$ を入れかえることによって，積分値の大きさは同じで符号が変わるから 0 になる．つまり領域 1 内の電荷が受ける力は

$$\mathbf{F} = \int dV_1 \varrho \mathbf{E}_2$$

になり，領域 2 の外側の電荷がつくる電場から生じている．この事実があるからこそ，点電荷 q が位置 $\mathbf{z}$ にあるとき，それに電場が及ぼす力は，自分以外のつくる電場からの力 $\mathbf{F} = q\mathbf{E}(\mathbf{z})$ を受けると言えるのである（4.5.1 節参照）．

一方，(4.57) で与えられた $\mathbf{f}$ の体積積分は発散定理 (A.23) によって表面積分

$$\mathbf{F} = \oint dS \mathbf{n} \cdot \mathsf{T} \tag{4.59}$$

になる．こうして，ある体積内の電荷に働く力は外からその表面に作用する力に書き直せた（マクスウェル応力 T は，体積の外から中に向かっているときを正としている．この定義は混乱を招くから，運動量流束密度 $-\mathsf{T}$ を応力とするのが合理的だが，ここでは伝統に従う）．互いに重なりを持たない 2 つの電荷の集まり 1，2 を考えよう．1 だけを内側に持つ任意の閉曲面を，次第に 1 のまわりに収縮させていく様子を考えれば，力が 2 の周囲から順々に

1 に向かっていく近接作用の考えが定式化されたことになる．

xy 平面に $+z$ 軸側から働く力は $\mathbf{n} = (0, 0, 1)$ によって

$$F_x = \oint \mathrm{d}S T_{zx}, \qquad F_y = \oint \mathrm{d}S T_{zy}, \qquad F_z = \oint \mathrm{d}S T_{zz}$$

である．応力ベクトル

$$\mathbf{T}_z = (T_{zx}, T_{zy}, T_{zz}) = \epsilon_0 E_z \mathbf{E} - u_\mathrm{e} \mathbf{e}_z$$

は単位面積あたりの力を表している．同様に，yz 平面に $+x$ 軸側から，zx 平面に $+y$ 軸側から働く単位面積あたりの力はそれぞれ

$$\mathbf{T}_x = (T_{xx}, T_{xy}, T_{xz}) = \epsilon_0 E_x \mathbf{E} - u_\mathrm{e} \mathbf{e}_x$$
$$\mathbf{T}_y = (T_{yx}, T_{yy}, T_{yz}) = \epsilon_0 E_y \mathbf{E} - u_\mathrm{e} \mathbf{e}_y$$

である．電場の方向を z 軸に取ると

$$\mathbf{T}_x = \left(-\frac{1}{2}\epsilon_0 E^2, 0, 0\right), \ \ \mathbf{T}_y = \left(0, -\frac{1}{2}\epsilon_0 E^2, 0\right), \ \ \mathbf{T}_z = \left(0, 0, \frac{1}{2}\epsilon_0 E^2\right)$$

になる．図 4.9 の体積要素に適用すると，体積要素に等方的圧力 $P = \frac{1}{2}\epsilon_0 E^2$ が働いており，電場に垂直な面には $\epsilon_0 E^2$ の力と等方的圧力の差 $T = T' - P = \frac{1}{2}\epsilon_0 E^2$ の張力が働いている．

4.8.3 同軸円筒コンデンサーと応力

半径が a と $b\,(>a)$ の同軸円筒 1, 2 にそれぞれ単位長さあたり λ, $-\lambda$ の電荷を与えたとする．$a < \rho < b$ のみに電場

$$E(\rho) = \frac{\lambda}{2\pi\epsilon_0 \rho} \tag{4.60}$$

が ρ 方向につくられる．(3.17) の結果を用いると，$a < \rho < b$ で電位は

$$\phi(\rho) = \frac{\lambda}{2\pi\epsilon_0} \ln \frac{a}{\rho} \tag{4.61}$$

になるから，単位長さあたりの電気容量は，

$$C = \frac{\lambda}{\phi(a) - \phi(b)} = 2\pi\epsilon_0 \left(\ln \frac{b}{a}\right)^{-1} \tag{4.62}$$

である．W. トムソンが 1855 年に与えた．

図 4.9 のように，z 軸を共通の軸に持つ 2 つの円筒にはさまれた領域で，x 軸を中心として微小角度 2ψ を持つ電場に平行な 2 側面と，半径 ρ_1 の等電位面 1 と $\rho_2\,(>\rho_1)$ の等電位面 2，および円筒軸に垂直な上下 2 面からなる体積要素の力の釣りあいを考えてみよう．円筒軸に平行な方向の高さは単位長さを取る．等電位面 1 の面積は $S_1 = 2\rho_1\psi$，等電位面 2 の面積は $S_2 = 2\rho_2\psi$ である．等電位面 1, 2 にそれぞれ張力

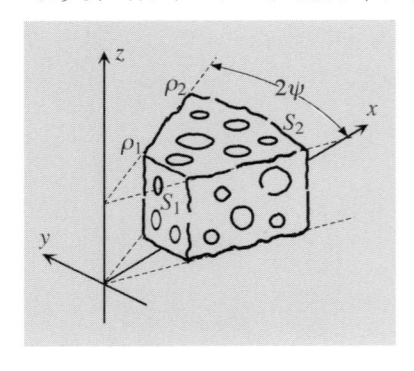

図 4.9 円筒コンデンサー

$$T_1 = \frac{1}{2}\epsilon_0 E_1^2, \qquad T_2 = \frac{1}{2}\epsilon_0 E_2^2$$

が働く．体積要素は電場の方向に力

$$T_2 S_2 - T_1 S_1 = \frac{1}{2}\epsilon_0(E_2^2 S_2 - E_1^2 S_1) \tag{4.63}$$

を受けるが，ガウスの法則から $E_1 S_1 = E_2 S_2$ が成り立つため (4.63) が 0 になることはない．力が釣りあうためには張力ばかりでなく，別の力が必要である．

体積要素を圧縮するように働く静圧 P を力の釣りあいから求めてみよう．上下面については，それぞれ同じ圧力を受け釣りあっている．だが，側面は x 軸と平行ではないから，側面から働く静圧の，y 成分は釣りあうが，x 成分 $2\sin\psi \int_{\rho_1}^{\rho_2} d\rho P = 2P\psi(\rho_2 - \rho_1) = P(S_2 - S_1)$ が残る．体積要素の x 軸方向の力の釣りあいは $T_2 S_2 - T_1 S_1 + P(S_2 - S_1) = 0$ になるから，$E_1 S_1 = E_2 S_2$ を用いて

$$-\frac{1}{2}\epsilon_0 E_1^2 \frac{S_1}{S_2}(S_2 - S_1) + P(S_2 - S_1) = 0$$

である．微小量 $S_2 - S_1$ の係数では $S_1/S_2 = 1$ としてよいから静圧 $P = \frac{1}{2}\epsilon_0 E_1^2$ が得られた．

4.8 電場の応力

マクスウェル応力を使って正確な計算をしてみよう．ここでは ψ が微小である必要はない．座標 $(\rho\cos\varphi, \rho\sin\varphi)$ での電場は

$$E_x = \frac{\lambda}{2\pi\epsilon_0\rho}\cos\varphi, \qquad E_y = \frac{\lambda}{2\pi\epsilon_0\rho}\sin\varphi$$

である．したがって，応力は対角成分

$$T_{xx} = -T_{yy} = \frac{\lambda^2}{8\pi^2\epsilon_0\rho^2}(\cos^2\varphi - \sin^2\varphi), \qquad T_{zz} = -\frac{\lambda^2}{8\pi^2\epsilon_0\rho^2}$$

と非対角成分

$$T_{xy} = T_{yx} = \epsilon_0 E_x E_y = \frac{\lambda^2}{4\pi^2\epsilon_0\rho^2}\cos\varphi\sin\varphi$$

からなる．

T_{zz} による z 方向の力は円筒の上下面で釣りあっている．ρ が一定の面では張力の y 成分は相殺し，x 成分だけが残る．法線ベクトル $(-\cos\varphi, -\sin\varphi)$ を持つ面 1 では

$$F_1 = \int dS(n_x T_{xx} + n_y T_{yx})$$
$$= -\frac{\lambda^2}{8\pi^2\epsilon_0\rho_1}\int_{-\psi}^{\psi}d\varphi\cos\varphi = -\frac{\lambda^2}{4\pi^2\epsilon_0\rho_1}\sin\psi$$

である．面 2 の法線ベクトルは $(\cos\varphi, \sin\varphi)$ だから

$$F_2 = \frac{\lambda^2}{4\pi^2\epsilon_0\rho_2}\sin\psi$$

になる．一方，2 つの側面からの圧力の y 成分は相殺し，x 成分は，法線ベクトルが 2 つの側面で $(-\sin\psi, \pm\cos\psi)$ であることに注意して

$$F = \frac{\lambda^2}{4\pi^2\epsilon_0}\sin\psi\int_{\rho_1}^{\rho_2}\frac{d\rho}{\rho^2} = \frac{\lambda^2}{4\pi^2\epsilon_0}\left(-\frac{1}{\rho_2} + \frac{1}{\rho_1}\right)\sin\psi$$

が残る．3 つの力を加えると

$$F_1 + F_2 + F = 0$$

となり厳密に力が釣りあう．ψ が小さいときは $F_1 + F_2 \cong -T_1 S_1 + T_2 S_2$ になるのに対し，さらに $\rho_2 - \rho_1$ も小さいとき $F \cong P(S_2 - S_1)$ になるから，上で述べたことが確かめられた．

4.8.4 マクスウェル応力からクーロンの法則を導く

異符号の荷電粒子間の電気力線は，張力のためになるべく短くなろうとして引力になり，同符号の荷電粒子間の電気力線は，圧力のために反発して斥力になる．実際にマクスウェル応力からクーロン力を計算してみよう．

電荷 q_1 と q_2 を距離 r だけ離して置く．電荷を結ぶ線上に z 軸を取り，その中点を通る xy 面上で応力を計算しよう．$z = \frac{1}{2}r$ に電荷 q_1，$z = -\frac{1}{2}r$ に電荷 q_2 を置く．$z > 0$ 領域を 1 とする．すなわち，電荷 q_2 が q_1 に及ぼす力を計算する．面上の位置 $(\rho\cos\varphi, \rho\sin\varphi)$ で電場の大きさは，$\rho = \frac{1}{2}r\tan\theta$ を用いて

$$E_x = \frac{1}{4\pi\epsilon_0}\frac{q_1+q_2}{(r/2\cos\theta)^2}\sin\theta\cos\varphi = \frac{q_1+q_2}{\pi\epsilon_0 r^2}\cos^2\theta\sin\theta\cos\varphi$$

$$E_y = \frac{1}{4\pi\epsilon_0}\frac{q_1+q_2}{(r/2\cos\theta)^2}\sin\theta\sin\varphi = \frac{q_1+q_2}{\pi\epsilon_0 r^2}\cos^2\theta\sin\theta\sin\varphi$$

$$E_z = -\frac{1}{4\pi\epsilon_0}\frac{q_1-q_2}{(r/2\cos\theta)^2}\cos\theta = -\frac{q_1-q_2}{\pi\epsilon_0 r^2}\cos^3\theta$$

である．したがって，応力は

$$T_{zx} = -\frac{q_1^2-q_2^2}{\pi^2\epsilon_0 r^4}\cos^5\theta\sin\theta\cos\varphi, \quad T_{zy} = -\frac{q_1^2-q_2^2}{\pi^2\epsilon_0 r^4}\cos^5\theta\sin\theta\sin\varphi$$

$$T_{zz} = \frac{1}{2\pi^2\epsilon_0 r^4}\{(q_1-q_2)^2\cos^6\theta - (q_1+q_2)^2\cos^4\theta\sin^2\theta\}$$

である．そこで，$dS = \rho d\rho d\varphi$，$d\rho = rd\theta/2\cos^2\theta$ を用いて (4.59) を計算すればよい．$\mathbf{n} = (0, 0, -1)$ である．F_x と F_y は φ 積分の結果消える．

$$F_z = -\frac{1}{4\pi\epsilon_0 r^2}\int_0^{\pi/2} d\theta\{(q_1-q_2)^2\cos^2\theta - (q_1+q_2)^2\sin^2\theta\}\cos\theta\sin\theta$$

を積分すると

$$F_z = \frac{q_1 q_2}{4\pi\epsilon_0 r^2}$$

になりクーロン力が得られた．$q_1 = q_2$ のとき，$E_z = 0$，すなわち，電気力線は xy 平面の近くで平行になり互いに圧力 T_{zz} で反発して斥力になっている．$q_1 = -q_2$ のとき，$E_x = E_y = 0$，すなわち，電気力線は xy 平面の近くで面に垂直になり引力になっている．

CHAPITRE 5

Polarisation
分極

5.1 原子の分極

　自由電子を持たない物質では，電子は，クーロン力によって原子核に束縛されているから，電場が作用しても，クーロン力に打ち勝つほどでなければクーロン力の束縛を逃れて自由に移動することはできない．電子と原子核は外電場のもとで逆向きの力を受けて相対的に変位し，双極子モーメントをつくることになる．このように電荷が相対的な変位を起こすことを電気分極と言う．また分極できる物質を誘電体と言う．電場 $\mathbf{E}$ が小さく，双極子モーメント $\mathbf{p}$ が $\mathbf{E}$ に比例し

$$\mathbf{p} = \epsilon_0 \alpha \mathbf{E}$$

で与えられるとき，α を分極率と言う．その効果は一般には小さいが 4 極子モーメントもつくられる．電場を作用させなくても自発的に双極子モーメントを持つ物質を強誘電体と言う．永久磁石に相当する永久電石をヘヴィサイドはエレクトレットと名づけた．エレクトレットを最初につくったのは海軍技師だった江口元太郎 (1879-1926) で 1920 年のことである．

　トムソンの原子模型では，(2.24) で与えたように，半径 a，電荷 e の一様帯電球球面上の電子は力 $-(e^2/4\pi\epsilon_0 a^3)\mathbf{z}$ を受けている．外電場による力 $-e\mathbf{E}$ との釣りあいから $\mathbf{p} = -e\mathbf{z} = 4\pi\epsilon_0 a^3 \mathbf{E}$，すなわち $\alpha = 4\pi a^3$ が得られる．これは，(4.10) で与えられたように，一様な外電場中に置かれた半径 a の

導体球に誘導された双極子モーメントである．モッソッティ(O. F. Mossotti, 1791-1863) は 1850 年に，分子を導体球と考え分極率を計算していた．

　量子力学によって与えられた水素原子の電荷密度 (3.9) に基づいて原子分極率を計算してみよう．外電場が作用したときも，電荷分布は変化しないで，電子の電荷分布の中心が $\mathbf{z}$ にずれ，

$$\varrho(\mathbf{x}) = \frac{-e}{\pi a_0^3} \mathrm{e}^{-2|\mathbf{x}-\mathbf{z}|/a_0} + e\delta(\mathbf{x})$$

のように変化したとして分極を計算してみよう．このとき積分変数を $\mathbf{x}' = \mathbf{x} - \mathbf{z}$ に変更すると，双極子モーメントは

$$\mathbf{p} = \int dV \mathbf{x} \varrho(\mathbf{x}) = \int dV' \mathbf{x}' \varrho(\mathbf{x}' + \mathbf{z}) + \mathbf{z} \int dV' \varrho(\mathbf{x}' + \mathbf{z})$$

だが，$\mathbf{z}$ に比例する第 2 項は，水素原子が中性であることから消える．残る第 1 項で，電子の電荷密度からの寄与も角度積分の結果消えるから

$$\mathbf{p} = e \int dV' \mathbf{x}' \delta(\mathbf{x}' + \mathbf{z}) = -e\mathbf{z}$$

が得られる．電荷 e を持った原子核に対し，$-e$ を持った電子雲が $\mathbf{z}$ だけずれた結果，双極子モーメント $\mathbf{p} = -e\mathbf{z}$ がつくられたのである．外電場が作用しているとき，水素原子のつくる電場は (3.11) だった．これから陽子のつくる電場を除けば，電子雲がつくる電場

$$\mathbf{E}_\mathrm{e}(\mathbf{x}) = -\frac{e}{4\pi\epsilon_0}\frac{\mathbf{R}}{R^3} + \frac{e}{4\pi\epsilon_0}\frac{\mathbf{R}}{R^3}\left(1 + \frac{2R}{a_0} + \frac{2R^2}{a_0^2}\right)\mathrm{e}^{-2R/a_0}$$

が得られる ($\mathbf{R} = \mathbf{x} - \mathbf{z}$)．$\mathbf{x} = 0$ でこの電場は，$r = |\mathbf{z}|$ として，

$$\mathbf{E}_\mathrm{e}(0) = \frac{e\mathbf{z}}{4\pi\epsilon_0 r^3} - \frac{e\mathbf{z}}{4\pi\epsilon_0 r^3}\left(1 + \frac{2r}{a_0} + \frac{2r^2}{a_0^2}\right)\mathrm{e}^{-2r/a_0} \cong \frac{e\mathbf{z}}{3\pi\epsilon_0 a_0^3}$$

である．左辺では，外電場 $\mathbf{E}$ が弱く，$r \ll a_0$ として，r/a_0 について展開し主要項を残した．この電場が原子の位置での外電場と釣りあい，$\mathbf{E}_\mathrm{e}(0) \cong -\mathbf{E}$ になるためには，$\mathbf{p} = -e\mathbf{z} = 3\pi\epsilon_0 a_0^3 \mathbf{E}$ でなければならない．これから原子分極率 $\alpha = 3\pi a_0^3$ が得られる．これは数因子 $\frac{3}{4}$ を除くとトムソン模型の評価と似たようなものである．だが，17.5.3 節で示すように，量子力学による正確な計算では著しく異なる結果になる．分極は電子雲の中心の位置がずれることだけで生じるのではない．物質の性質は量子力学なしには理解できない．

5.2 電気双極子モーメント密度：分極

物質の分極によって誘電体の性質を説明したのはファラデイである．実はこのような考え方は誘電体に先立ち，ポアソン (1824) が 10 章で述べる磁性体の理論として完成していた．ファラデイ (1838) はポアソンの理論を誘電体に翻訳すればよいと考えたのである．数学的な定式化は W. トムソン (1845) とモッソッティ (1847) が行った．

分極した誘電体に単位体積あたり $\mathbf{P}$ の双極子モーメントがあるとする．体積要素 dV の中にあるすべての双極子モーメントの和を $d\mathbf{p}$ とすると

$$d\mathbf{p} = \mathbf{P}dV$$

である．任意の領域の中の全双極子モーメントは

$$\mathbf{p} = \int dV \mathbf{P} \tag{5.1}$$

である．(3.48) の $\mathbf{p}$ の定義からわかるように，$\mathbf{p}$ は電荷密度分布によって生じる量である．任意に取った領域の電荷密度を ϱ^P，領域の表面の電荷面密度を σ^P とすると，全双極子モーメントは

$$\mathbf{p} = \int dV \mathbf{x} \varrho^P + \oint dS \mathbf{x} \sigma^P \tag{5.2}$$

で与えられる．そこで，双極子モーメント密度（分極）$\mathbf{P}$ と電荷密度との間には関係がある．恒等式 $\mathbf{P} = -\mathbf{x}\boldsymbol{\nabla}\cdot\mathbf{P} + \boldsymbol{\nabla}\cdot(\mathbf{Px})$ の両辺を積分すると

$$\int dV \mathbf{P} = -\int dV \mathbf{x} \boldsymbol{\nabla}\cdot\mathbf{P} + \oint dS \mathbf{x} \mathbf{n}\cdot\mathbf{P} \tag{5.3}$$

と書き直すことができる．表面積分は領域の表面についてである．(5.2) と比較し，任意の領域で両者が恒等的に等しいためには

$$\varrho^P = -\boldsymbol{\nabla}\cdot\mathbf{P}, \qquad \sigma^P = \mathbf{n}\cdot\mathbf{P} \tag{5.4}$$

でなければならない．その導出の仕方からわかるように，分極電荷密度は物理的な実体である $\mathbf{P}$ を仮想的な電荷分布として表す量である．電場をつくる源として通常の電荷と同じ役割を果たす数学的な量である．原子間の距離に比較し，分極による電荷のずれは無視できるほど小さい（水素の原子分極率 $\alpha = 8.38 \times 10^{-30}\,\mathrm{m}^3$ を使って電荷のずれ $-\epsilon_0 \alpha E/e$ を評価すると，

$E = 10^6\,\mathrm{V\,m^{-1}}$ でもボーア半径の 10^{-5} 倍程度である）．もともと電気的に中性であった誘電体は分極しても中性である．領域表面の電荷は原子の分極した電荷が直接現れているのではない．

領域として誘電体全体を選べば，σ^P は誘電体表面に誘導された電荷である．誘電体を体積要素に分割したとき，それぞれの体積要素の表面に現れる電荷は隣りあう体積要素同士で打ち消しあうから，表面に電荷が現れる．電気分極が起こると，誘電体内部に $\varrho^P = -\boldsymbol{\nabla}\cdot\mathbf{P}$，表面に $\sigma^P = \mathbf{n}\cdot\mathbf{P}$ の電荷密度が誘導される（$-\mathbf{n}\cdot\mathbf{P}$ は (3.18) で定義した発散面密度である）．それらがつくる電位は

$$\phi(\mathbf{x}) = -\frac{1}{4\pi\epsilon_0}\int dV' \frac{\boldsymbol{\nabla}'\cdot\mathbf{P}(\mathbf{x}')}{|\mathbf{x}-\mathbf{x}'|} + \frac{1}{4\pi\epsilon_0}\oint dS' \frac{\mathbf{n}'\cdot\mathbf{P}(\mathbf{x}')}{|\mathbf{x}-\mathbf{x}'|} \tag{5.5}$$

である．右辺第 2 項の表面積分を発散定理によって体積積分にし，被積分関数を

$$\boldsymbol{\nabla}'\cdot\frac{\mathbf{P}(\mathbf{x}')}{|\mathbf{x}-\mathbf{x}'|} = \mathbf{P}(\mathbf{x}')\cdot\boldsymbol{\nabla}'\frac{1}{|\mathbf{x}-\mathbf{x}'|} + \frac{\boldsymbol{\nabla}'\cdot\mathbf{P}(\mathbf{x}')}{|\mathbf{x}-\mathbf{x}'|}$$

のように書き直せば，第 2 項が (5.5) の第 1 項と相殺するから

$$\phi(\mathbf{x}) = \frac{1}{4\pi\epsilon_0}\int dV'\mathbf{P}(\mathbf{x}')\cdot\boldsymbol{\nabla}'\frac{1}{|\mathbf{x}-\mathbf{x}'|} = \frac{1}{4\pi\epsilon_0}\int dV'\mathbf{P}(\mathbf{x}')\cdot\frac{\mathbf{x}-\mathbf{x}'}{|\mathbf{x}-\mathbf{x}'|^3} \tag{5.6}$$

になる．双極子モーメントのつくる電位は (3.32) で与えられているから，(5.6) は誘電体内部の場所 $\mathbf{x}'$ にある双極子モーメント $\mathbf{P}(\mathbf{x}')dV'$ が $\mathbf{x}$ につくる電位を，重ね合わせの原理を使って加えたものである．

外電場 $\mathbf{E}$ が双極子モーメント $\mathbf{p}$ に作用する力は $\mathbf{p}\cdot\boldsymbol{\nabla}\mathbf{E}$ だった．そこで，

$$\mathbf{F} = \int dV \mathbf{P}\cdot\boldsymbol{\nabla}\mathbf{E} \tag{5.7}$$

が誘電体に働くケルヴィン力である．W. トムソンが考えたこの力は恒等的に

$$\mathbf{F} = \int dV\{-(\boldsymbol{\nabla}\cdot\mathbf{P})\mathbf{E} + \boldsymbol{\nabla}\cdot(\mathbf{P}\mathbf{E})\} = \int dV \varrho^P \mathbf{E} + \oint dS \sigma^P \mathbf{E} \tag{5.8}$$

と書き直すことができる．すなわち，分極電荷密度に働く力である．

5.3 電気4極子モーメント密度

4極子モーメント密度を Q とすると，全4極子モーメントは
$$\mathsf{q} = \int dV\, \mathsf{Q}$$
で与えられる．一方，それは電荷密度を用いても書けるはずである．恒等式
$$Q_{ij} + Q_{ji} = -x_i \partial_k Q_{kj} - x_j \partial_k Q_{ki} + \partial_k(x_i Q_{kj} + x_j Q_{ki})$$
の両辺を積分し，右辺第3項を表面積分にすると，$Q_{ij} = Q_{ji}$ を用いて
$$\mathsf{q} = \frac{1}{2}\int dV(\mathbf{x}\mathbf{P}^Q + \mathbf{P}^Q\mathbf{x}) + \frac{1}{2}\oint dS(\mathbf{x}\boldsymbol{\tau}^Q + \boldsymbol{\tau}^Q\mathbf{x}) \tag{5.9}$$
のように，Q がつくる双極子モーメント体積密度および面密度
$$\mathbf{P}^Q = -\boldsymbol{\nabla}\cdot\mathsf{Q}, \qquad \boldsymbol{\tau}^Q = \mathbf{n}\cdot\mathsf{Q}$$
によって表すことができる．(5.3) からわかるように，$\mathbf{P}^Q$ の体積積分は
$$\int dV\, \mathbf{P}^Q = \int dV\, \mathbf{x}\varrho^Q + \oint dS\, \mathbf{x}\sigma^Q \tag{5.10}$$
になる．すなわち，q を与える仮想的な電荷体積密度と面密度
$$\varrho^Q = \boldsymbol{\nabla}\cdot(\boldsymbol{\nabla}\cdot\mathsf{Q}), \qquad \sigma^Q = -\mathbf{n}\cdot(\boldsymbol{\nabla}\cdot\mathsf{Q}) \tag{5.11}$$
がつくる双極子モーメントである（双極子モーメント面密度 $\boldsymbol{\tau}^Q$ のつくる双極子モーメント $\oint dS\, \boldsymbol{\tau}^Q = -\int dV\, \mathbf{P}^Q$ は (5.10) を打ち消すから，Q は，全体としては双極子モーメントをつくっていない）．(5.9) の右辺第1項は
$$\frac{1}{2}\int dV(\mathbf{x}\mathbf{P}^Q + \mathbf{P}^Q\mathbf{x}) = \frac{1}{2}\int dV\, \mathbf{x}\mathbf{x}\varrho^Q + \frac{1}{2}\oint dS\, \mathbf{x}\mathbf{x}\sigma^Q$$
に等しい．

4極子モーメント q が外電場 **E** から受ける力は，(3.51) で与えられているように，$(\mathsf{q}\cdot\boldsymbol{\nabla})\cdot\boldsymbol{\nabla}\mathbf{E}$ であるから，4極子モーメント分布が受ける力は
$$\mathbf{F} = \int dV(\mathsf{Q}\cdot\boldsymbol{\nabla})\cdot\boldsymbol{\nabla}\mathbf{E} = \int dV\{-(\boldsymbol{\nabla}\cdot\mathsf{Q})\cdot\boldsymbol{\nabla}\mathbf{E} + \boldsymbol{\nabla}\cdot(\mathsf{Q}\cdot\boldsymbol{\nabla}\mathbf{E})\}$$
$$= \int dV\, \mathbf{P}^Q\cdot\boldsymbol{\nabla}\mathbf{E} + \oint dS\, \boldsymbol{\tau}^Q\cdot\boldsymbol{\nabla}\mathbf{E}$$
になる．体積積分項は，(5.8) によって，ϱ^Q と σ^Q に働く力になる．

5.4 誘電体中の静電場の基本方程式

誘電体の分極によってつくられる束縛電荷密度 ϱ^{b} は多極子展開

$$\varrho^{\mathrm{b}} = \varrho^P + \varrho^Q + \cdots = -\boldsymbol{\nabla} \cdot \mathbf{P}^{\mathrm{b}} \tag{5.12}$$

で与えられる．$\mathbf{P}^{\mathrm{b}}$ はすべての多極子からの寄与を加えた全双極子モーメント密度で，

$$\mathbf{P}^{\mathrm{b}} = \mathbf{P} + \mathbf{P}^Q + \cdots = \mathbf{P} - \boldsymbol{\nabla} \cdot \mathsf{Q} + \cdots$$

になる．束縛電荷を分極電荷とも呼ぶ．だが，電荷に区別はなく，自由電荷であろうと，束縛電荷であろうと，電荷間の力はクーロンの法則で与えられる．したがって，誘電体中の静電場の基本方程式は

$$\boldsymbol{\nabla} \cdot \mathbf{E} = \frac{1}{\epsilon_0}(\varrho + \varrho^{\mathrm{b}}), \qquad \boldsymbol{\nabla} \times \mathbf{E} = 0 \tag{5.13}$$

である．これらを積分した形で表すと

$$\oint \mathrm{d}S\mathbf{n} \cdot \mathbf{E} = \frac{1}{\epsilon_0} \int \mathrm{d}V (\varrho + \varrho^{\mathrm{b}}), \qquad \oint \mathrm{d}\mathbf{x} \cdot \mathbf{E} = 0 \tag{5.14}$$

である．

マクスウェルからの伝統で補助的に電気変位 $\mathbf{D}$ を考えることがある．(5.13) のガウスの法則に (5.12) を代入すると

$$\boldsymbol{\nabla} \cdot \mathbf{D} = \varrho, \qquad \oint \mathrm{d}S\mathbf{n} \cdot \mathbf{D} = \int \mathrm{d}V \varrho \tag{5.15}$$

になる．ここで $\mathbf{D}$ を

$$\mathbf{D} = \epsilon_0 \mathbf{E} + \mathbf{P}^{\mathrm{b}} \tag{5.16}$$

によって定義したが，(5.15) は見かけの簡単さほどには重要な物理的意味はない．$\mathbf{D}$ を物質が存在するときの電束密度と呼ぶことがあるが，$\mathbf{D}$ には名前はつけない方がよい．

$\mathbf{E}$ が $\varrho + \varrho^{\mathrm{b}}$ によって一意に決まるように，(5.15) は，$\mathbf{D}$ が ϱ によって決まるかのように見えるが，一般にそれは誤りである．A.3 節で示すヘルムホルツの定理によって，ベクトル場を決めるためには発散密度だけでなく回転密度を与えなければならない．$\mathbf{E}$ は，$\boldsymbol{\nabla} \times \mathbf{E} = 0$ を満たすから，電荷 $\varrho + \varrho^{\mathrm{b}}$

によって一意に決まるが，$\mathbf{D}$ は

$$\nabla \times \mathbf{D} = \nabla \times \mathbf{P}^{\mathrm{b}}$$

であるから，一般に $\nabla \times \mathbf{D}$ は 0 にならない．$\mathbf{D}$ は ϱ だけでは決まらない，物理的には複雑な量である（$\varrho = 0$ でも $\mathbf{D}$ は 0 にならない）．また，そのような場だけを区別して観測することなどできない．実際に観測できるのは全電荷 $\varrho + \varrho^{\mathrm{b}}$ がつくる $\mathbf{E}$ である．(5.16) のように，束縛電荷の双極子モーメントによって $\mathbf{D}$ を定義するのが普通だが，自由電荷密度 ϱ も，(3.50) で示したように双極子モーメントを持つから，それも加えた $\mathbf{D}$ を定義することが可能である．自由電荷と束縛電荷の区別は曖昧で，一意的に $\mathbf{D}$ を定義することはできないのである．パーセル (E. M. Purcell, 1912-97) はその教科書で「$\mathbf{D}$ を導入することは特に有用とは言えない人為的なものである」と述べている．真空がエーテルという分極できる物質からなると考えていたマクスウェルにとって，$\mathbf{D}$ は重要な意味を持っていた．その後の原子論の発展を知ったらマクスウェルは真っ先に $\mathbf{D}$ を否定しただろう．エーテルが存在しないことがわかっている今日では，$\mathbf{D}$ は明確な物理的意味を与えることができない補助的，数学的な量である．

5.4.1 誘電率

十分弱い外電場 $\mathbf{E}$ に対して，$\mathbf{P}^{\mathrm{b}} \cong \mathbf{P}$ と近似でき，$\mathbf{P}$ は $\mathbf{E}$ に比例するから

$$\mathbf{P} = \epsilon_0 \chi_{\mathrm{e}} \mathbf{E} \tag{5.17}$$

と書くことにしよう．χ_{e} をこの物質の電気感受率と言う．このとき

$$\mathbf{D} = \epsilon_0 \mathbf{E} + \epsilon_0 \chi_{\mathrm{e}} \mathbf{E} = \epsilon \mathbf{E}, \qquad \epsilon = \epsilon_0 \epsilon_{\mathrm{r}}, \qquad \epsilon_{\mathrm{r}} = 1 + \chi_{\mathrm{e}} \tag{5.18}$$

になる．比例係数 ϵ を誘電率，ϵ_{r} を比誘電率と言う．種々の物質の誘電率を測定したのはキャヴェンディシュが最初だが，1836 年にファラデイが独立にこの現象を発見した．ϵ_0 を真空の誘電率と呼ぶのは (5.18) の関係に由来する．マクスウェルはエーテル説の立場から，真空も誘電率を持つと考えた．だが，ヘルツが述べているように，ϵ_0 は物理的に意味のない量である．

(5.17) の両辺の発散密度を取り，ガウスの法則 (5.13) を使うと $\nabla \cdot \mathbf{P} = \chi_e(\varrho + \varrho^P)$ になるが，左辺は (5.4) から $-\varrho^P$ である．これを解いて

$$\varrho + \varrho^P = \frac{\epsilon_0}{\epsilon}\varrho \tag{5.19}$$

が得られる．簡単な例でこの関係式の意味を考えてみよう．極板にそれぞれ面密度 σ と $-\sigma$ の電荷が帯電している平行板コンデンサーの間に誘電体を詰めると，誘電体は電場によって分極し，σ に帯電した極板に接する表面に面密度 $\sigma^P = -P = -\epsilon_0\chi_e E$，$-\sigma$ に帯電した極板に接する表面に $-\sigma^P$ の電荷が現れるから，極板の電荷がそれぞれ $\pm(\sigma + \sigma^P)$ に変わったと同じ電場

$$E = \frac{1}{\epsilon_0}(\sigma + \sigma^P) = \frac{\sigma}{\epsilon_0} - \chi_e E = \frac{1}{1 + \chi_e}\frac{\sigma}{\epsilon_0} = \frac{\epsilon_0}{\epsilon}\frac{\sigma}{\epsilon_0}$$

が極板間につくられる．σ/ϵ_0 が誘電体のない場合の電場だから，分極のために電場の強さが弱められている．

5.4.2 誘電体球の中心に点電荷を置いてみると

半径 a の誘電体球の中心に正電荷 q を置いたとき，q は誘電体を分極し，負電荷 q^P を引きつける．そこでガウスの法則 (5.14) を用いて

$$E(r) = \frac{q + q^P}{4\pi\epsilon_0 r^2}\theta(a - r) + \frac{q}{4\pi\epsilon_0 r^2}\theta(r - a)$$

が得られる．一方，球内の同心球面上で $\oint d S \mathbf{n} \cdot \mathbf{P} = -q^P$ を使うと

$$P(r) = -\frac{q^P}{4\pi r^2}\theta(a - r)$$

である．球内で $P = \epsilon_0\chi_e E$ になるから，分極電荷が

$$q^P = -\frac{\chi_e}{1 + \chi_e}q \tag{5.20}$$

のように定まる．分極電荷密度は

$$\varrho^P = -\nabla \cdot \mathbf{P} = -\nabla \cdot P(r)\frac{\mathbf{x}}{r} = \frac{q^P}{4\pi}\nabla \cdot \theta(a - r)\frac{\mathbf{x}}{r^3}$$

を計算すればよい．(3.26) と (A.6) を使うと

$$\varrho^P = \frac{q^P}{4\pi}\theta(a - r)\nabla \cdot \frac{\mathbf{x}}{r^3} + \frac{q^P}{4\pi r^3}\mathbf{x} \cdot \nabla\theta(a - r) = q^P\delta(\mathbf{x}) - \frac{q^P}{4\pi a^2}\delta(r - a)$$

である．q は q^P を球中心に引きつけ，全電荷は

$$q + q^P = q - \frac{\chi_e}{1+\chi_e}q = \frac{1}{1+\chi_e}q$$

になる．したがって，電場の強さは誘電体の内部で ϵ_0/ϵ だけ弱くなり，分極によってクーロン力は弱められる．球表面に生じる分極面密度は

$$\sigma^P = P(a) = -\frac{q^P}{4\pi a^2}$$

である．表面の全電荷 $4\pi a^2 P(a) = -q^P$ は中心に生じた負電荷と同じ大きさで逆符号である．このため球の外では q がつくる電場と同じになる．

5.4.3　一様静電場中の誘電体球

2つの誘電体が接しているとき，境界での電場の様子を調べてみよう．境界面で誘電体2から1に向かう単位ベクトルを $\mathbf{n}$ とすると，誘電体1, 2の表面にはそれぞれ $-\mathbf{n}\cdot\mathbf{P}_1$, $\mathbf{n}\cdot\mathbf{P}_2$ の分極電荷が生じる．(3.18) で定義した電場の発散面密度はガウスの法則 (5.14) から

$$\mathbf{n}\cdot(\mathbf{E}_1 - \mathbf{E}_2) = \frac{1}{\epsilon_0}\sigma - \frac{1}{\epsilon_0}\mathbf{n}\cdot(\mathbf{P}_1 - \mathbf{P}_2)$$

である．境界での電荷面密度を σ とした．境界に電荷がない場合は，$\mathbf{D}$ の境界面に垂直な成分 $\mathbf{n}\cdot\mathbf{D}$ が連続である．2つの誘電体が誘電率 ϵ_1 と ϵ_2 を持つ物質であるときは

$$\epsilon_1 \mathbf{n}\cdot\mathbf{E}_1 = \epsilon_2 \mathbf{n}\cdot\mathbf{E}_2 \tag{5.21}$$

である．したがって，誘電率が異なる境界では $\mathbf{n}\cdot\mathbf{E}$ は連続ではない．だが，境界で電場が無限に大きくなることはないから電位は連続，すなわち

$$\phi_1 = \phi_2$$

が成り立つ．一方，$\nabla\times\mathbf{E} = 0$ は分極があっても成り立つから，(3.20) で定義した電場の回転面密度は 0 である．すなわち，(3.21) で与えられたように

$$\mathbf{n}\times\mathbf{E}_1 = \mathbf{n}\times\mathbf{E}_2 \tag{5.22}$$

である．電場の接線成分は境界面で連続でなければならない．$\mathbf{E}_1$，$\mathbf{E}_2$ が境界面に対しそれぞれ角度 θ_1，θ_2 で傾いているとすると，(5.21) と (5.22) から

$$\epsilon_1 E_1 \cos\theta_1 = \epsilon_2 E_2 \cos\theta_2, \qquad E_1 \sin\theta_1 = E_2 \sin\theta_2$$

である．この 2 式から電場の屈折の法則

$$\frac{\tan\theta_1}{\tan\theta_2} = \frac{\epsilon_1}{\epsilon_2}$$

が得られる．

z 方向に一様な電場 E_0 中に半径 a の誘電体球を置いたとき，外場 $\phi_0 = -E_0 z$ と，表面に現れる分極電荷による電位 ϕ^P を合わせた電位を $\phi = \phi_0 + \phi^P$ とする．球外で ϕ_1，球内で ϕ_2 とすると，境界条件は，無限遠で $\phi_1 = \phi_0$，球面で $\phi_1 = \phi_2$，$\epsilon_0 \partial\phi_1/\partial r = \epsilon\partial\phi_2/\partial r$ である．ルジャンドル多項式による展開 (4.7) は

$$\phi^P = A_1 z \theta(a-r) + \frac{B_1 z}{r^3}\theta(r-a)$$

のように，球内で A_1 項，球外で B_1 項のみが残る．境界条件から

$$\phi = -E_0 z + \frac{\epsilon - \epsilon_0}{\epsilon + 2\epsilon_0} E_0 z \theta(a-r) + \frac{\epsilon - \epsilon_0}{\epsilon + 2\epsilon_0} E_0 \frac{a^3 z}{r^3} \theta(r-a) \qquad (5.23)$$

が得られる．

この問題を別の方法で解いてみよう．ϱ と $-\varrho$ の一様電荷密度を持つ 2 つの帯電球がつくる電位を，中心を微小距離 $\mathbf{l}$ だけ離して重ねたとき，全電位は

$$\phi^P = \phi_{\rm sph}(\mathbf{x} - \mathbf{l}) - \phi_{\rm sph}(\mathbf{x}) = -\mathbf{l}\cdot\boldsymbol{\nabla}\phi_{\rm sph}$$

である．一様帯電球がつくる電位 $\phi_{\rm sph}$ は (3.7) で与えられている．$\mathbf{l}$ を z 方向に取り，$\phi_{\rm sph}$ を微分することによって

$$\phi^P = \frac{Pz}{3\epsilon_0}\theta(a-r) + \frac{Pa^3 z}{3\epsilon_0 r^3}\theta(r-a), \qquad P = \varrho l \qquad (5.24)$$

が得られる．ϕ^P は球面上で連続であるから，境界条件 $\epsilon_0 \partial\phi_1/\partial r = \epsilon\partial\phi_2/\partial r$ によって双極子モーメント密度が

$$P = 3\epsilon_0 \frac{\epsilon - \epsilon_0}{\epsilon + 2\epsilon_0} E_0$$

のように求められる．そこで (5.24) から ϕ^P が求まり，上で求めた (5.23) と一致する．この結果から，半径 a の誘電体球の分極率は

$$\alpha = 4\pi a^3 \frac{\epsilon - \epsilon_0}{\epsilon + 2\epsilon_0} \tag{5.25}$$

である．

5.5 微視的電場と巨視的電場：線平均

原子のレベルでの方程式を平均化することによって物質中の電磁場の基本方程式を導くという考え方は，ギブズ (1882)，ローレンツ (1895) にまでさかのぼる．原子核と電子を含めた束縛電荷の微視的電荷密度を，各分子の位置 $\mathbf{z}_i$ を中心とする電荷密度を加えた

$$\eta^{\mathrm{b}}(\mathbf{x}) = \sum_i \eta_i^{\mathrm{b}}(\mathbf{x} - \mathbf{z}_i) \tag{5.26}$$

とする．束縛電荷密度を巨視的なスケールで平均し，

$$\varrho^{\mathrm{b}}(\mathbf{x}) = \int dV' F(\mathbf{x} - \mathbf{x}') \eta^{\mathrm{b}}(\mathbf{x}') = \sum_i \int dV' F(\mathbf{x} - \mathbf{x}' - \mathbf{z}_i) \eta_i^{\mathrm{b}}(\mathbf{x}')$$

としよう．F は巨視的な広がりを持った関数で，規格化の条件 $\int dV F = 1$ を満たしているものとする．例えば半径 a の球内で一定，球外で 0 になる関数を取ればよい．電荷密度は分子の近傍にしか存在しないから，$\mathbf{x}'$ を微小量として

$$\begin{aligned}
F(\mathbf{x} - \mathbf{x}' - \mathbf{z}_i) = &F(\mathbf{x} - \mathbf{z}_i) - \mathbf{x}' \cdot \boldsymbol{\nabla} F(\mathbf{x} - \mathbf{z}_i) \\
&+ \frac{1}{2}(\mathbf{x}' \cdot \boldsymbol{\nabla})^2 F(\mathbf{x} - \mathbf{z}_i) + \cdots
\end{aligned} \tag{5.27}$$

のようにテイラー展開して各項を積分しよう．第 1 項は分子の電荷が中性である条件 $\int dV' \eta_i^{\mathrm{b}}(\mathbf{x}') = 0$ から消える．第 2 項から，(5.4) のように，

$$\varrho^P = -\boldsymbol{\nabla} \cdot \mathbf{P}, \qquad \mathbf{P}(\mathbf{x}) = \sum_i \mathbf{p}_i F(\mathbf{x} - \mathbf{z}_i)$$

が得られる．電気分極による巨視的な電荷密度は微視的電荷密度 $-\sum_i \mathbf{p}_i \cdot \boldsymbol{\nabla} \delta(\mathbf{x} - \mathbf{z}_i)$ を平均したものである．$\mathbf{p}_i$ は i 番目の分子の双極子モーメント

$$\mathbf{p}_i = \int \mathrm{d}V \mathbf{x} \eta_i^{\mathrm{b}}(\mathbf{x}) \tag{5.28}$$

である．$N(\mathbf{x}) = \sum_i F(\mathbf{x} - \mathbf{z}_i)$ は双極子モーメント数密度であるから，双極子モーメントの平均値を $\mathbf{p}$ とすると

$$\mathbf{P} = N\mathbf{p}$$

と表すことができる．

展開 (5.27) の第 3 項の寄与は

$$\varrho^Q(\mathbf{x}) = \frac{1}{2} \sum_i \int \mathrm{d}V' \eta_i^{\mathrm{b}}(\mathbf{x}')(\mathbf{x}' \cdot \boldsymbol{\nabla})^2 F(\mathbf{x} - \mathbf{z}_i) = \sum_i \boldsymbol{\nabla} \cdot \mathsf{q}_i \cdot \boldsymbol{\nabla} F(\mathbf{x} - \mathbf{z}_i) \tag{5.29}$$

になる．ここでダイアディック q_i は i 番目の分子の 4 極子モーメント

$$\mathsf{q}_i = \frac{1}{2} \int \mathrm{d}V \mathbf{x}\mathbf{x} \eta_i^{\mathrm{b}}(\mathbf{x}) \tag{5.30}$$

である．微視的な 4 極子モーメント密度を $\sum_i \mathsf{q}_i \delta(\mathbf{x} - \mathbf{z}_i)$ とすると，巨視的な 4 極子モーメント密度は

$$\mathsf{Q}(\mathbf{x}) = \sum_i \mathsf{q}_i F(\mathbf{x} - \mathbf{z}_i) \tag{5.31}$$

である．これによって，(5.11) のように，

$$\varrho^Q = \boldsymbol{\nabla} \cdot (\boldsymbol{\nabla} \cdot \mathsf{Q})$$

と書くこともできる．さらに高次の項が続くが，電場が十分小さいときのみを考えることにしてこの項以下は落とすことにしよう．実際，多くの場合，4 極子モーメントの項も無視することができる．

位置 $\mathbf{z}_i$ にある双極子モーメント $\mathbf{p}_i$ は電場

$$\mathbf{e}_i(\mathbf{x}) = \frac{1}{4\pi\epsilon_0} \left\{ \frac{3\mathbf{p}_i \cdot (\mathbf{x} - \mathbf{z}_i)(\mathbf{x} - \mathbf{z}_i)}{|\mathbf{x} - \mathbf{z}_i|^5} - \frac{\mathbf{p}_i}{|\mathbf{x} - \mathbf{z}_i|^3} \right\} - \frac{\mathbf{p}_i}{3\epsilon_0} \delta(\mathbf{x} - \mathbf{z}_i) \tag{5.32}$$

をつくるから，外場 $\mathbf{E}_0$ があるとき，誘電体内部の微視的電場は

$$\mathbf{e} = \mathbf{E}_0 + \sum_i \mathbf{e}_i$$

5.5 微視的電場と巨視的電場：線平均

で与えられる．F を用いて平均した

$$\mathbf{E}(\mathbf{x}) = \int dV' F(\mathbf{x} - \mathbf{x}') \mathbf{e}(\mathbf{x}') \tag{5.33}$$

を巨視的な電場とする．F として，分子間距離より十分大きい立方体の中で一定値を取る関数を採用しよう．立方体を，平行する細い棒に分割し，1本の棒に沿って $\mathbf{e}$ を平均しよう．$\mathbf{e}$ は，$\nabla \times \mathbf{e} = 0$ を満たす（デルタ関数項の存在が必要）から，電位で表すことができる．$\mathbf{e}$ によって計算した電位差と巨視的な電場 $\mathbf{E}$ によって計算した電位差が等しく，

$$\int d\mathbf{x} \cdot \mathbf{e} = \int d\mathbf{x} \cdot \mathbf{E}$$

を満たせば巨視的な電場を定義することができる．線積分 $\int d\mathbf{x} \cdot \mathbf{e}$ を計算すると，積分経路は $\mathbf{e}$ が激しく変化する場所を通過するが，$\nabla \times \mathbf{e} = 0$ のために，そのような場所を避ける経路を取っても積分値は不変である．こうして，すべての棒について $\mathbf{e}$ の線平均は同じになり，巨視的な電場を定義することができるのである．

局所的な電場は平均電場とは異なる．$\mathbf{p}_j$ に着目すると，その位置 $\mathbf{z}_j$ での電場をつくるのは外場 $\mathbf{E}_0$ と，$\mathbf{p}_j$ を除いたすべての双極子モーメントであるから，局所的な電場は $\mathbf{e}^{(j)} = \mathbf{e} - \mathbf{e}_j$ である．$\mathbf{e}_j$ を，それの占める体積 N^{-1} で，球対称な関数を用いて平均すると，角度に依存する (5.32) の右辺第1項は 0，デルタ関数項は $-N\mathbf{p}/3\epsilon_0 = -\mathbf{P}/3\epsilon_0$ である．こうして，

$$\mathbf{E}_{\text{local}} = \mathbf{E} + \frac{1}{3\epsilon_0}\mathbf{P} \tag{5.34}$$

が局所的な電場になる．平均電場と局所電場の差をローレンツ項と言う．双極子モーメントは局所電場によって誘導されるから

$$\mathbf{P} = N\mathbf{p} = N\epsilon_0 \alpha \mathbf{E}_{\text{local}} = N\epsilon_0 \alpha \left(\mathbf{E} + \frac{1}{3\epsilon_0}\mathbf{P}\right) \tag{5.35}$$

である．これから，モッソッティ(1850)とクラウジウス(1870)が独立に導いた

$$\chi_e = \frac{N\alpha}{1 - \frac{1}{3}N\alpha}, \quad \frac{1}{3}N\alpha = \frac{\epsilon_r - 1}{\epsilon_r + 2} \tag{5.36}$$

になる（クラウジウス - モッソッティの式．モッソッティの式は $N\alpha = (\epsilon_r - 1)/\epsilon_r$ だった）．屈折率 n と比誘電率 ϵ_r の間に成り立つマクスウェルの関係式 (18.15)，

$n^2 = \epsilon_{\rm r}$ から，ローレンス (1869) とローレンツ (1878) が導いた

$$\frac{1}{3}N\alpha = \frac{n^2-1}{n^2+2}$$

が得られる（ローレンス - ローレンツの関係式）．

単位体積あたり N 個の双極子モーメント $\mathbf{p}$ からなる誘電体に，電場 $\mathbf{E}$ を作用させたとき，$\mathbf{p}$ はポテンシャルエネルギー $-\mathbf{p}\cdot\mathbf{E}$ を持つから，その方向によってエネルギーが異なる．結晶の場合は $\mathbf{p}$ の安定な方向が限られる．電場と平行，反平行のみが許されるとすると，磁性体との類似から，(10.8) を用いて配向分極率

$$\alpha = \frac{p^2}{\epsilon_0 k_{\rm B} T}$$

が得られる．強誘電体は，電場がなくても分極を生じる物質である．その自発分極の原因はスレイター (J. Slater, 1900-76) が

図 5.1　モッソッティ

行ったように，局所電場によって説明できる (1941)．$N\alpha = C/T$ とすると（C をキュリー定数と言う），磁性体のキュリー - ワイスの法則に対応して

$$\chi_{\rm e} = \frac{C}{T-T_{\rm c}}$$

が得られる．スレイターは温度が $T_{\rm c} = \frac{1}{3}C$ になったとき「破綻」が起こり，常誘電体から強誘電体に相転移すると考えた．その機構は，局所電場を分子磁場に置きかえれば，10.5 節で述べる強磁性のワイス理論と同じである．ところで，気体や液体の常誘電分極率は，ボルツマンの正準分布 (17.9) によって分極の平均値を計算すると，磁場中の磁気モーメントの平均値を計算するのと同様に，ランジュヴァン - デバイ方程式 (1912)

$$\alpha = \frac{p^2}{3\epsilon_0 k_{\rm B} T}$$

によって与えられる．これは 10.2 節で述べる常磁性体の (10.6) に対応している．

5.6 誘電体のエネルギー：熱力学的関係式

誘電体があるときの電場のエネルギーを求めよう．誘電体があると，自由電荷 ϱ に加えて，分極電荷 ϱ^P が生じる．これらの電荷のつくる電位を ϕ, 電場を $\mathbf{E}$ とすると，電荷間のクーロン力のポテンシャルエネルギーは

$$\begin{aligned} U_\mathrm{e} &= \frac{1}{2}\int dV(\varrho+\varrho^P)\phi \\ &= \frac{1}{2}\epsilon_0 \int dV \phi \boldsymbol{\nabla}\cdot \mathbf{E} \\ &= \frac{1}{2}\epsilon_0 \int dV(-\mathbf{E}\cdot\boldsymbol{\nabla}\phi+\boldsymbol{\nabla}\cdot\phi\mathbf{E}) \end{aligned}$$

になる．最後の項を表面積分にして落とすと，電場のエネルギー密度は

$$u_\mathrm{e} = \frac{1}{2}\epsilon_0 E^2 \tag{5.37}$$

である．だが，誘電体の持つエネルギーはこれだけではない．原子分極は，電荷間のクーロン力と電場による力の釣りあいで決まる．誘電体を分極させるには，クーロン力に抗して電場を加えるから，分極に要したエネルギーは誘電体の中に力学的エネルギーとして蓄えられている．$\pm q$ の電荷対に電場を作用させ，電荷間の距離 $\mathbf{l}$ を緩やかに $d\mathbf{l}$ だけ変化させたとき，電場がする仕事は $q\mathbf{E}\cdot d\mathbf{l} = \mathbf{E}\cdot d\mathbf{p}$ である．$d\mathbf{p}=qd\mathbf{l}$ は双極子モーメントの増加分である．断熱変化では，外部からの仕事は内部エネルギーの増加に等しいが，温度が変化する．分極は温度の関数であるから取り扱いが容易な等温変化を考えよう．等温変化では熱の出入りを考慮しなければならない．熱力学第 1 法則によって，力学的エネルギーの微分 dU^mech, 外部からの熱量 Q, 外部からの仕事 W の間に $dU^\mathrm{mech} = Q+W$ の関係がある．また，第 2 法則によって，準静的過程における熱量とエントロピーの微分の間にクラウジウス (1865) の関係式 $Q=TdS$ が成り立つ．圧力 p, 温度 T を持つ一様流体のエントロピー，体積，双極子モーメントを準静的に変化させたとき，力学的エネルギーの微分は

$$dU^\mathrm{mech} = TdS - pdV + \mathbf{E}\cdot d\mathbf{p}$$

である．$U^\mathrm{mech}=Vu^\mathrm{mech}$, $S=Vs$, $\mathbf{p}=V\mathbf{P}$ と置いて単位体積あたりの量で表し，粒子数保存則 $d(NV)=0$ から得られる $dV/V=-dN/N$ を使う

と，力学的エネルギー密度は

$$\mathrm{d}u^{\mathrm{mech}} = T\mathrm{d}s + \frac{\pi}{N}\mathrm{d}N + \mathbf{E}\cdot\mathrm{d}\mathbf{P} \tag{5.38}$$

だけ変化する．ここで

$$\pi = p + u^{\mathrm{mech}} - Ts - \mathbf{P}\cdot\mathbf{E}$$

を定義した．自由エネルギー密度 $f = u^{\mathrm{mech}} - Ts$ の変化は

$$\mathrm{d}f = -s\mathrm{d}T + \frac{\pi}{N}\mathrm{d}N + \mathbf{E}\cdot\mathrm{d}\mathbf{P} \tag{5.39}$$

である．線形関係 (5.17) を仮定すると，自由エネルギー密度は

$$\begin{aligned}f &= f_0 + \frac{1}{\epsilon_0 \chi_{\mathrm{e}}}\int_0^P \mathrm{d}\mathbf{P}\cdot\mathbf{P} \\ &= f_0 + \frac{1}{2\epsilon_0 \chi_{\mathrm{e}}}P^2 \\ &= f_0 + \frac{1}{2}\mathbf{P}\cdot\mathbf{E}\end{aligned}$$

になる（添字 0 は，与えられた T, V のもとで $\mathbf{P} = 0$ の値を表す）．

$$\pi = N\frac{\partial f}{\partial N} = \pi_0 - \frac{1}{2}\epsilon_0 E^2 N \frac{\partial \chi_{\mathrm{e}}}{\partial N}$$

が得られるから，流体の圧力 $p = \pi - f + \mathbf{P}\cdot\mathbf{E}$ は 1953 年にマズール (P. Mazur, 1922-2001) とプリゴジーン (I. Prigogine, 1917-2003) が導いた

$$\begin{aligned}p &= p_0 + \frac{1}{2}\mathbf{P}\cdot\mathbf{E} - \frac{1}{2}\epsilon_0 E^2 N \frac{\partial \chi_{\mathrm{e}}}{\partial N} \\ &= p_0 + \frac{1}{2}\epsilon_0 E^2\left(\chi_{\mathrm{e}} - N\frac{\partial \chi_{\mathrm{e}}}{\partial N}\right)\end{aligned} \tag{5.40}$$

になる．さらにエントロピー密度は

$$s = -\frac{\partial f}{\partial T} = s_0 + \frac{1}{2}\epsilon_0 E^2 \frac{\partial \chi_{\mathrm{e}}}{\partial T}$$

になるから，力学的エネルギー密度

$$u^{\mathrm{mech}} = f + Ts = u_0^{\mathrm{mech}} + \frac{1}{2}\mathbf{P}\cdot\mathbf{E} + \frac{1}{2}\epsilon_0 E^2 T \frac{\partial \chi_{\mathrm{e}}}{\partial T}$$

が得られる．電場のエネルギーと力学的エネルギーを加えると

$$u^{\mathrm{tot}} = u + u_0^{\mathrm{mech}} + \frac{1}{2}\epsilon_0 E^2 T \frac{\partial \chi_{\mathrm{e}}}{\partial T}$$

5.6 誘電体のエネルギー：熱力学的関係式

になる．ヘルムホルツ (H. Helmholtz, 1821-94) は

$$u = \frac{1}{2}\epsilon_0 E^2 + \frac{1}{2}\mathbf{P}\cdot\mathbf{E} = \frac{1}{2}\mathbf{D}\cdot\mathbf{E} \tag{5.41}$$

を電場のエネルギー密度と考えたが，正確に言うと，電場のエネルギー密度を加えた自由エネルギー密度である．一般の物質では

$$\mathrm{d}u = \epsilon_0 \mathbf{E}\cdot\mathrm{d}\mathbf{E} + \mathrm{d}f = -s\mathrm{d}T + \frac{\pi}{N}\mathrm{d}N + \mathbf{E}\cdot\mathrm{d}\mathbf{D} \tag{5.42}$$

が成り立つ．右辺の最後の項

$$w = \mathbf{E}\cdot\mathrm{d}\mathbf{D}$$

は電荷を移動させるのに必要な単位体積あたりの仕事である．

誘電体が詰まったコンデンサーを考えよう．コンデンサーの表面にある電荷は

$$q = \int \mathrm{d}S\sigma = \int \mathrm{d}S\mathbf{n}\cdot\mathbf{D}$$

で与えられる．電荷 δq を電位 $\phi(\mathrm{A})$ の極板から $\phi(\mathrm{B})$ の極板に移動させてみよう．そのとき要する仕事は

$$W = \delta q\{\phi(\mathrm{B}) - \phi(\mathrm{A})\} = \int \mathrm{d}S\phi\mathbf{n}\cdot\delta\mathbf{D} \tag{5.43}$$

である．そこで，$\mathbf{n}$ が導体から誘電体に向かう法線ベクトルであることに注意して，発散定理により誘電体内部の体積積分にすると

$$W = -\int \mathrm{d}V\boldsymbol{\nabla}\cdot\phi\delta\mathbf{D} = -\int \mathrm{d}V(\boldsymbol{\nabla}\phi\cdot\delta\mathbf{D} + \phi\boldsymbol{\nabla}\cdot\delta\mathbf{D})$$

であるが，誘電体内部では $\boldsymbol{\nabla}\cdot\mathbf{D} = 0$ によって $\boldsymbol{\nabla}\cdot\delta\mathbf{D} = 0$ が成り立つ．こうして $\mathbf{E} = -\boldsymbol{\nabla}\phi$ を使って

$$W = \int \mathrm{d}V\mathbf{E}\cdot\delta\mathbf{D} \tag{5.44}$$

が得られる．導体内部では電場がないから積分は全空間に広げてよい．

この結果は次のように一般化して導くことができる．電荷密度分布が ϱ で与えられ，それがつくる電位が ϕ であるとする．そのとき，電荷密度に $\delta\varrho$ の変化を引き起こすと，体積要素 $\mathrm{d}V$ に電荷要素 $\delta\varrho\mathrm{d}V$ を増加させるに要する

仕事は $\phi\delta\varrho\mathrm{d}V$ だから，全体で必要な仕事は
$$W = \int \mathrm{d}V \phi \delta\varrho$$
で与えられる．$\delta\varrho$ によって ϕ も変化するが，$\delta\varrho\delta\phi$ は $\delta\varrho$ について 2 次の変化だから無視してよい．ガウスの法則 $\boldsymbol{\nabla}\cdot\mathbf{D} = \varrho$ から $\delta\varrho = \boldsymbol{\nabla}\cdot\delta\mathbf{D}$ である．これを代入して
$$W = \int \mathrm{d}V \phi \boldsymbol{\nabla}\cdot\delta\mathbf{D} = \int \mathrm{d}V (\boldsymbol{\nabla}\cdot\phi\delta\mathbf{D} - \boldsymbol{\nabla}\phi\cdot\delta\mathbf{D})$$
になる．右辺第 1 項の体積積分は表面積分になり落とすことができる．こうして (5.44) が得られる．上のコンデンサーの問題であれば，誘電体内部では $\mathbf{D} = 0$ だから積分は導体についてである．さらに導体内部では $\mathbf{E} = 0$ だから右辺第 2 項がなくなる．第 1 項を導体表面の積分に直せば，再び $\mathbf{n}$ の方向に注意して，(5.43) に帰着する．

　真空中での静電エネルギーは (4.35) のように
$$U = \frac{1}{2}\int \mathrm{d}V \varrho\phi$$
で与えられた．この式を根拠にして
$$\delta U = \frac{1}{2}\int \mathrm{d}V (\varrho\delta\phi + \delta\varrho\phi)$$
から (5.44) を導いている教科書がある．$\varrho\delta\phi = \boldsymbol{\nabla}\cdot\mathbf{D}\delta\phi = (\boldsymbol{\nabla}\cdot\delta\phi\mathbf{D} - \mathbf{D}\cdot\boldsymbol{\nabla}\delta\phi)$ になるから右辺第 1 項を表面積分にして落とせば
$$\delta U = \frac{1}{2}\int \mathrm{d}V (\mathbf{E}\cdot\delta\mathbf{D} + \mathbf{D}\cdot\delta\mathbf{E})$$
が得られる．だが，(5.44) が成り立つためには線形物質でなければならないから，この証明法は一般性がない．実は
$$\frac{1}{2}\int \mathrm{d}V \varrho\phi = \frac{1}{2}\int \mathrm{d}V \mathbf{D}\cdot\mathbf{E}$$
が成り立つ．$\varrho\phi = \phi\boldsymbol{\nabla}\cdot\mathbf{D} = -\mathbf{D}\cdot\boldsymbol{\nabla}\phi + \boldsymbol{\nabla}\cdot\phi\mathbf{D}$ のように書き直し，右辺第 2 項を表面積分にして落とし，第 1 項に $\mathbf{E} = -\boldsymbol{\nabla}\phi$ を代入すると証明できる．こうして，出発点となった静電エネルギーの式が物質中で成立するのは $\mathbf{E}$ と $\mathbf{D}$ が線形の関係にあるときだけであることがわかる．

CHAPITRE 6

Courant électrique
電流

6.1 電流と電荷保存則：連続の方程式

　導体中の 2 点で電位が異なれば，電場が存在するから，電荷は電場から力を受けて移動する．電荷の流れの方向に直交する面積 S の面を，単位時間に通過する電荷量 I を電流と言い，単位面積あたりの電流 $J = I/S$ を電流密度と言う（I はオーム (G. S. Ohm, 1789-1854) が「強さ」を意味するドイツ語から取った）．電流密度 $\mathbf{J}$ は，大きさが J で，電流の方向を持ったベクトルである．電流密度は位置と時間を指定して決まるから $\mathbf{J}(\mathbf{x}, t)$ と書く．電流が流れると，空間の各点における電荷密度も時間とともに変化するから，電荷密度も時間の関数になり $\varrho(\mathbf{x}, t)$ と書く．p. 12 で述べたように電荷は常に保存する．電荷保存則は物理法則の中でも特別に重要な，厳密に成り立つ法則である．電荷保存則から電流密度 $\mathbf{J}(\mathbf{x}, t)$ と電荷密度 $\varrho(\mathbf{x}, t)$ の間に関係式が成り立つ．

図 **6.1**　オーム

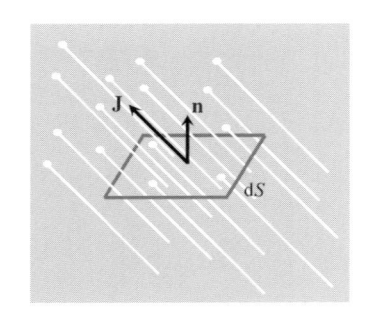

図 6.2 電流と電流密度

電流中に任意の閉曲面を取ると，その面を通って電荷が移動する．図 6.2 のように閉曲面上の面積要素 $\mathrm{d}S$ を取る．この面積要素上で電流密度 $\mathbf{J}(\mathbf{x},t)$ を，その面の法線ベクトル $\mathbf{n}$ 方向の成分 $\mathbf{n}\cdot\mathbf{J}(\mathbf{x},t)$ と面の接線成分に分解すると，接線成分は面上の電流であるから電荷は $\mathrm{d}S$ から出入りしない．$\mathrm{d}S$ から単位時間に出ていく電荷量は $\mathbf{n}\cdot\mathbf{J}(\mathbf{x},t)\mathrm{d}S$ である．電流も流束の一種である．閉曲面全体から単位時間に流出する電荷量，すなわち電流は，発散定理を適用して

$$I(t) = \oint \mathrm{d}S\,\mathbf{n}\cdot\mathbf{J}(\mathbf{x},t) = \int \mathrm{d}V\,\boldsymbol{\nabla}\cdot\mathbf{J}(\mathbf{x},t)$$

で与えられる．一方，時刻 t で閉曲面内の全電荷は

$$q(t) = \int \mathrm{d}V\,\varrho(\mathbf{x},t)$$

である．電荷保存則によって，電荷が閉曲面から単位時間に $I(t)$ だけ流出するとき，閉曲面内の電荷は同じ量だけ減っていなければならない．$\dot{q}(t)$ が単位時間あたりの電荷の増える割合だから $\dot{q}(t) + I(t) = 0$ が成り立つ．したがって，任意の閉曲面が囲む体積に対し

$$\int \mathrm{d}V \left\{ \frac{\partial \varrho(\mathbf{x},t)}{\partial t} + \boldsymbol{\nabla}\cdot\mathbf{J}(\mathbf{x},t) \right\} = 0$$

が成り立つなら被積分関数は 0 でなければならない．すなわち，

$$\frac{\partial \varrho(\mathbf{x},t)}{\partial t} + \boldsymbol{\nabla}\cdot\mathbf{J}(\mathbf{x},t) = 0$$

が成り立たなければならない．これを連続の方程式と言う．上でも述べたように，電磁気学の基本方程式がどのようになるにしても，まずこの連続の方程式が大前提である．連続の方程式は，空間のどんな小さな体積内の電荷も保存することを意味するので重要である．すなわち，連続の方程式は空間の各点での電荷保存則を意味する．空間のある点で電荷が消え別の点で同じ電荷量がつくられるような過程は，大局的には電荷保存則を満たしているが，連続の方程式からは許されない．

6.2 微視的電流と巨視的電流

1つの電荷が運動しても電流が流れる。電荷 q の位置座標を $\mathbf{z}(t)$ とすると，その電流密度 $\mathbf{j}$ は電荷密度

$$\eta(\mathbf{x}, t) = q\delta(\mathbf{x} - \mathbf{z}(t))$$

とともに連続の方程式

$$\frac{\partial \eta}{\partial t} + \boldsymbol{\nabla} \cdot \mathbf{j} = 0 \tag{6.1}$$

を満たさなければならない。そのためには

$$\mathbf{j}(\mathbf{x}, t) = q\mathbf{v}(t)\delta(\mathbf{x} - \mathbf{z}(t)) \tag{6.2}$$

と取ればよい。$\mathbf{v}(t) = \dot{\mathbf{z}}(t)$ は q の速度である。

$$\frac{\partial}{\partial t}\delta(\mathbf{x} - \mathbf{z}(t)) = -\dot{\mathbf{z}}(t) \cdot \boldsymbol{\nabla}\delta(\mathbf{x} - \mathbf{z}(t)) = -\mathbf{v}(t) \cdot \boldsymbol{\nabla}\delta(\mathbf{x} - \mathbf{z}(t))$$

に注意すれば，(6.1) が成り立つことが確かめられる。このように，物質の並進運動に伴って流れる電流を対流電流（携帯電流）と言う。物質が持っている電荷を物質が携帯して運ぶ，という意味である。もちろん，連続の方程式を満たすという条件だけでは電流密度は決まらない。実際，8.12 節で別の電流も現れる。

次に電荷の集合を考えよう。位置 $\mathbf{z}_i$ にある点電荷を q_i とすると電荷密度は

$$\eta(\mathbf{x}, t) = \sum_i q_i \delta(\mathbf{x} - \mathbf{z}_i(t)) \tag{6.3}$$

である。$\mathbf{z}_i$ が時間に依存するから η は空間的にも時間的にも激しく変動する。この電荷密度を，(5.5) で行ったように，巨視的なあるスケールの範囲でのみ値を持ち，緩やかにしか変化しない関数 F を用いて平均した電荷密度

$$\varrho(\mathbf{x}, t) = \int dV' F(\mathbf{x} - \mathbf{x}')\eta(\mathbf{x}', t) = \sum_i q_i F(\mathbf{x} - \mathbf{z}_i(t))$$

を定義しよう。こうして定義された電荷密度は，F の広がりよりも大きい距離で変化する滑らかな関数になる。また時間的にもゆっくり変化する関数になる。

第6章 電流

次に電流を考えてみよう．電荷の集まりに対して電流密度は

$$\mathbf{j}(\mathbf{x},t) = \sum_i q_i \mathbf{v}_i(t)\delta(\mathbf{x}-\mathbf{z}_i(t)) \tag{6.4}$$

によって与えられる．$\mathbf{v}_i(t)$ は電荷 q_i の速度である．電荷密度と同様に，電流密度を平均化して，空間的にも時間的にも激しく変化しない電流密度

$$\mathbf{J}(\mathbf{x},t) = \int dV' F(\mathbf{x}-\mathbf{x}')\mathbf{j}(\mathbf{x}',t) = \sum_i q_i \mathbf{v}_i(t) F(\mathbf{x}-\mathbf{z}_i(t))$$

を定義することができる．こうして定義した ϱ と $\mathbf{J}$ は連続の方程式を満たす．

$$\frac{\partial \varrho(\mathbf{x},t)}{\partial t} + \boldsymbol{\nabla}\cdot\mathbf{J}(\mathbf{x},t) = \int dV' \left\{ \frac{\partial \eta(\mathbf{x}',t)}{\partial t} - \mathbf{j}(\mathbf{x}',t)\cdot\boldsymbol{\nabla}' \right\} F(\mathbf{x}-\mathbf{x}')$$

において，被積分関数は

$$\left\{ \frac{\partial \eta(\mathbf{x}',t)}{\partial t} + \boldsymbol{\nabla}'\cdot\mathbf{j}(\mathbf{x}',t) \right\} F(\mathbf{x}-\mathbf{x}') - \boldsymbol{\nabla}'\cdot F(\mathbf{x}-\mathbf{x}')\mathbf{j}(\mathbf{x}',t)$$

になるから，第1項は (6.1) によって 0 である．第2項の体積積分は，十分大きな体積を取り，発散定理を適用して表面積分にすることにより落とすことができる．

導体中の伝導電子による電流のように，電流が1種類の電荷 q による場合は

$$\mathbf{J} = \varrho\mathbf{v}, \qquad \varrho = Nq \tag{6.5}$$

である．電荷の速度場 $\mathbf{v}$ と単位体積あたりの電荷数（電荷数密度）N を

$$\mathbf{v}(\mathbf{x},t) = \frac{1}{N(\mathbf{x})}\sum_i \mathbf{v}_i(t) F(\mathbf{x}-\mathbf{z}_i(t)), \qquad N(\mathbf{x},t) = \sum_i F(\mathbf{x}-\mathbf{z}_i(t)) \tag{6.6}$$

によって定義すればよい．(6.5) を用いると，連続の方程式は

$$\frac{\partial \varrho}{\partial t} + \boldsymbol{\nabla}\cdot\varrho\mathbf{v} = 0$$

になる．質量保存則から，流体の密度と速度場の関係として，オイラーが得た．導線の中を流れる電流は，個々の電子は対流電流になっているが，$\mathbf{v}$ は個々の電子の速度ではなく平均移動速度で，6.5節で示すように極めて遅い．電子は全体としてほとんど移動しないから，$\mathbf{J}$ を伝導電流と呼ぶ．

6.3 定常電流：シャールの定理

電流は荷電粒子が運動するために生じるのだが，個々の粒子の運動を追跡するかわりに，空間のある位置で，そこを単位時間に通過する電荷量で電流を定義した．微視的に見れば時間的に激しく変化していても，このような記述方法では個々の粒子を見ているわけではないから，位置 $\mathbf{x}$ に取った面積を通して，流入してくる電荷と流出していく電荷の量が時間によらず一定であれば，$\mathbf{J}$ は時間変化しない．また体積要素に出入りする電荷が一定なら ϱ も時間変化しない．このような平衡状態に達したとき，この電流を定常電流と言う．このとき連続の方程式は

$$\nabla \cdot \mathbf{J} = 0 \tag{6.7}$$

になる．定常電流の場合，任意の閉曲面から流れ出ていく電荷量はないから $\oint \mathrm{d}S \mathbf{n} \cdot \mathbf{J} = 0$ でなければならない．

一般にベクトル場 $\mathbf{v}$ の発散密度がいたるところで

$$\nabla \cdot \mathbf{v} = 0$$

を満足するとき，その場を循環的であると言う．流体力学を例に取ると，縮まない流体の速度場がこの方程式を満たす．上述の定常電流密度，電荷のない場所での電場，そして次章で述べる磁場などが循環的である．2.6 節で調べたように，電場の場合に，電気力管の任意の切り口の面積 S と電場 E の積，ES は電気力管に沿って一定だった．これは循環的な場の一般的な性質である．空間に曲線を考え，その曲線上のどこでもその接線が流れの方向を向いているとき，これを流線と言う．またその壁がすべて流線である管を流管と言う．流線は交わることがないから，空間を細い流管に分割して隙間なく空間を埋め尽くすことができる．空間の中に任意の閉曲線を取り，それを周辺とする曲面を取ると，積分

$$\Phi = \int \mathrm{d}S \mathbf{n} \cdot \mathbf{v}$$

はその曲面の取り方によらない．Φ を流束と言う．循環的な場の流管に沿って流束は一定である．細い流管の場合は流束 $\Phi = vS$ が一定である．導線を流れる電流を考えると，定常状態では導線のどの切り口を取っても単位時間

に通過する電荷量，すなわち電流 I は一定である．任意の場所の切り口の面積を S，電流密度を J とすると $JS = I$ が成り立たなければならない．導線ではなく，一般の連続導体内の電流の場合も，電流の流線に沿って電流管を考え，電流の方向に垂直な面積要素 S を取ると，その面を単位時間あたりに通過する電荷量，つまり電流は $I = JS$ である．電流管のどの切り口を取っても JS は一定である．これらは循環的ベクトル場に共通する性質である．この定理はシャール (M. Chasles, 1793-1880) が 1837 年に証明した（電束，磁束の用語はこの循環的性質を流束に類推したためだが，電束，磁束は流量ではないから流束ではない．抽象的な用語である）．

6.4 オームの法則

導線の 2 点 A と B の電位がそれぞれ $\phi(A)$, $\phi(B)$ で与えられ，$\phi(A) > \phi(B)$ であったとすると，電荷は A から B に向かって流れる．あまり電流が大きくないときには，電流と電位差は比例する．すなわち

$$I = \frac{1}{R}\{\phi(A) - \phi(B)\}$$

が成り立つ．これをオームの法則 (1826) と言い，R を電気抵抗と言う．単位はオーム (Ω) を使う．抵抗の逆数 $G = 1/R$ は電気の通し易さの目安で，電気伝導度と呼び，単位はジーメンス (W. von Siemens, 1816-92) にちなんでジーメンス (S) を使う．電気抵抗や電気伝導度は，同じ物質でも長さ l と断面積 S の大きさによって異なる値を持つから，

$$R = \rho\frac{l}{S}, \qquad G = g\frac{S}{l}, \qquad g = \frac{1}{\rho} \tag{6.8}$$

になる．l と S に依存しない抵抗率 ρ と電気伝導率 g を定義する（電気伝導率は σ とすることが多いが，電荷面密度と区別するため，本書では g を用いる）．

一般の導体について考えてみよう．電流管の $\mathbf{x}$ における電位を ϕ，$\mathbf{x} + d\mathbf{x}$ における電位を $\phi + d\phi$ とすると，オームの法則は

$$I = \frac{\phi - (\phi + d\phi)}{R} = \frac{-d\phi}{R} \tag{6.9}$$

になるから，電流密度は，電流管の長さを ds，断面積を S とすると

$$J = \frac{I}{S} = \frac{-\mathrm{d}\phi}{SR} = \frac{-\mathrm{d}\phi}{S} \cdot g\frac{S}{\mathrm{d}s} = -g\frac{\mathrm{d}\phi}{\mathrm{d}s}$$

である．すなわち

$$\mathbf{J} = -g\boldsymbol{\nabla}\phi = g\mathbf{E}$$

が得られる．

これが微分形で書かれたオームの法則で，キルヒホフが導き，マクスウェルが伝導の方程式と呼んだ．導体内に電位の勾配，すなわち電場ができれば，その傾きに比例した電流が流れることを表している．微分形のオームの法則は 18.18 節で与えられているように，マクスウェルがその基本方程式の 1 つとしたが，物理の基本法則ではなく，電流があまり大きくないときに成り立つ現象論的な関係式である．$\mathbf{J}$ が時間反転に対して符号を変えるのに $\mathbf{E}$ は符号を変えない．微視的な基本法則が時間反転で形を変えないのに，オームの法則が成り立たなくなるのは，非可逆過程から生じる統計的法則のためである．

図 **6.3** キルヒホフ

6.5 ドルーデとゾマーフェルト：自由電子模型

電気伝導の最初の理論的説明の試みは，電子の発見直後の 1898 年のリーケ (E. Riecke, 1845-1915) によるが，1900 年にドルーデ (P. Drude, 1863-1906) がそれを発展させた．ドルーデの理論は自由電子論に基づいている．原子をつくる電子の一部が，導体内を自由に動き回ることができる電子になって飛び回っている．規則的に並んで格子をつくっている残った原子はイオンになって正に帯電し，固定点のまわりで熱振動している．ローレンツ (1905) のよう

に，導体中の自由電子を理想気体と考えると，エネルギー等分配の法則から，電子の熱運動速度 v_{th} は

$$\frac{1}{2}mv_{\text{th}}^2 = \frac{3}{2}k_{\text{B}}T \tag{6.10}$$

から計算できる．電子の質量 $m = 9.1 \times 10^{-31}$ kg，ボルツマン定数 $k_{\text{B}} = 1.38 \times 10^{-23}$ J K^{-1}，温度 $T = 300$ K を使うと，$v_{\text{th}} = 1.17 \times 10^5$ m s^{-1}，すなわち常温で電子の熱運動速度は秒速約 117 km 程度である．このように，電子は導体内を高速で運動しているが，全体として平均してみれば静止していると考えてよい．箱に詰めた気体分子が箱の中を飛び回っているにもかかわらず，巨視的に見た気体は静止していると考えるのと同じことである．導体に電場が作用すれば電子全体が力を受けてその平均速度が 0 でなくなる．空気の分子は激しく運動しているが，無風状態では空気は静止しているとみなす．ここでいう平均速度というのは風の速度のようなものである．空気の分子の無秩序な運動の速度に比べ，風速は極めて小さいものである．

銅の数密度（単位体積に含まれる原子数）は $N = 8.4 \times 10^{28}$ m^{-3} である．銅原子 1 つあたり自由電子が 1 つあるとすると，断面積 1 mm^2 の単位長さあたりの自由電子数は $n = 8.4 \times 10^{22}$ m^{-1} である．この銅線に 1 A の電流が流れるとき，電子の平均移動速度は $v = J/\varrho = -I/ne = -7.4 \times 10^{-5}$ m s^{-1} である．すなわち，電子は 1 秒間に 0.1 mm も進まないことになる．交流の場合は，1 秒間に 50-60 回も電流の向きを変えるから，送電線内の電子は 1 μm 程度の距離を往復しているだけである（それにもかかわらず，電灯のスイッチを入れれば瞬間的に明かりがつくのはなぜか？　13.12 節参照）．

さて，加速された電子は熱振動するイオンに衝突して抵抗を受けるので，そのまま加速され続けることはなく，ほぼ一定の速度になって運動する．これは，空気の中を落ちてくる雨粒が重力によって加速されているにもかかわらず，一定の速度で落ちてくる現象と似ている．衝突で受ける抵抗力は速度があまり大きくないとき速度に比例し $-\gamma m v$ であるとする．γ は比例定数である．電子は緩和時間 $\tau = 1/\gamma$ 程度を過ぎると等速度運動する定常状態になる．そのとき力の釣りあい $-eE - \gamma m v = 0$ から平均移動速度は

$$v = -\frac{eE}{m\gamma} = kE \tag{6.11}$$

のように電場に比例する．k を電子の易動度と言う．電流に垂直に面積 S を取ると，単位時間に S を通過する電荷は体積 vS に含まれる電荷である．単位体積あたりの電子の個数を N とすると，電流は $I = -NevS$ であるから，電流密度は

$$J = -Nev = -NekE = gE, \qquad g = \frac{Ne^2}{m\gamma} = \frac{Ne^2\tau}{m} \tag{6.12}$$

のように電場に比例するようになり，オームの法則が導かれる．

τ の意味を考えてみよう．(6.10) を用いて，例えば標準状態における酸素分子の熱運動速度を計算すると約 $460\,\mathrm{m\,s^{-1}}$ である．1857 年，クラウジウスはさまざまな気体分子の熱運動速度を求めたが，翌年バイス・バロー (C. H. D. Buys Ballot, 1817-90) は，気体の拡散速度が気体分子運動論による計算値よりずっと遅いのはなぜかという疑問を述べた．クラウジウスは，気体分子がほかの分子と衝突して向きを変えるので衝突と衝突の間に分子が走る距離は短いため拡散速度が小さいと説明し，平均自由行程という概念を導入した．導体内の伝導電子も熱運動速度 v_th で飛び回っているが，イオンに衝突するたびにその方向を変える．τ が衝突と衝突の間の平均時間という意味を持っていることは次のようにしてわかる．衝突と衝突の間に電子は運動量 $p = -eE\tau$ を受け取るから，電場がないとき 0 だった電子の平均速度は $v = p/m = -eE\tau/m$ になる．(6.11) と比較すると $\tau = 1/\gamma$ が得られる．これは次のように考えても同じだ．衝突と衝突の間に電場が電子にする仕事 $-eEv_\mathrm{th}\tau$ が電子の運動エネルギーの増加 $\frac{1}{2}m(v_\mathrm{th}+v)^2 - \frac{1}{2}mv_\mathrm{th}^2 \cong mv_\mathrm{th}v$ に等しいから $v = -eE\tau/m$ になることを使えばよい．

図 **6.4** ドルーデ

電子の平均自由行程 λ は τ を用いて $\lambda = v_\mathrm{th}\tau$ になる．これを使うと

$$g = \frac{Ne^2\lambda}{\sqrt{3mk_\mathrm{B}T}}$$

が得られる．この式は実験を説明しているだろうか．金属電子を理想気体のように考えて計算した熱運動速度 $v_\mathrm{th} = 1.17 \times 10^5\,\mathrm{m\,s^{-1}}$ と銅の平均自由行程 $\lambda = 4.0 \times 10^{-8}\,\mathrm{m}$ を用いると $\tau = \lambda/v_\mathrm{th} = 3.4 \times 10^{-13}\,\mathrm{s}$ である．銅の数密度 $N = 8.4 \times 10^{28}\,\mathrm{m^{-3}}$ を使って抵抗率を評価すると $\rho = 0.12 \times 10^{-8}\,\Omega\,\mathrm{m}$ 程度になる．これは常温での抵抗率の値 $1.72 \times 10^{-8}\,\Omega\,\mathrm{m}$ と桁が違う．さらに実験では抵抗率は

$$\rho = \rho_0 + \rho(T)$$

のように温度によらない残留抵抗率 ρ_0 と温度に依存する $\rho(T)$ からなっている．そして常温では $\rho(T)$ は T に比例するマティーセン則 (1860) がマティーセン (A. Matthiessen, 1831-70) によって示されていた（低温では T^5 のように振る舞う．また近藤淳 (1930-) は 1964 年に，スピンを持つ不純物があると，抵抗率が $\ln T$ のように振る舞い，極小を持つ近藤効果を発見した）．一方ドルーデの理論では抵抗率は $\sqrt{T}$ のように温度変化するから，明らかに実験と矛盾している．この矛盾の解決は量子力学によらなければならない．ドルーデの自由電子模型を，量子力学に基づいて発展させたのが 1928 年のゾマーフェルトの模型である．電子はフェルミ (E. Fermi, 1901-54) 粒子だから，パウリ (W. Pauli, 1900-58) の排他原理に従わなければならない (1924)．すなわち，1 つの量子状態は 1 つの電子しか占めることができない．したがって，導体内の電子は低いエネルギー状態から順々に詰まっていき，あるエネルギー値（フェルミエネルギー）まで詰まった状態にある（そのため，$T = 0$ でも理想フェルミ気体の圧力は 0 にならず，零点圧力，縮退圧を持つ）．電気伝導に関与するのは，このフェルミの海の表面近傍の電子だけである．フェルミ面での電子の速度 v_F はフェルミ運動量 $p_\mathrm{F} = \hbar(3\pi^2 N)^{1/3}$ により $v_\mathrm{F} = p_\mathrm{F}/m$ である．平均自由行程は $\lambda = v_\mathrm{F}\tau$ になるから電気伝導率は

$$g = \frac{Ne^2\lambda}{mv_\mathrm{F}}$$

で与えられる．銅の数密度を使うと $v_\mathrm{F} = 1.57 \times 10^6\,\mathrm{m\,s^{-1}}$ である．v_th よりずっと大きくなり，抵抗率も $\rho = 1.65 \times 10^{-8}\,\Omega\,\mathrm{m}$ と実験値に近づく．

次に温度依存性について考えてみよう．抵抗率の温度依存性は平均自由行程の温度依存性によって決まる．一様な密度の結晶によって電磁波が散乱されな

いのは干渉が起こるためだ．ブロッホ (F. Bloch, 1905-83) が示したように，電子は量子力学的な波動だから，伝導電子が完全に周期的な格子におけるイオンによって散乱されることはない．青空の原因は，空気の密度のゆらぎによる太陽光の散乱だった．電子は格子の不規則性によって散乱される．その不規則性の1つは不純原子，格子欠陥などによるもので，これらとの衝突機構は温度にほとんど依存せず，したがって，ρ_0 に寄与する．もう1つの不規則性は格子振動である．格子点からずれたイオンが伝導電子を跳ね飛ばすのである．イオンの格子点のまわりの振動が調和振動子であるとすると，エネルギー等分配の法則から，その振幅の2乗平均は温度に比例する．電子がイオンに衝突する確率はイオンの大きさに比例するから，平均自由行程は温度に逆比例する．量子化した格子振動が 1930 年にタム (I. E. Tamm, 1895-1971) の導入したフォノン (音量子) である (1932 年にフレンケル (J. Frenkel, 1894-1952) が命名)．1907 年にアインシュタインは結晶内のイオンが独立に振動する模型を考えたが，1912 年にデバイ (P. Debye, 1884-1966)，翌年ボルン (M. Born, 1882-1970) とカルマン (T. von Kármán, 1881-1963) がデバイと独立に同時期に，アインシュタイン模型を発展させた．結晶のイオンを互いに結合した質点系とし，その集団的な振動を考えたのである．振動するイオンと電子の散乱はフォノンと電子の散乱と考えることができる．常温付近ではフォノンの密度は温度に比例し，したがって平均自由行程は温度に反比例する．いずれにしても抵抗率は常温付近で温度に比例するようになる．

6.6　電流の発熱作用：ジュールの法則

導線の中を電荷 q が A から B まで移動すると，電荷は qV の仕事をする．$V = \phi(\mathrm{A}) - \phi(\mathrm{B})$ は電位差である．電流 I が流れると単位時間あたり I の電荷が通過するから，単位時間に電流が外部にする仕事 P は，オームの法則 (6.9) を用いて

$$P = IV = I \cdot RI = RI^2 = \frac{V^2}{R} \tag{6.13}$$

である．ジュール熱 RI^2 は 1840 年にジュールが発見した．1842 年にマイアー (R. Mayer, 1814-78) は，空気の定圧比熱と定積比熱の差を定圧膨張の

仕事によると考えて（マイアーの関係式），熱の仕事当量を評価し，エネルギー保存則を提唱した．ジュールは 1843 年に初めて熱の仕事当量の測定値を得，独立にエネルギー保存則を主張した．1847 年にヘルムホルツがエネルギー保存則を体系化したが，電流のする仕事が熱に変化するとして，エネルギー保存則を適用して (6.13) を導いたのは W. トムソンである (1851)．

一般の導体では，長さ ds，断面積 S の電流管を取り，$\mathbf{x}$ の電位を ϕ，$\mathbf{x}+d\mathbf{x}$ の電位を $\phi + d\phi$ とすると，$\mathbf{x}$ から $\mathbf{x}+d\mathbf{x}$ まで電流が流れたとき，電流が外に向かってする仕事率は

$$P = -Id\phi = -JSd\phi$$

である．この仕事は体積 Sds の中に熱として放出される．そこで単位体積あたりのジュール熱は

$$\varphi = \frac{P}{Sds} = -J\frac{d\phi}{ds} = JE = \mathbf{J}\cdot\mathbf{E} \tag{6.14}$$

である．

電子は平均自由行程 λ を走ると，イオンに衝突してイオンに運動エネルギーを与える．電子は単位時間に運動量 $\gamma m v$ を失うから，単位体積あたりの電子は運動量 $N\gamma m v$ を失う．単位時間に電子が行う仕事は

$$\varphi = N\gamma m v \cdot v = -Nev\frac{\gamma m v}{-e} = JE$$

になり，(6.14) が得られる．この電子が行った仕事はイオンの格子のまわりの運動エネルギーの増加になる．こうして電流の行う仕事はイオンの熱振動のエネルギーに転化され熱が発生する．

6.7 起電力：非保存場

電位差のある導体内を電流が流れると，ジュール熱としてエネルギーを失うから，もしこの失われたエネルギーを常に外から供給し続けなければ電流はいずれ止まってしまい，定常電流として流れ続けることはできない．したがって，静電場と異なり，定常電流の電場は保存場ではない．ところが，前節では電場は静電場と同様，電位の勾配

6.7 起電力：非保存場

$$\mathbf{E} = -\boldsymbol{\nabla}\phi \tag{6.15}$$

として定義した．だが，3.1 節で見た通り，電場が電位の勾配で書けるなら電場は保存場でなければならない．この矛盾は次のようにして見ることができる．閉回路電流の電場 $\mathbf{E}$ を，閉回路に沿って取った閉曲線で積分してみよう．オームの法則を用いて

$$\oint d\mathbf{x} \cdot \mathbf{E} = \oint d\mathbf{x} \cdot \frac{1}{g}\mathbf{J}$$

だが，右辺の積分は 0 にならない．一方，左辺は (6.15) より 0 である．

この矛盾は，回路のすべての場所でオームの法則が成り立つとしたことから生じている．閉回路に定常電流を流し続けるためには，回路のどこかにエネルギーを供給し続ける部分，例えば，電池がなければならない．そこではもはや保存場ではないから電位の勾配で書くことができない電場が存在しているはずである．そこで非保存電場を $\mathbf{E}'$ とすれば，全電場は $\mathbf{E} + \mathbf{E}'$ で与えられ，オームの法則は

$$\mathbf{J} = g(\mathbf{E} + \mathbf{E}')$$

になるべきである．こうすれば，閉回路について仕事を計算したとき

$$\oint d\mathbf{x} \cdot (\mathbf{E} + \mathbf{E}') = \oint d\mathbf{x} \cdot \mathbf{E}' = \oint d\mathbf{x} \cdot \frac{1}{g}\mathbf{J}$$

になり矛盾がない．

$$\mathcal{E} = \oint d\mathbf{x} \cdot \mathbf{E}' \tag{6.16}$$

を起電力と言う（オーム，1827 年．電位を力と呼ぶのはおかしい．英語で emf，ドイツ語で EMK，フランス語で fém，イタリア語でも fem などと略して呼ぶのが普通だ）．

電池は，異なる物質からできた 2 つの極板を，正電荷が陰極に，負電荷が陽極に流れるようにしたものだ．単位電荷を移動することができるエネルギーを起電力と言うのである．電池の両極には電荷が集まり，電位差 V が起電力 $\mathcal{E}$ になっている．したがって，電流が流れないときの極板間には $V = \mathcal{E}$ の電位差がある．電池に導線をつないで閉回路をつくると，電子が導線を陰極から陽極に流れる．電流が流れると，電位差は電流の関数になるが，電流が小

さいときは

$$V = \mathcal{E} - rI + \cdots$$

と展開できるだろう．展開係数 r を電池の内部抵抗と言う．r は正でなければならない．なぜなら，ジュール熱として消費されるエネルギー $P = IV$ は，単位時間に電池がする仕事 $I\mathcal{E}$ より小さくなければならないから，

$$P = I\mathcal{E} - rI^2 < I\mathcal{E}$$

すなわち，$r > 0$ である．したがって，オームの法則 $V = RI$ は

$$I = \frac{\mathcal{E}}{r + R} \tag{6.17}$$

になる．

　キャヴェンディシュは 1775 年に，導体の電気を伝える能力が物質によって大きく異なることを発見していたが，電荷間の逆 2 乗力と同じく，1879 年までその仕事は知られることがなかった．1791 年にレスリー (J. Leslie, 1766-1832) は，木炭を塗りつけた紙を通して放電させ，紙の長さや厚さを変えた実験をくり返し，オームの法則を発見していたが，論文の掲載を拒否されてしまった．デイヴィー (H. Davy, 1778-1829) は 1821 年に次のような実験をしている．導線と電気分解層を並列に電池につなぎ，導線の長さを短くしていくと，ある長さで電気分解が停止する．この臨界の長さによって導線の電気を伝える能力を測ることにすると，導線の断面積に比例し長さに反比例することを見つけたのである．翌年アンペールも電池の起電力と電流の間に何らかの関係があることを予想するが，それがオームの発見する簡単な比例関係になるとは思っていなかった．オームは，断面積は同じだが長さの異なる 8 本の導線を取りかえて電池につなぎ電流を測定したところ，導線の長さ x の関数として (6.17) に対応する

$$I = \frac{a}{b + x}$$

になることを発見した．すなわち導線の抵抗が長さに比例することを実験的に示したのである．さらに断面積や材質を取りかえた実験を行いデイヴィーの公式 (6.8) を導いた．だが，オームの実験の意味を明らかにするのは 1849 年のキルヒホフである．

6.8 定常電流の基礎方程式

以上をまとめると，定常電流の基礎方程式は，電荷保存則を表す定常電流の連続の方程式とオームの法則

$$\nabla \cdot \mathbf{J} = 0, \qquad \mathbf{J} = g(\mathbf{E} + \mathbf{E}')$$

になる．特に起電力がない場所では $\mathbf{J} = g\mathbf{E}$ であるから連続の方程式に代入すれば $\nabla \cdot \mathbf{J} = \nabla \cdot g\mathbf{E} = 0$ になる．したがって，もし電気伝導率が場所に依存しない定数なら $\nabla \cdot \mathbf{E} = 0$ が成り立つ．また，$\mathbf{E}$ は保存力の場であるから $\nabla \times \mathbf{E} = 0$ が成り立つ．こうして，定常電流の電場は，電荷のない場合の静電場の基本方程式とまったく同じになる．電場は $\mathbf{E} = -\nabla \phi$ と書くことができ，これを $\nabla \cdot \mathbf{E} = 0$ に代入すると ϕ はラプラス方程式を満たす．ただし，静電場の ϕ と定常電流の ϕ では，絶縁体に接する導体表面での境界条件が異なる．導体の表面から外に電流が流れていくことはない．$\mathbf{J} = g\mathbf{E}$ から，$\mathbf{E}$ は導体表面に平行でなければならない．静電場のときには電場が導体表面に垂直でなければならなかったのに対し，定常電流の $\mathbf{E}$ の導体表面に垂直な成分は 0 でなければならない．すなわち

$$\mathbf{n} \cdot \mathbf{E} = -\frac{\partial \phi}{\partial n} = 0$$

を満たさなければならない．

導線の断面積 S が一定なら E はどこでも一定である（厳密に言うと，角では内側ほど電場と電流密度が大きくなる）．複雑に折れ曲がった導線でも常に E が一定になるのは導線の表面に電荷が誘導されるからである．導線が直角に折れ曲がった場所では図 6.5 のように電荷が分布する．その大きさは $\epsilon_0 ES = \epsilon_0 \rho I$ 程度である．常温での銅の抵抗率 $\rho = 1.72 \times 10^{-8} \, \Omega \, \mathrm{m}$ を使うと誘導電荷は $1.52 \times 10^{-19} I$ 程度，すなわち 1A の電流に対し電子 1 つ分程度にすぎない．

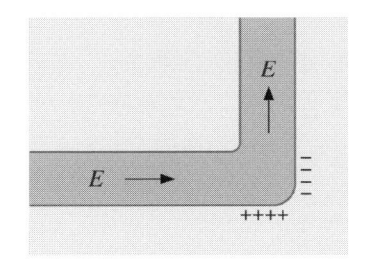

図 6.5 電場を案内する電荷

導体の電極の間に電気伝導率 g の物質がある問題を考えてみよう．電極は

伝導率が大きいため，電流が流れても電位差がほとんどない完全導体と仮定する．導体と完全導体が接しているときは，電場は完全導体の表面に垂直である．このような場合は，電荷のない場所の静電場の基本方程式と，起電力がない場所での定常電流の電場の基本方程式が同じになり，その上，同じ境界条件であるから両者に対応関係がある．すなわち，静電気の導体と真空が，定常電流の完全導体と導体に対応していることになる．オームの法則から，電流も完全導体の表面に垂直になる．そこで，完全導体の表面から流れ出る電流はオームの法則を用いて $I = \int \mathrm{d}S \mathbf{n} \cdot \mathbf{J} = g \int \mathrm{d}S \mathbf{n} \cdot \mathbf{E}$ である．電極間の電位差を V とすると抵抗は

$$R = \frac{V}{I} = \frac{V}{g \int \mathrm{d}S \mathbf{n} \cdot \mathbf{E}}$$

で与えられる．一方，静電場の問題で，導体の表面電荷は $q = \epsilon_0 \int \mathrm{d}S \mathbf{n} \cdot \mathbf{E}$ だったから，電気容量は

$$C = \frac{q}{V} = \frac{\epsilon_0 \int \mathrm{d}S \mathbf{n} \cdot \mathbf{E}}{V}$$

で与えられる．したがって

$$RC = \frac{\epsilon_0}{g} \tag{6.18}$$

の関係がある．RC の値は，導体表面の形状によらず，g だけで決まる．

半径 a と b の同心球電極の間に電気伝導率 g の導体を詰めたとき，電気抵抗 R を計算してみよう．電極間で電位はラプラース方程式 $\nabla^2 \phi(r) = 0$ を満たすから，これを積分して $\phi'(r) = -c_1/r^2$ である．これを使って，いずれも動径方向を向く，電場 $E(r) = c_1/r^2$，電流密度 $J(r) = gc_1/r^2$，電流 $I = 4\pi r^2 J(r) = 4\pi g c_1$ を得る．電位は

$$\phi(r) = \frac{I}{4\pi g r} + c_2$$

になるから，電気抵抗は

$$R = \frac{\phi(a) - \phi(b)}{I} = \frac{1}{4\pi g}\left(\frac{1}{a} - \frac{1}{b}\right)$$

になる．電気容量 (4.44) と比較し，(6.18) が成り立っていることが確かめられる．

CHAPITRE 7

Champ magnétique
磁場

7.1 アンペール力

電流の流れる導線を磁針に近づけると磁針が回転することを発見したのはエールステズ (H. C. Ørsted, 1777-1851) で 1820 年のことである．この発見によって，それまで独立な現象と考えられた電気と磁気が関連づけられた．電磁気という用語もエールステズに由来する．その年 9 月 4 日パリ科学アカデミーでアラゴーがエールステズの発見を報告し 1 週間後に実験も行った．アラゴーの報告を聞いたアンペールは急いで帰宅して研究を開始し，1 週間後の 18 日から毎週科学アカデミーで研究結果を発表し始めた．

図 7.1 アンペール

2 本の平行な導線 1，2 にそれぞれ電流 I と I' が流れているとする．このとき導線の間に力が働く．アンペールが発見したこの力は，I, I' それぞれに比例し，導線間の距離 ρ に反比例し，I と I' が反対向きなら斥力，同じ向きなら引力になる．比例係数を k_m とする

と，導線の単位長さあたりに働く力は

$$F = k_\mathrm{m} \frac{2II'}{\rho} = \frac{\mu_0}{2\pi} \frac{II'}{\rho} \tag{7.1}$$

と表すことができる．ここで因子 2 を挿入しておく理由はすぐに明らかになる．μ_0 は (1.9) で定義した真空の透磁率である．

このアンペール力は，線密度 λ の直線電荷から距離 ρ 離れた場所に置いた電荷 q_1 が直線電荷から受けるクーロン力

$$F = \frac{1}{2\pi\epsilon_0} \frac{q_1 \lambda}{\rho} \tag{7.2}$$

を想起させる．この力は，直線電荷上 z' に取った電荷要素 $\lambda \mathrm{d}z'$ が q_1 に及ぼすクーロン力の，直線に垂直な成分

$$\mathrm{d}F_{12} = \frac{1}{4\pi\epsilon_0} q_1 \lambda \mathrm{d}z' \frac{1}{r^2} \frac{\rho}{r}$$

を積分したものだった．直線に平行な成分は積分の結果相殺してなくなる．ここで，$r = \sqrt{\rho^2 + z'^2}$ は電荷 q_1 と電荷 $\lambda \mathrm{d}z'$ の間の距離である．電荷間のクーロン力は距離の 2 乗に反比例するが，積分の結果，直線電荷との間の力は距離に反比例するようになったのである．

アンペール力 (7.1) とクーロン力 (7.2) の類似を見ていると，単位長さの導線と線要素 $\mathrm{d}z'$ の間に働く力は距離の 2 乗に反比例する中心力だが，積分の結果距離に反比例するようになった，と考えられる．もしそうであれば，導線 2 の線要素 $\mathrm{d}z'$ が導線 1 の単位長さに及ぼす力は

$$\mathrm{d}F_{12} = \frac{\mu_0}{4\pi} II' \mathrm{d}z' \frac{1}{r^2} \frac{\rho}{r} \quad (7.3)$$

と取ればよい．これを z' について

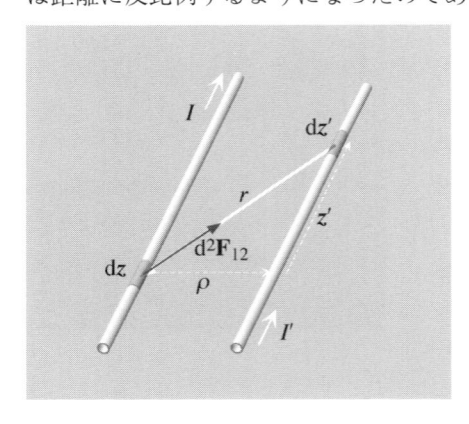

図 7.2 アンペール力

積分すれば (7.1) が得られるからである．

そこで，導線 1 の線要素 $\mathrm{d}z$ に働く力 $\mathrm{d}^2 F_{12} = \mathrm{d}z \mathrm{d}F_{12}$ は，積分の結果消

える成分も含め，ベクトルとして書けば
$$d^2 \mathbf{F}_{12} = -\frac{\mu_0}{4\pi} I dz I' dz' \frac{\mathbf{x} - \mathbf{x}'}{|\mathbf{x} - \mathbf{x}'|^3}$$
である．負符号は，線要素間の距離ベクトル $\mathbf{x} - \mathbf{x}'$ と力が逆向きのためである．アンペールはさらに，平行電流に対して引力が最大になり，電流の相互の向きを変化させると引力が減少し，電流が直交しているとき力が働かず，電流が反平行に近づくに従って斥力が増加し，反平行で斥力が最大になることに気がついた．そこで任意の導線上の任意の線要素 $d\mathbf{x}$ と $d\mathbf{x}'$ の間に働く力は
$$d^2 \mathbf{F}_{12} = -\frac{\mu_0}{4\pi} I I' d\mathbf{x} \cdot d\mathbf{x}' \frac{\mathbf{x} - \mathbf{x}'}{|\mathbf{x} - \mathbf{x}'|^3} \tag{7.4}$$
としてよいだろう（実際にアンペールが導いた力は，中心力ではあるが，もっと複雑な形をしていた）．こうして，電荷 q_1 と q_2 の間に働くクーロン力
$$\frac{1}{4\pi\epsilon_0} q_1 q_2 \frac{\mathbf{z}_1 - \mathbf{z}_2}{|\mathbf{z}_1 - \mathbf{z}_2|^3}$$
との類似から電流間の力を推測したが，これらの力は，$\frac{1}{\epsilon_0}$ と μ_0，q_1 と $I d\mathbf{x}$，q_2 と $I' d\mathbf{x}'$ の置きかえで対応している．ただし，符号は逆である．電流と線要素ベクトルの積 $I d\mathbf{x}$ と $I' d\mathbf{x}'$ がクーロンの法則の電荷の役割を果たしているので，これらを電流要素と呼ぶ．

7.2 グラスマンの法則

ベクトルの3重積の公式 (A.4) を使うと
$$d\mathbf{x} \times \left(d\mathbf{x}' \times \frac{\mathbf{x} - \mathbf{x}'}{|\mathbf{x} - \mathbf{x}'|^3} \right) = d\mathbf{x} \cdot \frac{\mathbf{x} - \mathbf{x}'}{|\mathbf{x} - \mathbf{x}'|^3} d\mathbf{x}' - d\mathbf{x} \cdot d\mathbf{x}' \frac{\mathbf{x} - \mathbf{x}'}{|\mathbf{x} - \mathbf{x}'|^3} \tag{7.5}$$
になるが，右辺第1項は導線1の回路について積分すると，勾配定理により
$$\oint d\mathbf{x} \cdot \frac{\mathbf{x} - \mathbf{x}'}{|\mathbf{x} - \mathbf{x}'|^3} = -\oint d\mathbf{x} \cdot \boldsymbol{\nabla} \frac{1}{|\mathbf{x} - \mathbf{x}'|} = 0$$
になり積分に寄与しない．線積分して残るのは
$$d^2 \mathbf{F}_{12} = \frac{\mu_0}{4\pi} I I' d\mathbf{x} \times \left(d\mathbf{x}' \times \frac{\mathbf{x} - \mathbf{x}'}{|\mathbf{x} - \mathbf{x}'|^3} \right) \tag{7.6}$$

である．これが 1845 年にグラスマン (H. Grassmann, 1809-77) が導いた力の法則で，(7.5) を用いると

$$d^2\mathbf{F}_{12} = \frac{\mu_0}{4\pi}II'\left(d\mathbf{x}\cdot\frac{\mathbf{x}-\mathbf{x}'}{|\mathbf{x}-\mathbf{x}'|^3}d\mathbf{x}' - d\mathbf{x}\cdot d\mathbf{x}'\frac{\mathbf{x}-\mathbf{x}'}{|\mathbf{x}-\mathbf{x}'|^3}\right)$$

である．同様にして，電流要素 $Id\mathbf{x}$ が電流要素 $I'd\mathbf{x}'$ に作用する力は

$$d^2\mathbf{F}_{21} = \frac{\mu_0}{4\pi}II'\left(-d\mathbf{x}'\cdot\frac{\mathbf{x}-\mathbf{x}'}{|\mathbf{x}-\mathbf{x}'|^3}d\mathbf{x} + d\mathbf{x}\cdot d\mathbf{x}'\frac{\mathbf{x}-\mathbf{x}'}{|\mathbf{x}-\mathbf{x}'|^3}\right)$$

になる．グラスマン力は 1 と 2 の入れかえに対し，大きさが同じで方向が逆向きになる第 2 項と，大きさも方向も異なる第 1 項からなる．後者は運動の第 3 法則，作用反作用の法則に反するように見えるが，上で調べたように，それは積分すれば必ず消える項だから，回路全体に働く力は第 3 法則と矛盾しない．だが，アンペールは電流要素を粒子のように考えていたから，その間に働く力が第 3 法則と矛盾しないように作用反作用の法則を満たす電流要素間の力を考えた．グラスマンはそのアンペール力に対する疑問から (7.6) を導いたのである．電流要素がベクトル量であることから，電流要素間に働く力が万有引力やクーロン力と同じような中心力である必要はないとして，1 と 2 の入れかえに対して非対称な力を仮定したのである．グラスマンがベクトルの外積を初めて導入したことは A.1.1 節で述べるが，物理への応用として電流要素間の力の法則を考えたのである．

　導線は正電荷と負電荷が同数あって電気的に中和しているから導線間にクーロン力は働かない．ここで観測される力は，伝導電子が運動することによってのみ発生すると考えなければならない．導線 1 には，単位長さあたり n 個の伝導電子 q（実際は $-e$）が詰まっており，これが速度 $\mathbf{v}$ で運動しているとすれば，$I = nqv$ である．ところが，線要素 ds には $nqds$ の伝導電子の電荷が含まれている．電流が流れているときも定常状態ではこの線要素に流れ込む電荷量と流れ出る電荷量が等しいから，常に一定の伝導電子の電荷が含まれている．グラスマン力が電流要素 $Ids = nqds\cdot v$ に比例するということは，この力が線要素 ds に含まれる伝導電子の電荷量とその電荷の速度に比例する，ということである．電流要素の間に力が働く，というのは，電荷要素の間に速度に比例する力が働く，ということである．グラスマン力で，電流要素 $Id\mathbf{x}$ と $I'd\mathbf{x}'$ をそれぞれ $q_1\mathbf{v}_1$ と $q_2\mathbf{v}_2$ に置きかえれば (1.5) で与えられた

運動する電荷間の力

$$\frac{\mu_0}{4\pi} q_1 q_2 \mathbf{v}_1 \times \left(\mathbf{v}_2 \times \frac{\mathbf{z}_1 - \mathbf{z}_2}{|\mathbf{z}_1 - \mathbf{z}_2|^3} \right)$$

になる．この対応関係は，電流要素という理解しにくい概念にヒントを与えている．グラスマン力こそ，後にマクスウェル - ローレンツ - アインシュタインと続いて発展していく近接作用論を内在している．グラスマン力がベクトルの外積を使って書かれていることも，数学的な手段が物理法則を表現するのにいかに重要であるかを教えてくれる．グラスマンの論文は注目されず，1876 年にクラウジウスが独立に同じ力を導いている．翌年，グラスマンが自分の先取権を主張する論文を書いたことによってようやく知られるようになった．ギブズが外積の形に書かれたその力の美しさに感銘するのはこのときである．

だが，電流要素は実験的に検証された積分量を再現するように分割しただけの量である．そのように数学的に導入した量が物理的かどうかは別の話である．線要素が数学的な量であると同じく，電流要素も数学的な量である．電子論によって電流を考えると，電子に働く力がなぜ導線に働く力になるかを説明しなければならない．これについては 9.2 節で明らかになる．また，運動する電子がつくる力は非定常であり，(1.5) は遅延効果を無視できるとき成り立つ近似式にすぎない．15.9 節および

図 **7.3**　グラスマン

15.10 節で説明するように，マクスウェル理論，あるいは相対論によって初めてグラスマン力の物理的意味が明らかになるのである．マクスウェルが述べているように，電流要素間の力は，それだけを取り出したときもそのような力を及ぼしあうかどうかに関係のない，純然たる数学的解析手段であって，それゆえ，完全に正当化できるのである．読者がここで電流要素の物理的な意味を理解できなくてもがっかりすることはない．

7.3 ビオー - サヴァールの法則：電流も場をつくる

電荷 q_1 と直線上の電荷とのクーロン力を加えた遠隔力 (7.2) を，近接作用論では，(2.12) で与えたように，直線電荷が距離 ρ の場所に電場

$$E = \frac{1}{2\pi\epsilon_0}\frac{\lambda}{\rho} \tag{7.7}$$

をつくり，電荷 q_1 はこの電場から力 $F = q_1 E$ を受けると考えた．そこで，アンペール力も，導線間に遠隔作用として直接力を及ぼすのではなく，電流 I' がそのまわりに磁場 B をつくり，距離 ρ での磁場

$$B = \frac{\mu_0}{2\pi}\frac{I'}{\rho} \tag{7.8}$$

が電流 I に力 $F = IB$ を及ぼすと考える．

科学アカデミーで同じ日にアラゴーの報告を聞いたビオー (J.-P. Biot, 1774-1862) もすぐさま研究室に戻って，助手のサヴァール (F. Savart, 1791-1841) と研究を開始し，1 月半後のアカデミーで (7.8) を発表した．微分形 (7.3) は，電流 I_2 が磁場

$$dB = \frac{\mu_0}{4\pi}\frac{I'dz'}{r^2}\frac{\rho}{r} \tag{7.9}$$

を z につくり，それが電流 I に力 $dF_{12} = IdB$ を及ぼすと考えればよい．微分形 (7.9) はラプラスが

図 7.4 ビオー

(7.8) から導いたが，(7.9) もビオー - サヴァールの法則と呼ばれている．さらに任意の電流要素間のグラスマン力 (7.6) は $Id\mathbf{x}$ に作用する力

$$d^2\mathbf{F}_{12} = Id\mathbf{x} \times d\mathbf{B} \tag{7.10}$$

に書き直せばよい．このとき，磁場は

$$d\mathbf{B} = \frac{\mu_0}{4\pi}I'd\mathbf{x}' \times \frac{\mathbf{x} - \mathbf{x}'}{|\mathbf{x} - \mathbf{x}'|^3} \tag{7.11}$$

7.3 ビオー - サヴァールの法則：電流も場をつくる

である．今日ではこの公式もビオー - サヴァールの法則と呼ばれている（ビオーとサヴァールは電流が磁極に作用する遠隔力を発見したのであり，磁場の概念を導入したのではない）．

さて，$d\mathbf{B}$ は導線上の電流要素 $I d\mathbf{x}$ がある場所での磁場だが，近接作用の考え方は，そこに導線があるかないかによらず，空間のすべての場所 $\mathbf{x}$ に磁場 $d\mathbf{B}$ をつくると考える．閉回路が電流要素 $I d\mathbf{x}$ に働く力は

$$d\mathbf{F} = I d\mathbf{x} \times \mathbf{B}(\mathbf{x})$$

になる．磁場は，電流要素 $I' d\mathbf{x}'$ のつくる磁場 $d\mathbf{B}$ を閉回路について積分した

$$\mathbf{B}(\mathbf{x}) = \frac{\mu_0 I'}{4\pi} \oint d\mathbf{x}' \times \frac{\mathbf{x} - \mathbf{x}'}{|\mathbf{x} - \mathbf{x}'|^3} \tag{7.12}$$

である．アンペールには磁場という概念はなかったが，単位電流がつくる磁場に相当するディレクトリースという量を定義してこの式を書いていた．アンペールは中心力である電流要素間の力を積分することによって閉回路が電流要素に作用する力を正しく導いた．

線電流がつくる磁場を計算する (7.12) は一般の定常電流の場合に容易に拡張できる．電流密度 $\mathbf{J}(\mathbf{x}')$ の方向に垂直な面積要素 dS' を通過する電流は $I' = J(\mathbf{x}')dS'$ で与えられ，(6.7) から，電流管のどの切り口を取っても電流は一定であるから，電流管は線電流とみなせる．そこで，電流方向に線要素ベクトル $d\mathbf{x}'$ を取ると，電流要素は

$$I' d\mathbf{x}' = J(\mathbf{x}')dS' d\mathbf{x}' = \mathbf{J}(\mathbf{x}')dS' ds' = \mathbf{J}(\mathbf{x}')dV'$$

になる．ds' は線要素ベクトル $d\mathbf{x}'$ の長さであるから $dS' ds' = dV'$ は電流に沿って取った体積要素である．(7.12) を適用してすべての電流管について加えると

$$\mathbf{B}(\mathbf{x}) = \frac{\mu_0}{4\pi} \int dV' \mathbf{J}(\mathbf{x}') \times \frac{\mathbf{x} - \mathbf{x}'}{|\mathbf{x} - \mathbf{x}'|^3} \tag{7.13}$$

になる．こうして，任意の電流密度 $\mathbf{J}$ が与えられたときの磁場を計算する公式が得られた．また電流要素 $I d\mathbf{x} = \mathbf{J} dV$ に働く力は

$$d\mathbf{F} = I d\mathbf{x} \times \mathbf{B} = \mathbf{J} \times \mathbf{B} dV$$

になるから，単位体積あたりの力（体積力密度と言う）を $\mathbf{f}$ とすると

$$\mathbf{f} = \mathbf{J} \times \mathbf{B} \tag{7.14}$$

である.

電流が面上を流れているときは,面の切り口の単位長さを流れる電流(面電流密度)を K とすると,切り口の長さ $\mathrm{d}l'$ を流れる電流は $I' = K\mathrm{d}l'$ であるから,電流の向きを持つ長さ $\mathrm{d}s'$ の電流要素は

$$I'\mathrm{d}\mathbf{x}' = K(\mathbf{x}')\mathrm{d}l'\mathrm{d}\mathbf{x}' = \mathbf{K}(\mathbf{x}')\mathrm{d}l'\mathrm{d}s' = \mathbf{K}(\mathbf{x}')\mathrm{d}S'$$

である.$\mathbf{K}$ は,大きさが K で,電流の方向を持つベクトルである.$\mathrm{d}S' = \mathrm{d}l'\mathrm{d}s'$ は面積要素である.磁場を計算する式は面積分

$$\mathbf{B}(\mathbf{x}) = \frac{\mu_0}{4\pi} \int \mathrm{d}S' \mathbf{K}(\mathbf{x}') \times \frac{\mathbf{x} - \mathbf{x}'}{|\mathbf{x} - \mathbf{x}'|^3} \tag{7.15}$$

によって与えられる.また電流要素 $I\mathrm{d}\mathbf{x} = \mathbf{K}\mathrm{d}S$ に働く力は

$$\mathrm{d}\mathbf{F} = I\mathrm{d}\mathbf{x} \times \mathbf{B} = \mathbf{K} \times \mathbf{B}\mathrm{d}S$$

になるから,単位面積あたりの力は $\mathbf{K} \times \mathbf{B}$ である.

(7.14) は 9.1 節で述べるローレンツ力にほかならない.ローレンツがそれを発表するのはグラスマンの論文の半世紀後のことである.グラスマンがその力の法則を書いたとき,ローレンツ力が発見されたと言ってよいのかもしれない.だが,実際はグラスマンの論文はその後の電磁気学の発展に影響を与えなかった.マクスウェルもその『電気磁気論考』でアンペール力とグラスマン力を比較し,「アンペール力は2つの電流要素に働く力の大きさが等しく反対向きで,それらを結ぶ直線上にある唯一のものであるから疑いもなく最上のものである」とし,電気力学の基本公式であると強調しているのである.ところがマクスウェルはアンペール力を称揚しながら,それを自分の理論に一切用いなかった.マクスウェルはアンペール力ではなく,それから導かれる磁場中の電流要素に働く力 $I\mathrm{d}\mathbf{x} \times \mathbf{B}$ や体積力密度 $\mathbf{J} \times \mathbf{B}$ を使った.ヘヴィサイドは上記のマクスウェルの言葉に触れ,アンペール力ではなく $\mathbf{J} \times \mathbf{B}$ をアンペールに帰すべき基本公式であると述べている (1888).電流要素間に働く力としてはグラスマン力が電子論から理解しやすい.

7.4 静磁場の基本方程式

電流密度 $\mathbf{J}$ が与えられたとき磁場を計算する式 (7.13) は，(3.1) を利用して

$$\mathbf{B}(\mathbf{x}) = -\frac{\mu_0}{4\pi}\int dV' \mathbf{J}(\mathbf{x}') \times \boldsymbol{\nabla}\frac{1}{|\mathbf{x}-\mathbf{x}'|} = \frac{\mu_0}{4\pi}\boldsymbol{\nabla} \times \int dV'\frac{\mathbf{J}(\mathbf{x}')}{|\mathbf{x}-\mathbf{x}'|} \quad (7.16)$$

と書き直すことができる．磁場の発散密度を計算すると

$$\boldsymbol{\nabla} \cdot \mathbf{B}(\mathbf{x}) = \frac{\mu_0}{4\pi}\boldsymbol{\nabla} \cdot \boldsymbol{\nabla} \times \int dV'\frac{\mathbf{J}(\mathbf{x}')}{|\mathbf{x}-\mathbf{x}'|}$$
$$= \frac{\mu_0}{4\pi}\boldsymbol{\nabla} \times \boldsymbol{\nabla} \cdot \int dV'\frac{\mathbf{J}(\mathbf{x}')}{|\mathbf{x}-\mathbf{x}'|} = 0$$

である．電場の発散密度が電荷密度で与えられるガウスの法則に比べ，磁場には発散密度がない．すなわち電場をつくる電気モノポール（電荷）に対応して，磁場をつくる磁気モノポール（磁荷）が存在しないことを表している．

次に磁場の回転密度を計算してみよう．恒等式 (A.4) を使うと

$$\boldsymbol{\nabla} \times \mathbf{B}(\mathbf{x}) = \frac{\mu_0}{4\pi}\boldsymbol{\nabla}\boldsymbol{\nabla} \cdot \int dV'\frac{\mathbf{J}(\mathbf{x}')}{|\mathbf{x}-\mathbf{x}'|} - \frac{\mu_0}{4\pi}\nabla^2 \int dV'\frac{\mathbf{J}(\mathbf{x}')}{|\mathbf{x}-\mathbf{x}'|} \quad (7.17)$$

である．右辺第 1 項の被積分関数の発散密度は

$$\boldsymbol{\nabla} \cdot \frac{\mathbf{J}(\mathbf{x}')}{|\mathbf{x}-\mathbf{x}'|} = -\mathbf{J}(\mathbf{x}') \cdot \boldsymbol{\nabla}'\frac{1}{|\mathbf{x}-\mathbf{x}'|} = \frac{\boldsymbol{\nabla}' \cdot \mathbf{J}(\mathbf{x}')}{|\mathbf{x}-\mathbf{x}'|} - \boldsymbol{\nabla}' \cdot \frac{\mathbf{J}(\mathbf{x}')}{|\mathbf{x}-\mathbf{x}'|} \quad (7.18)$$

である．右辺第 1 項は定常電流の連続の方程式から 0 である．第 2 項は発散定理を使って表面積分に書き直せるが，大きな半径 a の球面を取ればそれも落とすことができる．観測点 $\mathbf{x}$ に比べ球面上の $\mathbf{x}'$ は遠い場所にあるから球面上で $r' = |\mathbf{x}'| = a$ が一定になることを使うと，表面積分は

$$\frac{1}{a}\oint dS' \mathbf{n}' \cdot \mathbf{J}(\mathbf{x}') = \frac{1}{a}\int dV' \boldsymbol{\nabla}' \cdot \mathbf{J}(\mathbf{x}') = 0$$

になるからである．一方，(7.17) の右辺第 2 項は，(3.26) から直ちに

$$-\frac{\mu_0}{4\pi}\int dV' \mathbf{J}(\mathbf{x}')\nabla^2\frac{1}{|\mathbf{x}-\mathbf{x}'|} = \mu_0 \int dV' \mathbf{J}(\mathbf{x}')\delta(\mathbf{x}-\mathbf{x}') = \mu_0 \mathbf{J}(\mathbf{x})$$
$$(7.19)$$

になる．これから

$$\boldsymbol{\nabla} \times \mathbf{B}(\mathbf{x}) = \mu_0 \mathbf{J}(\mathbf{x}) \quad (7.20)$$

が得られる．

以上の結果を整理すると静磁場 $\mathbf{B}$ に対する基本方程式は

$$\nabla \cdot \mathbf{B} = 0, \qquad \nabla \times \mathbf{B} = \mu_0 \mathbf{J} \tag{7.21}$$

である．磁場と電流密度が線形になっていることから，磁場もまた重ね合わせの原理に従っている．(7.21) の第 1 式は磁場をつくり出す磁気モノポールが存在しないことを表す．第 2 式は普通アンペールの法則と呼んでいるが，アンペールは遠隔作用としての電流要素間の力を基本原理とし，磁場によってそれを定式化しなかった．かつては電流要素間の力の法則をアンペールの法則と呼んでいたが，1930 年代以降 $\nabla \times \mathbf{B} = \mu_0 \mathbf{J}$ をアンペールの法則と呼ぶようになった．マクスウェルはエールステズの名前を挙げているだけである．パウリのようにエールステズの法則と呼ぶ人もいる．だが (7.20) の形に表したのはマクスウェルである (1855)．マクスウェルはさらにこのアンペールの法則を非定常の場合に拡張し，電磁気学を完成させる．

アンペールの法則だけでは磁場は決まらない．例えば，原点からの距離 r だけの関数 $C(r)$ を用いた $\mathbf{B} = C(r)\mathbf{x}$ は，$\nabla \times \mathbf{B} = 0$ を満たすから，アンペールの法則を満たす磁場につけ加えてもやはりアンペールの法則を満たす．ところが $\nabla \cdot \mathbf{B} = 3C(r) + rC'(r)$ は 0 にならない．(7.21) の 2 つの式がビオー‐サヴァールの法則と同等になる．

7.5 ベクトルポテンシャル

磁場には発散密度がないから，必ず，あるベクトル場によって

$$\mathbf{B} = \nabla \times \mathbf{A} \tag{7.22}$$

のように書ける（A.3 節参照）．もしスカラー関数の勾配で書けるとすればその発散密度は 0 にならないから磁気モノポールが存在することになってしまう．(7.22) によって $\nabla \cdot \mathbf{B} = 0$ は自動的に満たされる．この $\mathbf{A}$ をベクトルポテンシャルと呼ぶ．これをアンペールの法則 (7.21) に代入すると

$$\nabla \nabla \cdot \mathbf{A} - \nabla^2 \mathbf{A} = \mu_0 \mathbf{J} \tag{7.23}$$

になる．すなわち基本方程式 (7.21) は，それと同等の (7.22) と (7.23) に書き直せたことになる．(7.16) から

$$\mathbf{A}(\mathbf{x}) = \frac{\mu_0}{4\pi} \int dV' \frac{\mathbf{J}(\mathbf{x}')}{|\mathbf{x} - \mathbf{x}'|} \tag{7.24}$$

と取ればよさそうである．もちろんこれが唯一の解ではない．このことについては 7.9 節で調べる．この解の特徴は (7.18) からわかる通り

$$\boldsymbol{\nabla} \cdot \mathbf{A} = 0$$

を満たしていることである．このとき (7.23) は

$$\nabla^2 \mathbf{A} = -\mu_0 \mathbf{J} \tag{7.25}$$

になる．電位を与えるポアソン方程式 (3.25) に対し，(7.25) はベクトルポテンシャルを与えるポアソン方程式である．電荷のつくる電位との類似から，マクスウェルは電流のベクトルポテンシャルと呼んだ．これを解いて (7.24) が得られる．電位は「電荷要素÷距離」だったが，ベクトルポテンシャルは「電流要素÷距離」である．閉回路電流の場合は (7.12) において (3.1) を使えば

$$\mathbf{A}(\mathbf{x}) = \frac{\mu_0 I}{4\pi} \oint \frac{d\mathbf{x}'}{|\mathbf{x} - \mathbf{x}'|} \tag{7.26}$$

が得られる（I' を I に変えた）．また，面電流密度が与えられたときは

$$\mathbf{A}(\mathbf{x}) = \frac{\mu_0}{4\pi} \int dS' \frac{\mathbf{K}(\mathbf{x}')}{|\mathbf{x} - \mathbf{x}'|} \tag{7.27}$$

を計算すればよい．ベクトルポテンシャルの各表式から

$$\mathbf{B}(\mathbf{x}) = \boldsymbol{\nabla} \times \mathbf{A}(\mathbf{x}) = \begin{cases} \dfrac{\mu_0 I}{4\pi} \oint d\mathbf{x}' \times \dfrac{\mathbf{x} - \mathbf{x}'}{|\mathbf{x} - \mathbf{x}'|^3} \\ \dfrac{\mu_0}{4\pi} \int dV' \mathbf{J}(\mathbf{x}') \times \dfrac{\mathbf{x} - \mathbf{x}'}{|\mathbf{x} - \mathbf{x}'|^3} \\ \dfrac{\mu_0}{4\pi} \int dS' \mathbf{K}(\mathbf{x}') \times \dfrac{\mathbf{x} - \mathbf{x}'}{|\mathbf{x} - \mathbf{x}'|^3} \end{cases}$$

が得られる．(7.26) は F. ノイマン (1845) が与えた公式で，ベクトルポテンシャルが初めて導入された．磁場をベクトルポテンシャルの回転密度で表したのは W. トムソン (1847) が最初だが，マクスウェルはベクトルポテンシャルを電磁気学において基本的に重要な役割を果たす量とした．

7.6 境界面における磁場とベクトルポテンシャル

3.3節で電場の回転面密度を定義したが磁場に対しても同様である．任意の面をまたいで，磁場が $\mathbf{B}_1$, $\mathbf{B}_2$ であるとする．法線方向に高さ Δn を持ち，断面積が ΔS の体積要素 $\Delta S \Delta n$ を取ると，磁場の回転面密度は，アンペールの法則を用いて，

$$\mathbf{n} \times \mathbf{B}_1 - \mathbf{n} \times \mathbf{B}_2 = \frac{1}{\Delta S} \oint dS \mathbf{n} \times \mathbf{B}$$
$$= \frac{1}{\Delta S} \int dV \boldsymbol{\nabla} \times \mathbf{B}$$
$$= \frac{\mu_0}{\Delta S} \int dV \mathbf{J}$$

になる．面電流がない場合は $\Delta n = 0$ の極限で回転面密度は $\mu_0 \Delta n \mathbf{J} = 0$ になる．面電流密度 $\mathbf{K}$ がある場合は，$\int dV \mathbf{J} = \Delta S \mathbf{K}$ に注意して，回転面密度は $\mu_0 \mathbf{K}$ になる．磁場の接続条件は，$\boldsymbol{\nabla} \cdot \mathbf{B} = 0$ からの条件と併せ，

$$\mathbf{n} \times \mathbf{B}_1 - \mathbf{n} \times \mathbf{B}_2 = \mu_0 \mathbf{K}, \quad \mathbf{n} \cdot \mathbf{B}_1 - \mathbf{n} \cdot \mathbf{B}_2 = 0$$

である．面電流が流れている面で磁場の接線方向成分は不連続になる．

ベクトルポテンシャルについても同様である．境界面をまたいで，ベクトルポテンシャルが $\mathbf{A}_1$, $\mathbf{A}_2$ であるとすると，ベクトルポテンシャルの回転面密度は，$\mathbf{n}$ に平行で長さ Δn のベクトルを $\Delta \mathbf{n}$ として，

$$\mathbf{n} \times \mathbf{A}_1 - \mathbf{n} \times \mathbf{A}_2 = \frac{1}{\Delta S} \int dV \boldsymbol{\nabla} \times \mathbf{A}$$
$$= \frac{1}{\Delta S} \int dV \mathbf{B}$$
$$= \frac{1}{2} \Delta \mathbf{n} \mathbf{n} \cdot (\mathbf{B}_1 + \mathbf{B}_2) = 0$$

になる（$\int dV \mathbf{B} = \int dV \{ \boldsymbol{\nabla} \cdot (\mathbf{B} \mathbf{x}) - \mathbf{x} \boldsymbol{\nabla} \cdot \mathbf{B} \} = \oint dS \mathbf{n} \cdot \mathbf{B} \mathbf{x}$ を使った）．最後の行で $\Delta n = 0$ の極限を取った．クーロンゲージ (7.9節) のベクトルポテンシャルは任意の境界面で，$\boldsymbol{\nabla} \cdot \mathbf{A} = 0$ からの条件と併せ，

$$\mathbf{n} \times \mathbf{A}_1 - \mathbf{n} \times \mathbf{A}_2 = 0, \quad \mathbf{n} \cdot \mathbf{A}_1 - \mathbf{n} \cdot \mathbf{A}_2 = 0$$

を満たす．ベクトルポテンシャルは任意の境界面で法線方向成分も接線方向成分も連続である．

7.7 さまざまな電流がつくる磁場
7.7.1 直線電流

　線電荷を線要素に分割したとき，その中に含まれる電荷は物理的な意味を持つが，電流の流れる導線の一部の電流要素に物理的な実在性を持たせることはできない（15.9節の電子論を参照）．それにもかかわらず，ビオ - サヴァールの法則に基づいて計算した電流要素のつくる磁場は物理的に常に正しい結果を与える．

　導線を切り取れば，一方の端から電荷が流れ出す．電流要素に定常電流が流れるためにはもう一方の端から電流が流れ込まなければならない．ヘヴィサイドはこれを「有理化電流要素」と呼んだ．対称性から，一方の端を中心として球対称に電流が流れ出し，もう一方の端に向かって球対称に流れ

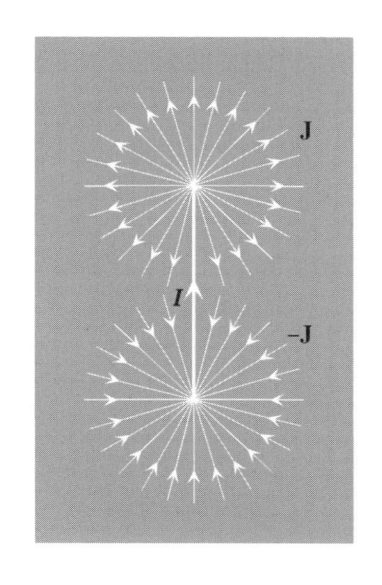

図 7.5 有理化電流要素

込む．そこで，ビオ - サヴァールの法則によって，導線に流れる電流だけでなく，導線のまわりを流れる電流も磁場をつくるはずである．この磁場を計算してみよう．電流が流れ出る端を座標の原点に選ぶと，電流密度は，電流が $\oint dS\mathbf{n}\cdot\mathbf{J} = 4\pi r^2 \cdot J = I$ になるためには

$$\mathbf{J} = \frac{I}{4\pi}\frac{\mathbf{x}}{r^3}$$

でなければならない．この電流はビオ - サヴァールの法則によって磁場

$$\begin{aligned}\mathbf{B}(\mathbf{x}) &= \frac{\mu_0 I}{(4\pi)^2}\int dV'\frac{\mathbf{x}'}{r'^3}\times\frac{\mathbf{x}-\mathbf{x}'}{|\mathbf{x}-\mathbf{x}'|^3} \\ &= -\frac{\mu_0 I}{(4\pi)^2}\mathbf{x}\times\int dV'\frac{\mathbf{x}'}{r'^3|\mathbf{x}-\mathbf{x}'|^3}\end{aligned} \quad (7.28)$$

をつくる．ところが右辺の積分は，積分の結果残る定数ベクトルが $\mathbf{x}$ しかなく，$\mathbf{x}$ に比例しなければならない．そのため $\mathbf{x}\times\mathbf{x} = 0$ になり，$\mathbf{B} = 0$ である．一般に球対称の電流は磁場をつくることができない．同様にして，電荷

が流れ込む点を中心とする電流密度も磁場をつくることができない．こうして電流要素がつくる磁場だけが残ることになる．

電流要素は次のように考えることもできる．導線から電流要素を切り取ると，定常電流が流れ続けるために，時刻 t で，導線の一方の端に電荷 It，もう一方の端に電荷 $-It$ がたまる．両端にたまった電荷はクーロンの法則によって電場をつくる（これは非定常な問題だが，14.2 節で述べるように，この場合にはクーロンの法則による電場が正しい結果を与える）．だが，電流要素をつなぐと，隣りあう電流要素同士で端にたまる電荷は打ち消しあい，電場も打ち消しあうから，閉回路を考えている限り，端の効果は無視して考えてよい．電流要素というのも，この有限の長さに切り取ったものであると考えてもよい．

長さ l の直線電流 I がつくる磁場を求めてみよう．直線電流を z 軸，その中心を座標の原点に取り，磁場の観測点を $\mathbf{x} = (x, y, z)$，電流要素 $I\mathrm{d}z'$ の位置座標を $\mathbf{x}' = (0, 0, z')$ とすると，$\mathrm{d}\mathbf{x}' \times (\mathbf{x} - \mathbf{x}') = (-y\mathrm{d}z', x\mathrm{d}z', 0)$ である．円柱座標で書けば $\mathbf{B} = B_\varphi \mathbf{e}_\varphi$，すなわち，磁場は方位角成分しか持たない．一般に，方位角成分しか持たないベクトルをトロイダル，方位角成分を持たないベクトルをポロイ

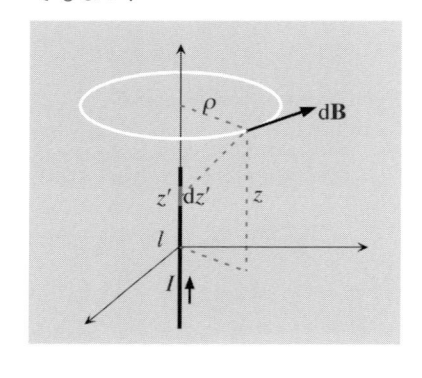

図 7.6 直線電流のつくる磁場

ダルと呼ぶ．直線電流に限らず，電流密度が対称軸のまわりの方位角に依存しないとき，磁場はトロイダルである．直線電流の方位角成分 B_φ は

$$B_\varphi = \frac{\mu_0 I \rho}{4\pi} \int_{-l/2}^{l/2} \frac{\mathrm{d}z'}{\{\rho^2 + (z-z')^2\}^{3/2}}$$
$$= \frac{\mu_0 I}{4\pi \rho} \left\{ -\frac{z - l/2}{\sqrt{\rho^2 + (z - l/2)^2}} + \frac{z + l/2}{\sqrt{\rho^2 + (z + l/2)^2}} \right\}$$

になる．積分には (2.9) を使った．ベクトルポテンシャルは (3.13) によって計算すると

$$A_z = \frac{\mu_0 I}{4\pi} \int_{-l/2}^{l/2} \frac{dz'}{\sqrt{\rho^2 + (z-z')^2}}$$
$$= \frac{\mu_0 I}{4\pi} \ln \frac{\sqrt{\rho^2 + (z+l/2)^2} + z + l/2}{\sqrt{\rho^2 + (z-l/2)^2} + z - l/2} \tag{7.29}$$

になる．磁場は

$$\mathbf{B}(\rho, z) = -\mathbf{e}_\varphi \frac{\partial A_z(\rho, z)}{\partial \rho}$$

になるから $B_\varphi = -\partial A_z/\partial \rho$ を計算すれば上と同じ結果になる．

l が小さいときには，(2.10) によって，l について展開すると

$$B_\varphi = \frac{\mu_0 I l \rho}{4\pi r^3}$$

になる．$r = \sqrt{\rho^2 + z^2}$ は原点から観測点までの距離である．これは，原点に置いた電流要素 Il がつくる磁場を与えるビオ - サヴァールの法則にほかならない．負の z 軸を無限遠から原点まで流れる電流の場合は

$$B_\varphi = \frac{\mu_0 I}{4\pi} \frac{\rho}{r(r+z)} \tag{7.30}$$

が得られる．また，z 軸を $-\infty$ から ∞ まで流れる直線電流の場合は

$$B_\varphi = \frac{\mu_0 I}{2\pi \rho} \tag{7.31}$$

になり，(7.8) が導かれた．公式 (7.12) はループ電流に対するものだが，無限の長さの直線電流に適用してもよいのは，$z = \infty$ に流れていった電流が遠方を回って $z = -\infty$ に戻っていると考えてよいからである．観測点から遠く離れている電流のつくる磁場は無視できる．

7.7.2 円柱対称電流

無限の長さの直線電流，円筒電流，円柱電流などのような円柱対称電流の場合，電流密度は J_z だけだから磁場は B_φ しかない．磁場を (7.13) から直接計算してみよう．積分変数を $\mathbf{x}' = (\rho' \cos \varphi', \rho' \sin \varphi', z')$，磁場の観測点を $\mathbf{x} = (\rho, 0, 0)$ とすると，磁場は y 成分，すなわち φ 成分のみで，

$$B_\varphi(\rho) = \frac{\mu_0}{4\pi} \int_0^\infty d\rho' \rho' J_z(\rho')$$
$$\times \int_0^{2\pi} d\varphi' \int_{-\infty}^\infty dz' \frac{\rho - \rho' \cos\varphi'}{(\rho^2 + \rho'^2 - 2\rho\rho' \cos\varphi' + z'^2)^{3/2}}$$

になるから，(2.9) を利用して z' 積分をすれば

$$B_\varphi(\rho) = \frac{\mu_0}{4\pi\rho} \int_0^\infty d\rho' \rho' J_z(\rho') \int_0^{2\pi} d\varphi' \left(1 + \frac{\rho^2 - \rho'^2}{\rho^2 + \rho'^2 - 2\rho\rho' \cos\varphi'}\right)$$

である．ここで (2.14) を用いて φ' 積分をすれば

$$B_\varphi(\rho) = \frac{\mu_0}{2\rho} \int_0^\infty d\rho' \rho' J_z(\rho') \left(1 + \frac{\rho^2 - \rho'^2}{|\rho^2 - \rho'^2|}\right) = \frac{\mu_0}{\rho} \int_0^\rho d\rho' \rho' J_z(\rho')$$

が得られる．直線電流密度 $\frac{I}{\pi\rho}\delta(\rho)$ を代入すると $B_\varphi(\rho) = \frac{\mu_0 I}{2\pi\rho}$ が得られる．円筒電流密度 $K\delta(\rho - a)$ に対して

$$B_\varphi(\rho) = \frac{\mu_0 K a}{\rho} \theta(a - \rho)$$

円柱電流 $J\theta(a - \rho)$ に対して

$$B_\varphi(\rho) = \frac{\mu_0 J \rho}{2} \theta(a - \rho) + \frac{\mu_0 J a^2}{2\rho} \theta(\rho - a)$$

のように計算できる．a は円筒および円柱の半径である．$\rho > a$ ではそれぞれ直線電流 $2\pi a K$，$\pi a^2 \varrho$ がつくる磁場になっている．

次にベクトルポテンシャルから磁場を計算してみよう．ベクトルポテンシャルは A_z しかなく ρ だけの関数である．(7.24) から

$$A_z(\rho) = \frac{\mu_0}{4\pi} \int_0^\infty d\rho' \rho' J_z(\rho') \int_0^{2\pi} d\varphi' \int_{-\infty}^\infty \frac{dz'}{\sqrt{\rho^2 + \rho'^2 - 2\rho\rho' \cos\varphi' + z'^2}} \tag{7.32}$$

になるが，円柱対称電荷密度 ϱ から電位 ϕ を求める (3.15) と定数因子を除いてまったく同じである．すなわち，$\frac{1}{\epsilon_0}\varrho$ を $\mu_0 J_z$ で置きかえれば，ϕ から A_z が求められる．電位 (3.16) をベクトルポテンシャルに翻訳すれば

$$A_z(\rho) = \mu_0 \ln \frac{1}{\rho} \int_0^\rho d\rho' \rho' J_z(\rho') + \mu_0 \int_\rho^\infty d\rho' \rho' J_z(\rho') \ln \frac{1}{\rho'}$$

である．磁場

$$B_\varphi(\rho) = -\frac{dA_z(\rho)}{d\rho} = \frac{\mu_0}{\rho}\int_0^\rho d\rho'\rho' J_z(\rho') \tag{7.33}$$

は上で求めた結果と同じである．直線電流密度 $\frac{I}{\pi\rho}\delta(\rho)$ に対して $A_z = \frac{\mu_0 I}{2\pi}\ln\frac{1}{\rho}$，円筒電流密度 $K\delta(\rho-a)$ に対して

$$A_z = \mu_0 K a \theta(\rho-a)\ln\frac{a}{\rho}$$

円柱電流 $J\theta(a-\rho)$ に対して

$$\phi(\rho) = \frac{\mu_0 J}{4}(a^2-\rho^2)\theta(a-\rho) + \frac{\mu_0 J a^2}{2}\theta(\rho-a)\ln\frac{a}{\rho}$$

が得られる．

また，ポアソン方程式 (7.19) を解くことによってベクトルポテンシャルを求めることができる．円柱対称電流 J_z では，円柱対称電荷 ϱ から電位 ϕ を求めるポアソン方程式 (3.28) において $\frac{1}{\epsilon_0}\varrho$ を $\mu_0 J_z$ に置きかえた

$$\frac{1}{\rho}\frac{d}{d\rho}(\rho A'_z) = -\mu_0 J_z$$

を積分すればよい．円筒電荷については電荷のない円筒の内外でラプラス方程式を解き，電場と電位の接続条件を用いたが，円筒電流の場合も，電位を解くのとまったく同じように解くことができる．その際に 7.6 節で述べた磁場とベクトルポテンシャルの接続条件が必要になる．

7.7.3 平面電流

xy 平面上を x 方向に面電流密度 K の電流が流れているとき，ベクトルポテンシャルも電流方向，すなわち x 方向を向いている．平面が無限に広ければ，ベクトルポテンシャルは平面からの距離だけの関数になることは対称性から明らかである．そこで，観測点 $(0,0,z)$ でのベクトルポテンシャルは，平面上の位置 $(\rho'\cos\varphi', \rho'\sin\varphi', 0)$

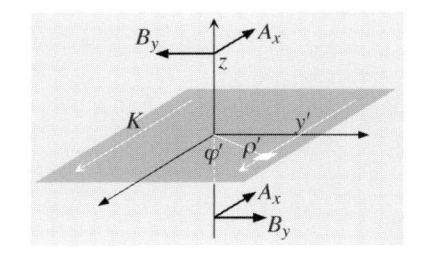

図 **7.7** 平面電流

での電流要素 $K\rho'\mathrm{d}\rho'\mathrm{d}\varphi'$ がつくるベクトルポテンシャルを加えればよい．xy 平面上に一様に分布した電荷がつくる電位 (3.23) の計算と同様に

$$A_x(z) = \frac{\mu_0 K}{2} \int_0^\infty \mathrm{d}\rho' \frac{\rho'}{\sqrt{\rho'^2 + z^2}} = -\frac{1}{2}\mu_0 K |z| \qquad (7.34)$$

になる（負符号に注意）．磁場は y 成分しかなく，

$$B_y(z) = \frac{\mathrm{d}A_x(z)}{\mathrm{d}z} = -\frac{1}{2}\mu_0 K \frac{z}{|z|} \qquad (7.35)$$

すなわち，磁場は，$z < 0$ で $+y$ 軸方向，$z > 0$ で $-y$ 軸方向を向いている．

平面電流のつくる磁場を，直線電流のつくる磁場の重ね合わせとして計算することもできる．観測点 $(0, 0, z)$ でのベクトルポテンシャルは，x 軸に平行に $(0, y', 0)$ を通る直線電流 $K\mathrm{d}y'$ がつくると考えると

$$A_x(z) = \frac{\mu_0 K}{2\pi} \int_{-\infty}^\infty \mathrm{d}y' \ln \frac{1}{\sqrt{y'^2 + z^2}}$$

を計算すればよい．もちろん，この積分は発散しているから，カットオフ l によって $y' = -\frac{1}{2}l$ から $\frac{1}{2}l$ までの積分とすると，不定積分

$$\int \mathrm{d}t \ln(t^2 + z^2) = t\ln(t^2 + z^2) - 2t + 2z \tan^{-1}\frac{t}{z}$$

を用いて

$$A_x(z) = -\frac{\mu_0 K}{2\pi} \left\{ \frac{l}{2} \ln\left(\frac{l^2}{4} + z^2\right) - l + 2z \tan^{-1}\frac{l}{2z} \right\}$$

になる．そこで，$\frac{2z}{l}$ で展開し，$l \to \infty$ で 0 になる項を落とすと，$\tan^{-1}\frac{l}{2z} \sim \pi|z|/2z$ に注意して

$$A_x(z) = -\frac{\mu_0 K}{2\pi} \left(l\ln\frac{l}{2} - l + \pi|z| \right)$$

が得られる．l に依存する項は $l \to \infty$ で発散するが，座標によらない定数項であるから落としてよい．こうして (7.34) に帰着する．

ベクトルポテンシャル $A_x(z)$ は平面電荷密度 σ がつくる電位 $\phi(z)$ に対するポアソン方程式 (3.27) において $\frac{1}{\epsilon_0}\sigma$ を $\mu_0 K$ で置きかえた

$$\frac{\mathrm{d}^2}{\mathrm{d}z^2}A_x(z) = -\mu_0 K \delta(z)$$

を満たす．$\phi(z)$ を解くのとまったく同じである．

7.7.4 環状電流

半径 a の環状電流 I のベクトルポテンシャルを計算してみよう．中心軸を z 軸に取る．対称性からベクトルポテンシャルの観測点は $\mathbf{x} = (\rho, 0, z)$ として一般性を失わない．電流要素は円周上にあるから，その位置座標を $\mathbf{x}' = (a\cos\varphi', a\sin\varphi', 0)$ とすると，$d\mathbf{x}' = (-a\sin\varphi' d\varphi', a\cos\varphi' d\varphi', 0)$ である．φ' について積分すると，ベクトルポテンシャルの y 成分だけが残る．すなわち，$\mathbf{A} = A_\varphi \mathbf{e}_\varphi$ はトロイダルベクトルで，z 軸を中心として反時計回りにつくられる．φ' の積分は 0 から π までの積分の 2 倍であるから

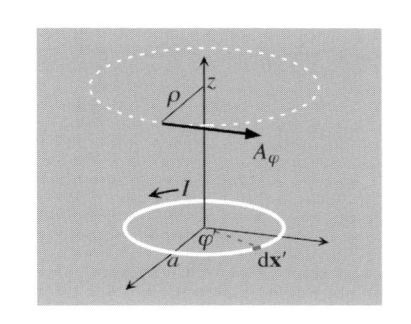

図 **7.8** 環状電流

$$\begin{aligned}
A_\varphi &= \frac{\mu_0 I a}{2\pi} \int_0^\pi d\varphi' \frac{\cos\varphi'}{\sqrt{\rho^2 + a^2 + z^2 - 2a\rho\cos\varphi'}} \\
&= \frac{\mu_0 I}{\pi} \frac{a}{\sqrt{(\rho+a)^2 + z^2}} \int_0^1 dt \frac{2t^2 - 1}{\sqrt{(1-t^2)(1-k^2 t^2)}} \\
&= \frac{\mu_0 I}{2\pi} \sqrt{\frac{a}{\rho}} \left\{ \left(\frac{2}{k} - k\right) K(k) - \frac{2}{k} E(k) \right\}
\end{aligned} \tag{7.36}$$

になる．ここで $t = \cos(\varphi'/2)$ と変数変換し

$$k = \sqrt{\frac{4a\rho}{(\rho+a)^2 + z^2}}$$

とした．また

$$K(k) = \int_0^1 \frac{dt}{\sqrt{(1-t^2)(1-k^2 t^2)}} = \int_0^{\pi/2} \frac{d\alpha}{\sqrt{1-k^2\sin^2\alpha}}$$

$$E(k) = \int_0^1 dt \sqrt{\frac{1-k^2 t^2}{1-t^2}} = \int_0^{\pi/2} d\alpha \sqrt{1-k^2\sin^2\alpha}$$

はルジャンドル-ヤコービの第 1 種，第 2 種完全楕円積分と呼ばれる関数である．それぞれ $t = \sin\alpha$ によって変数変換した．

$k \ll 1$ の場合を考えてみよう．球座標を使うと $\rho = r\sin\theta$, $z = r\cos\theta$ で

あるから $k \ll 1$ が実現されるのは，観測点が環状電流から十分遠く離れていて $r \gg a$ になるとき，円の中心の近くで $r \ll a$ になるとき，および中心軸の近くで $|\sin\theta| \ll 1$ になるときである．k について展開して積分すると

$$K(k) \cong \int_0^{\pi/2} d\alpha \left(1 + \frac{k^2}{2}\sin^2\alpha + \frac{3k^4}{8}\sin^4\alpha\right) = \frac{\pi}{2} + \frac{\pi k^2}{8} + \frac{9\pi k^4}{128}$$

$$E(k) \cong \int_0^{\pi/2} d\alpha \left(1 - \frac{k^2}{2}\sin^2\alpha - \frac{k^4}{8}\sin^4\alpha\right) = \frac{\pi}{2} - \frac{\pi k^2}{8} - \frac{3\pi k^4}{128}$$

が得られる．そこで，(7.36) の中括弧内の式は展開の最低次で $\frac{1}{16}\pi k^3$ になるから，ベクトルポテンシャルは

$$A_\varphi = \frac{\mu_0 I}{4} \frac{a^2 \rho}{\{(\rho+a)^2 + z^2\}^{3/2}}$$

によって与えられる．観測点が環状電流から十分遠く離れているときは

$$A_\varphi = \frac{\mu_0 I}{4} \frac{a^2 \rho}{r^3} = \frac{\mu_0 I}{4\pi} \pi a^2 \frac{\sin\theta}{r^2}$$

になる．ベクトルで表せば

$$\mathbf{A} = \frac{\mu_0}{4\pi} \mathbf{m} \times \frac{\mathbf{x}}{r^3} \qquad (7.37)$$

である．ここで，ベクトル

$$\mathbf{m} = I\pi a^2 \mathbf{e}_z$$

は「電流 × 面積」の大きさを持ち，z 方向，すなわち電流の面に垂直な方向を持っている．これを磁気双極子モーメント，略して磁気モーメントと言う．この磁気モーメントについては次章で詳しく調べる．中心軸の近くでは

$$\mathbf{A} = \frac{\mu_0}{4\pi} \frac{\mathbf{m} \times \mathbf{x}}{(a^2 + z^2)^{3/2}}$$

である．そこで磁場を計算すると

$$\mathbf{B} = \boldsymbol{\nabla} \times \mathbf{A} = \frac{\mu_0}{2\pi} \frac{\mathbf{m}}{(a^2+z^2)^{3/2}} = \frac{\mu_0 I}{2} \frac{a^2}{(a^2+z^2)^{3/2}} \mathbf{e}_z \qquad (7.38)$$

が得られる．これは $z=0$ を除いて，電気双極子層のつくる電場 (3.45) において $\frac{1}{\epsilon_0}\tau$ を $\mu_0 I$ で置きかえたものである．この対応関係はアンペールの等価

双極子層の法則によるが，それは 8.6 節で説明する．

　$k = 1$ の近傍ではどうなるだろうか．$k = 1$ は $\rho = a$, $z = 0$, すなわち電流の流れている場所である．そこでは積分は発散している．電流の近くでのベクトルポテンシャルを求めるためには小さな δ を取り，

$$K(k) = \int_0^{1-\delta} \frac{\mathrm{d}t}{\sqrt{(1-t^2)(1-k^2t^2)}} + \int_{1-\delta}^1 \frac{\mathrm{d}t}{\sqrt{(1-t^2)(1-k^2t^2)}}$$

のように分けて計算すればよい．右辺第 1 項の積分では $k = 1$ でも発散しないから $k = 1$ と置いて

$$\int_0^{1-\delta} \frac{\mathrm{d}t}{1-t^2} = \frac{1}{2} \ln \frac{2-\delta}{\delta} \cong \frac{1}{2} \ln \frac{2}{\delta}$$

になる．第 2 項の積分では $t \cong 1$ を使って

$$\frac{1}{2} \int_{1-\delta}^1 \frac{\mathrm{d}t}{\sqrt{(1-t)(1-kt)}} = \frac{1}{2\sqrt{k}} \ln \frac{1-k}{1-k+2k\delta - 2\sqrt{k\delta(1-k+k\delta)}}$$

$$= \frac{1}{2\sqrt{k}} \ln \frac{1-k+2k\delta + 2\sqrt{k\delta(1-k+k\delta)}}{1-k}$$

$$\cong \frac{1}{2} \ln \frac{4\delta}{1-k}$$

が得られる．この結果，δ は消えて $K(k)$ は

$$K(k) \cong \ln \frac{2\sqrt{2}}{\sqrt{1-k}}$$

のように振る舞う．電流からの距離を $R = \sqrt{(\rho-a)^2 + z^2}$ とすると

$$1 - k^2 = \frac{R^2}{(\rho+a)^2 + z^2}$$

だから $\rho = a$, $z = 0$ の近傍で

$$\sqrt{1-k} \cong \frac{R}{2\sqrt{2}a}$$

である．こうしてベクトルポテンシャルは

$$A_\varphi \cong \frac{\mu_0 I}{2\pi} \left(\ln \frac{8a}{R} - 2 \right)$$

で与えられる．これは定数項を除いて直線電流のベクトルポテンシャルにほかならない．どのような線電流もその近くでは直線電流と同じ磁場をつくる．

7.7.5 螺旋状ソレノイド

アンペールが名づけたソレノイドは，管を表すギリシャ語に由来する (1823)．単位長さあたり n 本の導線を螺旋状に巻いた長さ l のソレノイドは，n が十分大きいとき，環状電流が積み重なったものと見ることができる．高さ z' にある幅 $\mathrm{d}z'$ に $n\mathrm{d}z'$ 本の環状電流があるから，それが中心軸につくる磁場は

$$\mathrm{d}B_z = \frac{\mu_0 I}{2} \frac{a^2}{\{a^2 + (z-z')^2\}^{3/2}} n\mathrm{d}z'$$

である．ソレノイド全体のつくる磁場はこれを積分すればよい．積分公式 (2.9) を用い，座標の原点をソレノイドの中心に取れば，磁場は

$$\begin{aligned}B_z &= \frac{\mu_0 n I a^2}{2} \int_{-l/2}^{l/2} \frac{\mathrm{d}z'}{\{a^2 + (z-z')^2\}^{3/2}} \\ &= \frac{\mu_0 n I}{2} \left\{ -\frac{z - l/2}{\sqrt{a^2 + (z-l/2)^2}} + \frac{z + l/2}{\sqrt{a^2 + (z+l/2)^2}} \right\}\end{aligned}$$

になる．l が小さいときは環状電流のつくる磁場に一致するはずである．実際，(2.10) を用いて展開すると，磁場は

$$B_z = \frac{\mu_0 n I l}{2} \frac{a^2}{(a^2 + z^2)^{3/2}}$$

である．nIl がこの環状電流である．l が大きいときは

$$B_z = \mu_0 n I \tag{7.39}$$

になり，中心軸上どこでも同じ値である．

l が大きいとき，円筒形ソレノイド内部の磁場は，中心軸上だけではなく，いたるところで一様である（断面の形状によらないことは次節で示す）．このことを実際に (7.15) によって計算して示そう．z 座標の原点はどこに取ってもよいから $z = 0$ とする．観測点を $\mathbf{x} = (\rho, 0, 0)$，電流要素の位置を $\mathbf{x}' = (a\cos\varphi', a\sin\varphi', z')$ とする．面電流密度は $\mathbf{K} = nI(-\sin\varphi', \cos\varphi', 0)$ だから

$$\mathbf{K} \times (\mathbf{x} - \mathbf{x}') = nI(-z'\cos\varphi', -z'\sin\varphi', a - \rho\cos\varphi')$$

である．面積要素 $\mathrm{d}S' = a\mathrm{d}\varphi'\mathrm{d}z'$ を用いて積分すると，磁場の x, y 成分は，

7.7 さまざまな電流がつくる磁場

z' を $-\infty$ から ∞ まで積分することによって 0 になる．したがって，z 成分だけが残り，

$$B_z(\rho) = \frac{\mu_0 nI}{4\pi} \int_0^{2\pi} d\varphi' \int_{-\infty}^{\infty} dz' \frac{a^2 - \rho a \cos\varphi'}{(\rho^2 + a^2 - 2\rho a \cos\varphi' + z'^2)^{3/2}}$$

$$= \frac{\mu_0 nI}{4\pi} \int_0^{2\pi} d\varphi' \left(1 + \frac{a^2 - \rho^2}{\rho^2 + a^2 - 2\rho a \cos\varphi'}\right)$$

になる．積分公式 (2.9) を使った．さらに，積分公式 (2.14) によって

$$B_z(\rho) = \frac{\mu_0 nI}{2}\left(1 + \frac{a^2-\rho^2}{|a^2-\rho^2|}\right) = \mu_0 nI\theta(a-\rho) \tag{7.40}$$

が得られる．ソレノイド内部では一様な磁場が z 軸方向につくられるが，ソレノイド外部では磁場は 0 である．巻き数 n が有限のときは，電流が z 方向に流れているから外部にも磁場 $B_\varphi = \mu_0 I/2\pi\rho$ がある．内外の磁場の比は $B_\varphi/B_z = 1/2\pi n\rho$ である．n が十分大きければその比は小さくなる．

電流が磁場をつくることを表すアンペールの法則 $\boldsymbol{\nabla} \times \mathbf{B} = \mu_0 \mathbf{J}$ と見比べて，ベクトルポテンシャルの定義式 $\boldsymbol{\nabla} \times \mathbf{A} = \mathbf{B}$ は磁場がベクトルポテンシャルをつくると見ることもできる．しかも，アンペールの法則には $\boldsymbol{\nabla} \cdot \mathbf{B} = 0$，$\boldsymbol{\nabla} \times \mathbf{A} = \mathbf{B}$ には $\boldsymbol{\nabla} \cdot \mathbf{A} = 0$ が条件として加わるから数学的な構造はまったく同じである．このことを利用すれば，電流から磁場を求める問題が解けているとき，磁場からベクトルポテンシャルを計算することができる．円柱対称な電流密度が与えられたとき，磁場は (7.33) で与えられている．円柱対称な磁場 $\mathbf{B} = (0, 0, B_z(\rho))$ が与えられたとき，ベクトルポテンシャルは方位角成分のみを持つトロイダルベクトルで，その大きさは (7.33) から

$$A_\varphi(\rho) = \frac{1}{\rho}\int_0^\rho d\rho' \rho' B_z(\rho')$$

で与えられる．ソレノイド内外のベクトルポテンシャルは

$$A_\varphi(\rho) = \frac{B\rho}{2}\theta(a-\rho) + \frac{Ba^2}{2\rho}\theta(\rho-a) \tag{7.41}$$

になる．特にソレノイド内部の一様磁場中で

$$\mathbf{A} = \frac{1}{2}\mathbf{B} \times \mathbf{x} \tag{7.42}$$

と書ける．

7.8 アンペールの回路定理：トポロジー

直線電流のつくる磁場 (7.8) を

$$2\pi\rho B_\varphi(\rho) = \mu_0 I$$

のように書いてみよう．磁場を半径 ρ の円周に沿って 1 周積分すると，電流に μ_0 を乗じたものになっている．この線積分の積分路（アンペールループ）を円形に取る必要はない．直線電流のまわりを反時計回りに 1 周する任意の閉曲線上に線要素ベクトル $\mathrm{d}\mathbf{x} = (\mathrm{d}x, \mathrm{d}y, \mathrm{d}z)$ を取り，(7.31) を用いて $\mathbf{B}\cdot\mathrm{d}\mathbf{x}$ を計算すると，

$$\mathrm{d}\varphi = \mathrm{d}\left(\tan^{-1}\frac{y}{x}\right) = \frac{1}{1+(y/x)^2}\mathrm{d}\left(\frac{y}{x}\right) = \frac{1}{x^2+y^2}(-y\mathrm{d}x + x\mathrm{d}y)$$

に注意して，

$$\mathbf{B}\cdot\mathrm{d}\mathbf{x} = \frac{\mu_0 I}{2\pi}\left(\frac{-y\mathrm{d}x}{x^2+y^2} + \frac{x\mathrm{d}y}{x^2+y^2}\right) = \frac{\mu_0 I}{2\pi}\mathrm{d}\varphi$$

になる．ループに沿って積分すると

$$\oint \mathrm{d}\mathbf{x}\cdot\mathbf{B} = \frac{\mu_0 I}{2\pi}\int_0^{2\pi}\mathrm{d}\varphi = \mu_0 I \tag{7.43}$$

が得られる．これがアンペールの回路定理であるが最初にこの式を導いたのはマクスウェル (1855) である．

A.5 節で述べるようにアンペールは 1827 年の論文で回転定理の嚆矢になる式の変形を行っている．アンペールはディレクトリースを与える回路の積分を面積分に変換した．(7.43) において，回路が電流を囲んでいる限り，積分値が変わらない．すなわち回路を連続的に変形しても積分値が変わらない．発散定理，回転定理，勾配定理は積分領域を連続的に変形してもその変形によって増減した領域に特異性がなければ積分値は不変であるという特徴を持っていた．これらの定理は連続変換のもとに不変な位相幾何学的性質（トポロジー）を表しているのである．このような考え方は後にポアンカレ (H. Poincaré, 1854-1912) が発展させた．

(7.43) の結果は直線電流に限らない．いくつかの例を考えてみよう．平面電流の場合，xy 平面上を x 方向に面電流密度 K で流れているとき，図 7.7

7.8 アンペールの回路定理：トポロジー

のように，磁場は $z>0$ では $-y$ 軸方向，$z<0$ では $+y$ 軸方向を向いている．閉曲線として電流の上下面に，磁場の向きに沿って，$\mp y$ 軸方向に単位長さの長方形アンペールループを取り，磁場の大きさを B とすると，ループ積分は $2B$，ループに囲まれた面積を流れる電流は K であるから $B=\frac{1}{2}\mu_0 K$，すなわち，$z>0$ で $B_y=-\frac{1}{2}\mu_0 K$，$z<0$ で $B_y=\frac{1}{2}\mu_0 K$ を得る．これは (7.35) と同じである．

さらに，任意の断面積を持ち，無限に長い筒状の導体表面に，筒方向に垂直に流れる電流がつくる磁場を計算しよう．筒方向を z 軸に取ると，z 方向に一様なので，磁場は z 成分しかなく，z に依存しない．2 辺が z 軸に平行，ほかの 2 辺が z 軸に垂直な長方形をアンペールループに選ぶと，z 軸に垂直な 2 辺の積分の寄与はない．z 軸に平行な 2 辺がともに筒内部であれば 2 辺での線

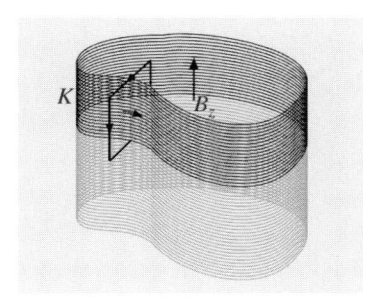

図 **7.9** アンペールループ

積分が等しい．すなわち，磁場は筒内部で一様である．同様に，筒外部でも磁場は一様である．無限遠で磁場は 0 であるから筒外部のいたるところで磁場は 0 になる．図 7.9 のように，閉曲線として内部と外部にまたがる長方形を取ると，外部の線積分は 0 である．面電流密度を K とすると，アンペールの回路定理から

$$B_z = \mu_0 K \tag{7.44}$$

が得られる．電流 I の螺旋状ソレノイドの場合は，単位長さあたり巻き数 n のソレノイドの面電流密度は $K=nI$ であるから $B_z=\mu_0 K=\mu_0 nI$ が得られる．円筒形ソレノイドの場合に，ビオ‐サヴァールの法則から得た (7.39) に一致しているが，このアンペールの回路定理の結果から，ソレノイドの断面積の形状によらないことがわかる．

アンペールの回路定理は一般の電流に拡張することができる．最後にこれを導いておこう．任意の面を取り，その面上で磁場の回転密度の法線方向成分を積分したものは，アンペールの法則から

$$\int dS\mathbf{n}\cdot\boldsymbol{\nabla}\times\mathbf{B} = \mu_0\int dS\mathbf{n}\cdot\mathbf{J} = \mu_0 I$$

である．I は面を通過する電流である．ところで，左辺は回転定理から面を囲む閉曲線での線積分になる．これからアンペールの回路定理

$$\oint d\mathbf{x}\cdot\mathbf{B} = \mu_0 I$$

が得られた．静磁場の基本方程式のもう1つ，$\boldsymbol{\nabla}\cdot\mathbf{B} = 0$，を任意の閉曲面上で積分すると，発散定理により

$$\oint dS\mathbf{n}\cdot\mathbf{B} = \int dV\boldsymbol{\nabla}\cdot\mathbf{B} = 0 \tag{7.45}$$

である．

任意の面を貫く磁場の流束

$$\Phi = \int dS\mathbf{n}\cdot\mathbf{B} \tag{7.46}$$

を磁束（磁気流束）と言う．単位はウェーバー (Wb) である．2.6 節で調べたように，循環的な場の流束は閉曲線を端とする任意の面で等しい．磁場も循環的，すなわち，基本方程式 (7.45) を満たすから，磁束は閉曲線を端とするどのような面で計算しても同じ値である．また，流線，流管に対応して，磁力線，磁力管を定義できることは説明するまでもないだろう．シャールの定理（6.3 節）によって磁力管の任意の切り口で磁束は一定である．回転定理を使うと，磁束はベクトルポテンシャルの循環

$$\Phi = \int dS\mathbf{n}\cdot\boldsymbol{\nabla}\times\mathbf{A} = \oint d\mathbf{x}\cdot\mathbf{A} \tag{7.47}$$

で表せる．

電流に対して電流密度を定義したように，(7.46) に基づいて，$\mathbf{B}$ を磁束密度と呼ぶことがある．だが，6.3 節で述べたように，磁束は流束ではなく，物理的実体のない仮想的な磁力線に基づく概念であるから，$\mathbf{B}$ をその密度とするのは本末転倒である．基本的な場の量として，磁場と呼ぶべきである．また電場 $\mathbf{E}$ と磁場 $\mathbf{B}$ が相対論的に対になる量である．「電場」と「磁束密度」では相対論的共変性に反する．磁場の単位はテスラ (T) だが (N. Tesla, 1856-1943)，実用上はガウス (G) を用いることが多い ($1\,\mathrm{T} = 10^4\,\mathrm{G}$).

7.9 ゲージ不変性

電場が電位の勾配で与えられるために任意性があったように，磁場がベクトルポテンシャルの回転密度で与えられるために任意性がある．電位もベクトルポテンシャルも物理的でない部分を持っている．あるベクトルポテンシャル $\mathbf{A}$ が見つかったとする．もちろんこの $\mathbf{A}$ は $\nabla \times \mathbf{A} = \mathbf{B}$ によって磁場を与える．この $\mathbf{A}$ にベクトル場 $\mathbf{C}$ をつけ加えて $\mathbf{A}' = \mathbf{A} + \mathbf{C}$ を定義し，この $\mathbf{A}'$ もまた $\nabla \times \mathbf{A}' = \mathbf{B}$ によって同じ磁場を与えるとする．そのためには $\nabla \times \mathbf{C} = 0$ でなければならない．3.4 節で証明したように，回転密度のない場の量は必ずあるスカラー関数の勾配で書ける．そこで $\mathbf{C} = \nabla \Lambda$ と置くと

$$\mathbf{A}' = \mathbf{A} + \nabla \Lambda \tag{7.48}$$

になる．この $\mathbf{A}$ から $\mathbf{A}'$ への変換をゲージ変換と言う．異なるベクトルポテンシャルが同じ磁場を与える．このとき磁場はゲージ変換に対し不変であると言う．Λ はどんな関数でもよいから同じ磁場を与えるベクトルポテンシャルは無数にある．もともとゲージ変換は時空のスケイルを変える変換としてヴァイル (H. Weyl, 1885-1955) が導入し尺度を表すドイツ語アイヒェを用いた (1919)．また英語のゲージに訳した．

さて，$\mathbf{A}'$ の発散密度を計算すると

$$\nabla \cdot \mathbf{A}' = \nabla \cdot \mathbf{A} + \nabla^2 \Lambda$$

になるから，ゲージ関数 Λ を選んで

$$\nabla \cdot \mathbf{A}' = 0 \tag{7.49}$$

になるようにしてみよう．このように，無数に可能なベクトルポテンシャルの 1 つを選ぶことをゲージを固定すると言い，固定する条件をゲージ固定条件と言う．ゲージ固定条件 (7.49) をクーロンゲージと言う．このゲージを取ることは常に可能である．(7.49) を満たさないあるベクトルポテンシャル $\mathbf{A}$ があったとする．このときゲージ変換を行って $\nabla \cdot \mathbf{A}' = 0$ になるためには

$$\Lambda(\mathbf{x}) = \frac{1}{4\pi} \int dV' \frac{\nabla' \cdot \mathbf{A}(\mathbf{x}')}{|\mathbf{x} - \mathbf{x}'|} \tag{7.50}$$

とすればよい．こうして，任意のベクトルポテンシャルからクーロンゲージ

条件を満たすベクトルポテンシャルに変換することができる．このクーロンゲージのもとに $\mathbf{A}'$ はポアソン方程式

$$\nabla^2 \mathbf{A}' = -\mu_0 \mathbf{J}$$

を満たす．(7.24) は実はクーロンゲージにおけるベクトルポテンシャルだった．

ではクーロンゲージのもとにポアソン方程式の解は (7.24) が唯一だろうか．(7.24) を $\mathbf{A}$ として，(7.48) によってゲージ変換を行ってみよう．$\mathbf{A}$ および $\mathbf{A}'$ は循環的だから $\boldsymbol{\nabla}\Lambda$ も循環的である．Λ は $\nabla^2 \Lambda = 0$ を満たしていればよい．そのため，クーロンゲージを選んだとしても，ベクトルポテンシャルの任意性は取り除かれない．例えば，$\nabla^2 \Lambda = 0$ の解として，定数ベクトル $\mathbf{a}$ を持つ $\Lambda = \mathbf{a}\cdot\mathbf{x}$ を取ると $\boldsymbol{\nabla}\Lambda = \mathbf{a}$ になりベクトルポテンシャルの各成分は定数だけ不定である．だが，リウヴィルの定理 (p. 83) によって，無限遠で 0 になる境界条件のもとではラプラス方程式の解は 0 しかない．(7.24) は無限遠で 0 になる境界条件で一意に決まるベクトルポテンシャルである．(7.24) は与えられた電流密度 $\mathbf{J}$ がつくるベクトルポテンシャルであり，無限遠で 0 にならないベクトルポテンシャルはそれ以外の外部電流がつくっている．

クーロンゲージでもベクトルポテンシャルが完全には定まらないことを示す例として，z 方向の一様磁場を表す

$$\mathbf{A} = (0, Bx, 0) \tag{7.51}$$

を考えてみよう．この選び方をランダウゲージと言う (L. D. Landau, 1908-68)．詳しくは 17.6.3 節で述べる（ランダウゲージは別の意味でも使う）．これに対し，ラプラス方程式を満たすゲージ関数 $\Lambda = -\frac{1}{2}Bxy$ を選べば

$$\mathbf{C} = \boldsymbol{\nabla}\Lambda = \left(-\frac{1}{2}By, -\frac{1}{2}Bx, 0\right)$$

になるから

$$\mathbf{A}' = \mathbf{A} + \mathbf{C} = \left(-\frac{1}{2}By, \frac{1}{2}Bx, 0\right) = \frac{1}{2}\mathbf{B}\times\mathbf{x} \tag{7.52}$$

もクーロンゲージのベクトルポテンシャルである．これは (7.42) で与えられたベクトルポテンシャルにほかならない．(7.52) の円柱対称なベクトルポテンシャルの選び方を対称ゲージと呼ぶこともある．

CHAPITRE 8

Moment magnétique
磁気モーメント

8.1 磁気双極子モーメント

　環状電流から十分離れた観測点で，ベクトルポテンシャルは (7.37) により，磁気モーメント **m** を用いて

$$\mathbf{A} = \frac{\mu_0}{4\pi} \mathbf{m} \times \frac{\mathbf{x}}{r^3} \quad (8.1)$$

で与えられた．この結果は環状電流に限らない．簡単な例として，一辺が l の正方形導線に電流 I が流れて

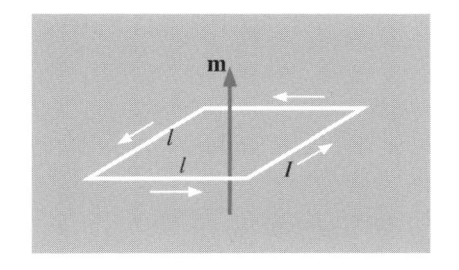

図 **8.1**　正方形電流

いるとき，遠く離れた場所でのベクトルポテンシャルを計算してみよう．電流の面を xy 平面とし，その中心を座標の原点に取る．電流要素の方向とそれがつくるベクトルポテンシャルの方向は同じであるから，A_x は x 軸に平行，反平行に流れる 2 辺の電流の寄与を加え，

$$A_x = \frac{\mu_0 I}{4\pi} \left\{ \frac{l}{\sqrt{x^2 + (y+l/2)^2 + z^2}} - \frac{l}{\sqrt{x^2 + (y-l/2)^2 + z^2}} \right\}$$

になる．$l \ll r$ として l/r について展開すれば，最低次を残すことによって

$$A_x \cong -\frac{\mu_0}{4\pi} \frac{Il^2 y}{r^3}$$

が得られる．同様に，A_y は y 軸に平行，反平行に流れる 2 辺の電流の寄与を加え

$$A_y \cong \frac{\mu_0}{4\pi}\frac{Il^2 x}{r^3}$$

である．こうして，正方形電流の場合も磁気モーメントを $m = Il^2$ とすれば，環状電流と同じベクトルポテンシャルを与える．磁気モーメントの大きさは電流 I と電流の囲む面積 S の積，その方向は電流面に垂直である．微小電流が磁気モーメント

$$m = IS$$

を持つ磁石と同じ働きをすることはアンペールが発見した (1822).

一般に，電流の広がりに比べ十分離れた場所におけるベクトルポテンシャルは，体積電流では

$$\mathbf{m} = \frac{1}{2}\int dV \mathbf{x} \times \mathbf{J}(\mathbf{x}) \tag{8.2}$$

面電流では

$$\mathbf{m} = \frac{1}{2}\int dS \mathbf{x} \times \mathbf{K}(\mathbf{x}) \tag{8.3}$$

閉回路電流では

$$\mathbf{m} = I\mathbf{S}, \qquad \mathbf{S} = \frac{1}{2}\oint \mathbf{x} \times d\mathbf{x} \tag{8.4}$$

のつくるベクトルポテンシャルと同じ形を取る．面積ベクトル $\mathbf{S}$ の各成分は，閉回路の囲む面積を，その方向に垂直な面に射影したものである．例えば $S_x = \oint y dz = -\oint z dy = \frac{1}{2}\oint(y dz - z dy)$ は，閉回路の yz 面への射影が囲む面積である．

ベクトルポテンシャルを計算する (7.24) から (8.2) を導いてみよう．座標の原点を電流の流れている領域の中に取り，$r = |\mathbf{x}|$ が $r' = |\mathbf{x}'|$ に比べて十分大きいときマッカラーの公式 (3.46) を使えば

$$\mathbf{A}(\mathbf{x}) = \frac{\mu_0}{4\pi}\int dV' \mathbf{J}(\mathbf{x}')\left(\frac{1}{r} + \frac{\mathbf{x}\cdot\mathbf{x}'}{r^3} + \cdots\right) \tag{8.5}$$

である．電位の多極子展開と異なり，展開の第 1 項は消える．(5.3) は任意の

ベクトル場 **P** について成り立つ恒等式であるから，**J** に適用すると

$$\int dV \mathbf{J} = -\int dV \mathbf{x} \boldsymbol{\nabla} \cdot \mathbf{J} + \oint dS \mathbf{x} \mathbf{n} \cdot \mathbf{J}$$

になるが，電流の広がりより十分大きな積分範囲を取ると，表面では電流密度は 0 であるから表面積分は落とすことができる．その結果，公式

$$\int dV \mathbf{J} = -\int dV \mathbf{x} \boldsymbol{\nabla} \cdot \mathbf{J} \tag{8.6}$$

が得られるが，定常電流の電荷保存則 $\boldsymbol{\nabla} \cdot \mathbf{J} = 0$ から

$$\int dV \mathbf{J} = 0$$

になる．したがって，ベクトルポテンシャルの主要項は

$$\mathbf{A}(\mathbf{x}) = \frac{\mu_0}{4\pi r^3} \int dV' \mathbf{x} \cdot \mathbf{x}' \mathbf{J}(\mathbf{x}')$$

である．ところで，(8.6) は無限遠で消える任意のベクトル **J** に対し成り立つから，ベクトル $\mathbf{x} \cdot \mathbf{x}' \mathbf{J}(\mathbf{x}')$ を当てはめて使うと

$$\int dV' \mathbf{x} \cdot \mathbf{x}' \mathbf{J}(\mathbf{x}') = -\int dV' \mathbf{x}' \boldsymbol{\nabla}' \cdot \{\mathbf{x} \cdot \mathbf{x}' \mathbf{J}(\mathbf{x}')\}$$
$$= -\int dV' \mathbf{x}' \{\mathbf{x} \cdot \mathbf{x}' \boldsymbol{\nabla}' \cdot \mathbf{J}(\mathbf{x}') + \mathbf{x} \cdot \mathbf{J}(\mathbf{x}')\} \tag{8.7}$$

である．定常電流では

$$\int dV' \mathbf{x} \cdot \mathbf{x}' \mathbf{J}(\mathbf{x}') = -\int dV' \mathbf{x}' \mathbf{x} \cdot \mathbf{J}(\mathbf{x}') = \frac{1}{2} \int dV' \{\mathbf{x}' \times \mathbf{J}(\mathbf{x}')\} \times \mathbf{x} \tag{8.8}$$

になるから (8.1) が得られる．(8.1) はまた

$$\mathbf{A} = -\frac{\mu_0}{4\pi} \mathbf{m} \times \boldsymbol{\nabla} \frac{1}{r} = \frac{\mu_0}{4\pi} \boldsymbol{\nabla} \times \frac{\mathbf{m}}{r} \tag{8.9}$$

と書くことができる．こうして，任意の局在した電流がつくるベクトルポテンシャルは，十分遠方で磁気モーメントのつくるベクトルポテンシャルと同じになる．全電荷が 0 ではない電荷分布の双極子モーメント $\mathbf{p} = \int dV \mathbf{x} \varrho$ が座標の原点の取り方に依存して決まるのに対し，定常電流の磁気モーメントは，$\int dV \mathbf{J} = 0$ のため，座標の原点の取り方によらない固有の値を持つ．

ベクトルポテンシャル (8.9) から磁場

$$\mathbf{B} = \frac{\mu_0}{4\pi} \boldsymbol{\nabla} \times \left(\boldsymbol{\nabla} \times \frac{\mathbf{m}}{r} \right) = \frac{\mu_0}{4\pi} \boldsymbol{\nabla}\boldsymbol{\nabla} \cdot \frac{\mathbf{m}}{r} - \frac{\mu_0}{4\pi} \nabla^2 \frac{\mathbf{m}}{r} \tag{8.10}$$

を計算してみよう．右辺第 1 項に (3.33)，第 2 項に (3.26) を用いると

$$\mathbf{B} = \frac{\mu_0}{4\pi} \left(3 \frac{\mathbf{m} \cdot \mathbf{x}\mathbf{x}}{r^5} - \frac{\mathbf{m}}{r^3} \right) + \frac{2\mu_0}{3} \mathbf{m}\delta(\mathbf{x}) \tag{8.11}$$

である．$\mathbf{B}$ の回転密度を計算すると

$$\boldsymbol{\nabla} \times \mathbf{B} = -\nabla^2 \mathbf{A} = \frac{\mu_0}{4\pi} \mathbf{m} \times \boldsymbol{\nabla}\nabla^2 \frac{1}{r} = -\mu_0 \mathbf{m} \times \boldsymbol{\nabla}\delta(\mathbf{x})$$

である．すなわち，$\mathbf{B}$ は原点に流れる電流密度

$$\mathbf{J}^M = -\mathbf{m} \times \boldsymbol{\nabla}\delta(\mathbf{x}) = \boldsymbol{\nabla} \times \mathbf{M} \tag{8.12}$$

によってつくられた磁場である（対応する電荷密度 ϱ^M は存在しないから，$\boldsymbol{\nabla} \cdot \mathbf{J}^M = \boldsymbol{\nabla} \cdot \boldsymbol{\nabla} \times \mathbf{M} = 0$ により連続の方程式が成り立つ）．

$$\mathbf{M} = \mathbf{m}\delta(\mathbf{x}) \tag{8.13}$$

は磁気モーメント密度である．

8.2 磁気 4 極子モーメント

(8.5) の展開で，磁気 4 極子モーメント以上の高次の項からの寄与が生じる．(8.5) の次の項からのベクトルポテンシャルへの寄与は

$$A_k(\mathbf{x}) = \frac{\mu_0}{4\pi} \frac{1}{2} \partial_i \partial_j \frac{1}{r} \int dV' x'_i x'_j J_k(\mathbf{x}')$$

である．(8.6) の J_k に $x_i x_j J_k$ を適用すると

$$\int dV x_i x_j J_k = -\int dV x_k \partial_l (x_i x_j J_l) = -\int dV x_k (x_j J_i + x_i J_j)$$

になるから，左辺と右辺を $\frac{2}{3} : \frac{1}{3}$ で加え

$$\int dV \left\{ \frac{2}{3} x_i x_j J_k - \frac{1}{3} x_k (x_j J_i + x_i J_j) \right\} = -\epsilon_{kin} (\mathsf{q}_\mathrm{m})_{jn} - \epsilon_{kjn} (\mathsf{q}_\mathrm{m})_{in}$$

が得られる．ここで磁気 4 極子モーメント

$$\mathsf{q}_\mathrm{m} = \frac{1}{3}\int dV \mathbf{x}\mathbf{x} \times \mathbf{J}(\mathbf{x}) \tag{8.14}$$

を定義した．ダイアド q_m は 2 階のテンソルで，そのトレイスは明らかに 0 である ($x_i\epsilon_{ijk}x_jJ_k = \mathbf{x}\times\mathbf{x}\cdot\mathbf{J} = 0$)．こうして磁気 4 極子モーメントのつくるベクトルポテンシャルは

$$\mathbf{A} = -\frac{\mu_0}{4\pi}\boldsymbol{\nabla}\times\left(\boldsymbol{\nabla}\cdot\frac{\mathsf{q}_\mathrm{m}}{r}\right)$$

と表すことができる．このベクトルポテンシャルは電流密度

$$\mathbf{J}^Q = -\frac{1}{\mu_0}\nabla^2\mathbf{A} = \frac{1}{4\pi}\boldsymbol{\nabla}\times\left(\boldsymbol{\nabla}\cdot\mathsf{q}_\mathrm{m}\nabla^2\frac{1}{r}\right) = \boldsymbol{\nabla}\times\mathbf{M}^Q$$

によってつくられている．

$$\mathbf{M}^Q = -\boldsymbol{\nabla}\cdot\mathsf{Q}_\mathrm{m}, \qquad \mathsf{Q}_\mathrm{m} = \mathsf{q}_\mathrm{m}\delta(\mathbf{x}) \tag{8.15}$$

は磁気 4 極子モーメント密度 Q_m の磁気モーメント密度への寄与である．

高次の多極子の寄与も同様である．局在電流を多極子展開すると，原点にある電流密度 $\mathbf{J}^M$, $\mathbf{J}^Q$, $\cdots$ を用いて表すことができ，

$$\mathbf{J} = \mathbf{J}^M + \mathbf{J}^Q + \cdots = \boldsymbol{\nabla}\times\mathbf{M}^\mathrm{tot} \tag{8.16}$$

になる．定常電流密度がベクトル場の回転密度で書けるのは，循環的ベクトル場の一般的性質である（A.3 節ヘルムホルツの定理）．

$$\mathbf{M}^\mathrm{tot} = \mathbf{M} + \mathbf{M}^Q + \cdots = \mathbf{M} - \boldsymbol{\nabla}\cdot\mathsf{Q}_\mathrm{m} + \cdots$$

はすべての多極子の寄与を加えた磁気モーメント密度である．

8.3 補助場 H

磁気モーメントのつくる磁場 (8.11) は，デルタ関数の部分を無視すれば，電気双極子の電場を与える (3.34) において，$\frac{1}{\epsilon_0}\mathbf{p}$ を $\mu_0\mathbf{m}$ で置きかえたものになっている．このことから磁場をスカラー関数で表すことができそうである．実際，電流密度のない場所では $\boldsymbol{\nabla}\times\mathbf{B} = 0$ だから，$\mathbf{B}$ はスカラー関数の勾配で書くことができる．だがそうすると $\boldsymbol{\nabla}\cdot\mathbf{B} = 0$ が成り立たなくなる．現在に至るまで，電荷に対応する磁荷は発見されていない．$\mathbf{B}$ はいかなる場

合にも $\nabla \cdot \mathbf{B} = 0$ になる基本的な量である．ところで，(8.16) で示したように，任意の定常電流密度は $\mathbf{J} = \nabla \times \mathbf{M}$ と書くことができる（$\mathbf{M}^{\text{tot}}$ を略して $\mathbf{M}$ とする）．補助場

$$\mathbf{H} = \frac{1}{\mu_0}\mathbf{B} - \mathbf{M} \tag{8.17}$$

を定義すると，アンペールの法則 $\nabla \times (\mathbf{B} - \mu_0 \mathbf{M}) = 0$ から，$\mathbf{H}$ は

$$\nabla \times \mathbf{H} = 0 \tag{8.18}$$

を満たす．したがって，$\mathbf{H}$ は，空間のいたるところで，スカラー関数 ϕ_{m} を用いて

$$\mathbf{H} = -\frac{1}{\mu_0}\nabla \phi_{\mathrm{m}} \tag{8.19}$$

のように書ける．この ϕ_{m} をグリーンは磁位（磁気ポテンシャル）と呼んだ．(8.17) によって関係づけられた $\mathbf{B}$ と $\mathbf{H}$ の区別をしたのは W. トムソン (1851) だが，それぞれ「電磁的に定義した磁気力」，「極によって定義した磁気力」と呼んだ．$\mathbf{B}$, $\mathbf{H}$ の記号はマクスウェルによるもので，それぞれ「磁気誘導」，「磁気力」と呼んだ．だが，いずれも歴史的な用語である．$\mathbf{B}$ を磁場と呼び，補助的な量 $\mathbf{H}$ には名前をつけない方がよい．$\mathbf{B}$ を磁束密度，$\mathbf{H}$ を磁場の強さと呼ぶのは主客が逆転している．

こうして，磁気モーメントのつくる磁場は磁位

$$\phi_{\mathrm{m}} = \frac{\mu_0}{4\pi}\mathbf{m} \cdot \frac{\mathbf{x}}{r^3} \tag{8.20}$$

によって表され，$\mathbf{H}$ は

$$\mathbf{H} = \frac{1}{4\pi}\left(3\frac{\mathbf{m}\cdot\mathbf{x}\mathbf{x}}{r^5} - \frac{\mathbf{m}}{r^3}\right) - \frac{1}{3}\mathbf{m}\delta(\mathbf{x}) \tag{8.21}$$

になる．$\mathbf{B}$ と $\mathbf{H}$ の間には，(8.13) で定義した磁気モーメント密度 $\mathbf{M}$ を用いて (8.17) の関係があり，原点以外で $\mathbf{H} = \frac{1}{\mu_0}\mathbf{B}$ を満たしている．(8.18) は，$\mathbf{H}$ が電流ではなく，磁気モノポールのつくる場であることを表している．実際，$\mathbf{H}$ の発散密度を計算すると，

$$\nabla \cdot \mathbf{H} = -\mathbf{m}\cdot\nabla\delta(\mathbf{x}) = \varrho_{\mathrm{m}}^{M}, \qquad \varrho_{\mathrm{m}}^{M} = -\nabla\cdot\mathbf{M} \tag{8.22}$$

を満たす．これは，電気双極子の電荷密度 $\varrho^P = -\mathbf{p}\cdot\boldsymbol{\nabla}\delta(\mathbf{x})$ がつくる電場が満たす方程式 (3.35), $\boldsymbol{\nabla}\cdot\mathbf{E} = -\frac{1}{\epsilon_0}\mathbf{p}\cdot\boldsymbol{\nabla}\delta(\mathbf{x})$, に対応し，接近した磁荷対による磁荷密度 ϱ_m^M が $\mathbf{H}$ をつくることを表している．磁気双極子，あるいは磁気 2 重極という用語はこの対応関係に由来する．ϱ_m^M がつくるのはあくまでも補助場 $\mathbf{H}$ である．もし磁気モノポールが存在すれば，磁気モノポール密度 ϱ_m は

$$\boldsymbol{\nabla}\cdot\mathbf{B} = \mu_0 \varrho_\mathrm{m}, \qquad \boldsymbol{\nabla}\cdot\mathbf{H} = \varrho_\mathrm{m} + \varrho_\mathrm{m}^M$$

のように，$\mathbf{B}$ をつくり，$\varrho_\mathrm{m} + \varrho_\mathrm{m}^M$ が $\mathbf{H}$ をつくることになる．

電気双極子と同じように，磁気双極子のつくる磁場を計算してみよう．磁荷 q_m を持った粒子が原点に静止しているとき，磁位は

$$\phi_\mathrm{m} = \frac{\mu_0 q_\mathrm{m}}{4\pi r}$$

である．微小距離 $\mathbf{l}$ だけ離した磁荷 $\pm q_\mathrm{m}$ がつくる磁位を (8.20) と比較すれば

$$\mathbf{m} = q_\mathrm{m}\mathbf{l} \tag{8.23}$$

が得られる．$IS = q_\mathrm{m} l$ の関係があれば，原点に置いた微小電流がつくる磁場と磁気双極子がつくる磁場は $z = \pm\frac{1}{2}l$ 間の線分上を除いて同じである（$\mu_0 q_\mathrm{m}$ を磁荷とする EH 対応もあるが，本書では EB 対応を採用する）．この線分上では，電流の磁場は上向きで，外の磁場と連続しているのに対し，磁気双極子の磁場は下向きで，外の磁場と不連続である．$z = \pm\frac{1}{2}l$ にある 2 つの面積 S 上の磁荷 $\pm q_\mathrm{m}$ は，下向きの磁場

$$\mathbf{B}_\mathrm{in} = -\frac{\mu_0 q_\mathrm{m}}{S}\mathbf{e}_z = -\frac{\mu_0}{V}\mathbf{m}$$

をつくる．ここで $V = Sl$ は 2 つの面で囲まれた領域の体積である．体積を限りなく小さくすると

$$\mathbf{B}_\mathrm{in} = -\mu_0 \mathbf{m}\delta(\mathbf{x}) = -\mu_0 \mathbf{M}$$

が得られる．この B_in が電流のつくる磁場との差であるから

$$\mathbf{H} = \frac{1}{\mu_0}(\mathbf{B} + \mathbf{B}_\mathrm{in}) = \frac{1}{\mu_0}\mathbf{B} - \mathbf{M}$$

すなわち (8.17) が得られる．

8.4 磁場中の磁気モーメント

位置 $\mathbf{z}$ にある磁気モーメント $\mathbf{m}$ は，(8.12) から，電流密度

$$\mathbf{J}^M(\mathbf{x}) = -\mathbf{m} \times \boldsymbol{\nabla} \delta(\mathbf{x} - \mathbf{z}) \tag{8.24}$$

によってつくられている．実際，これを (8.2) に代入すると

$$-\frac{1}{2}\int dV \mathbf{x} \times (\mathbf{m} \times \boldsymbol{\nabla})\delta(\mathbf{x} - \mathbf{z}) = -\frac{1}{2}(\mathbf{m} \times \boldsymbol{\nabla_z}) \times \mathbf{z} = \mathbf{m}$$

になり，磁気モーメントが得られる（$\boldsymbol{\nabla_z}$ は $\mathbf{z}$ に関するナブラ）．

磁場 $\mathbf{B}$ が磁気モーメントに作用する力を計算してみよう．(7.14) から電流が磁場 $\mathbf{B}$ から受ける力 $\mathbf{F} = \int dV \mathbf{J}^M \times \mathbf{B}$ は

$$\mathbf{F} = -\int dV \{\mathbf{m} \times \boldsymbol{\nabla} \delta(\mathbf{x} - \mathbf{z})\} \times \mathbf{B}(\mathbf{x}) = (\mathbf{m} \times \boldsymbol{\nabla_z}) \times \mathbf{B} \tag{8.25}$$

である．$\boldsymbol{\nabla_z} \cdot \mathbf{B} = 0$ により

$$\mathbf{F} = -\boldsymbol{\nabla_z} V, \qquad V = -\mathbf{m} \cdot \mathbf{B} \tag{8.26}$$

が得られる．すなわち，磁場中で磁気モーメントは $-\mathbf{m} \cdot \mathbf{B}$ のポテンシャルエネルギーを持つ．(8.26) は，(3.38) で与えられた外電場中の電気双極子モーメントが持つポテンシャルエネルギー $V = -\mathbf{p} \cdot \mathbf{E}$ に対応している．磁気モーメントにも磁場の方向に向くように力が働くのである．

また磁気モーメントが磁場中で受けるトルク $\mathbf{N} = \int dV \mathbf{x} \times (\mathbf{J}^M \times \mathbf{B})$ は

$$\begin{aligned}\mathbf{N} &= \int dV \mathbf{x} \times \{\mathbf{m}\mathbf{B}(\mathbf{x}) \cdot \boldsymbol{\nabla} - \mathbf{m} \cdot \mathbf{B}(\mathbf{x})\boldsymbol{\nabla}\}\delta(\mathbf{x} - \mathbf{z}) \\ &= \mathbf{m} \times \mathbf{B} + \mathbf{m} \times \mathbf{z}\boldsymbol{\nabla_z} \cdot \mathbf{B} + \mathbf{z} \times \boldsymbol{\nabla_z}(\mathbf{m} \cdot \mathbf{B})\end{aligned}$$

である．右辺第 2 項は $\boldsymbol{\nabla_z} \cdot \mathbf{B} = 0$ により消える．これからトルクは

$$\mathbf{N} = \mathbf{m} \times \mathbf{B} + \mathbf{z} \times \mathbf{F} \tag{8.27}$$

で与えられる．これは (3.39) で与えられた電場中の電気双極子モーメントに働くトルク $\mathbf{N} = \mathbf{p} \times \mathbf{E} + \mathbf{z} \times \mathbf{F}$ に対応している．

位置 $\mathbf{z}_2$ にある磁気モーメント $\mathbf{m}_2$ が位置 $\mathbf{z}_1$ につくる磁場は

$$\mathbf{B}(\mathbf{z}_1) = \frac{\mu_0}{4\pi}\left(3\frac{\mathbf{m}_2 \cdot \mathbf{r}\mathbf{r}}{r^5} - \frac{\mathbf{m}_2}{r^3}\right) + \frac{2\mu_0}{3}\mathbf{m}_2 \delta(\mathbf{r})$$

になる（$\mathbf{r} = \mathbf{z}_1 - \mathbf{z}_2$ とした）．したがって磁気モーメント $\mathbf{m}_1$ に作用するトルクは $\mathbf{m}_1 \times \mathbf{B}(\mathbf{z}_1)$ である．磁石が別の磁石に作用する力が距離の逆 3 乗に比例することは，ニュートンが『自然哲学の数学的原理』(1687) で述べている．(8.26) を用いると

$$V_{12} = -\frac{\mu_0}{4\pi}\left(3\frac{\mathbf{m}_1 \cdot \mathbf{r} \mathbf{m}_2 \cdot \mathbf{r}}{r^5} - \frac{\mathbf{m}_1 \cdot \mathbf{m}_2}{r^3}\right) - \frac{2\mu_0}{3}\mathbf{m}_1 \cdot \mathbf{m}_2 \delta(\mathbf{r}) \quad (8.28)$$

が $\mathbf{m}_1$ と $\mathbf{m}_2$ の相互作用エネルギーである．11.7 節で触れるように，水素原子基底状態の超微細構造は (8.28) のデルタ関数項によって説明できる．もし，磁気モーメントの原因が磁気双極子で，それが (8.21) で与えられた $\mathbf{H}$ をつくっているとすると，デルタ関数項の係数は，符号が逆で大きさは $\frac{1}{2}$ になり，実験事実を説明できない．微視的には，磁場が $\mathbf{H}$ ではなく，$\mathbf{B}$ である証拠である．

(8.27) の第 1 項が磁気モーメントの位置から測ったトルク $\mathbf{N} = \mathbf{m} \times \mathbf{B}$ である．(8.23) の対応関係を使えば $\mathbf{N} = q_\mathrm{m} \mathbf{l} \times \mathbf{B}$ になるが，q_m に働く力を $\mathbf{F}$，$-q_\mathrm{m}$ に働く力を $-\mathbf{F}$ とすると，トルクは $\mathbf{N} = \mathbf{l} \times \mathbf{F}$ になるから，電荷 q が電場から受ける力 $\mathbf{F} = q\mathbf{E}$ に対応する

$$\mathbf{F} = q_\mathrm{m} \mathbf{B} \quad (8.29)$$

が得られる．$\mathbf{m} \times \mathbf{M} = 0$ から $\mathbf{N} = \mu_0 \mathbf{m} \times \mathbf{H}$ のように補助場 $\mathbf{H}$ を用いても書くことができる．そのときは $\mathbf{F} = \mu_0 q_\mathrm{m} \mathbf{H}$ になる．$\mathbf{H}$ を磁気力と呼んだのはこの電場との対応にあったが，$\mathbf{E}$ との類似はそれだけで，電流には $\mathbf{B}$ を通して力が働く．$\mathbf{H}$ を磁気力，磁場の強さなどと呼ぶのは適切ではない．位置 $\mathbf{z}_2$ に置いた磁荷 $q_{\mathrm{m}2}$ が磁場

$$\mathbf{B}(\mathbf{x}) = \frac{\mu_0 q_{\mathrm{m}2}}{4\pi} \frac{\mathbf{x} - \mathbf{z}_2}{|\mathbf{x} - \mathbf{z}_2|^3}$$

をつくり，位置 $\mathbf{z}_1$ にある磁荷 $q_{\mathrm{m}1}$ に力

$$\mathbf{F}_{12} = q_{\mathrm{m}1} \mathbf{B}(\mathbf{z}_1) = \frac{\mu_0 q_{\mathrm{m}1} q_{\mathrm{m}2}}{4\pi} \frac{\mathbf{r}}{r^3}$$

が作用する．これがミッチェル，マイアーの発見した磁荷間の逆 2 乗則で，後にクーロンが確かめ，クーロンの法則と呼ばれるようになったことは 2.1 節で述べた．

8.5 ヴェーバーとコールラウシュ：光速度の電磁的測定

1.6 節で触れたように，マクスウェルはヴェーバーとコールラウシュの k_e/k_m 比の測定結果を使って光の電磁波説に到達した．面積 S の平行板コンデンサーに電荷をため，極板間に働く力 F を測定すると，電荷は $q = \sqrt{FS/2\pi k_e}$ である．この電荷を半径 a の円形コイルを通して放電してみよう．子午線面内に置いたコイルの中心に磁気モーメント $\mathbf{m}$ を持つ磁石を置き，地球磁場を $\mathbf{B}_0$，環状電流がつくる磁場を $\mathbf{B}$ とすると，磁石の角運動量 l に対する運動方程式は

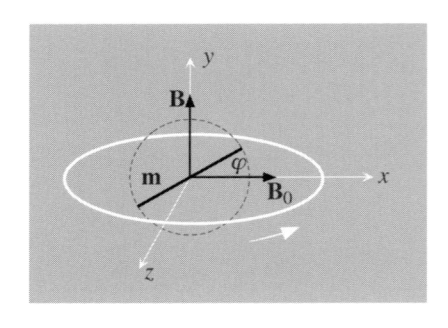

図 8.2 光速度の電磁的測定

$$\dot{\mathbf{l}} = \mathbf{m} \times (\mathbf{B}_0 + \mathbf{B})$$

である．$\mathbf{B}_0$ を x 方向，$\mathbf{B}$ を y 方向に取り，磁石は xy 面内にあるとするとトルクは z 軸方向を向いている．z 軸のまわりの磁石の慣性モーメントを A，磁石の回転角を φ とすると，$l_z = A\dot\varphi$ に対する運動方程式は

$$A\ddot\varphi = -mB_0 \sin\varphi + mB\cos\varphi$$

になる．短い時間 Δt の間に電流 $I = q/\Delta t$ が流れると，磁石は $mB\Delta t$ の角運動量（力積のモーメント）を受け取る．放電後，磁石は周期

$$T = 2\pi\sqrt{\frac{A}{mB_0}}$$

で微小振動し，その振幅は

$$\varphi_0 = \frac{T}{2\pi}\frac{mB\Delta t}{A} = k_m \frac{mqT}{Aa}$$

である．(7.38) から，B は平均 $2\pi k_m I/a$ であるとすると，q は

$$q = \frac{1}{k_m}\frac{B_0 a \varphi_0 T}{4\pi^2} \tag{8.30}$$

で与えられる．

一方，(8.11) から，磁石は軸上 r だけ離れた場所で磁場 $B' = 2k_\mathrm{m} m/r^3$ をつくるから，地球磁場に直交して置くと，合成磁場は $\tan\alpha = B'/B_0$ で与えられる角度 α だけ地球磁場から傾く．α と T の測定値から B_0 は

$$B_0 = \frac{2\pi}{T}\sqrt{\frac{AB_0}{m}} = \frac{2\pi}{T}\sqrt{k_\mathrm{m}\frac{2A}{r^3 \tan\alpha}}$$

によって決まる．ヴェーバーとコールラウシュは，コンデンサーの電荷を静電単位で，放電した同じ電荷 (8.30) を電磁単位で測定した q_es と q_em から $c = q_\mathrm{es}/q_\mathrm{em}$ を決めたのである．SI 単位ではコンデンサーの電荷を (8.30) に等置すると

$$c = \sqrt{\frac{k_\mathrm{e}}{k_\mathrm{m}}}$$

は長さ・質量・時間の測定によって決まる．記号 c はヴェーバーが運動する電荷間の力を記述する定数として導入したもので $\sqrt{2}$ だけ定義が異なっていた．ヴェーバーはその数値 $\sqrt{2}c = 4.3945 \times 10^8\,\mathrm{m\,s^{-1}}$ が光速度に近いことに気づいたが，光を電磁波と確信したのはマクスウェルである．マクスウェルが c を測定するのは 1868 年になってからで，その値は $2.88 \times 10^8\,\mathrm{m\,s^{-1}}$ だった．

8.6　アンペールの定理：等価双極子層

ベクトルポテンシャル (7.26) を積分定理 (A.30) によって面積分に書き直すと

$$\mathbf{A}(\mathbf{x}) = \frac{\mu_0 I}{4\pi}\oint \frac{d\mathbf{x}'}{|\mathbf{x}-\mathbf{x}'|} = \frac{\mu_0 I}{4\pi}\int dS'\,\mathbf{n}' \times \boldsymbol{\nabla}' \frac{1}{|\mathbf{x}-\mathbf{x}'|}$$

である．さらに，$\boldsymbol{\nabla}'$ を $-\boldsymbol{\nabla}$ に置きかえ，積分の外に出すと

$$\mathbf{A}(\mathbf{x}) = \frac{\mu_0 I}{4\pi}\boldsymbol{\nabla} \times \int dS'\,\frac{\mathbf{n}'}{|\mathbf{x}-\mathbf{x}'|}$$

になるから，磁場 $\mathbf{B} = \boldsymbol{\nabla} \times \mathbf{A}$ は

$$\mathbf{B}(\mathbf{x}) = \frac{\mu_0 I}{4\pi}\left(\boldsymbol{\nabla}\boldsymbol{\nabla}\cdot\int dS'\,\frac{\mathbf{n}'}{|\mathbf{x}-\mathbf{x}'|} - \nabla^2\int dS'\,\frac{\mathbf{n}'}{|\mathbf{x}-\mathbf{x}'|}\right)$$

で与えられる．(3.26) を用いると右辺第 2 項は $\mu_0 \mathbf{M}$ になる．$\mathbf{M}$ は磁気モーメント密度で

$$\mathbf{M}(\mathbf{x}) = I \int dS' \mathbf{n}' \delta(\mathbf{x} - \mathbf{x}') = I\mathbf{n}\delta(n) \tag{8.31}$$

によって与えられる．ループ電流 I を端とする面を面積要素 dS' に分割すると，それぞれの面積要素のまわりを同じ電流 I が流れていると考えてよい．共有する端を持つ面積要素同士で電流は打ち消しあうからである．微小電流は磁気モーメント $I\mathbf{n}'dS'$ を持つから，磁気モーメントが面上に分布した磁気双極子層と考えることができる．微小電流の磁気モーメント密度が $d\mathbf{M} = I\mathbf{n}'dS'\delta(\mathbf{x} - \mathbf{x}')$ であるから，閉回路電流 I の持つ磁気モーメント密度が (8.31) で与えられるのである．そこで，(8.17) によって定義した補助場 $\mathbf{H} = \frac{1}{\mu_0}\mathbf{B} - \mathbf{M}$ は，$\mathbf{H} = -\frac{1}{\mu_0}\boldsymbol{\nabla}\phi_\mathrm{m}$ によって磁位

$$\phi_\mathrm{m}(\mathbf{x}) = \frac{\mu_0 I}{4\pi} \int dS' \mathbf{n}' \cdot \frac{\mathbf{x} - \mathbf{x}'}{|\mathbf{x} - \mathbf{x}'|^3} \tag{8.32}$$

で表すことができる．対応する電気双極子層の電位 (3.40) が，ガウスの公式によって，その面積を観測点から見る立体角 Ω で (3.41) のように書き表せたように，磁位も

$$\phi_\mathrm{m}(\mathbf{x}) = -\frac{\mu_0 I}{4\pi}\Omega \tag{8.33}$$

と書ける．面積 S の閉回路からの距離が十分大きい観測点で，$\mathbf{x}$ と法線のなす角度を ψ とすると，$\Omega = -S\cos\psi/r^2$ および $|\mathbf{m}| = IS$ から

$$\phi_\mathrm{m}(\mathbf{x}) = \frac{\mu_0 I}{4\pi}\frac{S\cos\psi}{r^2} = \frac{\mu_0}{4\pi}\mathbf{m} \cdot \frac{\mathbf{x}}{r^3} \tag{8.34}$$

になり，(8.20) と一致する．立体角は回路の外を回って回路を通過し 1 周すると 4π 減少し，回路を通過した後，外を 1 周すると 4π 増加するから，磁位は電流を 1 周すると $\mu_0 I$ だけ増減する．したがって，磁位は位置の関数として多価関数である．これは磁場が保存場ではないからである．電流を 1 周する閉曲線上で $\mathbf{B}$ の線積分を考えよう．$\mathbf{H}$ は磁位の勾配で書かれているから

$$\oint d\mathbf{x} \cdot \mathbf{H}(\mathbf{x}) = -\frac{1}{\mu_0}\oint d\mathbf{x} \cdot \boldsymbol{\nabla}\phi_\mathrm{m} = 0$$

である．$\mathbf{M}$ を考慮しない通常の $\mathbf{H}$ の定義と異なり，$\oint d\mathbf{x} \cdot \mathbf{H}(\mathbf{x}) = I$ とならないことに注意しよう．一方，$\mathbf{M}$ の 1 周積分は

$$\oint d\mathbf{x} \cdot \mathbf{M}(\mathbf{x}) = I \oint d\mathbf{x} \cdot \mathbf{n}\delta(n) = I \oint dn\delta(n) = I$$

になる．したがってアンペールの回路定理 $\oint d\mathbf{x} \cdot \mathbf{B}(\mathbf{x}) = \mu_0 I$ が得られる．

磁気モーメント $\mathbf{m}$ がつくる磁位 (8.34) は，電気双極子モーメント $\mathbf{p}$ がつくる電位において $\frac{1}{\epsilon_0}\mathbf{p}$ を $\mu_0 \mathbf{m}$ に置きかえたものである．上でも述べたように，面積要素ベクトル $\mathbf{n}dS$ の磁気モーメントは $I\mathbf{n}dS$ で与えられる．そこで

$$\boldsymbol{\tau}_{\mathrm{m}} = I\mathbf{n}$$

が磁気モーメント面密度である．ループ電流のつくる磁位は $\boldsymbol{\tau}_{\mathrm{m}}$ のつくる磁位を加えた (8.32) である．これは電気双極子層の電位 (3.40) で $\frac{1}{\epsilon_0}\boldsymbol{\tau}$ を $\mu_0\boldsymbol{\tau}_{\mathrm{m}}$ に置きかえたものである．電位の勾配が $\mathbf{E}$ であり，磁位の勾配が $\mathbf{B}$ であるから，電気双極子層がつくる $\mathbf{E}$ とループ電流がつくる $\mathbf{B}$ は $\frac{1}{\epsilon_0}\boldsymbol{\tau} \to \mu_0 I$ の対応関係にある．具体例として，電気双極子層の電場 (3.45) において $\frac{1}{\epsilon_0}\boldsymbol{\tau}$ を $\mu_0 I$ で置きかえれば環状電流のつくる磁場 (7.38) になることはすでに見たことである．こうして，ループ電流は磁気モーメントが層状になった板磁石と等価である．これをアンペールの等価双極子層の法則と呼ぶ．マクスウェルはこの事実を用いてアンペールの回路定理とアンペールの法則を導いた．

8.7 回転する荷電球
8.7.1 回転荷電球殻

電荷面密度 σ で表面に一様に分布した半径 a の球殻を角速度 ω で回転させたとき，球面上の電荷が運動するために流れる電流が球の内外につくる磁場を求めよう．球殻を天頂角 $d\theta$ のリングに分割すると，リング上の電荷は

$$dq = 2\pi a \sin\theta \cdot \sigma a d\theta = 2\pi a^2 \sigma \sin\theta d\theta$$

である．リングが 1 回転するごとに dq の電荷がリングの任意の幅 $ad\theta$ の断面を通過する．リングは 1 秒に $\omega/2\pi$ 回回転するから円形電流は

$$dI = \frac{\omega}{2\pi}dq = \sigma\omega a^2 \sin\theta d\theta$$

である．面電流密度 K はこれを幅 $ad\theta$ で割った

$$K = \sigma\omega a \sin\theta$$

である．円形電流は磁気モーメント

$$dm = \pi(a\sin\theta)^2 dI = \pi a^4 \omega \sin^3\theta d\theta$$

を持つ．これを積分すると球殻の磁気モーメントは

$$m = \pi a^4 \omega \int_0^\pi d\theta \sin^3\theta = MV \tag{8.35}$$

である．$V = \frac{4\pi}{3}a^3$ は球の体積で，

$$M = \sigma\omega a$$

は磁気モーメント密度になっている．

以上をベクトルで書いてみよう．角速度を $\boldsymbol{\omega}$，球の中心を原点に取り，球面上の位置座標を $\mathbf{x}$ とすると，その位置での電荷の速度は $\mathbf{v} = \boldsymbol{\omega} \times \mathbf{x}$ である．回転軸を z 軸に選ぶと，球面の面電流密度は

$$\mathbf{K}(\mathbf{x}) = \sigma\mathbf{v} = \frac{M}{a}\mathbf{e}_z \times \mathbf{x} \tag{8.36}$$

で与えられる．球面上の電流がつくる磁気モーメントは (8.3) を用いて

$$\mathbf{m} = \frac{1}{2}\oint dS \mathbf{x} \times \mathbf{K}(\mathbf{x}) = \frac{M}{2a}\oint dS(a^2\mathbf{e}_z - \mathbf{e}_z \cdot \mathbf{x}\mathbf{x})$$

を計算すればよい．$\mathbf{m}$ は z 成分しかなく，その大きさは

$$m = \frac{1}{2}Ma^3 \int_0^\pi d\theta \sin\theta \cdot \sin^2\theta \int_0^{2\pi} d\varphi = MV$$

で (8.35) と同じである．

この電流が観測点 $\mathbf{x}$ につくるベクトルポテンシャルは

$$\mathbf{A}(\mathbf{x}) = \frac{\mu_0}{4\pi}\oint dS' \frac{\mathbf{K}(\mathbf{x}')}{|\mathbf{x} - \mathbf{x}'|} = \frac{\mu_0 M}{4\pi a}\mathbf{e}_z \times \oint dS' \frac{\mathbf{x}'}{|\mathbf{x} - \mathbf{x}'|}$$

によって与えられる．この表面積分の結果は $\mathbf{x}$ に比例するから

$$\begin{aligned}
\oint dS' \frac{\mathbf{x}'}{|\mathbf{x} - \mathbf{x}'|} &= \frac{\mathbf{x}}{r^2}\oint dS' \frac{\mathbf{x} \cdot \mathbf{x}'}{|\mathbf{x} - \mathbf{x}'|} \\
&= \mathbf{x}\frac{a^2}{r^2}\int_0^\pi d\theta' \sin\theta' \int_0^{2\pi} d\varphi' \frac{ar\cos\theta'}{\sqrt{a^2 + r^2 - 2ar\cos\theta'}} \\
&= \mathbf{x}\frac{\pi a}{r^3}\int_{|a-r|}^{a+r} dR(a^2 + r^2 - R^2)
\end{aligned}$$

を計算すればよい．ここで変数を $R = \sqrt{a^2 + r^2 - 2ar\cos\theta'}$ に変換した．結

8.7 回転する荷電球

果は

$$\mathbf{A} = \begin{cases} \dfrac{\mu_0}{3V}\mathbf{m}\times\mathbf{x}, & (r<a) \\ \dfrac{\mu_0}{4\pi}\mathbf{m}\times\dfrac{\mathbf{x}}{r^3}, & (r>a) \end{cases} \quad (8.37)$$

である．これから磁場を計算すると

$$\mathbf{B} = \boldsymbol{\nabla}\times\mathbf{A} = \begin{cases} \dfrac{2\mu_0}{3V}\mathbf{m}, & (r<a) \\ \dfrac{\mu_0}{4\pi}\left(\dfrac{3\mathbf{m}\cdot\mathbf{xx}}{r^5}-\dfrac{\mathbf{m}}{r^3}\right), & (r>a) \end{cases} \quad (8.38)$$

が得られる．球外では球の中心に磁気モーメント $\mathbf{m}$ を置いた磁場と同じである．球内では一様な磁場がつくられる．

ところで，4.3 節で示したように，球表面に $P\cos\theta$ で分布した電荷分布は球の中心に電気双極子モーメント $p=PV$ を置いたときと同じ電場を球外につくった．磁気モーメント $m=MV$ がつくる磁場は球表面の磁荷分布

$$\sigma_{\mathrm{m}}^M = M\cos\theta$$

がつくる磁場と同じである．だが，電流回路と磁気双極子層が等価なのは双極子層の外側だけである．球を z 軸に垂直な面で輪切りにして磁気双極子層に分割したとき，観測点を中に含まない磁気双極子層は電流回路と等価で，(8.38) で与えられた磁場 $\mathbf{B}=\frac{2}{3V}\mu_0\mathbf{m}$ をつくる．ところが，観測点を中に含む双極子層は，上下面に $\pm M$ の磁荷面密度を持つから，磁場 $\mathbf{B}_{\mathrm{in}}=-\mu_0\mathbf{M}=-\frac{1}{V}\mu_0\mathbf{m}$ をつくる．そこで，球面上の磁荷のつくる補助場 $\mathbf{H}$ はこれらを加えた

$$\mathbf{H} = \frac{1}{\mu_0}(\mathbf{B}+\mathbf{B}_{\mathrm{in}}) = \frac{1}{\mu_0}\mathbf{B}-\mathbf{M} = \frac{2}{3V}\mathbf{m}-\frac{1}{V}\mathbf{m} = -\frac{1}{3V}\mathbf{m}$$

になっている．$\mathbf{H}$ を反磁場とも呼ぶのは，$\mathbf{M}$ と向きが逆になるからである．

球の半径を無限小にすれば磁気双極子になる．そのとき (2.33) で与えたように $\lim_{V\to 0}\{\theta(a-r)/V\} = \delta(\mathbf{x})$ に注意すると，球面の電流が球内につくる磁場は $\mathbf{B}\to\frac{2}{3}\mu_0\mathbf{m}\delta(\mathbf{x})$，球面の磁荷が球内につくる補助場は $\mathbf{H}\to-\frac{1}{3}\mathbf{m}\delta(\mathbf{x})$ になる．ベクトルポテンシャルから計算した磁場と，磁位から計算した補助場のデルタ関数の数因子の違いは，双極子内の差から生じていることは 8.3 節でも示した．

8.7.2 回転荷電球

次に，一様な電荷密度 ϱ で帯電している半径 a の球を回転させたときの磁場を計算してみよう．球内の $\mathbf{x}$ での電流密度は

$$\mathbf{J}(\mathbf{x}) = \varrho\mathbf{v} = \varrho\boldsymbol{\omega}\times\mathbf{x}$$

で与えられる．したがって磁気モーメントは

$$\begin{aligned}
\mathbf{m} &= \frac{1}{2}\int \mathrm{d}V \mathbf{x}\times\mathbf{J}(\mathbf{x}) \\
&= \frac{1}{2}\varrho\omega \int \mathrm{d}V(r^2\mathbf{e}_z - \mathbf{e}_z\cdot\mathbf{xx}) \\
&= \frac{1}{2}\varrho\omega\mathbf{e}_z \int_0^a r^4\mathrm{d}r \int_0^\pi \sin^3\theta\mathrm{d}\theta \int_0^{2\pi}\mathrm{d}\varphi \\
&= \frac{1}{5}\omega a^2 \varrho V \mathbf{e}_z
\end{aligned}$$

になる．

前小節の球殻の計算を利用しても計算できる．球を幅 $\mathrm{d}r$ の球殻に分割し，$M = \sigma\omega a$ を $\varrho\mathrm{d}r\cdot\omega r$ に，m を

$$\mathrm{d}m = \varrho\mathrm{d}r\cdot\omega r\cdot\frac{4\pi}{3}r^3 = \frac{4\pi}{3}\varrho\omega r^4 \mathrm{d}r$$

にすればよいから球の磁気モーメントは

$$m = \frac{4\pi}{3}\varrho\omega\int_0^a r^4 \mathrm{d}r = \frac{1}{5}\omega a^2\varrho V$$

となり，直接計算した結果と一致している．

回転荷電球がつくる磁場は，球を半径 r'，幅 $\mathrm{d}r'$ の球殻に分割し，それぞれの球殻がつくる磁場を加え合わせればよい．1つの球殻が観測点 $\mathbf{x}$ につくる磁場 $\mathrm{d}\mathbf{B}$ は，(8.38) において，$\mathbf{m}$ を $\frac{4\pi}{3}\varrho\omega r'^4\mathrm{d}r'\mathbf{e}_z$ に，V を $\frac{4\pi}{3}r'^3$ に置きかえればよいから

$$\mathrm{d}\mathbf{B} = \begin{cases} \dfrac{2}{3}\mu_0\varrho\omega\mathbf{e}_z r'\mathrm{d}r', & (r < r') \\ \dfrac{\mu_0}{4\pi}\dfrac{4\pi}{3}\varrho\omega r'^4 \mathrm{d}r'\left(\dfrac{3\mathbf{e}_z\cdot\mathbf{xx}}{r^5} - \dfrac{\mathbf{e}_z}{r^3}\right), & (r > r') \end{cases}$$

が得られる．そこですべての球殻についてこれらの $\mathrm{d}\mathbf{B}$ を加えると，球内部

($r < a$) の磁場は

$$\mathbf{B}(\mathbf{x}) = \frac{\mu_0}{4\pi} \frac{4\pi}{3} \varrho\omega \left(\frac{3\mathbf{e}_z \cdot \mathbf{xx}}{r^5} - \frac{\mathbf{e}_z}{r^3} \right) \int_0^r r'^4 \mathrm{d}r' + \frac{2}{3} \mu_0 \varrho\omega \mathbf{e}_z \int_r^a r' \mathrm{d}r'$$

$$= \frac{\mu_0}{4\pi} \left(\frac{3\mathbf{m} \cdot \mathbf{xx}}{r^5} - \frac{\mathbf{m}}{r^3} \right) \frac{r^5}{a^5} + \frac{\mu_0}{4\pi} \frac{5(a^2 - r^2)}{a^5} \mathbf{m}$$

球外部 ($r > a$) の磁場は

$$\mathbf{B}(\mathbf{x}) = \frac{\mu_0}{4\pi} \frac{4\pi}{3} \varrho\omega \left(\frac{3\mathbf{e}_z \cdot \mathbf{xx}}{r^5} - \frac{\mathbf{e}_z}{r^3} \right) \int_0^a r'^4 \mathrm{d}r'$$

$$= \frac{\mu_0}{4\pi} \left(\frac{3\mathbf{m} \cdot \mathbf{xx}}{r^5} - \frac{\mathbf{m}}{r^3} \right)$$

になる．

8.8 シュレーディンガー：地球磁場と光子の質量

　地球磁場は，地球の中心に置いた磁気モーメントがつくる磁場によって近似的に表すことができる（双極子磁場）．地球の極での磁場の垂直成分は 6.2×10^{-5} T で，地理学的な北極から南極に向かう向きを持っている．南極から北極に向かう方向を正に取ると，$B = \frac{2}{3}\mu_0 M$ から，$M = -74\,\mathrm{A\,m^{-1}}$ 程度である．地球の半径 $R_\oplus = 6400\,\mathrm{km}$ を用いると，磁気モーメントは $m = -8.1 \times 10^{22}\,\mathrm{A\,m^2}$ である．そこで，ギルバートが最初に考えたように，地球は巨大な永久磁石のように見えるが，地球磁場の原因はわかっていない．1929 年に松山基範 (1884-1958) は，溶岩の磁化の測定から，地球磁場の極性が過去に逆転していたことを発見した（10.6 節参照）．磁場が逆転していた 100-250 万年前の期間を松山時代と呼ぶ．その後コックス (A. Cox, 1927-87) らによって地球磁場が百万年程度の周期で過去何百回も逆転をくり返したことが証明された (1963)．このような磁場の逆転は永久磁石では説明できない．地球を，前節で考えたような回転する荷電球とすると，表面電荷の符号が変わることによって極性の反転は簡単に説明がつく．もしそうであれば，$M = \sigma\omega R_\oplus$ であるから，電荷面密度は $\sigma = -0.16\,\mathrm{C\,m^{-2}}$ 程度でなければならない．ところが，この電荷がつくる電場はクーロンの定理から $E = \sigma/\epsilon_0 = -1.8 \times 10^{10}\,\mathrm{V\,m^{-1}}$ になり，地表での電場の平均的な

値 $E = -130\,\mathrm{V\,m^{-1}}$ とあまりにも違う．この電場に対応する電荷面密度は $\sigma = -1.2\times 10^{-9}\,\mathrm{C\,m^{-2}}$，地球の持っている全電荷は約 $-6\times 10^5\,\mathrm{C}$ で，電子の 3.7×10^{24} 個分にすぎない．地球の正負電荷はほとんど完全に中和しているのである．また，磁性体を回転させたとき磁化が起こるバーネット効果について 8.12 節で述べるが，その効果も極めて小さい．

現在では，地球内部の，主に鉄の溶けた金属流体中を流れる電流が磁場をつくると考えられている．後に示すように，磁場は導体中で電信方程式 (13.10) を満たす．地球内につくられた磁場は緩和時間 $\tau \sim \mu_0 g/k^2$ 程度で拡散する．半径 $R = 3.48\times 10^6\,\mathrm{m}$ の金属流体に特徴的な波数は $k\sim \pi/R$，電気伝導率は $g\sim 3\times 10^5\,\mathrm{S\,m^{-1}}$ 程度なので，地球内部に磁場がつくられたとしても $\tau\sim 1.5$ 万年でなくなってしまう．1945 年にエルザッサー (W. M. Elsasser, 1904-91) は，地球が回転することによって発電機のようになり，磁場を維持しているとする発電機模型を提唱し，ブラード (E. C. Bullard, 1907-80) がそれを発展させた．

図 **8.3** シュレーディンガー

以下では，地球磁場の測定に基づいて光子の質量の上限を決めることができるシュレーディンガー (E. Schrödinder, 1887-1961) の方法を示そう (1943). 光子が質量を持つとき，電位はプロカ方程式 (4.29) を満たした．同様にベクトルポテンシャルもプロカ方程式

$$(\nabla^2 - \kappa^2)\mathbf{A} = -\mu_0\mathbf{J}$$

を満たす（磁場で表せば $\boldsymbol{\nabla}\times\mathbf{B} + \kappa^2\mathbf{A} = \mu_0\mathbf{J}$，$\boldsymbol{\nabla}\cdot\mathbf{A} = 0$）．グリーン関数 (4.30) を使えば，この方程式の解は，(7.24) のかわりに

$$\mathbf{A}(\mathbf{x}) = \frac{\mu_0}{4\pi}\int dV'\,\frac{\mathbf{J}(\mathbf{x}')}{|\mathbf{x}-\mathbf{x}'|}e^{-\kappa|\mathbf{x}-\mathbf{x}'|}$$

8.8 シュレーディンガー：地球磁場と光子の質量

で与えられる．そこで，磁気モーメントのつくるベクトルポテンシャルは (8.9) の $1/r$ を湯川関数で置きかえればよいから

$$\mathbf{A} = -\frac{\mu_0}{4\pi}\mathbf{m} \times \boldsymbol{\nabla}\frac{\mathrm{e}^{-\kappa r}}{r}$$

が得られる．これから磁場 $\mathbf{B} = \boldsymbol{\nabla} \times \mathbf{A}$ を計算すると

$$\mathbf{B} = \frac{\mu_0}{4\pi}\left(\mathbf{m}\cdot\boldsymbol{\nabla}\boldsymbol{\nabla}\frac{\mathrm{e}^{-\kappa r}}{r} - \mathbf{m}\nabla^2\frac{\mathrm{e}^{-\kappa r}}{r}\right)$$

$$= \frac{1}{3}\frac{\mu_0}{4\pi}\left(\frac{3\mathbf{m}\cdot\mathbf{x}\mathbf{x}}{r^3} - \mathbf{m}\right)\kappa^3 Z(\kappa r) - \frac{2}{3}\frac{\mu_0 \mathbf{m}}{4\pi}\kappa^3 Y(\kappa r) + \frac{2}{3}\mu_0 \mathbf{m}\delta(\mathbf{x})$$

になる．ここで (4.28) と微分公式

$$\partial_i\partial_j\frac{\mathrm{e}^{-\kappa r}}{r} = \frac{1}{3}\left(\frac{3x_i x_j}{r^2} - \delta_{ij}\right)\kappa^3 Z(\kappa r) + \frac{1}{3}\delta_{ij}\kappa^3 Y(\kappa r) - \frac{4\pi}{3}\delta_{ij}\delta(\mathbf{x})$$

$$Y(x) = \frac{\mathrm{e}^{-x}}{x}, \qquad Z(x) = \left(1 + \frac{3}{x} + \frac{3}{x^2}\right)Y(x)$$

を使った．最後のデルタ関数は原点付近の特異性によるもので，$\kappa = 0$ の (3.33) と同じである．地球の半径 $r = R_\oplus$ での値が地球磁場である．

この地球磁場のうち，光子の質量の影響を最も受けるのが右辺第 2 項の，磁気双極子とは向きが逆の，地球表面で一様な磁場 B_ext である．第 1 項の磁気双極子による磁場は，緯度によって異なるが，赤道で最も小さくなる．そこで，第 1 項の赤道での値 $B_\mathrm{d.e.}$ と第 2 項の寄与 B_ext の比を取ると

$$\frac{B_\mathrm{ext}}{B_\mathrm{d.e.}} = \frac{\frac{2}{3}\kappa^2 R_\oplus^2}{1 + \kappa R_\oplus + \frac{1}{3}\kappa^2 R_\oplus^2}$$

である．この比の測定結果は 4×10^{-3} であるから $\kappa < 1.17 \times 10^{-8}\,\mathrm{m}^{-1}$ になる (A. S. Goldhaber, 1940-, M. M. Nieto, 1940-)．これを (4.32) の $\kappa = mc/\hbar$ によって光子の質量に換算し，$m < 4 \times 10^{-51}\,\mathrm{kg}$ が得られた (1968)．この κ の値は極めて小さい．指数関数 $\mathrm{e}^{-\kappa r}$ が 1 と違ってくるのは r が $10^8\,\mathrm{m}$，すなわち，10 万 km 以上の遠方においてであるから，たとえ光子が質量を持っているとしても通常の電磁気の現象にその影響はまったく現れない．

8.9 磁場中の回路に働く力

磁場中の磁気モーメントは，(8.26) で与えられたように，ポテンシャルエネルギー $V = -\mathbf{m}\cdot\mathbf{B}$ を持つ．電流回路と磁気双極子層の等価性から，磁場中の回路も磁気モーメント面密度で表すことができる．

まず簡単な例を取り上げよう．軸対称な磁場があるとき，対称軸を z 軸に選び，円柱座標を取ると，磁場は B_ρ と B_z からなる．いずれも方位角 φ によらない．B_ρ と B_z は

$$\boldsymbol{\nabla}\cdot\mathbf{B} = \frac{1}{\rho}\frac{\partial}{\partial\rho}(\rho B_\rho) + \frac{\partial B_z}{\partial z} = 0 \tag{8.39}$$

の条件のため独立ではない．B_z が z だけの関数である場合は上式を積分して

$$B_\rho = -\frac{1}{2}\rho\frac{dB_z}{dz} \tag{8.40}$$

が得られる．中心軸に半径 a の微小環状電流を置くと，電流に働く力のうち，z 成分のみが残り，(8.40) を使うと

$$F_z = -2\pi a I B_\rho = \pi a^2 I \frac{dB_z}{dz} = m\frac{dB_z}{dz} \tag{8.41}$$

が得られる．$m = \pi a^2 I$ は環状電流の持つ磁気モーメントである．そこで，環状電流はポテンシャルエネルギー $V = -mB_z = -\mathbf{m}\cdot\mathbf{B}$ を持つ．

このポテンシャルエネルギーをもっと一般的に求めてみよう．磁場の中に置いた回路の中を電流が流れると，回路は磁場から力 $\mathbf{F} = I\oint d\mathbf{x}\times\mathbf{B}$ を受ける．この力に逆らって外力を加え，コイルのすべての位置で距離 $\delta\mathbf{r}$ だけコイルを準静的に動かすときの仕事は，回転定理を使い，$\delta\mathbf{r}$ が定数ベクトルであることに注意すると

$$\begin{aligned}\delta V &= -I\oint d\mathbf{x}\times\mathbf{B}\cdot\delta\mathbf{r} \\ &= -I\int dS\,\mathbf{n}\cdot\boldsymbol{\nabla}\times(\mathbf{B}\times\delta\mathbf{r}) \\ &= -I\int dS\,\mathbf{n}\cdot(\delta\mathbf{r}\cdot\boldsymbol{\nabla})\mathbf{B} + I\delta\mathbf{r}\cdot\int dS\,\mathbf{n}\boldsymbol{\nabla}\cdot\mathbf{B}\end{aligned}$$

になるが，3 行目の最後の項は $\boldsymbol{\nabla}\cdot\mathbf{B} = 0$ により消える．そこで δV は $\delta\mathbf{r}$ だけ移動したときの磁場の変化 $\delta\mathbf{B} = \delta\mathbf{r}\cdot\boldsymbol{\nabla}\mathbf{B}$ によって

$$\delta V = -I \int dS \mathbf{n} \cdot \delta \mathbf{B}$$

である．これから外力がする仕事は定数項を除いて

$$V = -I \int dS \mathbf{n} \cdot \mathbf{B} = -I\Phi, \qquad \Phi = \int dS \mathbf{n} \cdot \mathbf{B} \tag{8.42}$$

になる．これが磁場中での回路の持つポテンシャルエネルギーである．

アンペールの等価双極子層の法則から，閉回路はそれを縁とする面上に磁気モーメントが面密度 $\boldsymbol{\tau}_\mathrm{m} = I\mathbf{n}$ で分布した磁気双極子層に等価である．そこで (8.42) は $V = -\boldsymbol{\tau}_\mathrm{m} \cdot \mathbf{B} S = -\mathbf{m} \cdot \mathbf{B}$ になる．$\mathbf{m} = IS\mathbf{n}$ はその磁気モーメントである．これはすでに求めた (8.26) に一致する．また，V は，(8.42) に (7.47) を代入すれば

$$V = -I \oint d\mathbf{x} \cdot \mathbf{A} \tag{8.43}$$

になる．これは 1 つの閉回路に対する表式だが，もっと一般に，電流密度 $\mathbf{J}$ が与えられたときは，$I d\mathbf{x}$ を $\mathbf{J} dV$ で置きかえ

$$V = -\int dV \mathbf{J} \cdot \mathbf{A} \tag{8.44}$$

とすればよい．電場中の電荷のエネルギー (3.5)，$V = \int dV \varrho \phi$ に対応する．

8.10　ノイマンの電気力学ポテンシャル

2 つのコイルがあるとき，コイル 2 がベクトルポテンシャル

$$\mathbf{A}_2(\mathbf{x}) = \frac{\mu_0}{4\pi} I_2 \oint_{\mathrm{C}_2} \frac{d\mathbf{x}'}{|\mathbf{x} - \mathbf{x}'|}$$

をつくるから，コイル 1 のポテンシャルエネルギーは (8.43) から

$$V_{12} = -I_1 \oint_{\mathrm{C}_1} d\mathbf{x} \cdot \mathbf{A}_2(\mathbf{x}) = -L_{12} I_1 I_2, \qquad L_{12} = \frac{\mu_0}{4\pi} \oint_{\mathrm{C}_1} \oint_{\mathrm{C}_2} \frac{d\mathbf{x} \cdot d\mathbf{x}'}{|\mathbf{x} - \mathbf{x}'|} \tag{8.45}$$

と書くことができる．ここで現れた比例係数 L_{12} は相互誘導係数と呼ばれる量である．V_{12} はノイマンの電気力学ポテンシャルと呼ばれている．また L_{12} を与える式をノイマンの公式と言う．それぞれのコイルの電流要素間の力は

(7.4) で与えられるから，電流要素間のポテンシャルエネルギーは

$$d^2 V_{12} = -\frac{\mu_0}{4\pi} I_1 I_2 \frac{d\mathbf{x} \cdot d\mathbf{x}'}{|\mathbf{x} - \mathbf{x}'|}$$

である．したがって，コイル間のポテンシャルエネルギーが (8.45) で与えられることがすぐにわかる．ベクトルポテンシャルに相当する量は F. ノイマンが 1845 年に電気力学ポテンシャルを導くとき初めて導入した．

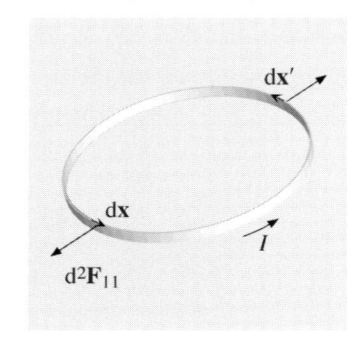

1 つの閉回路の電流要素間にも力が働く．閉回路についてこの力を積分したものがこの電流の自己力である．コイル C_1 に電流 I_1 が流れているとき，このコイル上の任意の電流要素 $I_1 d\mathbf{x}$ と $I_1 d\mathbf{x}'$ の間には (7.4) で与えられるアンペール力

$$d^2 \mathbf{F}_{11} = -\frac{\mu_0}{4\pi} I_1^2 d\mathbf{x} \cdot d\mathbf{x}' \frac{\mathbf{x} - \mathbf{x}'}{|\mathbf{x} - \mathbf{x}'|^3} \tag{8.46}$$

図 **8.4** 電流の自己力

が働く．したがって，自己力は

$$\mathbf{F}_{11} = -\frac{\mu_0}{4\pi} I_1^2 \oint_{C_1} \oint_{C_1} d\mathbf{x} \cdot d\mathbf{x}' \frac{\mathbf{x} - \mathbf{x}'}{|\mathbf{x} - \mathbf{x}'|^3}$$

だが，積分変数 $\mathbf{x}$ と $\mathbf{x}'$ を入れかえれば，積分値の符号が変わるだけであるから $\mathbf{F}_{11} = 0$ である．静電場の自己力が 0 だったように，定常電流の自己力も 0 である．だが，静電場に自己エネルギーがあったように，電流にも自己エネルギーがある．(8.46) から電流要素間にはポテンシャルエネルギー

$$d^2 V_{11} = -\frac{\mu_0}{4\pi} I_1^2 \frac{d\mathbf{x} \cdot d\mathbf{x}'}{|\mathbf{x} - \mathbf{x}'|}$$

があるから，コイルの持っているポテンシャルエネルギーは

$$V_{11} = -\frac{1}{2} L_{11} I_1^2, \qquad L_{11} = \frac{\mu_0}{4\pi} \oint_{C_1} \oint_{C_1} \frac{d\mathbf{x} \cdot d\mathbf{x}'}{|\mathbf{x} - \mathbf{x}'|} \tag{8.47}$$

で与えられる．$\frac{1}{2}$ の因子はコイル上で積分するとき 2 重に積分するのを調整するためである．比例係数 L_{11} はこのコイルの自己誘導係数と呼ばれる量である．

8.10 ノイマンの電気力学ポテンシャル

　誘導係数に対するノイマンの公式は，電流間の遠隔作用，すなわちアンペール力に基づいていたが，マクスウェルは近接作用によって解釈し直した．ガウスの法則の線形性，すなわち重ね合わせの原理のため，導体の電位差 V と電荷 q の間には比例関係 $q = CV$ があった．同じようにアンペールの法則の線形性から，コイルを貫く磁束 Φ は電流 I に比例し

$$\Phi = LI$$

と書くことができる．比例係数 L がこの電流回路の自己誘導係数である．

図 **8.5**　F. ノイマン

L は，C がそうだったように，導体の幾何学的形状で決まり I に依存しない量である．電流 I_1 および I_2 の 2 つのコイルがある場合は，重ね合わせの原理により，コイル 1 を貫く磁束 Φ_1 は自分自身がつくる磁束とコイル 2 がつくる磁束の和であり，それぞれはコイルの電流に比例する．同様に，コイル 2 を通過する磁束 Φ_2 は，コイル 1 がつくる磁束と自分自身がつくる磁束の和であるから

$$\Phi_1 = L_{11}I_1 + L_{12}I_1, \qquad \Phi_2 = L_{21}I_1 + L_{22}I_2 \tag{8.48}$$

になる．実際それは次のように導くことができる．2 本の電流 I_1 および I_2 がある場合は，閉曲線を C_1，C_2 として

$$\mathbf{A}(\mathbf{x}) = \frac{\mu_0 I_1}{4\pi} \oint_{\mathrm{C}_1} \frac{d\mathbf{x}'}{|\mathbf{x}-\mathbf{x}'|} + \frac{\mu_0 I_2}{4\pi} \oint_{\mathrm{C}_2} \frac{d\mathbf{x}'}{|\mathbf{x}-\mathbf{x}'|} \tag{8.49}$$

である．(7.47) から

$$\Phi_1 = \oint_{\mathrm{C}_1} d\mathbf{x} \cdot \mathbf{A}(\mathbf{x}) = \frac{\mu_0 I_1}{4\pi} \oint_{\mathrm{C}_1} \oint_{\mathrm{C}_1} \frac{d\mathbf{x} \cdot d\mathbf{x}'}{|\mathbf{x}-\mathbf{x}'|} + \frac{\mu_0 I_2}{4\pi} \oint_{\mathrm{C}_1} \oint_{\mathrm{C}_2} \frac{d\mathbf{x} \cdot d\mathbf{x}'}{|\mathbf{x}-\mathbf{x}'|}$$

になる．Φ_2 も同様である．

　また，(8.48) を使うと，電気力学ポテンシャルは

$$V = -I_1\Phi_1 - I_2\Phi_2$$

と書ける．特に，コイル 2 がつくる磁場がコイル 1 を貫く磁束 $\Phi_{12} = L_{12}I_2$ を用いると，電流間の相互作用ポテンシャル（ノイマンのポテンシャル）は $V_{12} = -I_1\Phi_{12}$ である．2 つ以上のコイルがあるときは，電流間のポテンシャルエネルギーとコイルの自己エネルギーを加えた電気力学ポテンシャルエネルギーは

$$V = -\frac{1}{2}\sum_{ij} L_{ij} I_i I_j \tag{8.50}$$

である．

$$L_{ij} = \frac{\mu_0}{4\pi}\oint_{C_i}\oint_{C_j}\frac{d\mathbf{x}\cdot d\mathbf{x}'}{|\mathbf{x}-\mathbf{x}'|} \tag{8.51}$$

を誘導係数と呼ぶ．L_{ii} がコイル i の自己誘導係数，$L_{ij}, i\neq j$ がコイル i とコイル j の間の相互誘導係数である．容易にわかるように相互誘導係数の間には $L_{ij} = L_{ji}$ の関係（相反定理）が成り立つ．誘導係数の単位はヘンリー (H) を使う．

8.11 並進対称電流の誘導係数

電流 I がある導体面 1 に沿って z 軸方向に流れ，別の導体面 2 では $-I$ で流れていて，電流がその方向に並進対称性を持つ場合を考えてみよう．すべての量は x, y 座標のみの関数である．導体面 1 を流れる電流 I は，電流密度 J_z を用いて，切り口面での積分 $I = \int dS J_z$ で与えられる．電流密度は z 成分しかないから，ベクトルポテンシャルも z 成分しかなく，ポアソン方程式

$$\nabla^2 A_z(x,y) = -\mu_0 J_z(x,y)$$

を満たさなければならない．面 2 上の任意の点 A から面 1 上の任意の点 B への線分を 1 辺とし，それに平行に z 軸方向に単位長さだけ離れた線分を取り，この 2 本の線分で囲まれた面を通過する磁束を計算しよう．z 軸方向に単位長さ，幅 ds の面積要素を通過する磁束を積分し

$$\Phi = \int_A^B ds\left(B_x\frac{dy}{ds} - B_y\frac{dx}{ds}\right) = \int_A^B ds\left(\frac{\partial A_z}{\partial y}\frac{dy}{ds} + \frac{\partial A_z}{\partial x}\frac{dx}{ds}\right)$$

になる．すなわち

$$\Phi = \int_A^B ds \frac{dA_z}{ds} = A_z(B) - A_z(A)$$

が得られる．

ここで考えている問題は，面 1 に単位長さあたり電荷 λ，面 2 に $-\lambda$ の電荷が分布しているときの面 1 と 2 の電位差を求める問題と定数因子を除いてまったく同じである．面 1 の単位長さあたりの電荷は電荷密度 ϱ を用いて，切り口面での積分 $\lambda = \int dS \varrho$ で与えられる．ϕ はポアソン方程式

$$\nabla^2 \phi(x,y) = -\frac{1}{\epsilon_0} \varrho(x,y)$$

を満たす．また電位差は

$$\int_A^B ds \frac{d\phi}{ds} = \phi(B) - \phi(A)$$

で与えられる．λ と I，ϕ と A_z，$\frac{1}{\epsilon_0}$ と μ_0 が対応しているから

$$LC = \mu_0 \epsilon_0 = \frac{1}{c^2} \tag{8.52}$$

の関係がある．L と C は単位長さあたりの自己誘導係数と電気容量である．

8.12 電子の磁気モーメント

質量 m，電荷 $-e$ の電子が半径 a の円運動をしているとき，環状電流が流れているから，電子は磁気モーメントを持つ．速度 v の電子は円周を単位時間に $v/2\pi a$ 回回転するから，電流は $I = ev/2\pi a$ である．(8.4) から磁気モーメントの z 成分は $m_z = \pi a^2 I = \frac{1}{2} eva$ である．一方，電子の位置座標を $\mathbf{z}$ とすると，電子は軌道角運動量 $\mathbf{l}^{\mathrm{mech}} = m\mathbf{z} \times \mathbf{v}$ を持つが，

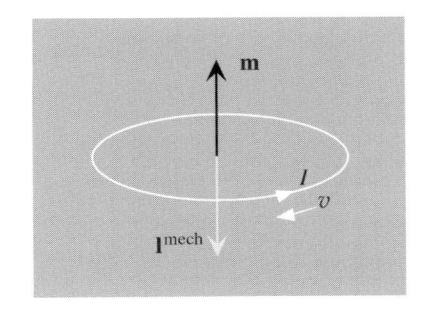

図 8.6 電子の軌道磁気モーメント

その向きは磁気モーメントと逆で，その大きさは mva である．したがって，電子の軌道運動に伴う磁気モーメント（軌道磁気モーメント）は $\mathbf{l}^{\text{mech}}$ に比例し

$$\mathbf{m} = \gamma \mathbf{l}^{\text{mech}}, \qquad \gamma = -g\frac{e}{2m}, \qquad g = 1 \tag{8.53}$$

になる．この結果は，(8.2) に $\mathbf{J}(\mathbf{x}) = -e\mathbf{v}\delta(\mathbf{x}-\mathbf{z})$ を代入すれば直ちに得られる．磁場がある場合も，比例関係が成り立つのは正準角運動量 $\mathbf{l} = \mathbf{z}\times\mathbf{p}$ ではなく，力学的角運動量 $\mathbf{l}^{\text{mech}}$ に対してである．磁気双極子を磁気モーメントの原因とすると，角運動量との比例関係を説明できない．磁気モーメントと角運動量の比 γ を磁気回転比，比例係数 g をランデの g 因子と言う (A. Landé, 1888-1975)．

8.7.1 節では，電荷面密度 σ を持つ回転球殻の磁気モーメントを計算した．質量も一様な面密度 σ_{mass} で分布しているとすると，その慣性モーメントは

$$A = \int dS \sigma_{\text{mass}} a^2 \sin^2\theta = \frac{8\pi}{3}\sigma_{\text{mass}} a^4 = 2\sigma_{\text{mass}} aV$$

で与えられるから，球殻の電荷を q，質量を m とすると，磁気回転比は

$$\gamma = \frac{MV}{A\omega} = \frac{\sigma}{2\sigma_{\text{mass}}} = \frac{q}{2m}$$

である．軌道磁気モーメントの g 因子は 1 である．

磁性体を角速度 $\boldsymbol{\omega}$ で回転させ，同じ角速度で回転する座標系で観測すると，回転座標系での電子の角運動量の運動方程式は比例関係 (8.53) から

$$\dot{\mathbf{l}}^{\text{mech}} = -\boldsymbol{\omega}\times\mathbf{l}^{\text{mech}} = \frac{1}{\gamma}\mathbf{m}\times\boldsymbol{\omega}$$

である．すなわち電子に磁場 $\mathbf{B} = \boldsymbol{\omega}/\gamma$ が作用したと同じである．このため，磁場が作用していないときには勝手な方向を向いていた電子の磁気モーメントが方向をそろえ，巨視的な磁気モーメントを持つようになる．物質に巨視的な磁気モーメントが生じるとき，この現象を磁化と言い，磁化を起こす物質を磁性体と言う．磁性体を回転させたとき磁化が生じる可能性はすでに 1890 年に（東京帝国大学の教師として 1875-79 年に日本に滞在した）ペリー (J. Perry, 1850-1920) が指摘していたが，1915 年になってバーネットによって実験的に確かめられ，g の値がほぼ 2 になることがわかった．また，その逆に磁

8.12 電子の磁気モーメント

性体が磁場の作用によって磁化すると,電子の磁気モーメントの増加は電子の角運動量の増加を意味するから,磁性体全体で角運動量が保存するためには,磁性体が角運動量を持ち,電子の角運動量を相殺するように回転しなければならない.1908年にリチャードソン (O. W. Richardson, 1879-1959) が指摘したこの効果はアインシュタインとデ・ハース (W. J. de Haas, 1878-1960) によって1915年に確かめられた.アインシュタインは一般相対論の完成直前の時期にこの実験を行った.だがアインシュタインとデ・ハースの測定では g は1程度だった.その後,この場合も $g \cong 2$ であることが確かめられた.

9.6節で述べるように,電子は軌道角運動量のほかにスピンという固有の角運動量を持つ.軌道角運動量 $\mathbf{l}^{\mathrm{mech}}$ が軌道磁気モーメントを持つように,スピン角運動量 $\mathbf{s}$ もスピン磁気モーメントを持つ.そしてスピン角運動量に対して $g = 2$ になるのが磁気回転異常である.こうして電子の磁気モーメントは

$$\mathbf{m} = -\frac{e}{2m}(\mathbf{l}^{\mathrm{mech}} + 2\mathbf{s}) \tag{8.54}$$

によって与えられる.磁気回転効果で測定された2という因子は,強磁性体の磁化が,電子の軌道運動ではなく,スピンによることを示している.

スピンが磁気モーメントを担うということは,スピンに対応する電流が流れていると考えることができる.電流密度と磁気モーメントの関係 (8.24) から,電子の全電流密度は電子の並進運動に伴って流れる電流にスピンの持つ電流を加えた

$$\mathbf{J}(\mathbf{x}) = -e\mathbf{v}\delta(\mathbf{x} - \mathbf{z}) + \frac{e}{m}\mathbf{s} \times \boldsymbol{\nabla}\delta(\mathbf{x} - \mathbf{z})$$

になる.後者がスピン電流である.並進運動による対流電流もスピン電流も電荷保存則を満たす.すなわち連続の方程式が成り立つ.

量子力学では角運動量は離散的な値しか取ることができない.その跳びの最小値は $\hbar$ である.そこで電子の磁気モーメントは

$$\mu_{\mathrm{B}} = \frac{e\hbar}{2m}$$

が単位である.ボーアが1913年に発見した μ_{B} を1920年になってパウリはボーア磁子と名づけた.スピン角運動量の大きさは $\frac{1}{2}\hbar$ であるから,電子のスピンの磁気モーメントの大きさはボーア磁子を用いて $-\frac{1}{2}g\mu_{\mathrm{B}} = -\mu_{\mathrm{B}}$ で

ある．

　シュテルン (O. Stern, 1888-1969) とゲルラッハ (W. Gerlach, 1889-1979) は 1921 年，不均一な磁場中を通過すると銀の原子線が 2 本に分離することを発見した．磁気モーメントが z 軸方向の磁場から受ける力は (8.41) から

$$F = m_z \frac{dB_z}{dz}$$

である．シュテルン - ゲルラッハの実験は m_z が 2 値しか持たず，スピン磁気モーメントの方向が量子化されていることを意味している．電子の磁気モーメントはボーア磁子を単位として -1.00116 で，-1 よりわずかにずれている．g は約 2.00232 である．ボーア磁子からのずれを異常磁気モーメントと呼ぶ．クッシュ(P. Kusch, 1911-93) が 1947 年に測定した電子の異常磁気モーメントは，同年シュウィンガー (J. S. Schwinger, 1918-94) が計算した量子補正 $\alpha/2\pi = 0.0011614$ に極めてよく一致した（α は (12.89) で定義するゾマーフェルトの微細構造定数）．

8.13　ラービ：磁気スピン共鳴

　陽子や中性子，またそれらから構成される原子核も磁気モーメントを持っている．陽子に対する磁気モーメントの単位は核磁子

$$\mu_N = \frac{e\hbar}{2m_p}$$

である．1933 年にシュテルンとフリッシュ(O. R. Frisch, 1904-79) が初めて陽子と重陽子の磁気モーメントを測定したが，陽子の磁気モーメントは核磁子から大きくずれていた（核磁子の単位で異常磁気モーメントが 1.793）．1939 年にはアルヴァレズ (L. W. Alvarez, 1911-88) とブロッホが電荷を持たない中性子の大きな異常磁気モーメントを得た（核磁子の単位で -1.913）．核磁子からのずれ，異常磁気モーメントが大きいのは，陽子や中性子が構造を持った複合粒子であることの反映である．これに対し，重陽子の磁気モーメントはほぼ陽子と中性子の磁気モーメントを加えたものになっている．重陽子が陽子と中性子の弱い結合状態のためである．

　ラービ (I. I. Rabi, 1898-1988) が考案した磁気スピン共鳴法を用いると磁

気モーメントの精密な測定ができる．スピンは磁気モーメントを持ち，磁気モーメントは磁場の中でトルク $\mathbf{m} \times \mathbf{B}$ を受ける．スピンの運動方程式は

$$\dot{\mathbf{s}} = \mathbf{m} \times \mathbf{B} = \gamma \mathbf{s} \times \mathbf{B} \tag{8.55}$$

である．まず，z 軸方向に一様な磁場 $\mathbf{B}_0$ がある場合を考えてみよう．(8.55) は

$$\dot{\mathbf{s}} = \boldsymbol{\omega}_0 \times \mathbf{s}, \qquad \boldsymbol{\omega}_0 = -\gamma \mathbf{B}_0$$

と書けるから，スピンは z 軸のまわりに角速度 $\omega_0 = \gamma B_0$ でラーモアの歳差運動をする．すなわち，s_z は一定で，s_x, s_y が z 軸を中心とし，$\gamma > 0$ のとき時計回りの円運動をする．さらに，xy 面内に時計回りの微小な磁場

$$\mathbf{B}_1 = B_1(\mathbf{e}_x \cos \omega_1 t - \mathbf{e}_y \sin \omega_1 t)$$

を作用させてみよう．運動方程式 (8.55) の各成分は

$$\dot{s}_x = \omega_0 s_y + \gamma B_1 s_z \sin \omega_1 t$$
$$\dot{s}_y = -\omega_0 s_x + \gamma B_1 s_z \cos \omega_1 t$$
$$\dot{s}_z = -\gamma B_1 s_x \sin \omega_1 t - \gamma B_1 s_y \cos \omega_1 t$$

である．$\mathbf{B}_1$ と同じ角速度で回転する座標系でのスピン $\mathbf{s}'$ で表すと

$$s_x = s'_x \cos \omega_1 t + s'_y \sin \omega_1 t, \quad s_y = -s'_x \sin \omega_1 t + s'_y \cos \omega_1 t, \quad s_z = s'_z$$

であるから $\mathbf{s}'$ の各成分は

$$\dot{s}'_x = (\omega_0 - \omega_1) s'_y, \quad \dot{s}'_y = -(\omega_0 - \omega_1) s'_x + \gamma B_1 s'_z, \quad \dot{s}'_z = -\gamma B_1 s'_y \tag{8.56}$$

を満たす．すなわち

$$\dot{\mathbf{s}}' = \boldsymbol{\omega} \times \mathbf{s}', \qquad \boldsymbol{\omega} = -\gamma B_1 \mathbf{e}_x - (\omega_0 - \omega_1) \mathbf{e}_z$$

と書けるから，$\mathbf{s}'$ が $\omega = \sqrt{(\gamma B_1)^2 + (\omega_0 - \omega_1)^2}$ の角速度で回転している．(8.56) から s'_y は $\ddot{s}'_y = -\omega^2 s'_y$ を満たす．その一般解を $s'_y = -A \sin(\omega t + \alpha)$ とすると，(8.56) の最初の式を積分して

$$s'_x = \frac{\omega_0 - \omega_1}{\omega} A \cos(\omega t + \alpha) + C$$

が得られる．C は積分定数である．(8.56) の 2 番目の式から $s'_z = s_z$ が

$$s'_z = -\frac{\gamma B_1}{\omega} A\cos(\omega t + \alpha) + \frac{\omega_0 - \omega_1}{\gamma B_1} C$$

のように決まる．特に，$\omega_1 = \omega_0$ のとき $\mathbf{s}'$ は x 軸のまわりで歳差運動する．

ω_1 を変化させると，$\omega_1 \neq \omega_0$ では，$B_1 \ll B$ である限り，スピンの軸はほぼ z 軸を向いているが，$\omega_1 = \omega_0$ で急にスピンの軸が $90°$ 回転する．そして s_z の振幅が最大になる．これが磁気スピン共鳴現象である．量子力学では，スピンは上向き ($s_z = \frac{1}{2}\hbar$) と下向き ($s_z = -\frac{1}{2}\hbar$) の状態しか許されず，エネルギー $-\gamma \frac{1}{2}\hbar B_0 = -\frac{1}{2}\hbar\omega_0$ を持つスピン上向き状態が光子 $\hbar\omega_1 = \hbar\omega_0$ を吸収することによってエネルギー $\frac{1}{2}\hbar\omega_0$ を持つスピン下向き状態に遷移する．共鳴振動数 $\omega_1 = \omega_0$ を測定することによって磁気モーメントを決定できる．ラービは 1938 年に原子線に磁場を作用させ逆転するスピンの数を計測したが，ザヴォイスキー (E. K. Zavoisky, 1907-76) は 1944 年に，常磁性体を一様磁場中に置き，振動電磁場を作用させたとき，$\omega_1 = \omega_0$ 付近で電磁輻射の吸収が急激に増加することを発見した．電子スピン共鳴法 (ESR) である．また，原理は同じだが，ブロッホ，ハンセン (W. W. Hansen, 1909-49)，パッカード (M. E. Packard, 1921-) のグループとパーセル，トーリー (H. C. Torrey, 1911-98)，パウンド (R. V. Pound, 1919-2010) のグループは独立に，原子核の磁気モーメントによる共鳴現象を発見し (1946)，核磁気共鳴法 (NMR) の基礎をつくった．核磁気共鳴を利用して体内の水素原子の密度を測定する磁気共鳴イメージング (MRI) はマンスフィールド (P. Mansfield, 1933-) が考案し，診療に広く使われている．

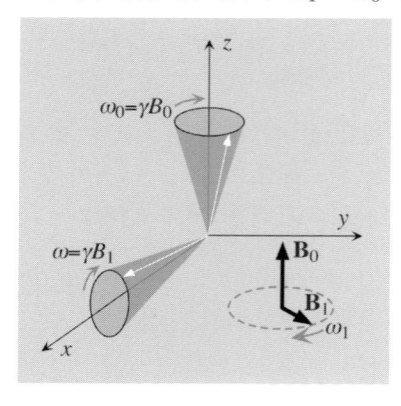

図 8.7 磁気スピン共鳴

CHAPITRE 9

Force exercée sur le courant électrique
電流に働く力

9.1 ローレンツ力

　静止した電荷の間に働く遠隔作用としてのクーロン力を，一方の電荷が電場をつくり，その電場が他方の電荷に到達して力を及ぼすとするのが近接作用の考え方である．すなわち，クーロン力を，電場に対するクーロンの法則と，電場が電荷に及ぼす力の法則に分離している．電荷がつくる電場 $\mathbf{E}$ の中で，単位体積あたりの電荷 ρ に働く力は (4.54) から $\rho\mathbf{E}$ だった．

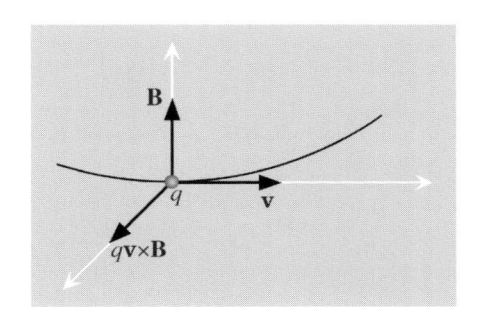

図 9.1　ローレンツ力

　同様に，電流要素間に働く遠隔作用としてのグラスマン力を，一方の電流要素が磁場をつくり，その磁場が他方の電流要素に力を及ぼすとして，磁場に対するビオ - サヴァールの法則と，磁場が電流要素に及ぼす力の法則に分離した．電流がつくる磁場 $\mathbf{B}$ の中で，単位面積あたりの電流 $\mathbf{J}$ に働く力は (7.14) から $\mathbf{J} \times \mathbf{B}$ で与えられた．

　この 2 つの力をまとめると，静電磁場中での体積力 $\mathbf{F}$ とその密度 $\mathbf{f}$ は

$$\mathbf{F} = \int dV \mathbf{f}, \qquad \mathbf{f} = \varrho \mathbf{E} + \mathbf{J} \times \mathbf{B} \tag{9.1}$$

になる．$\mathbf{f}$ をローレンツ力密度と呼ぶ．6.2 節で与えたように，点電荷 q が速度 $\mathbf{v} = \dot{\mathbf{z}}$ で運動しているとき，その電荷密度は $\varrho(\mathbf{x}) = q\delta(\mathbf{x} - \mathbf{z})$，電流密度は $\mathbf{J}(\mathbf{x}) = q\mathbf{v}\delta(\mathbf{x} - \mathbf{z})$ だった．これらを (9.1) に代入するとローレンツ力

$$\mathbf{F} = q\{\mathbf{E}(\mathbf{z}) + \mathbf{v} \times \mathbf{B}(\mathbf{z})\} \tag{9.2}$$

が得られる．$q\mathbf{v} \times \mathbf{B}$ は，図 9.1 のように，粒子の速度と磁場のそれぞれに直交する方向に働く．

　面電流に働く力は面電荷に働く力 (3.24) とまったく同様に導くことができる．電流要素 $\mathbf{K}dS$ に働く力は，$\mathbf{K}dS$ 以外の電流要素が dS につくる磁場 B による．$\mathbf{K}dS$ がつくる磁場は，アンペールの回路定理を適用すると，dS の両側で $\pm\frac{1}{2}\mu_0 K$ であるから，dS の両側の磁場はそれぞれ $B_1 = B + \frac{1}{2}\mu_0 K$，$B_2 = B - \frac{1}{2}\mu_0 K$ になり $B = \frac{1}{2}(B_1 + B_2)$ が得られる．すなわち

$$\mathbf{B} = \frac{1}{2}(\mathbf{B}_1 + \mathbf{B}_2)$$

である．電流要素 $\mathbf{K}dS$ に働く力は $\mathbf{K} \times \mathbf{B}dS$ だった (p. 152)．したがって面電流に働く力は

$$\mathbf{F} = \int dS \mathbf{K} \times \mathbf{B} = \frac{1}{2}\int dS \mathbf{K} \times (\mathbf{B}_1 + \mathbf{B}_2) \tag{9.3}$$

で与えられる．

　荷電粒子の運動が電流と同じであるという考え方はファラデイ (1837) にさかのぼるが，それを実験的に確かめたのはロウランド (H. A. Rowland, 1848-1901) である．回転板上の電荷が，導線を流れる電流と同じように磁場をつくることを示した (1875)．そこで J. J. トムソン (1881) は磁場中の電荷に働く力を導いたが，計算ミスで，$\frac{1}{2}q\mathbf{v} \times \mathbf{B}$ としていた．$q\mathbf{v} \times \mathbf{B}$ を最初に書いたのはヘヴィサイド (1889) である．(9.2) をローレンツ力と呼ぶのは，1892 年に書かれた電子論に関するローレンツの論文が大きな影響を与えたためであろう．だが，1867 年に出版された『ガウス全集』第 5 巻にガウスの遺稿が収められているが，そこにローレンツ力が書かれている．また 1881 年にリーケは，9.4 節で述べるように，ローレンツ力を用いて一様磁場中の荷電粒子の運動を完全に解いていた．ローレンツ力という用語は根拠がない．

9.2 磁場中の伝導電流とホール効果

オームの法則が成り立つとき，(6.11) で与えられているように，伝導電子の平均移動速度 $\mathbf{v} = k\mathbf{E}$ は電場に比例し，k を易動度と呼んだ．外部から電場のほかに磁場が作用しているときは，電子に作用する力はローレンツ力で与えられるから

$$\mathbf{v} = k(\mathbf{E} + \mathbf{v} \times \mathbf{B})$$

になる．したがって，電子の電荷密度を ϱ_- とし，$\mathbf{J} = \varrho_- \mathbf{v}$ を使うと

$$\mathbf{J} = k(\varrho_- \mathbf{E} + \mathbf{J} \times \mathbf{B})$$

が得られる．電場を電流方向とそれに直交する成分に分解すると，後者は

$$\mathbf{E}_\mathrm{H} = R_\mathrm{H} \mathbf{B} \times \mathbf{J}, \qquad R_\mathrm{H} = \frac{1}{\varrho_-} \tag{9.4}$$

になる．すなわち，磁場中では電流と磁場に直交する方向に，ホール電場 $\mathbf{E}_\mathrm{H}$ が生じる．R_H がホール係数である．磁場を z 方向，電流を x 方向に取ると

$$J_x = g_{xy} E_y, \qquad g_{xy} = \frac{1}{R_\mathrm{H} B} = \frac{\varrho_-}{B}$$

と書くことができる．g_{xy} をホール伝導率と言う．

1879 年にホール (E. H. Hall, 1855-1938) は電流に垂直に磁場を作用させると，電流と磁場に直交する方向に起電力が生じることを発見した．図 9.2 のように，直方体の導体の x 方向に電流が流れているとする．z 方向に磁場を作用させると，伝導電子には $-y$ 方向にローレンツ力 $-e\mathbf{v} \times \mathbf{B}$ が働く．電子は導体の下方に移動して下端にたまり，導体の上端には正電荷がたまっていく．こうして集まった正負電荷は電場 $\mathbf{E}_\mathrm{H}$ をつくるから電子はこの電場からも力を受ける．このような過程はこの 2 つ

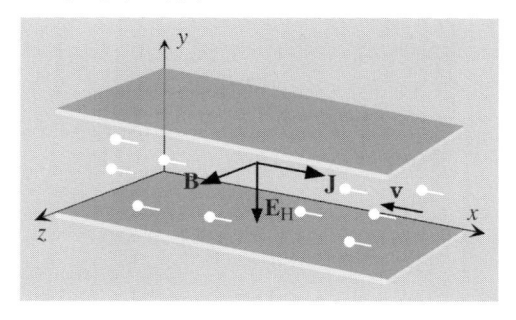

図 9.2 ホール効果

の力が釣りあい $-e\mathbf{v}\times\mathbf{B}-e\mathbf{E}_\mathrm{H}=0$ になるまで続き，そこで定常状態になる．そのとき電場 $\mathbf{E}_\mathrm{H}$ は (9.4) で与えられたようになるのである．

ところで電流要素に働く力 $I d\mathbf{x}\times\mathbf{B}$ は導線に働く力である．なぜ伝導電子に働くローレンツ力が導線を構成する静止した正電荷に作用するのだろう．導線の正電荷線密度を λ_+，電子の電荷線密度を $\lambda_-=-\lambda_+$ とすると，線要素 ds に含まれる伝導電子には，定常状態では，ホール電場の力 $\lambda_- ds\mathbf{E}_\mathrm{H}$，ローレンツ力 $\lambda_- ds\mathbf{v}\times\mathbf{B}$，正電荷から受ける力 $d\mathbf{F}'$ が釣りあい

$$\lambda_- ds\mathbf{E}_\mathrm{H}+\lambda_- ds\mathbf{v}\times\mathbf{B}+d\mathbf{F}'=0$$

になっている．静止した正電荷にはローレンツ力は働かず，ホール電場からの力 $\lambda_+ ds\mathbf{E}_\mathrm{H}$ と $d\mathbf{F}'$ の反作用 $-d\mathbf{F}'$ だけが働く．正電荷に働く力は

$$d\mathbf{F}=\lambda_+ ds\mathbf{E}_\mathrm{H}-d\mathbf{F}'=\lambda_- ds\mathbf{v}\times\mathbf{B}=\lambda_- v d\mathbf{x}\times\mathbf{B}=I d\mathbf{x}\times\mathbf{B}$$

である．こうして，伝導電子に働くローレンツ力が導線に働く力に変換される．

今度は半径 a の導線を流れる電流 I がつくる磁場を考えてみよう．導線内の正電荷密度を ϱ_+，伝導電子の電荷密度を ϱ_- とすると軸方向（z 軸方向）の一様な電流密度 $J=I/\pi a^2=\varrho_- v$ によって導線の内外に磁場がつくられる．(7.33) から導線内の磁場は

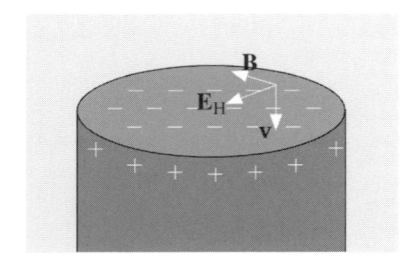

図 9.3 導線中の電荷分布

$$B_\varphi(\rho)=\frac{\mu_0 I\rho}{2\pi a^2}$$

である．伝導電子はこの磁場によってローレンツ力を受け，導線の軸の方向に引き寄せられる．そのため導線の表面には正電荷が生じる．こうして生じた電荷がつくる電場からの力とローレンツ力が釣りあったとき平衡状態に達し，電場は

$$\mathbf{E}_\mathrm{H}=-\mathbf{v}\times\mathbf{B}=\frac{1}{2}\mu_0 Jv\rho\mathbf{e}_\rho$$

で与えられる．これはホール電場にほかならない．この電場をつくる電荷密度は，導線の内部でガウスの法則から

$$\varrho = \epsilon_0 \boldsymbol{\nabla} \cdot \mathbf{E}_\mathrm{H} = \epsilon_0 \mathbf{v} \cdot \boldsymbol{\nabla} \times \mathbf{B} = \mu_0 \epsilon_0 J v = \varrho_- \frac{v^2}{c^2}$$

になり一様である．$\varrho = \varrho_+ + \varrho_-$ であるから

$$\varrho_- = -\frac{\varrho_+}{1 - v^2/c^2}, \qquad \varrho = -\varrho_+ \frac{v^2/c^2}{1 - v^2/c^2} \tag{9.5}$$

になる（相対論でも導ける．15.10節参照）．6.5節で評価した断面積 $1\,\mathrm{mm}^2$ の銅線に $1\,\mathrm{A}$ の電流が流れるときの v を使うと，ϱ は ϱ_+ に比べ $v^2/c^2 \cong 6 \times 10^{-26}$ になり極めて微量である．導線は全体として中性であるから導体表面に正電荷面密度

$$\sigma = -\frac{\pi a^2 \varrho}{2\pi a} = \frac{1}{2} a \varrho_+ \frac{v^2/c^2}{1 - v^2/c^2}$$

が生じることになる．

この導線に外磁場 $\mathbf{B}_0$ が作用すると，導線の長さ $\mathrm{d}z$ の内部の正電荷に力

$$\mathrm{d}\mathbf{F} = \varrho_+ \mathrm{d}z \int \mathrm{d}S \mathbf{E}_\mathrm{H} = -\varrho_+ \mathrm{d}z \mathbf{v} \times \int \mathrm{d}S (\mathbf{B} + \mathbf{B}_0)$$

が働く．$\mathbf{B}$ 項は対称性から積分すると 0 になるから，十分細い導線に対して

$$\mathrm{d}\mathbf{F} = -\varrho_+ \mathrm{d}z \mathbf{v} \times \int \mathrm{d}S \mathbf{B}_0 \cong -\lambda_+ \mathrm{d}z \mathbf{v} \times \mathbf{B}_0$$

になり，$\mathrm{d}\mathbf{F} = I \mathrm{d}\mathbf{x} \times \mathbf{B}_0$ が得られるのである．

9.3 荷電粒子の正準運動量

ローレンツ力のもとで，質量 m の点電荷の運動は

$$m \frac{\mathrm{d}\mathbf{v}}{\mathrm{d}t} = q(\mathbf{E} + \mathbf{v} \times \mathbf{B}) \tag{9.6}$$

によって記述される．ローレンツ力を電位とベクトルポテンシャルで表してみよう．$\mathbf{v} \times \mathbf{B} = \mathbf{v} \times (\boldsymbol{\nabla}_\mathbf{z} \times \mathbf{A}) = \boldsymbol{\nabla}_\mathbf{z} \mathbf{v} \cdot \mathbf{A} - \mathbf{v} \cdot \boldsymbol{\nabla}_\mathbf{z} \mathbf{A}$ になるが，$\mathbf{A}$ は点電荷の位置 $\mathbf{z}$ での値だから（$\boldsymbol{\nabla}_\mathbf{z}$ は $\mathbf{z}$ に関するナブラ），点電荷の運動とともに

$$\frac{\mathrm{d}\mathbf{A}}{\mathrm{d}t} = \frac{\mathrm{d}\mathbf{z}}{\mathrm{d}t} \cdot \boldsymbol{\nabla}_\mathbf{z} \mathbf{A} = \mathbf{v} \cdot \boldsymbol{\nabla}_\mathbf{z} \mathbf{A} \tag{9.7}$$

のように時間変化する．したがって，運動方程式は

$$\frac{\mathrm{d}}{\mathrm{d}t}(m\mathbf{v} + q\mathbf{A}) = -q\boldsymbol{\nabla}_{\mathbf{z}}(\phi - \mathbf{v} \cdot \mathbf{A}) \tag{9.8}$$

と書き直すことができる．磁場がないときの，静電場中の点電荷の運動方程式と比べると，運動量とポテンシャルエネルギーがそれぞれ

$$\mathbf{p} = m\mathbf{v} + q\mathbf{A}, \qquad V = q(\phi - \mathbf{v} \cdot \mathbf{A}) \tag{9.9}$$

に置きかえられている．$m\mathbf{v}$ を力学的運動量，$\mathbf{p}$ を正準運動量と言う．荷電粒子は，ポテンシャルエネルギー $q\phi$ を電場から受け取るように，運動量 $q\mathbf{A}$ を磁場から受け取る．電荷密度と電流密度が分布している系が ϕ と $\mathbf{A}$ の中にあるとき，(3.5) と (8.44) からポテンシャルエネルギーは $\int \mathrm{d}V(\varrho\phi - \mathbf{J} \cdot \mathbf{A})$ だった．(9.9) はこれに点電荷の電荷，電流密度を代入したものである．シュヴァルツシルト (K. Schwarzschild, 1873-1916) は V を電気運動ポテンシャルと呼んだ．こうして，点電荷の運動方程式は

$$\frac{\mathrm{d}\mathbf{p}}{\mathrm{d}t} = -\boldsymbol{\nabla}_{\mathbf{z}} V$$

の形にすることができる．もし ϕ も $\mathbf{A}$ も粒子の座標 x に依存しなければ p_x が保存量になる．すなわち保存するのは力学的運動量 mv_x ではなく，それに電磁場の運動量を加えた $p_x = mv_x + qA_x$ である．

$q\mathbf{A}$ が場の持つ運動量であることは 12.7 節に詳しく述べるが，ここでは簡単な例でそれを見ておくことにしよう．電荷 q を持った点電荷が光速度に比べて遅い速度 $\mathbf{v}$ で運動しているとする．その位置座標を $\mathbf{z}$ とすると，この電荷は磁場

$$\mathbf{B}_q(\mathbf{x}) = \frac{\mu_0 q}{4\pi} \mathbf{v} \times \frac{\mathbf{x} - \mathbf{z}}{|\mathbf{x} - \mathbf{z}|^3} = -\frac{\mu_0 q}{4\pi} \mathbf{v} \times \boldsymbol{\nabla} \frac{1}{|\mathbf{x} - \mathbf{z}|} \tag{9.10}$$

をつくる．点電荷のほかに電流密度 $\mathbf{J}$ を持つ電流が流れているとすると，$\mathbf{B}_q$ は電流にローレンツ力を及ぼす．その力 $\mathbf{F}_J$ は (9.10) を用いて

$$\mathbf{F}_J = -\frac{\mu_0 q}{4\pi} \int \mathrm{d}V \mathbf{J}(\mathbf{x}) \times \left(\mathbf{v} \times \boldsymbol{\nabla} \frac{1}{|\mathbf{x} - \mathbf{z}|}\right) = -q(\mathbf{v} \times \boldsymbol{\nabla}_{\mathbf{z}}) \times \mathbf{A}$$

になる．$\mathbf{A}$ は $\mathbf{J}$ が点電荷の位置 $\mathbf{z}$ につくるベクトルポテンシャル

$$\mathbf{A}(\mathbf{z}) = \frac{\mu_0 q}{4\pi} \int \mathrm{d}V \frac{\mathbf{J}(\mathbf{x})}{|\mathbf{x} - \mathbf{z}|}$$

である．ところが，電流 $\mathbf{J}$ も磁場 $\mathbf{B}_J = \boldsymbol{\nabla}_{\mathbf{z}} \times \mathbf{A}$ をつくるから，点電荷が受

けるローレンツ力 $\mathbf{F}_q$ は

$$\mathbf{F}_q = q\mathbf{v} \times \mathbf{B}_J = q\mathbf{v} \times (\nabla_{\mathbf{z}} \times \mathbf{A})$$

である．そこで，点電荷と電流に働く力を加えると

$$\mathbf{F}_q + \mathbf{F}_J = q\mathbf{v} \times (\nabla_{\mathbf{z}} \times \mathbf{A}) - q(\mathbf{v} \times \nabla_{\mathbf{z}}) \times \mathbf{A} = -q\mathbf{v} \cdot \nabla_{\mathbf{z}} \mathbf{A}$$

になり 0 ではない．もし運動量を担うのが物質のみであるとすれば，今考えている点電荷と電流の系で，これ以外に運動量を担うものはないから，この結果は作用反作用の法則が成り立たず，運動量保存則に反する．この矛盾は 1.7 節で見た矛盾とまったく同じものである．実際は電磁場が運動量を持っている．それは $\mathbf{G} = q\mathbf{A}$ で表されるから，(9.7) に注意すると

$$\mathbf{F}_q + \mathbf{F}_J + \frac{d\mathbf{G}}{dt} = 0$$

が得られる．すなわち，点電荷と電流と電磁場を合わせて初めて閉じた系になり，運動量が保存されることになるのである．

9.4 一様静磁場中の電子：サイクロトロン振動

1859 年にプリュッカー (J. Plücker, 1801-68) は，放電が真空管のガラスに蛍光を引き起こすことを発見し，ヒットルフ (W. Hittorf, 1824-1914) は 1869 年にそれが陰極から放出されていることを突き止めた．そこで，ゴルトシュタイン (E. Goldstein, 1850-1930) は陰極線と名づけたが，それが磁場によって曲がることから 1871 年にヴァーリー (C. F. Varley, 1828-1883) は陰極線が負電荷を持つ粒子からなると考えた．クルックス (W. Crookes, 1832-1919) も粒子説を採っ

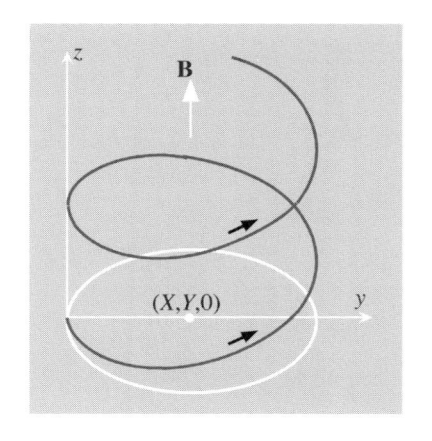

図 9.4 一様磁場中の電子

た．だが 1897 年に J. J. トムソンが電子を発見した直後にフィッツジェラルドが陰極線を電子流として説明するまでは粒子説は支持されなかった．ヴィーデマン (G. Wiedemann, 1826-99)，ゴルトシュタイン，ヘルツは電磁波説だった．粒子説に立って一様磁場中の荷電粒子の運動を考察したのはリーケ (1881) である．

一様磁場 $\mathbf{B}$ 中を運動している質量 m，電荷 $-e$ の電子の運動方程式

$$m\frac{d\mathbf{v}}{dt} = -e\mathbf{v} \times \mathbf{B} \tag{9.11}$$

を解いてみよう．

$$\frac{d\mathbf{v}}{dt} = \boldsymbol{\omega}_c \times \mathbf{v}, \qquad \boldsymbol{\omega}_c = \frac{e}{m}\mathbf{B}$$

のように書き直すと，$\mathbf{v}$ が $\boldsymbol{\omega}_c$ の角速度で回転していることがわかる．$\omega_c = eB/m$ をサイクロトロン振動数と言う．速度を $\mathbf{B}$ に垂直な成分と平行な成分に分離し，$\mathbf{v} = \mathbf{v}_\perp + \mathbf{v}_\parallel$ とすると，運動方程式は

$$\frac{d\mathbf{v}_\perp}{dt} = \boldsymbol{\omega}_c \times \mathbf{v}_\perp, \qquad \frac{d\mathbf{v}_\parallel}{dt} = 0$$

になる．磁場の方向に力が働かないから電子は磁場方向に等速度運動をする．すなわち $\mathbf{v}_\parallel$ は時間によらず一定である．そこで磁場の方向を z 軸，それに直交するように x, y 軸を選び，$\mathbf{v}_\parallel = v_z \mathbf{e}_z$，$\mathbf{v}_\perp = v_x \mathbf{e}_x + v_y \mathbf{e}_y$ とすると，運動方程式は

$$\dot{v}_x = -\omega_c v_y, \qquad \dot{v}_y = \omega_c v_x, \qquad \dot{v}_z = 0 \tag{9.12}$$

である．連立する v_x, v_y の運動方程式に互いを代入することによって

$$\ddot{v}_x = -\omega_c^2 v_x, \qquad \ddot{v}_y = -\omega_c^2 v_y$$

になるから，電子は x 方向にも y 方向にも調和振動する．電子の運動エネルギー $\varepsilon = \frac{1}{2}mv_\perp^2 + \frac{1}{2}mv_z^2$ を時間で微分し，運動方程式を使うと

$$\dot{\varepsilon} = m\mathbf{v}_\perp \cdot \dot{\mathbf{v}}_\perp + mv_z\dot{v}_z = m\mathbf{v}_\perp \cdot \boldsymbol{\omega}_c \times \mathbf{v}_\perp = 0$$

である．ローレンツ力は速度に垂直な方向を向いているため，電子に対して仕事をしない．このため電子の運動エネルギーが保存されるのである．

9.4 一様静磁場中の電子：サイクロトロン振動

(9.11) から

$$\mathbf{K} = m\mathbf{v} - e\mathbf{B} \times \mathbf{z} \tag{9.13}$$

が積分定数であることが直ちにわかる．一般に，外場が作用していても，場が一様であるために保存される $\mathbf{K}$ のような量を擬運動量と言う．$K_z = mv_z$ の保存は v_z の保存を表す．$t = 0$ において位置 $x = x_0$, $y = y_0$, 速度 $v_x = v_{x0}$, $v_y = v_{y0}$ で運動を始めたとすると，K_x と K_y が保存することから

$$v_x = -\omega_c (y - Y), \quad v_y = \omega_c (x - X) \tag{9.14}$$

になる．ここで $X = x_0 - v_{y0}/\omega_c$, $Y = y_0 + v_{x0}/\omega_c$ とした．x, y の描く軌跡は

$$(x - X)^2 + (y - Y)^2 = \left(\frac{v_0}{\omega_c}\right)^2 \tag{9.15}$$

すなわち，(X, Y) を中心とする半径 $a_c = v_0/\omega_c$ の円である．電子の横方向の運動エネルギー $\varepsilon_\perp = \frac{1}{2}mv_0^2$ を使えば $a_c^2 = 2\varepsilon_\perp/m\omega_c^2$ と書くこともできる．円運動の半径が v_0/ω_c になることは，動径方向の引力になるローレンツ力と遠心力との釣りあい $ev_0 B = mv_0^2/a_c$ から明らかである．一様磁場中の電子の運動は螺旋運動である．$x_0 = y_0 = 0$, $v_{x0} = v_0$, $v_{y0} = 0$ の場合を示したのが図 9.4 である．

上の結果をベクトルポテンシャルによって解釈してみよう．電子の正準運動量は $\mathbf{p} = m\mathbf{v} - e\mathbf{A}$ である．対称ゲージ (p. 172) のベクトルポテンシャル $\mathbf{A} = \frac{1}{2}\mathbf{B} \times \mathbf{z} = (-\frac{1}{2}By, \frac{1}{2}Bx, 0)$ を取れば，電子の運動エネルギーは

$$\varepsilon = \frac{1}{2m}(\mathbf{p} + e\mathbf{A})^2 = \frac{1}{2m}\left(p_x - \frac{1}{2}eBy\right)^2 + \frac{1}{2m}\left(p_y + \frac{1}{2}eBx\right)^2 + \frac{1}{2m}p_z^2 \tag{9.16}$$

である．一方，擬運動量 (9.13) は $\mathbf{K} = \mathbf{p} - \frac{1}{2}e\mathbf{B} \times \mathbf{z}$ である．そこで，上と同じ初期条件を取ると

$$K_x = p_x + \frac{1}{2}eBy = m\omega_c Y, \quad K_y = p_y - \frac{1}{2}eBx = -m\omega_c X \tag{9.17}$$

だから $\varepsilon_\perp = \frac{1}{2}m\omega_c^2 a_c^2$ になり x, y の描く軌跡は (9.15) になる．

電子の力学的角運動量は $\mathbf{l}^{\text{mech}} = m\mathbf{z} \times \mathbf{v}$ である．考えている系は軸対称

だが，$\mathbf{l}^{\mathrm{mech}}$ の z 成分は保存されない．運動方程式 (9.12) を用いるとその時間変化は

$$\frac{\mathrm{d}l_z^{\mathrm{mech}}}{\mathrm{d}t} = mx\dot{v}_y - my\dot{v}_x = \frac{1}{2}m\omega_{\mathrm{c}}\frac{\mathrm{d}\rho^2}{\mathrm{d}t}$$

になるから

$$l_z^{\mathrm{mech}} - \frac{1}{2}m\omega_{\mathrm{c}}\rho^2 = 一定 \tag{9.18}$$

が保存量である．電子の正準角運動量は，力学的角運動量と異なり

$$\mathbf{l} = \mathbf{z} \times \mathbf{p} = m\mathbf{z} \times \mathbf{v} - e\mathbf{z} \times \mathbf{A}$$

である．$(\mathbf{z} \times \mathbf{A})_z = \frac{1}{2}B\rho^2$ に注意すると (9.18) は

$$l_z = l_z^{\mathrm{mech}} - e(\mathbf{z} \times \mathbf{A})_z$$

が保存量であることを示している．これは，9.7 節で示すように，磁場が軸対称の場合の一般的性質である（ブッシュの定理）．(9.14) を使うと

$$l_z = \frac{1}{2}eBa_{\mathrm{c}}^2 - \frac{1}{2}eB(X^2 + Y^2)$$

のように変形できる．円運動をする電子の運動エネルギーは初期速度のみによって決まり，初期の位置 (x_0, y_0) によらない．角運動量はどの軸を回転軸に選ぶかに依存するから，初期条件を選んで円軌道の中心が原点になるようにすると

$$l_z = \frac{1}{2}eBa_{\mathrm{c}}^2$$

である．これから

$$a_{\mathrm{c}}^2 = \frac{2l_z}{eB} = \frac{2l_z}{m\omega_{\mathrm{c}}} \tag{9.19}$$

が得られる．

電子の運動エネルギーはまた

$$\varepsilon = \frac{p_x^2}{2m} + \frac{p_y^2}{2m} + \frac{m}{2}\left(\frac{eB}{2m}\right)^2(x^2 + y^2) + \frac{eB}{2m}l_z + \frac{p_z^2}{2m} \tag{9.20}$$

と書くことができる．第 4 項は電子の軌道磁気モーメント

$$m_z = -\frac{e}{2m}l_z$$

が磁場中で持つポテンシャルエネルギー $-\mathbf{m} \cdot \mathbf{B}$ である．こうして，電子の持つ運動エネルギーは，xy 方向の，サイクロトロン振動数の半分

$$\omega_{\mathrm{L}} = \frac{1}{2}\omega_{\mathrm{c}} = \frac{eB}{2m} \tag{9.21}$$

の振動数（9.6節で述べるラーモア振動数）を持つ調和振動子のエネルギー，磁気モーメントのポテンシャルエネルギー，z 方向の運動エネルギーに分解することができる．

9.5　一様静電磁場中の電子：サイクロイド運動

一様な静磁場だけでなく，一様な静電場 $\mathbf{E}$ が働いているときの運動を考えよう．電場を磁場に平行な成分と垂直な成分に分けると，運動方程式は

$$\frac{d\mathbf{v}_\perp}{dt} = -\frac{e}{m}\mathbf{E}_\perp + \boldsymbol{\omega}_\mathrm{c} \times \mathbf{v}_\perp, \qquad \frac{d\mathbf{v}_\parallel}{dt} = -\frac{e}{m}\mathbf{E}_\parallel$$

になる．磁場に平行な運動は等加速度運動である．磁場に垂直な運動は，前節で解いた斉次線形方程式の一般解に，非斉次線形方程式の特殊解をつけ加えればよい．特殊解として $\mathbf{E}_\perp = \mathbf{B} \times \mathbf{v}_\perp$ を満たす，時間に依存しない解

$$\mathbf{v}_\perp = \frac{\mathbf{E}_\perp \times \mathbf{B}}{B^2} \tag{9.22}$$

を取ろう．これを移動速度と言う．$\mathbf{v}_\perp$ の一般解は

$$\mathbf{v}_\perp = a(\mathbf{e}_x \cos\omega_\mathrm{c} t + \mathbf{e}_y \sin\omega_\mathrm{c} t) + \frac{\mathbf{E}_\perp \times \mathbf{B}}{B^2}$$

である．電子の運動は，磁場の方向には等加速度運動をし，磁場に垂直な方向には等速円運動と等速度運動の重なった運動をする．

電場が y 軸方向を向いているとき，磁場に平行な方向には等速度運動をするから v_z は定数である．移動速度は x 軸方向を向き，その大きさは E/B である．初期条件として $v_z = 0$，$\mathbf{v}_\perp = (v_0, 0)$ とすると $a + E/B = v_0$ から a が決まり，

$$v_x = \frac{E}{B} + \left(v_0 - \frac{E}{B}\right)\cos\omega_\mathrm{c} t, \qquad v_y = \left(v_0 - \frac{E}{B}\right)\sin\omega_\mathrm{c} t$$

になる．初期条件 $(x, y) = (0, 0)$ を課すと

$$x = \frac{E}{B}t + \left(v_0 - \frac{E}{B}\right)\frac{\sin\omega_c t}{\omega_c}, \qquad y = \left(v_0 - \frac{E}{B}\right)\frac{1-\cos\omega_c t}{\omega_c}$$

である．電場による力は仕事をするから，保存するのは運動エネルギーとポテンシャルエネルギーを加えた力学的エネルギー

$$\varepsilon = \frac{1}{2}m(v_x^2 + v_y^2) - qEy$$

である．

初期条件 $v_0 = 0$ の場合の電子の運動の様子を図 9.5 に示した．この軌跡はサイクロイド（擺線）と呼ばれるものである（サイクロイドは車輪が回転するとき輪縁の定点が描く曲線である．サイクロイドと底線からなる図形の面積はロベルヴァル (G. Robelval, 1602-75) やデカルトが求めていたが，1658 年にパスカル (B. Pascal, 1623-62) が病気の苦痛を紛らすために数学の問題に精神を集中させ，面積を求めた方法には積分法が含まれていた．それはライブニッツ (G. Leibnitz, 1646-1716) が微積分法を発見する契機になったのである）．

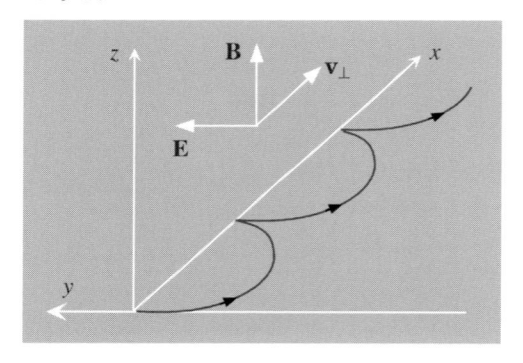

図 9.5　一様電磁場中の電子

電子がこのような運動をするのは次のように理解できる．初速度 0 の電子に働くのは電場からの力のみだから，最初電子は $-y$ 方向に等加速度運動を始める．電子の速度が 0 でなくなると，ローレンツ力が働くから，電子は x 方向に曲がる．そのうちに電子は y 方向に向きを変える．そうすると，電場からの力は電子を減速し x 軸に到達したとき速度は 0 になる．これで初期の速度に戻ったから電子はまた同じ運動を始める．こうして周期的に運動がくり返されるのである．

9.6 ラーモアの歳差運動とゼーマン効果

1896 年，ゼーマン (P. Zeeman, 1865-1943) はナトリウムの炎の光の D 線が磁場中で広がることを発見した．ローレンツは，原子中の荷電粒子が調和振動することによって光を放射するとする模型を用いて，このゼーマン効果を古典電磁気学で説明した．距離に比例する引力を受けて運動する電子に，一様磁場 **B** を作用させたときを考えてみよう．電子の運動方程式は

$$m\frac{d\mathbf{v}}{dt} = -k\mathbf{z} - e\mathbf{v} \times \mathbf{B}$$

である．運動方程式を磁場の方向に平行な成分と垂直な成分に分けると

$$\frac{d\mathbf{v}_\perp}{dt} = -\omega_0^2 \mathbf{z}_\perp - \frac{e}{m}\mathbf{v}_\perp \times \mathbf{B}, \qquad \frac{d\mathbf{v}_\parallel}{dt} = -\omega_0^2 \mathbf{z}_\parallel$$

である．磁場に平行な運動は角振動数 $\omega_0 = \sqrt{k/m}$ の調和振動である．磁場に垂直な成分の運動方程式は，$\mathbf{z}_\perp$ を x 成分と y 成分に分けると

$$\ddot{x} = -\omega_0^2 x - \omega_c \dot{y}, \qquad \ddot{y} = -\omega_0^2 y + \omega_c \dot{x}$$

である．この連立方程式の解として $\mathbf{z}_\perp = (a\cos\omega t, \pm a\sin\omega t)$ を仮定すると，ω として

$$\omega_\pm = \sqrt{\omega_L^2 + \omega_0^2} \pm \omega_L \tag{9.23}$$

が得られる．ω_L は (9.21) で与えたラーモア振動数である．$+$ の解は xy 平面上で反時計回りに，$-$ の解は時計回りに円運動する．磁場のないときはどの方向にも ω_0 で単振動するが，磁場があると角振動数は ω_+ と ω_- に分離する．方程式の解き方としてよく使うのは $\zeta = x - iy$ を変数に取る手法である（量子力学でも使う．17.6.3 節参照）．ζ は微分方程式

$$\ddot{\zeta} + \omega_0^2 \zeta + 2i\omega_L \dot{\zeta} = 0 \tag{9.24}$$

を満たすから $e^{-i\omega t}$ を仮定すれば上と同じ解が得られる．

ゼーマンはスペクトルの広がりから電子の比電荷を評価し，今日知られる値に遠くない値を得た．J. J. トムソンが電子を発見し，電子の比電荷を測定するのは翌年である．同年ゼーマンはローレンツの理論で予言されたスペクトル線の分離を観測する．ロッジ (O. J. Lodge, 1851-1940) もほとんど

同時に同じ現象を発見した．1本のスペクトル線が3本に分離する正常ゼーマン効果に対し，1897年にプレストン (T. Preston, 1860-1900)，翌年にコルニュ(A. Cornu, 1841-1902) はスペクトル線が偶数本に分離する異常ゼーマン効果を発見したが，その理論的な解明には長い年月を必要とした．ランデは1921年に，異常ゼーマン効果と磁気回転異常（8.12節参照）が関連していることに気づいた．1924年，パウリは電子が $\frac{1}{2}\hbar$ の大きさの固有の角運動量（スピン）を持っており，磁場中で磁場に対し上向きと下向きの2値を取るために異常ゼーマン効果が起こると説明した．翌年，ウーレンベック (G. E. Uhlenbeck, 1900-88) とハウトスミット (S. A. Goudsmit, 1902-78) は，シュテルン - ゲルラッハの実験 (p. 200) を，銀原子のビームが磁場中でそのスピンの状態に応じて2成分に分離して屈折が起こることによって説明した．スピンの発見である．

1908年にヘイル (G. F. Hale, 1868-1938) は，太陽黒点からの光のスペクトル線が分離していることを発見し，黒点における 0.4 T 程度の強い磁場のゼーマン効果によってそれを説明した．また1919年にはアダムズ (W. S. Adams, 1876-1956) とともに，黒点磁場の極性が 22 年周期で反転することを発見した．1848年にバブコック (H. D. Babcock, 1882-1968, H. W. Babcock, 1912-2003) は太陽全体の磁場をゼーマン効果によって測定した．その強さは 10^{-4} T 程度で，その後その極性が 11 年周期で反転することもわかった．

ところで，磁場が弱いときは，ω_L すなわち B の2次の項を無視すると，角速度 ω_L で回転する座標系では磁場がない調和振動子になっている．このことは一般に成り立ち，ラーモア (J. Larmor, 1857-1942) の定理として知られている（実はラーモアは 1897 年ゼーマンの実験結果を知る前に理論的研究を行っていたが，電子の発見直前で電子の質量として原子の質量を使ったためその効果を過小評価してしまった）．中心力を受けて運動する質量 m，電荷 $-e$ の電子に弱い磁場 $\mathbf{B}$ が作用すると，その軌道は近似的に角速度 ω_L で回転する．これを示してみよう．電子の受ける中心力を $\mathbf{F}$，加速度を $\mathbf{a}$ とすると，運動方程式は

$$m\mathbf{a} = \mathbf{F} - e\mathbf{v} \times \mathbf{B}$$

である．角速度 $\boldsymbol{\omega}$ で回転する座標系での電子の速度を $\mathbf{v}'$，加速度を $\mathbf{a}'$ とす

ると，運動方程式は

$$m\{\mathbf{a}' + 2\boldsymbol{\omega} \times \mathbf{v}' + \boldsymbol{\omega} \times (\boldsymbol{\omega} \times \mathbf{z})\} = \mathbf{F} - e(\mathbf{v}' + \boldsymbol{\omega} \times \mathbf{z}) \times \mathbf{B}$$

になる．左辺には 1835 年にコリオリース (G. G. Coriolis, 1792-1843) が導いた慣性力が現れる．そこで，$\boldsymbol{\omega} = \boldsymbol{\omega}_L$ のときは，左辺第 2 項のコリオリース力と右辺のローレンツ力が釣りあう．左辺第 3 項の遠心力と右辺の最後の項はいずれも $\mathbf{B}$ の 2 次になるから無視すると

$$m\mathbf{a}' = \mathbf{F}$$

になる．角速度 $\boldsymbol{\omega}_L$ で回転する座標系では，電子は磁場がないときと同じ軌道を運動するから，元の座標系ではその軌道は角速度 $\boldsymbol{\omega}_L$ で回転するのである．

9.7 軸対称磁場中の荷電粒子：ブッシュの定理

磁場は一様ではないが，軸対称である場合を考えよう．対称軸を z 軸に選び円柱座標を取ると，対称軸を中心とする半径 ρ の円を貫く磁束は

$$\Phi(\rho, z) = 2\pi \int_0^\rho d\rho' \rho' B_z(\rho', z) \tag{9.25}$$

である．両辺を ρ で微分すると

$$B_z = \frac{1}{2\pi\rho} \frac{\partial \Phi}{\partial \rho} \tag{9.26}$$

である．B_ρ と B_z は，$\boldsymbol{\nabla} \cdot \mathbf{B} = 0$ の条件のため独立ではない．(8.39) を使うと

$$\frac{\partial \Phi(\rho, z)}{\partial z} = 2\pi \int_0^\rho d\rho' \rho' \frac{\partial B_z(\rho', z)}{\partial z} = -2\pi\rho B_\rho(\rho, z)$$

が得られる．したがって，

$$B_\rho = -\frac{1}{2\pi\rho} \frac{\partial \Phi}{\partial z} \tag{9.27}$$

になる．ρ が小さいときは (9.25) から $\Phi \cong \pi\rho^2 B_z$ になるから，(9.27) に代入してすでに求めた (8.40) になる．軸対称の場合，磁束 Φ が与えられれば磁場は決まる．例えば，磁気モーメントのつくる磁場は (8.11) によって

であるから，磁束は

$$\Phi = \frac{\mu_0 m}{2} \int_0^\rho \mathrm{d}\rho' \rho' \left(\frac{3z^2}{r'^5} - \frac{1}{r'^3} \right) = \frac{\mu_0 m}{2} \frac{\rho^2}{r^3} \tag{9.28}$$

になる．これを微分して B_ρ を求めることができる．

軸対称磁場の中での荷電粒子の運動を考えよう．粒子の質量を m，電荷を q とすると，粒子の力学的角運動量 $\mathbf{l}^{\mathrm{mech}} = m\mathbf{z} \times \mathbf{v}$ は

$$\frac{\mathrm{d}\mathbf{l}^{\mathrm{mech}}}{\mathrm{d}t} = q\mathbf{z} \times (\mathbf{v} \times \mathbf{B})$$

を満たす．z 成分 $l_z^{\mathrm{mech}} = m\rho^2 \dot\varphi$ の運動方程式は

$$\frac{\mathrm{d}l_z^{\mathrm{mech}}}{\mathrm{d}t} = q\rho \left(-\frac{\mathrm{d}\rho}{\mathrm{d}t} B_z + \frac{\mathrm{d}z}{\mathrm{d}t} B_\rho \right) = -\frac{q}{2\pi} \left(\frac{\mathrm{d}\rho}{\mathrm{d}t} \frac{\partial \Phi}{\partial \rho} + \frac{\mathrm{d}z}{\mathrm{d}t} \frac{\partial \Phi}{\partial z} \right) = -\frac{q}{2\pi} \frac{\mathrm{d}\Phi}{\mathrm{d}t}$$

になる．こうしてブッシュの定理

$$l_z^{\mathrm{mech}} + \frac{q\Phi}{2\pi} = 一定$$

が得られる (1926)．ブッシュ(H. Busch, 1884-1973) はこの性質によって，レンズが光を集中させるように，磁気コイルが電子を集中させる可能性があることに気づき，1927 年に実験的に検証した．電子顕微鏡の原理である．クノル (M. Knoll, 1897-1969) とルスカ (E. Ruska, 1906-88) は 1931 年に最初の電子顕微鏡をつくった．

磁場は軸対称であるにもかかわらず，粒子の角運動量の z 成分 l_z^{mech} は保存されず $q\Phi/2\pi$ をつけ加えた量が保存される．Φ はベクトルポテンシャル A_φ によって $\Phi = 2\pi\rho A_\varphi$ と書くことができる．すなわち正準角運動量 $\mathbf{l} = \mathbf{z} \times \mathbf{p}$ の z 成分

$$l_z = l_z^{\mathrm{mech}} + q\rho A_\varphi$$

が保存されることになる．荷電粒子は磁場から運動量 qA_φ を受け取るが，同時に，それに伴って角運動量 $q\rho A_\varphi$ を受け取るのである．場のエネルギー，運動量，角運動量については 12 章で詳しく調べることにしよう．

9.8 アラゴーの円板：運動する導体に発生する起電力

1824年にアラゴーは，回転する導体円板の近くに置いた磁石が円板に引きずられて回転することを発見した．ファラデイはこの現象を解明するために実験を行い，ファラデイの法則を発見することになる．アラゴーの円板は，磁石の磁場の中で導体が運動したため生じる起電力によって電流が流れ，それが磁場をつくって磁石に力を及ぼすことによって回転する．一般に，広がった導体中に誘導される電流を渦電流，フーコー電流と呼ぶ．フーコーは1855年に磁場中で導体が急速に静止するのを見て，運動を持続させるためには仕事をする必要があり，それは熱として現れるはずだと考えた．

図 **9.6** アラゴー

磁場中で，導体を運動させたとき，導体に起電力が生じ電流が流れる．この現象を調べてみよう．磁場 $\mathbf{B}$ の中で，有限の長さの導線を一定速度で引っ張ってみよう．導線を $\mathbf{u}$ で引っ張ったために，導線中の電荷 q を持った粒子はローレンツ力 $\mathbf{F} = q\mathbf{u} \times \mathbf{B}$ を受ける．電荷はこの力のために，導線に沿って運動する．電荷を動かす力は電場にほかならないから，その力を $\mathbf{F} = q\mathbf{E}'$ と書いてもよい．こうしてコイル中に電場

$$\mathbf{E}' = \mathbf{u} \times \mathbf{B} \tag{9.29}$$

がつくられる．このため導線内の電荷は移動し，一方の端に正電荷が，もう一方の端に負電荷がたまっていく．これらの電荷は電場 $\mathbf{E} = -\boldsymbol{\nabla}\phi$ をつくるから，導線内の電場は $\mathbf{E}$ と $\mathbf{E}'$ の和になる．電荷の増加に伴って $\mathbf{E}$ が大きくなっていくが，この電荷の移動はいつまでもは続かず，

$$\mathbf{E} + \mathbf{E}' = -\boldsymbol{\nabla}\phi + \mathbf{u} \times \mathbf{B} = 0 \tag{9.30}$$

になるような電位がつくられるようになると，電荷に力が働かなくなり電荷の移動が止まる．こうして定常状態に達したとき，棒の両端の電位差は

$$\phi(\mathrm{B}) - \phi(\mathrm{A}) = \int_{\mathrm{A}}^{\mathrm{B}} \mathrm{d}\mathbf{x} \cdot \boldsymbol{\nabla}\phi = \int_{\mathrm{A}}^{\mathrm{B}} \mathrm{d}\mathbf{x} \cdot \mathbf{u} \times \mathbf{B}$$

で与えられることになる．すなわち，磁場中で運動する導線は電池のように両端に電位差が生じる．そこで，導線の両端をつなぐと，電池の両極をつないだように，オームの法則に従って電流が流れる．このとき導線内部で電場 $-\boldsymbol{\nabla}\phi + \mathbf{u} \times \mathbf{B}$ は 0 にならず，(9.30) のかわりに

$$-\boldsymbol{\nabla}\phi + \mathbf{u} \times \mathbf{B} = \frac{1}{g}\mathbf{J} \tag{9.31}$$

が成り立つ．両辺をコイル 1 周で積分すれば左辺第 1 項は消えるから

$$\mathcal{E} = \oint \mathrm{d}\mathbf{x} \cdot \mathbf{u} \times \mathbf{B} = \frac{1}{g}\oint \mathrm{d}\mathbf{x} \cdot \mathbf{J} = \frac{1}{g}lJ = RI$$

になる．導線の長さを l，断面積を S とし，$I = JS$, $R = l/gS$ を用いた．

時間 Δt の間コイルを引っ張ると，コイルは $\mathbf{u}\Delta t$ だけ移動する．このときコイルが掃く面（図 9.7 の側面）を通過する磁束 $\Delta\Phi$ を計算してみよう．時刻 t におけるコイルが囲む面を 1，時刻 $t+\Delta t$ におけるコイルが囲む面を 2 とすると，側面を外から中に通過する磁束は，側面と面 1 を通過する磁束から，面 1 を通過する磁束を差し引いたもので

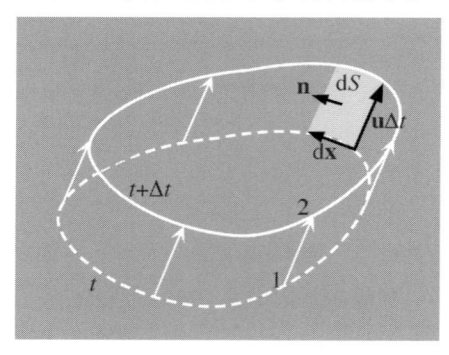

図 9.7 等速度で移動するループ

ある．ところで，基本方程式 $\boldsymbol{\nabla} \cdot \mathbf{B} = 0$ から，閉曲線を端とする面を貫く磁束はどの面で計算しても同じだった．そこで側面と面 1 からなる面を貫く磁束は，面 2 を貫く磁束である．面 1 を通過する磁束を $\Phi(t)$，面 2 を通過する磁束を $\Phi(t+\Delta t)$ とすると，側面を通過する磁束は

$$\Delta\Phi = \Phi(t+\Delta t) - \Phi(t) = \frac{\mathrm{d}\Phi}{\mathrm{d}t}\Delta t \tag{9.32}$$

になる．すなわち，コイルを通過する磁束の変化分である．コイルを $\mathbf{u}$ で引っ張るとき，コイルに電場 (9.29) がつくられる．この電場のもとにコイルに沿っ

て $d\mathbf{x}$ だけ単位電荷が移動したときの仕事 $\mathbf{u} \times \mathbf{B} \cdot d\mathbf{x}$ が起電力である．したがって，コイル1周についての起電力は

$$\mathcal{E} = -\oint \mathbf{B} \cdot \mathbf{u} \times d\mathbf{x} = -\frac{\Delta \Phi}{\Delta t} = -\frac{d\Phi}{dt} \tag{9.33}$$

になる．ここでベクトル $\mathbf{u}\Delta t$ と $d\mathbf{x}$ がつくる平行四辺形の面積を dS，その法線ベクトルを $\mathbf{n}$ とすると $\mathbf{u} \times d\mathbf{x} = \mathbf{n}dS/\Delta t$ になることを使った．法線ベクトル $\mathbf{n}$ は，側面の外から中に向かう向きを持っていることに注意しよう．

ファラデイは1832年に，円柱状磁石を軸のまわりに回転させ，中心軸と円柱側面の間に起電力が生じる単極誘導を発見した（ファラデイ円板）．これは，一様な磁場 B の中で，磁場に垂直に置いた半径 a の導体円板を角速度 ω で回転させると，円板の中心 A と円縁の点 B の間に起電力

$$\mathcal{E} = \int_A^B d\mathbf{x} \cdot \mathbf{u} \times \mathbf{B} = \int_0^a d\rho\omega\rho B = \frac{1}{2}\omega B a^2 = \frac{\omega \Phi}{2\pi}$$

が生じるのと同じ理屈である．ブラードの地球磁場に対する円板発電機模型 (1955) はこの単極誘導に基づいていた．ヘルツは博士論文 (1880) で，磁場中で導体球を回転させたとき生じる電流を (9.29) に基づいて計算した．

9.9 レンツの法則

起電力は単位電荷あたりの仕事であるから，電流 I，すなわち単位時間に I の電荷が流れているとき，(9.33) で与えられた起電力が単位時間にする仕事は

$$I\mathcal{E} = I\oint d\mathbf{x} \cdot \mathbf{u} \times \mathbf{B} \tag{9.34}$$

である．単純に考えるとローレンツ力がこの仕事をしたように見えるがそうではない．電子が導線内を平均移動速度 $\mathbf{v}$ で運動しているとき，速度 $\mathbf{u}$ で引っ張れば，電子の速度は $\mathbf{v}' = \mathbf{v} + \mathbf{u}$ になる．そこで，電

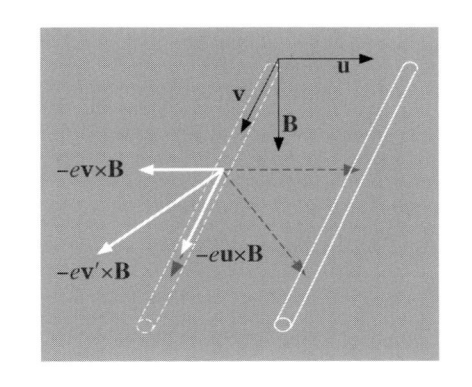

図 **9.8** 運動による起電力

子に働くローレンツ力は

$$-e\mathbf{v}' \times \mathbf{B} = -e\mathbf{v} \times \mathbf{B} - e\mathbf{u} \times \mathbf{B} \tag{9.35}$$

で与えられる．図 9.8 のように，磁場と導線に直交する方向に引っ張ったとしよう．$-e\mathbf{v} \times \mathbf{B}$ は $\mathbf{u}$ の反対方向に，$-e\mathbf{u} \times \mathbf{B}$ は導線に沿って働く．電荷は単位時間に $\mathbf{v}'$ 移動するから，ローレンツ力のする単位電荷，単位時間あたりの仕事は $\mathbf{v}' \times \mathbf{B} \cdot \mathbf{v}' = 0$ である．すなわちローレンツ力は仕事をしない．(9.35) の右辺の各項が仕事をするがそれらが相殺するのである．(9.35) の第 1 項の伝導電子に働くローレンツ力 $-e\mathbf{v} \times \mathbf{B}$ は，9.2 節で説明したメカニズムによって導線に働く力 $\mathbf{F} = I \oint d\mathbf{x} \times \mathbf{B}$ になる．$\mathbf{F}$ のもとに $\mathbf{u}$ だけ移動したときの仕事は

$$\mathbf{F} \cdot \mathbf{u} = -I \oint d\mathbf{x} \cdot \mathbf{u} \times \mathbf{B}$$

である．一方，(9.34) の仕事は (9.35) の第 2 項の力による．したがって，ローレンツ力のした仕事は $I\mathcal{E} + \mathbf{F} \cdot \mathbf{u} = 0$ である．

だが，導線を等速度 $\mathbf{u}$ で引っ張るためには外力 $e\mathbf{v} \times \mathbf{B}$ を加えなければならない．外力は $\mathbf{u}$ と反対向きの成分を持っている．これはレンツ (E. Lenz, 1804-65) が 1834 年に発見したレンツの法則として知られている．(9.33) の負符号がレンツの法則を表している．電場がコイルの運動を妨げる方向に働くのは，ヘルムホルツ (1847) と W. トムソン (1848) が独立に示したように，エネルギー保存則によって理解できる．実際，ヘルムホルツはレンツの法則を根拠の 1 つとしてエネルギー保存則を定式化したのである．この外力のする単位時間あたりの仕事は

図 9.9 レンツ

$$\frac{W^{\mathrm{mech}}}{\mathrm{d}t} = -\mathbf{F}\cdot\mathbf{u} = I\mathcal{E} = -I\frac{\mathrm{d}\Phi}{\mathrm{d}t} \tag{9.36}$$

で与えられる．この結果は，(8.42) で与えたように，磁場中の閉回路電流 I が持つポテンシャルエネルギーが $V=-I\Phi$ で，外力のする仕事 W^{mech} がポテンシャルエネルギーの変化 $\mathrm{d}V$ に等しいことから直ちに言えることである．

一方，(9.35) の第 2 項の力は電子を加速する．電場によって電荷が加速されることなく，電流を一定値に保つためには，電池は電場に逆らってそれを打ち消すだけの仕事 W^{elect} をしなければならない．すなわち電気的仕事

$$\frac{W^{\mathrm{elect}}}{\mathrm{d}t} = -I\mathcal{E} = -I\oint \mathrm{d}\mathbf{x}\cdot\mathbf{u}\times\mathbf{B}$$

をしなければならない．外力のする仕事と電池のする仕事を加えると

$$W^{\mathrm{mech}} + W^{\mathrm{elect}} = 0 \tag{9.37}$$

になる．つまり，外力のする仕事 W^{mech} は電池にする仕事 $-W^{\mathrm{elect}}$ になり，コイルを流れる電流は変化しないで運動を続けるのである．

9.10 磁場もエネルギーを蓄える

電場は単位体積あたり $\frac{1}{2}\epsilon_0 E^2$ のエネルギーを蓄えた．磁場も単位体積あたり

$$u_{\mathrm{m}} = \frac{1}{2\mu_0}B^2 \tag{9.38}$$

のエネルギーを蓄えていると考えることができる．これは W. トムソンが 1853 年に示した公式である．これを簡単なモデルで示そう．

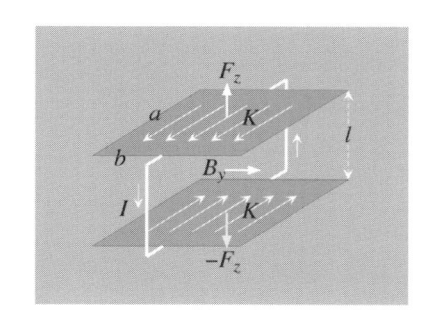

図 **9.10** 磁場のエネルギー

x 方向に長さ a，y 方向に長さ b，面積 $S=ab$ を持つ 2 つの長方形導体が，距離 l だけ離して xy 平面に平行に置いてあり，上側には面電流密度 K の平面電流が x 方向に，下側には逆向きに同じ大きさの平面電流が流れているとしよう．l は a，b に比べて十分小さく端の効果は無視できるものとする．これらの導体はそれぞれの端では導線で

つながれており，導線を流れる電流は $I = bK$ である．また一方の導線は電池につないである．平面が無限に広いときは，上側の面電流は，7.7.3 節で導いたように，その上下に y 方向に $\mp\frac{1}{2}\mu_0 K$，下側の面電流は $\pm\frac{1}{2}\mu_0 K$ の磁場をつくる．したがって導体にはさまれた領域に $B_y = \mu_0 K$ の磁場が y 方向につくられ，外側では磁場はない．有限の広さでも，端を除いて導体にはさまれた領域の磁場は $B_y = \mu_0 K$ である．(9.3) から，上下の導体に働く力は z 方向に $\pm F_z = \pm\frac{1}{2} K B_y S$ である．この力を受けた導体の相対距離が $\mathrm{d}l$ だけ変化したとすると，この力に逆らう外力が行う仕事は

$$W^{\mathrm{mech}} = -F_z \mathrm{d}l = -\frac{1}{2} K B_y S \mathrm{d}l$$

である．ところで磁場の中を導体が移動すると，それに伴いローレンツ力によって電場が誘導されることは前節で見た．導体の相対速度を $u = \mathrm{d}l/\mathrm{d}t$ とすると，電場は x 方向に $E_x = -\frac{1}{2}u B_y$ で，電流の方向と逆向きに働く．この力に逆らって一定電流を流し続けるためには電池が仕事をしなければならない．電流の任意の断面で単位時間あたり I の電荷が通過するから，時間 $\mathrm{d}t$ の間に力 $I \mathrm{d}t \cdot E_x$ が働く．電場が上の導体にする仕事は $I \mathrm{d}t \cdot E_x \cdot a$ である．電池は両導体に

$$W^{\mathrm{elect}} = -2 \cdot I \mathrm{d}t \cdot E_x \cdot a = K B_y S \mathrm{d}l$$

の仕事をしなければならない．電池の行った仕事と外力が行った仕事が磁場に蓄えられたと考えられるから

$$\mathrm{d}U = W^{\mathrm{elect}} + W^{\mathrm{mech}} = \frac{1}{2} K B_y S \mathrm{d}l = \frac{1}{2\mu_0} B_y^2 S \mathrm{d}l$$

である．磁場のある領域が体積 $S\mathrm{d}l$ だけ増加することによって磁場のエネルギーが $\mathrm{d}U$ だけ増加したから，磁場のエネルギーはその領域で単位体積あたり $\mathrm{d}U/S\mathrm{d}l = \frac{1}{2\mu_0} B^2$ だけ局在していると解釈することができる．こうして磁場は単位体積あたり (9.38) で与えられるエネルギーを持つ．極板間の磁場のエネルギーは

$$U = \frac{1}{2\mu_0} B_y^2 S l = \frac{1}{2} L I^2, \qquad L = \mu_0 \frac{al}{b} \tag{9.39}$$

になる．面積 ab，高さ l のコンデンサーに電荷 q を与えたときのエネルギー

9.10 磁場もエネルギーを蓄える

$$U = \frac{1}{2C}q^2, \qquad C = \epsilon_0 \frac{ab}{l}$$

に対応する（L と C を a で割って単位長さあたりにすれば (8.52) を満たしている）．磁束と電流の間には

$$\Phi = B_y a l = \mu_0 I \frac{al}{b} = LI \tag{9.40}$$

の関係があるから，電流の持つ磁場のエネルギーは

$$U = \frac{1}{2} I \Phi$$

と書くこともできる．

磁場のエネルギーの局在

磁場のエネルギー密度 (9.38) も空間の各点に局在することをもう 1 つの簡単な例で示しておこう．任意の断面を持つソレノイドに面電流 K が流れているとする．磁場はソレノイドの中側で $B = \mu_0 K$，外側で 0 である．ソレノイドの断面の電流に沿って線要素 l を取ると，ソレノイドの単位長さあたりに働く力は (9.3) から

$$F = \frac{1}{2} K \cdot B l = \frac{1}{2\mu_0} B^2 l$$

になる．力はソレノイドを中から外に押し出す方向に働く．電流を一定に保ったまま，時間 dt の間に，l を垂直方向に dn だけ外に押し出してみよう．電流値を変えないから増加した体積内にも同じ磁場がつくられる．力 F に抗して l を押し出すためには，外から加える力 $-F$ が $-Fdn$ の仕事をしなければならない．体積の増加によって磁束が $d\Phi = Bldn$ だけ増加する．誘導起電力 $\mathcal{E} = -d\Phi/dt$ に抗して電流を一定に保つために電池は $-Kdt\mathcal{E} = KBldn = 2Fdn$ の仕事をする．外力と電池のした仕事

$$Fdn = \frac{1}{2\mu_0} B^2 \cdot ldn$$

は磁場のエネルギーの増加に等しくなっている．磁場のある領域が体積 ldn だけ増加することによって磁場のエネルギーが $\frac{1}{2\mu_0} B^2 \cdot ldn$ だけ増加したから磁場のエネルギーはその領域で単位体積あたり $u_\mathrm{m} = \frac{1}{2\mu_0} B^2$ だけ局在していると解釈することができる．

9.10.1 電流のエネルギーと磁場のエネルギー

電荷間のポテンシャルエネルギーを電荷のつくる電場が担うエネルギーに書きかえることができたように，電流の持つエネルギーも電流がつくる磁場が担うエネルギーに書きかえることができる．1853 年に W. トムソンが導いた

$$U = \frac{1}{2}LI^2 = \frac{1}{2\mu_0}\int dV B^2 \tag{9.41}$$

の関係を一般の場合に示しておこう．そのため

$$\frac{1}{2}LI^2 = \frac{1}{2}I\Phi = \frac{1}{2}I\int dSB$$

のように書き直し，電流が囲む面の面積要素 dS を端とする磁力管に沿った閉曲線で，アンペールの回路定理を使えば，電流は B の積分で表せるから

$$\frac{1}{2}IdSB = \frac{1}{2\mu_0}dSB\oint dsB = \frac{1}{2\mu_0}\int dV B^2 \tag{9.42}$$

になる．ここで $dV = dsdS$ は磁力管の体積要素で，磁場が循環的であること，すなわち BdS が磁力管のどの場所でも一定であることを使った．すべての磁力管について (9.42) を加えれば (9.41) が得られる．

U は別の形にも書ける．(7.47) を使うと

$$U = \frac{1}{2}I\Phi = \frac{1}{2}I\oint d\mathbf{x}\cdot\mathbf{A}$$

になる．これは 1 つの閉回路電流の場合だが，一般に電流密度 $\mathbf{J}$ が与えられたときは，電流要素は $\mathbf{J}dV$ になるから

$$U = \frac{1}{2}\int dV \mathbf{J}\cdot\mathbf{A} \tag{9.43}$$

である．これは (9.41) からも直接示せる．$\mathbf{B} = \boldsymbol{\nabla}\times\mathbf{A}$ を代入すると

$$U = \frac{1}{2\mu_0}\int dV \mathbf{B}\cdot\boldsymbol{\nabla}\times\mathbf{A}$$
$$= \frac{1}{2\mu_0}\int dV (\boldsymbol{\nabla}\cdot\mathbf{A}\times\mathbf{B} + \mathbf{A}\cdot\boldsymbol{\nabla}\times\mathbf{B})$$

になるが，右辺第 1 項の空間積分は発散定理により表面積分に直して落とせる．第 2 項にアンペールの法則 $\boldsymbol{\nabla}\times\mathbf{B} = \mu_0\mathbf{J}$ を代入して (9.43) が得られる．

(9.43) はベクトルポテンシャルを含んでいるから，非物理的な成分を持っているように見える．ゲージ変換 (7.48) をすると

$$U' = \frac{1}{2}\int dV \mathbf{J}\cdot\mathbf{A}' = \frac{1}{2}\int dV \mathbf{J}\cdot(\mathbf{A}+\boldsymbol{\nabla}\Lambda)$$

になるが，ゲージ変換によって加わった $\mathbf{J}\cdot\boldsymbol{\nabla}\Lambda = \boldsymbol{\nabla}\cdot\Lambda\mathbf{J} - \Lambda\boldsymbol{\nabla}\cdot\mathbf{J}$ の第 1 項は表面積分になって消える．定常電流の電荷保存則 $\boldsymbol{\nabla}\cdot\mathbf{J}=0$ が成り立つ限り第 2 項も消える．こうして (9.43) はゲージ不変である．

電流の持つエネルギー (9.43) はまた

$$U = \frac{1}{2}\int dV \int dV' \frac{\mathbf{J}(\mathbf{x})\cdot\mathbf{J}(\mathbf{x}')}{|\mathbf{x}-\mathbf{x}'|}$$

と表すこともできる．多数の回路の場合は i 番目の回路 C_i に電流 I_i が流れているとすると，ノイマンの公式 (8.51) を用いて

$$U = \frac{1}{2}\sum_{ij} I_i I_j \frac{\mu_0}{4\pi}\oint_{\mathrm{C}_i}\oint_{\mathrm{C}_j}\frac{d\mathbf{x}\cdot d\mathbf{x}'}{|\mathbf{x}-\mathbf{x}'|} = \frac{1}{2}\sum_{i,j} L_{ij} I_i I_j \tag{9.44}$$

が得られる．これは電気力学ポテンシャル (8.50) の符号を変えたものである．この符号の違いは 11.2.1 節で明らかになる．

同心ソレノイド

電流 I_1，断面積 S_1，単位長さあたりの巻き数 n_1 のコイルと電流 I_2，断面積 S_2，単位長さあたりの巻き数 n_2 のコイルからなる同心ソレノイドを考えよう．電流 I_1 がコイル 1 の中側につくる磁場は $B_1 = \mu_0 n_1 I_1$ だった．これが 1 を貫く磁束は $n_1 \cdot B_1 S_1 = \mu_0 n_1^2 S_1 I_1$ だから 1 の自己誘導係数は

$$L_{11} = n_1 \cdot B_1 S_1 = \mu_0 n_1^2 S_1$$

になる．一方，B_1 が 2 を貫く磁束は $n_2 \cdot B_1 S_1 = \mu_0 n_1 n_2 S_1 I_1$ で与えられるから相互誘導係数は

$$L_{21} = \mu_0 n_1 n_2 S_1$$

である．同様にして $B_2 = \mu_0 n_2 I_2$ を用いると相互誘導係数

$$L_{12} = \mu_0 n_1 n_2 S_1$$

が得られる．相反性 $L_{12} = L_{21}$ が成り立っている．最後に，B_2 が 2 を貫く磁束が $n_2 \cdot B_2 S_2 = \mu_0 n_2^2 S_2 I_2$ となることから

$$L_{22} = \mu_0 n_2^2 S_2$$

になる．$L_{11} L_{22} = k L_{12} L_{21}$ と置いたとき k を結合定数と言う．一般に $\Phi_{11} \geq \Phi_{21}$，$\Phi_{22} \geq \Phi_{12}$ になるため

$$L_{11} L_{22} \geq L_{12} L_{21}$$

を満たすから k は $0 \leq k \leq 1$ の範囲にある．同心ソレノイドの結合定数は $k = S_2/S_1$ である．磁場のエネルギー

$$\begin{aligned} U &= \frac{1}{2\mu_0}(B_1 + B_2)^2 S_1 + \frac{1}{2\mu_0} B_1^2 (S_2 - S_1) \\ &= \frac{1}{2}\mu_0 (n_1^2 I_1^2 S_1 + 2 n_1 n_2 I_1 I_2 S_1 + n_2^2 I_2^2 S_2) \end{aligned}$$

は (9.44) の形になっている．

平行平面電流

磁場のエネルギーを与える (9.41) と (9.43) が同等であることを具体例で確かめよう．$z = l$ 平面と $z = 0$ 平面にある面積 S の平行板上で x 方向にそれぞれ面電流 K と $-K$ が流れているとする．$0 < z < l$ では y 軸方向に磁場 $B_y = \mu_0 K$ がつくられる (p. 224) から，磁場のエネルギーは

$$U = \frac{1}{2\mu_0} B_y^2 \cdot Sl = \frac{1}{2} \mu_0 K^2 \cdot Sl$$

である．

一方，(7.34) から $z = l$ 平面電流は $z < l$ で $\frac{1}{2}\mu_0 Kz$，$z = 0$ 平面電流は $z > 0$ で $\frac{1}{2}\mu_0 Kz$ のベクトルポテンシャルをつくるから $0 < z < l$ で任意の定数を除いて $A_x(z) = \mu_0 Kz$ が得られる．(9.43) にこれを代入すれば下面で $A_x(0) = 0$ から上面のみエネルギーに寄与し

$$U = \frac{1}{2} SK \cdot \mu_0 Kl = \frac{1}{2} \mu_0 K^2 \cdot Sl$$

は上の結果と一致している．

9.10.2 回転荷電球のエネルギー

8.7.1節で考えた，一定角速度で回転する荷電球の磁場のエネルギーを計算してみよう．面電流密度は $M\sin\theta$ の角度依存性を持ち，荷電球の外で磁場は $m = \frac{4\pi}{3}a^3 M$ の磁気モーメントがつくる磁場と同じである．またそれは球表面の磁荷面密度 $\sigma_\mathrm{m}^M = M\cos\theta$ がつくる磁場と同じだから，この磁場の持つエネルギーは球面に電荷面密度 $\sigma^P = P\cos\theta$ を持つ電荷分布の電場のエネルギーを計算したのとまったく同じようにすればよい．磁場の各成分は

$$B_x = \frac{\mu_0 m}{4\pi}\frac{3zx}{r^5}, \qquad B_y = \frac{\mu_0 m}{4\pi}\frac{3zy}{r^5}, \qquad B_z = \frac{\mu_0 m}{4\pi}\frac{3z^2 - r^2}{r^5}$$

だったから，球外の磁場のエネルギーは

$$U_\mathrm{out} = \frac{1}{2\mu_0}\left(\frac{\mu_0 m}{4\pi}\right)^2 \int dV \left(\frac{3z^2}{r^8} + \frac{1}{r^6}\right) = \frac{\mu_0 m^2}{12\pi a^3}$$

である．一方，球内の磁場 $\mu_0 m/2\pi a^3$ のエネルギーは

$$U_\mathrm{in} = \frac{1}{2\mu_0}\left(\frac{\mu_0 m}{2\pi a^3}\right)^2 \frac{4\pi}{3}a^3 = \frac{\mu_0 m^2}{6\pi a^3}$$

になる．そこで球内外のエネルギーを加えると

$$U = U_\mathrm{in} + U_\mathrm{out} = \frac{\mu_0 m^2}{4\pi a^3}$$

が得られる．磁荷がつくる磁場も電流がつくる磁場も，球外に関してはまったく同じである．だが，この等価性が成り立つのは電流の外側だけである．磁荷が球内部につくる磁場は z 方向に $-\mu_0 m/4\pi a^3$ だったから

$$U_\mathrm{in} = \frac{\mu_0 m^2}{24\pi a^3}, \qquad U = U_\mathrm{in} + U_\mathrm{out} = \frac{\mu_0 m^2}{8\pi a^3} \tag{9.45}$$

である．これは，球表面の磁荷間のクーロン力によるポテンシャルエネルギーである．球表面の磁荷が球面につくる磁位 ϕ_m は

$$\phi_\mathrm{m} = \frac{\mu_0 m \cos\theta}{4\pi a^2}$$

になるからポテンシャルエネルギーは

$$U = \frac{1}{2}\int dS \sigma_\mathrm{m}^M \phi_\mathrm{m} = \frac{1}{2}M\frac{\mu_0 m}{4\pi}\int_0^\pi d\theta \sin\theta \cos^2\theta \int_0^{2\pi} d\varphi = \frac{\mu_0 m^2}{8\pi a^3}$$

になり (9.45) と一致する．

9.11 磁場の応力
9.11.1 磁気圧:太陽黒点はなぜ黒い?

半径 a, b の同軸円筒に電流 I, $-I$ が流れているとき,$a < \rho < b$ の同心円にアンペールの法則を適用すると,磁場は方位角方向に

$$B_\varphi = \frac{\mu_0 I}{2\pi \rho}$$

である.円筒にはさまれた領域で円筒の単位長さあたり

$$\Phi = \int_a^b \mathrm{d}\rho B_\varphi = \frac{\mu_0 I}{2\pi} \int_a^b \frac{\mathrm{d}\rho}{\rho} = LI$$

の磁束が通過している.

$$L = \frac{\mu_0}{2\pi} \ln \frac{b}{a}$$

が自己誘導係数である.磁場のエネルギーは

$$U = \frac{1}{2\mu_0} 2\pi \int_a^b \mathrm{d}\rho \rho B_\varphi^2 = \frac{\mu_0 I^2}{4\pi} \ln \frac{b}{a} = \frac{1}{2} L I^2 \tag{9.46}$$

である.中側の円筒の外側表面で $B_\varphi = \mu_0 I/2\pi a$,内側表面で $B_\varphi = 0$ であるから,(9.3) によって計算した円筒に働くローレンツ力は,動径方向に円筒の単位長さあたり

$$F = -\frac{1}{2} IB = -\frac{\mu_0}{4\pi a} I^2 \tag{9.47}$$

である.円筒の単位面積あたりの力(圧力)は

$$p = \frac{F}{2\pi a} = -\frac{\mu_0 I^2}{8\pi^2 a^2}$$

である.同様に,外側の円筒にローレンツ力による圧力

$$p = \frac{\mu_0 I^2}{8\pi^2 b^2}$$

が外向きに働く.これらの圧力はいずれも磁場が円筒を押し出す方向に働き,

$$P = \frac{1}{2\mu_0} B^2 \tag{9.48}$$

の形をしている.これは同軸円筒コンデンサーとの対応関係を考えれば明らかである.磁場は円筒の壁に平行であるから磁力線も壁に平行に並んでいる.

静電場の場合に電気力線がなるべく広がろうとする圧力が働いたように，磁力線が互いに反発し磁気圧が働くと考えると説明がつく．また磁場に垂直な面に張力

$$T = \frac{1}{2\mu_0}B^2 \qquad (9.49)$$

が働く．静圧は磁力線に沿っても働いているから，もともとの張力は

$$T' = T + P = \frac{1}{\mu_0}B^2 \qquad (9.50)$$

である．電気力線も磁力線も縮まろうとする張力が働き，横方向に膨れようとする圧力が働く．

太陽黒点はプラズマ気体からなる光球の中にできた磁力管である．9.6節で触れたように，太陽黒点の中では磁場が強大である．黒点の磁力管の壁面で，気体の圧力 p と磁気圧を加えた全圧力 $p + B^2/2\mu_0$ は連続である．したがって，磁場の強い黒点の中では気体の圧力が低く，温度が低い（光球の平均温度（13.6節参照）$T_\odot = 5800\,\mathrm{K}$ に比べ，黒点の暗部は $4300\,\mathrm{K}$）．強い磁場は，黒点の下の高温領域からの対流と熱伝導を妨げる．これが黒点の黒い理由である．

9.11.2 磁場のマクスウェル応力

磁場のマクスウェル応力を導いてみよう．空間に任意の閉曲面を取り，閉曲面で囲まれた領域 1 とその外側の領域 2 に分けると，領域 1 内にある電流が受ける体積力密度 $\mathbf{f}$ は，アンペールの法則を使って電流密度を消去すると

$$\mathbf{f} = \mathbf{J} \times \mathbf{B} = \frac{1}{\mu_0}(\boldsymbol{\nabla} \times \mathbf{B}) \times \mathbf{B} \qquad (9.51)$$

によって与えられる．恒等式 (4.55) を $\mathbf{B}$ に適用すると

$$\mathbf{B}\boldsymbol{\nabla} \cdot \mathbf{B} = \boldsymbol{\nabla} \cdot (\mathbf{B}\mathbf{B}) - \frac{1}{2}\boldsymbol{\nabla} B^2 + \mathbf{B} \times (\boldsymbol{\nabla} \times \mathbf{B})$$

である．ところが，左辺は $\boldsymbol{\nabla} \cdot \mathbf{B} = 0$ により 0 になるから，ダイアディック T を

$$\mathsf{T} = \frac{1}{\mu_0}\left(\mathbf{BB} - \frac{1}{2}B^2\right), \qquad T_{ij} = \frac{1}{\mu_0}\left(B_i B_j - \frac{1}{2}B^2 \delta_{ij}\right) \qquad (9.52)$$

によって定義すれば

$$\mathbf{f} = \boldsymbol{\nabla} \cdot \mathsf{T}$$

と書くことができる．T が磁場に対する応力テンソルである．

$\mathbf{f} = \mathbf{J} \times \mathbf{B}$ において，磁場 $\mathbf{B}$ は領域 1，2 内の電流分布がつくる磁場 $\mathbf{B}_1$，$\mathbf{B}_2$ を加えたものである．だが，静電場のときと同様，領域 1 内の電流がつくる磁場がその中の電流に及ぼす自己力

$$\mathbf{F}_{11} = \int \mathrm{d}V_1 \mathbf{J} \times \mathbf{B}_1$$

は 0 である．$\mathbf{B}_1$ は (7.13) によって与えられるから

$$\mathbf{F}_{11} = -\frac{\mu_0}{4\pi} \int \mathrm{d}V_1 \int \mathrm{d}V_1' \mathbf{J}(\mathbf{x}) \times \left\{\mathbf{J}(\mathbf{x}') \times \boldsymbol{\nabla}\frac{1}{|\mathbf{x}-\mathbf{x}'|}\right\}$$

になるが，被積分関数を

$$\mathbf{J}(\mathbf{x}')\boldsymbol{\nabla} \cdot \frac{\mathbf{J}(\mathbf{x})}{|\mathbf{x}-\mathbf{x}'|} - \mathbf{J}(\mathbf{x}')\frac{\boldsymbol{\nabla} \cdot \mathbf{J}(\mathbf{x})}{|\mathbf{x}-\mathbf{x}'|} - \mathbf{J}(\mathbf{x}) \cdot \mathbf{J}(\mathbf{x}')\boldsymbol{\nabla}\frac{1}{|\mathbf{x}-\mathbf{x}'|}$$

と書き直すと，第 1 項は，$\mathbf{x}$ 積分において，発散定理によって表面積分にすれば，電流密度が境界面で 0 になることにより消える．第 2 項は定常電流の電荷保存則から 0 になる．結局自己力は

$$\mathbf{F}_{11} = -\frac{\mu_0}{4\pi} \int \mathrm{d}V_1 \int \mathrm{d}V_1' \mathbf{J}(\mathbf{x}) \cdot \mathbf{J}(\mathbf{x}')\frac{\mathbf{x}-\mathbf{x}'}{|\mathbf{x}-\mathbf{x}'|^3}$$

になるが，積分変数 $\mathbf{x}$ と $\mathbf{x}'$ を交換すると $\mathbf{F}_{11}$ は符号が変わるだけであるから 0 になる．

CHAPITRE 10

Aimantation
磁化

10.1 原子の反磁性

ギルバートの『磁石論』(1600) によると，磁石の語源は磁鉄鉱の産地，マケドニアのマグネシア地方，またはイオニアのマグネシア市にちなんでいるとのことだ．1975 年，ブレイクモア (R. P. Blakemore, 1942-) は，体内にマグネタイトの微粒子を持ち，地球磁場に沿って移動する走磁性細菌を発見した．磁鉄鉱の鉱床は，走磁性細菌や，1986 年にラヴリーらが発見した細菌 GS-15 がつくったと考

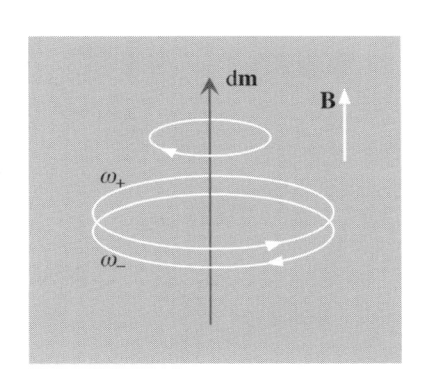

図 10.1 原子の反磁性

えられている．磁石は強磁性に分類され，外磁場がなくても磁化を持つことができ，その大きさが極めて大きいのが特徴である．物質に磁場を作用させたとき，磁場の方向と逆に磁化を生じるのが反磁性，磁場の方向に磁化を生じるのが常磁性である．またネール (L. Néel, 1904-2000) が 1936 年に予言し，1949 年にシャル (C. G. Shull, 1915-2001) とスマート (J. S. Smart, 1919-) が中性子回折によって検証した反強磁性もある．

磁性は本質的に量子力学によって説明される現象である．巨視的な磁化の

第10章 磁化

理論を述べる前に，微視的な磁化のメカニズムを見ておくことにしよう．そこでまず，1778年にブルフマンス (A. Brugmans, 1732-89)，1845年にファラデイが独立に発見した反磁性を考えてみよう．その基本的な考え方は，アンペールの分子電流説に基づいたヴェーバー (1847) にまでさかのぼる．1871年にヴェーバーは，1.4節でも述べた，電子が静止した逆符号の電荷のまわりを回転する原子模型によって反磁性の説明を行った．電子が実際に発見された後，ヴェーバーを踏襲して反磁性を説明したのはランジュヴァン (P. Langevin, 1872-1946) である (1905)．電子が原子核のまわりを運動しているとき，磁場を作用させると，(9.23) で与えられたように，原子核を通る軸のまわりの反時計回り，時計回りの角振動数 $\omega_\pm$ は等しくなくなり，ラーモア振動数 $\omega_L = eB/2m$ を用いて，$\omega_+ - \omega_- = 2\omega_L$ になる．電子の速度は回転方向で異なり，両方向の電流を加えると0ではなくなる．

電子の速度 $\mathbf{v}$ を，$\boldsymbol{\omega}_L = e\mathbf{B}/2m$ で回転する系での速度 $\mathbf{v}'$ で表すと，$\mathbf{v} = \mathbf{v}' + \boldsymbol{\omega}_L \times \mathbf{z}$ だから，軌道運動による電子の磁気モーメントは

$$\mathbf{m} = \frac{-e}{2m}\mathbf{l}^{\mathrm{mech}} = \mathbf{m}' - \frac{e}{2}\mathbf{z}\times(\boldsymbol{\omega}_L\times\mathbf{z}) \tag{10.1}$$

によって与えられる．右辺第2項が上で述べた効果を現している．第1項は回転する系での軌道磁気モーメント

$$\mathbf{m}' = -\frac{e}{2m}\mathbf{l}^{\mathrm{mech}\prime}, \qquad \mathbf{l}^{\mathrm{mech}\prime} = m\mathbf{z}\times\mathbf{v}'$$

である．この結果は次のように考えてもよい．磁場がある場合は，力学的運動量 $m\mathbf{v}$ と正準運動量 $\mathbf{p} = m\mathbf{v} - e\mathbf{A}$ は異なる．磁気モーメントは

$$\mathbf{m} = -\frac{e}{2m}\mathbf{z}\times(\mathbf{p}+e\mathbf{A}) = -\frac{e}{2m}\mathbf{l} - \frac{e}{2}\mathbf{z}\times(\boldsymbol{\omega}_L\times\mathbf{z})$$

である（対称ゲージ $\mathbf{A} = \frac{1}{2}\mathbf{B}\times\mathbf{z}$ を用いた．$\mathbf{l} = \mathbf{z}\times\mathbf{p}$ が正準角運動量である）．これは (10.1) と同じである．

$$\mathbf{l}^{\mathrm{mech}\prime} = m\mathbf{z}\times(\mathbf{v}-\boldsymbol{\omega}_L\times\mathbf{z}) = \mathbf{z}\times(m\mathbf{v}-e\mathbf{A}) = \mathbf{l} \tag{10.2}$$

が成り立つからである．

電子の電荷密度を ϱ_e とすると，電流密度は $\mathbf{J} = \varrho_e \mathbf{v}$ である．(10.1) の右辺第2項の磁気モーメントへの寄与は，原子数を Z として，

$$\frac{1}{2}\int dV \varrho_e \mathbf{z}\times(\boldsymbol{\omega}_L\times\mathbf{z})=\frac{\beta}{\mu_0}\mathbf{B}, \qquad \beta=-\frac{\mu_0 Ze^2}{6m}\langle r^2\rangle \qquad (10.3)$$

である（ϱ_e は球対称であると仮定した）．$\beta<0$ が反磁性を表している．だが，ランジュヴァンの理論は不完全である．$\mathbf{m}'$ の平均値がちょうど (10.3) を打ち消す．電子が位相空間（位置座標 $\mathbf{z}$ と運動量 $\mathbf{p}$ を併せた 6 次元空間）の体積 $d\Gamma$ にある確率を表すボルツマン分布

$$f(\mathbf{z},\mathbf{p})d\Gamma=\frac{1}{Z(T)}e^{-\varepsilon/k_B T}d\Gamma, \qquad Z(T)=\int d\Gamma e^{-\varepsilon/k_B T} \qquad (10.4)$$

を使って $\mathbf{m}'$ の平均値を計算しよう．$\varepsilon=(\mathbf{p}+e\mathbf{A})^2/2m+V$ は磁場中の電子のエネルギー，V はポテンシャルエネルギーである．積分変数 $\mathbf{p}$ を $\mathbf{p}+e\mathbf{A}$ に変換して積分を行うと，分配関数 $Z(T)$ も ε の平均値も $\mathbf{A}$ に依存しなくなるから磁気モーメントは誘導されない．ボルツマン分布を磁場について展開すると

$$f(\mathbf{z},\mathbf{p})=\frac{1}{Z(T)}e^{-\varepsilon_0/k_B T}\left(1-\frac{e}{mk_B T}\mathbf{p}\cdot\mathbf{A}+\cdots\right)$$

になる（$\varepsilon_0=p^2/2m+V$）．展開の第 1 項からの寄与は積分の結果消えるから，$\mathbf{p}\cdot\mathbf{A}=\frac{1}{2}\mathbf{l}\cdot\mathbf{B}$ を用いると，

$$\langle\mathbf{m}'\rangle=\frac{e^2}{4m^2 k_B T}\frac{1}{Z(T)}\int d\Gamma \mathbf{l}\mathbf{l}\cdot\mathbf{B}e^{-\varepsilon_0/k_B T}=\frac{Ze^2}{6m}\langle r^2\rangle \mathbf{B}$$

になり，ランジュヴァンの反磁性をちょうど打ち消す．量子論では軌道角運動量が量子化されるから $\langle\mathbf{m}'\rangle$ の寄与はずっと小さくなり，反磁性になる．ボーア (1911) とファン・レーウェン (1919) は，それぞれ博士論文として，古典物理学では，1 原子あたりの平均磁気モーメントが 0 になることを示した（ファン・レーウェンの定理．ローレンツの指導を受けた彼女はボーアの論文を知らずに，最も一般的な証明を行った）．ボーアの博士論文はデンマーク語で書かれ公表されなかった．ボーアがその原子模型に到達することができたのは，磁性が古典論では説明できないことを認識していたことに一因があるのだろう．

磁気モーメント数密度を N とすると，磁気モーメント密度（磁化）は

$$\mathbf{M}=N\mathbf{m}=\frac{\chi'_m}{\mu_0}\mathbf{B} \qquad (10.5)$$

になる．ランジュヴァンの公式によって反磁性磁気感受率 χ'_m は

$$\chi'_\mathrm{m} = N\beta = -\frac{\mu_0 N Z e^2}{6m}\langle r^2\rangle$$

である．水素気体の χ'_m を計算してみよう．水素分子中の水素原子がそれぞれ独立に反磁性に寄与するとすると $N = 2n_0$ である（n_0 はロシュミット定数）．(3.9) で与えられた電子の電荷密度によって $\langle r^2 \rangle$ を計算すると

$$\langle r^2\rangle = \frac{4\pi}{-e}\int_0^\infty \mathrm{d}r\, r^4 \varrho_\mathrm{e}(r) = 3a_0^2$$

である．ボーア半径 $a_0 = 0.529 \times 10^{-10}$ m を使うと，$\chi'_\mathrm{m} = -2.66 \times 10^{-9}$ が得られ，測定値 $\chi'_\mathrm{m} = -2.2 \times 10^{-9}$ をよく再現する．重い元素では電子数が多く軌道も広がる．また，固体や液体では数密度が大きくなるから，一般には，反磁性磁気感受率は大きくなる．だが，最も大きな反磁性を示すビスマスでも測定値は $\chi'_\mathrm{m} = -1.66 \times 10^{-4}$ で極めて小さい．

また，自由電子のある金属でも量子効果によって磁化が生じる．自由電子の系に磁場を作用させたとき，電子のスピンが磁場と同じ方向（上向き）を向くと磁気モーメントは下を向きエネルギーが $\mu_\mathrm{B} B$ 増加する（μ_B はボーア磁子）．電子のスピンが下を向くとエネルギーが $\mu_\mathrm{B} B$ だけ減少する．そこで，全系のエネルギーが最小になるように上向きスピンから下向きスピンへ電子が移動し磁化が起こる．これがパウリの常磁性である (1926)．また，磁場を作用させたとき，電子のサイクロトロン運動による磁気モーメントは磁場と反対方向を向くが，ランダウ (1930) は，ファン・レーウェンの定理によって古典理論では存在しえなかった自由電子の軌道運動による反磁性が量子力学では存在することを初めて示した．

10.2　原子の常磁性と強磁性

ヴェーバーの反磁性の説明ではすべての物質が反磁性になってしまう．ヴェーバーはさらに，ほかの物質では，永久的な分子電流があるとすることによってその困難を避けた．磁場がなければ磁気モーメントは勝手な方向を向いているから，それらを平均すると 0 になっているだろう．ところが，(8.27) で示したように，磁場が作用すると，磁気モーメントはトルクを受ける．その

ため，磁気モーメントが磁場の方向に向こうとするから，物質全体で電子の磁気モーメントを平均すると 0 ではなくなる．この現象が常磁性である．磁気モーメントの一部が磁場の方向にそろった状態のエントロピーは，同じ温度で磁気モーメントが勝手な方向を向いている状態より小さい．そこで，磁場を作用させて磁気モーメントをそろえ，断熱的に磁場を切ると，温度を下げることができる．1926 年にデバイ，1927 年にジオーク (W. F. Giauque, 1895-1982) が独立に考案した断熱消磁法である（10.6節参照）．

磁場 $\mathbf{B}$ の中の磁気モーメント $\mathbf{m}$ が持つエネルギーは $-\mathbf{m}\cdot\mathbf{B}$ だった．そこで，磁気モーメントが天頂角 θ を向く確率はボルツマン分布 $\mathrm{e}^{mB\cos\theta/k_\mathrm{B}T}$ によって与えられる．磁気モーメントの z 成分の平均値は

$$\langle m_z \rangle = mL\left(\frac{mB}{k_\mathrm{B}T}\right), \qquad L(x) = \coth x - \frac{1}{x}$$

になる．ここで，ランジュヴァン関数 $L(x)$ は，$x \ll 1$ では $\frac{1}{3}x$，$x \gg 1$ では $1 - \frac{1}{x}$ である．$mB \ll k_\mathrm{B}T$ のときはランジュヴァン - デバイ方程式

$$\beta = \frac{\mu_0 m^2}{3k_\mathrm{B}T} \tag{10.6}$$

が得られる．常磁性体の磁化が絶対温度に逆比例するキュリーの法則

$$\chi'_\mathrm{m} = N\beta = \frac{C}{T}$$

はキュリー (P. Curie, 1859-1906) が 1895 年に発見した．また，ギルバートは，磁石が熱せられると磁気を失うことを知っていたが，キュリーは，臨界温度（キュリー点）T_c 以上では，強磁性体が常磁性体になることを発見した．T_c 以上では

$$\chi'_\mathrm{m} = \frac{C}{T - T_\mathrm{c}} \tag{10.7}$$

になるキュリー - ワイスの法則が成り立つ．C をキュリー定数と言う．この現象を説明するためにワイス (P. Weiss, 1865-1940) は 1907 年，内部磁場（ワイス磁場）という概念を導入した．磁性体は磁気モーメント要素（ワイス磁子）からなり，低温ではそれらの相互作用のため向きがそろった磁区をつくり，自発磁化が生じる．温度が高くなると，磁気モーメントは熱運動によって勝手な方向を向くようになり，臨界温度で常磁性体に転移するというので

ある. 磁気モーメント要素の方向をそろえるように働く場を内部磁場で表したのである. 磁性体の磁気モーメントは, 外磁場 $\mathbf{B}$ のほかに, $\mathbf{M}$ に比例する内部磁場を加えた

$$\mathbf{B}' = \mathbf{B} + \lambda \mathbf{M}$$

を受けると仮定し磁化を計算してみよう. 単位体積あたり N 個の磁気モーメント m を持つ分子からなる磁性体に磁場を作用させたとき, N_+ が磁場に平行, N_- が磁場に反平行になるとする. ボルツマン分布によって

$$\frac{N_\pm}{N} = \frac{\mathrm{e}^{\pm mB'/k_\mathrm{B}T}}{\mathrm{e}^{mB'/k_\mathrm{B}T} + \mathrm{e}^{-mB'/k_\mathrm{B}T}}$$

になるから, 磁化は

$$M = (N_+ - N_-)m = Nm \tanh\left(\frac{mB'}{k_\mathrm{B}T}\right) \tag{10.8}$$

で与えられる. 古典理論でのランジュヴァン関数が, 量子論では双曲線関数になる. $B = 0$ で自発磁化が起こり

$$M = Nm \tanh\left(\frac{m\lambda M}{k_\mathrm{B}T}\right)$$

が $M \neq 0$ の解を持つためには, 温度は決まった範囲内に限られる. $x = M/Nm$, $T_\mathrm{c} = Nm^2\lambda/k_\mathrm{B}$ とすると, $x = \tanh(xT_\mathrm{c}/T)$ が解を持つのは $T < T_\mathrm{c}$ のときである. $T = 0$ で磁気モーメントはすべて磁場の方向を向き, 磁化は Nm である. それは温度とともに減少し, T が T_c に近づくと $x^2 \cong 3(T_\mathrm{c} - T)/T_\mathrm{c}$ になる. 磁化は温度の関数として $\sqrt{T_\mathrm{c} - T}$ のように振る舞う. $T > T_\mathrm{c}$ では B, M を微小量とすると (10.8) から

$$M \cong Nm^2 \frac{B + \lambda M}{k_\mathrm{B}T} = \frac{C}{T - T_\mathrm{c}} \frac{B}{\mu_0}, \qquad C = \frac{\mu_0 Nm^2}{k_\mathrm{B}}$$

になり, キュリー - ワイスの法則 (10.7) を説明することができる. 5.5節で, 局所電場が強誘電性の原因になることを示したが, 10.5節で示すように, 局所磁場は小さいため, 強磁性では内部磁場が必要になる. ワイス磁場の原因を明らかにしたのは1927年のハイゼンベルクである. 隣りあう原子間で電子を交換することから, 電子のスピンがそろうように働く交換相互作用が生じることを示し, それによって強磁性を説明した.

10.3 ポアソンの磁化

体積要素 dV 中にある全磁気モーメント $d\mathbf{m}$ は磁気モーメント密度 $\mathbf{M}$ を用いて

$$d\mathbf{m} = \mathbf{M}dV$$

と書くことができる．$\mathbf{M}$ をポアソンの磁化と言う (1824)．

磁気モーメントに対し，2 つの見方があった．微小電流回路は磁気モーメントを持つが，それはまた仮想的な磁荷対のつくる磁気モーメントとしても記述できた．いずれも磁気モーメントの置かれた場所以外では同じ磁場をつくる．これら 2 つの描像に対応して磁化を記述するのに 2 つの方法がある．円柱状の磁性体を考えてみよう．

磁気モーメントが磁荷によるものとすれば，誘電体に電場を作用させると電荷が分極して分極 $\mathbf{P}$ がつくられ，その両端に $\pm P$ の電荷面密度が現れるように，磁性体に磁場を作用させると磁荷が分極して磁化 $\mathbf{M}$ がつくられ，その両端に $\pm M$ の磁荷面密度が現れると考えると都合がよい．フランクリンが電気の 1 流体説を採ったように，エピヌス (F. U. T. Aepinus, 1724-1802) は磁気の 1 流体説を唱えたが (1759)，クーロンは 2 種類の磁荷が同量分子の中に閉じ込められているとするブルフマンスとヴィルケ (J. C. Wilcke, 1732-96) の 2 流体説を採った．磁化をこの流体の分極によるとする考え方はクーロンに由来する (1789)．ポアソンはこのクーロンの考え方によって磁化の理論をつくったのである．

一方，磁気モーメントが微小正方形電流によってつくられているものとしよう．磁場が働くと正方形電流の中心軸は磁場の方向にそろう．このとき，磁性体内部の正方形電流の隣りあう辺の電流同士は互いに打ち消しあうから，磁性体の表面の，隣りあう辺がない電流のみが残る．円柱磁性体の磁化は円柱表面を取りまいて流れる電流によってもたらされると見ることができる．このような磁化電流を考えたのがアンペールだった．1820 年にアンペールは磁気力を磁石の軸を中心とする電流によると考えたが，翌年フレネールに分子電流の考え方を指摘されたのである（分子電流をアンペール電流とも言う）．

巨視的な磁化を定式化するのに磁気モーメントの原因が何であるかを知る

必要はなく，電流が流れていると考えることもできるし，磁荷が分極したと考えることもできる．磁気モーメントを電流によるとするフレネール - アンペールの考え方も，磁荷によると見るクーロン - ポアソンの考え方も仮想的な記述法である．巨視的な磁荷や磁場を考えるときは，どちらの考え方もより基本的であると考えることはできない．現実に対応するのは磁気モーメントの分布 $\mathbf{M}$ である．

$\mathbf{M}$ が与えられたとき，磁荷の立場からは，任意の体積中の全磁気モーメントは，分極磁荷密度 ϱ_m^M と分極磁荷面密度 σ_m^M によって

$$\mathbf{m} = \int dV \mathbf{M} = \int dV \mathbf{x} \varrho_\mathrm{m}^M + \oint dS \mathbf{x} \sigma_\mathrm{m}^M$$

と書ける．そこで，誘電体のときと同じように

$$\varrho_\mathrm{m}^M = -\boldsymbol{\nabla}\cdot\mathbf{M}, \qquad \sigma_\mathrm{m}^M = \mathbf{n}\cdot\mathbf{M}$$

が得られることは明らかであろう．これらをポアソンの等価磁荷密度と呼ぶ．

一方，電流の立場からは，電流密度 $\mathbf{J}^M$ と面電流密度 $\mathbf{K}^M$ によって

$$\mathbf{m} = \int dV \mathbf{M} = \frac{1}{2}\int dV \mathbf{x}\times\mathbf{J}^M + \frac{1}{2}\oint dS\mathbf{x}\times\mathbf{K}^M \tag{10.9}$$

と書くことができる．ここで恒等式

$$\mathbf{M} = \frac{1}{2}\mathbf{x}\times(\boldsymbol{\nabla}\times\mathbf{M}) + \frac{1}{2}\boldsymbol{\nabla}\cdot(\mathbf{x}\mathbf{M}) - \frac{1}{2}\boldsymbol{\nabla}(\mathbf{x}\cdot\mathbf{M})$$

を使う．両辺を任意の体積で積分し，最後の 2 項を積分定理によって表面積分にすると，$\mathbf{n}\cdot\mathbf{x}\mathbf{M} - \mathbf{n}\mathbf{x}\cdot\mathbf{M} = -\mathbf{x}\times(\mathbf{n}\times\mathbf{M})$ を用いて，

$$\int dV \mathbf{M} = \frac{1}{2}\int dV \mathbf{x}\times(\boldsymbol{\nabla}\times\mathbf{M}) - \frac{1}{2}\oint dS\mathbf{x}\times(\mathbf{n}\times\mathbf{M})$$

になるから，(10.9) と比べて等価電流密度（または磁化電流密度）

$$\mathbf{J}^M = \boldsymbol{\nabla}\times\mathbf{M}, \qquad \mathbf{K}^M = -\mathbf{n}\times\mathbf{M} \tag{10.10}$$

が得られる（磁性体表面では，$-\mathbf{n}\cdot\mathbf{M}$ が (3.18) で定義した発散面密度，$-\mathbf{n}\times\mathbf{M}$ が (3.20) で定義した回転面密度である）．こうして，磁化の連続分布が与えられたとき，磁荷と電流のいずれの立場でも物理を記述できる．

磁場 $\mathbf{B}$ の中にある磁性体に加わる力 $\mathbf{F}$ を計算してみよう．磁気モーメン

10.3 ポアソンの磁化

トに働く力が, (8.25) から, $(\mathbf{m} \times \boldsymbol{\nabla}) \times \mathbf{B}$ だったことを思い出すと, 磁化 $\mathbf{M}$ を持つ物質の単位体積に働く力は

$$(\mathbf{M} \times \boldsymbol{\nabla}) \times \mathbf{B} = (\boldsymbol{\nabla} \times \mathbf{M}) \times \mathbf{B} + \boldsymbol{\nabla}(\mathbf{M} \cdot \mathbf{B}) - \boldsymbol{\nabla} \cdot (\mathbf{B}\mathbf{M})$$

だが, 右辺の最後の2項の体積積分は表面積分にすることによって

$$\oint \mathrm{d}S (\mathbf{n}\mathbf{M} \cdot \mathbf{B} - \mathbf{n} \cdot \mathbf{B}\mathbf{M}) = -\oint \mathrm{d}S (\mathbf{n} \times \mathbf{M}) \times \mathbf{B}$$

になる. 磁性体に働く力は,

$$\mathbf{F} = \int \mathrm{d}V \mathbf{J}^M \times \mathbf{B} + \oint \mathrm{d}S \mathbf{K}^M \times \mathbf{B} \tag{10.11}$$

のように, 磁化電流 $\mathbf{J}^M$ と $\mathbf{K}^M$ に働く力の形になる.

ところが, 磁化 $\mathbf{M}$ を持つ物質の単位体積に働く力は

$$(\mathbf{M} \times \boldsymbol{\nabla}) \times \mathbf{B} = -(\boldsymbol{\nabla} \cdot \mathbf{B})\mathbf{M} + \mathbf{M} \times (\boldsymbol{\nabla} \times \mathbf{B}) - (\boldsymbol{\nabla} \cdot \mathbf{M})\mathbf{B} + \boldsymbol{\nabla} \cdot (\mathbf{M}\mathbf{B})$$

と書くこともできる. 右辺第1項は $\boldsymbol{\nabla} \cdot \mathbf{B} = 0$, 第2項は $\boldsymbol{\nabla} \times \mathbf{B} = 0$ によって 0 である (磁性体のある場所で磁場 $\mathbf{B}$ をつくる電流はないものとする). 一方, 最後の項の体積積分を表面積分にすると, $\oint \mathrm{d}S \mathbf{n} \cdot \mathbf{M}\mathbf{B}$ である. したがって, 磁性体に働く力は, 磁荷密度を用いて

$$\mathbf{F} = \int \mathrm{d}V \varrho_\mathrm{m}^M \mathbf{B} + \oint \mathrm{d}S \sigma_\mathrm{m}^M \mathbf{B} \tag{10.12}$$

のように書き直すことができる.

このように, 磁性体に働く力は, 電流に働くと考えても, 磁荷に働くと考えてもよいのである. (10.12) は, (5.8) で行ったように変形すると, ケルヴィン力

$$\mathbf{F} = \int \mathrm{d}V \mathbf{M} \cdot \boldsymbol{\nabla} \mathbf{B} \tag{10.13}$$

になる. 磁気モーメントに働く力は, $\boldsymbol{\nabla} \cdot \mathbf{B} = 0$ を使うと, $(\mathbf{m} \times \boldsymbol{\nabla}) \times \mathbf{B} = \mathbf{m} \cdot \boldsymbol{\nabla} \mathbf{B}$ であるから当然の結果である.

10.4　磁性体中の静磁場の基本方程式

(8.15) からわかるように，磁気 4 極子モーメント Q_m の磁気モーメントへの寄与は $\mathbf{M}^Q = -\boldsymbol{\nabla} \cdot \mathbf{Q}_m$ である．全磁気モーメント密度の多極子展開は

$$\mathbf{M}^b = \mathbf{M} + \mathbf{M}^Q + \cdots = \mathbf{M} - \boldsymbol{\nabla} \cdot \mathbf{Q}_m + \cdots$$

である．したがって，物質中では伝導電流密度 $\mathbf{J}$ のほかに，磁気双極子モーメントによる $\mathbf{J}^M$，磁気 4 極子モーメントによる $\mathbf{J}^Q$ など磁化電流密度

$$\mathbf{J}^b = \mathbf{J}^M + \mathbf{J}^Q + \cdots = \boldsymbol{\nabla} \times \mathbf{M}^b \tag{10.14}$$

が現れる．磁場はすべての電流によってつくられ，磁気モノポールは存在しないから，静磁場の基本方程式は

$$\boldsymbol{\nabla} \times \mathbf{B} = \mu_0 (\mathbf{J} + \mathbf{J}^b), \qquad \boldsymbol{\nabla} \cdot \mathbf{B} = 0 \tag{10.15}$$

である．これらを積分すると

$$\oint d\mathbf{x} \cdot \mathbf{B} = \mu_0 I + \mu_0 \oint d\mathbf{x} \cdot \mathbf{M}^b, \qquad \oint dS \mathbf{n} \cdot \mathbf{B} = 0 \tag{10.16}$$

である．最初の式が磁化のあるときのアンペールの回路定理である．

磁場は，$\boldsymbol{\nabla} \cdot \mathbf{B} = 0$ から，物質中でもベクトルポテンシャル $\mathbf{A}$ で表すことができる．$\mathbf{A}$ は，伝導電流 $\mathbf{J}$ がつくる

$$\mathbf{A}^J(\mathbf{x}) = \frac{\mu_0}{4\pi} \int dV' \frac{\mathbf{J}(\mathbf{x}')}{|\mathbf{x} - \mathbf{x}'|} \tag{10.17}$$

と，等価電流 $\mathbf{J}^b = \boldsymbol{\nabla} \times \mathbf{M}^b$ と $\mathbf{K}^b = -\mathbf{n} \times \mathbf{M}^b$ がつくる

$$\begin{aligned}\mathbf{A}^b(\mathbf{x}) &= \frac{\mu_0}{4\pi} \int dV' \frac{\mathbf{J}^b(\mathbf{x}')}{|\mathbf{x} - \mathbf{x}'|} + \frac{\mu_0}{4\pi} \oint dS' \frac{\mathbf{K}^b(\mathbf{x}')}{|\mathbf{x} - \mathbf{x}'|} \\ &= \frac{\mu_0}{4\pi} \int dV' \left\{ \frac{\boldsymbol{\nabla}' \times \mathbf{M}^b(\mathbf{x}')}{|\mathbf{x} - \mathbf{x}'|} - \boldsymbol{\nabla}' \times \frac{\mathbf{M}^b(\mathbf{x}')}{|\mathbf{x} - \mathbf{x}'|} \right\} \\ &= \frac{\mu_0}{4\pi} \int dV' \mathbf{M}^b(\mathbf{x}') \times \frac{\mathbf{x} - \mathbf{x}'}{|\mathbf{x} - \mathbf{x}'|^3} \end{aligned} \tag{10.18}$$

の和である．1 行目の第 2 項で積分定理 (A.24) を利用し，表面積分を体積積分に変えた．(10.18) は，(8.1) において，磁気モーメントを $d\mathbf{m} = \mathbf{M}^b(\mathbf{x}') dV'$ として得られる．磁化 $\mathbf{M}^b$ の持つ磁気モーメントが等価電流 $\mathbf{J}^b$ と $\mathbf{K}^b$ によっ

てつくられているものとして記述できることを表している.

ところで, 8.3節では, 磁位の勾配で書ける補助場 $\mathbf{H}$ を導入した. 任意の定常電流密度はベクトルの回転密度で表すことができるから, 磁性体がある場合も, 磁位の勾配で書ける補助場を導入することが可能である. だが, 磁性体がある場合, 伝導電流の磁気モーメントを考慮しないのが普通で, 磁化のみを用いて,

$$\mathbf{H} = \frac{1}{\mu_0}\mathbf{B} - \mathbf{M}^{\mathrm{b}} \tag{10.19}$$

によって $\mathbf{H}$ を定義する. W. トムソン (1871) が見つけた関係式である (この定義はゾマーフェルト (1948) によるが, ケネリー (A. E. Kennelly, 1861-1939) は EH 対応を重んじ, 1936 年に $\mathbf{B} = \mu_0 \mathbf{H} + \mathbf{P}_{\mathrm{m}}^{\mathrm{b}}$ になる磁気分極 $\mathbf{P}_{\mathrm{m}}^{\mathrm{b}} = \mu_0 \mathbf{M}^{\mathrm{b}}$ を定義した). 基本方程式 (10.15) は

$$\boldsymbol{\nabla} \times \mathbf{H} = \mathbf{J}, \qquad \boldsymbol{\nabla} \cdot \mathbf{H} = \varrho_{\mathrm{m}}^{\mathrm{b}} \tag{10.20}$$

になる.

$$\varrho_{\mathrm{m}}^{\mathrm{b}} = -\boldsymbol{\nabla} \cdot \mathbf{M}^{\mathrm{b}}$$

が磁荷密度である. $\mathbf{B}$ に対する方程式の組 (10.15) と $\mathbf{H}$ に対する方程式の組 (10.20) の内容は同じである. 磁化電流密度 $\mathbf{J}^{\mathrm{b}}$ と磁荷密度 $\varrho_{\mathrm{m}}^{\mathrm{b}}$ が同時に現れることはない. 対称性がよいときは $\boldsymbol{\nabla} \cdot \mathbf{H} = 0$ になり, 補助場 $\mathbf{H}$ は伝導電流だけで決まる. しばしば $\mathbf{H}$ を外磁場のかわりに使うのはそのためだが, そのようにできるのは $\boldsymbol{\nabla} \cdot \mathbf{H} = 0$ が成り立つ特殊な場合だけである. 一般には, $\mathbf{H}$ は回転密度も発散密度もある複雑な量である ($\mathbf{J} = 0$ でも $\mathbf{H}$ は 0 にならない). 外磁場を $\mathbf{B}_0$ などとする方が混乱がない. 基本的な概念を誤解しないように, 外磁場としての $\mathbf{H}$ の使用は避けるべきである. (10.20) を積分すると

$$\oint d\mathbf{x} \cdot \mathbf{H} = I, \qquad \oint dS \mathbf{n} \cdot \mathbf{H} = -\oint dS \mathbf{n} \cdot \mathbf{M}^{\mathrm{b}} \tag{10.21}$$

になる. 最初の式が $\mathbf{H}$ で表したアンペールの回路定理である.

このように $\mathbf{H}$ を定義すると, その回転密度は 0 ではないから, 磁位で表すことができない. だが, $\mathbf{H}$ を回転密度のない $\mathbf{H}^{\mathrm{L}}$ と発散密度のない $\mathbf{H}^{\mathrm{T}}$ に分けると $\mathbf{H}^{\mathrm{L}}$ は

第 10 章 磁化

$$\nabla \cdot \mathbf{H}^{\mathrm{L}} = \varrho_{\mathrm{m}}^{\mathrm{b}}, \qquad \nabla \times \mathbf{H}^{\mathrm{L}} = 0$$

を満たすから，磁位 ϕ_{m} を用いて $\mathbf{H}^{\mathrm{L}} = -\frac{1}{\mu_0}\nabla\phi_{\mathrm{m}}$ と書け，ポアソン方程式 $\nabla^2\phi_{\mathrm{m}} = -\mu_0\varrho_{\mathrm{m}}^{\mathrm{b}}$ を満たす．$\mathbf{H}^{\mathrm{L}}$ が磁化による反磁場である．一方，$\mathbf{H}^{\mathrm{T}}$ は

$$\nabla \times \mathbf{H}^{\mathrm{T}} = \mathbf{J}, \qquad \nabla \cdot \mathbf{H}^{\mathrm{T}} = 0$$

を満たすから，ベクトルポテンシャル $\mathbf{A}^J$ によって $\mathbf{H}^{\mathrm{T}} = \frac{1}{\mu_0}\nabla \times \mathbf{A}^J$ と書け，ポアソン方程式 $\nabla^2\mathbf{A}^J = -\mu_0\mathbf{J}$ を満たす．伝導電流がつくる $\mathbf{A}^J$ は (10.17) と同じものである．こうして，

$$\mathbf{H} = \mathbf{H}^{\mathrm{L}} + \mathbf{H}^{\mathrm{T}} = \frac{1}{\mu_0}(-\nabla\phi_{\mathrm{m}} + \nabla \times \mathbf{A}^J) \tag{10.22}$$

が得られる．

分極磁荷密度 $\varrho_{\mathrm{m}}^{\mathrm{b}} = -\nabla \cdot \mathbf{M}^{\mathrm{b}}$ と $\sigma_{\mathrm{m}}^{\mathrm{b}} = \mathbf{n} \cdot \mathbf{M}^{\mathrm{b}}$ がつくる磁位は，分極電荷密度から電位を計算したのと同様に

$$\begin{aligned}\phi_{\mathrm{m}}(\mathbf{x}) &= \frac{\mu_0}{4\pi}\int dV' \frac{\varrho_{\mathrm{m}}^{\mathrm{b}}(\mathbf{x}')}{|\mathbf{x}-\mathbf{x}'|} + \frac{\mu_0}{4\pi}\oint dS' \frac{\sigma_{\mathrm{m}}^{\mathrm{b}}(\mathbf{x}')}{|\mathbf{x}-\mathbf{x}'|} \\ &= \frac{\mu_0}{4\pi}\int dV' \mathbf{M}^{\mathrm{b}}(\mathbf{x}') \cdot \nabla' \frac{1}{|\mathbf{x}-\mathbf{x}'|}\end{aligned} \tag{10.23}$$

になる．磁性体内のすべての磁気モーメントがつくる磁位の和である．

$$\begin{aligned}\nabla\phi_{\mathrm{m}}(\mathbf{x}) &= -\frac{\mu_0}{4\pi}\int dV' \mathbf{M}^{\mathrm{b}}(\mathbf{x}') \cdot \nabla\nabla \frac{1}{|\mathbf{x}-\mathbf{x}'|} \\ &= \frac{\mu_0}{4\pi}\int dV' \left\{\nabla \times \left(\mathbf{M}^{\mathrm{b}}(\mathbf{x}') \times \nabla \frac{1}{|\mathbf{x}-\mathbf{x}'|}\right) - \mathbf{M}^{\mathrm{b}}(\mathbf{x}')\nabla^2 \frac{1}{|\mathbf{x}-\mathbf{x}'|}\right\}\end{aligned}$$

であるから

$$\nabla\phi_{\mathrm{m}} = -\nabla \times \mathbf{A}^{\mathrm{b}} + \mu_0\mathbf{M}^{\mathrm{b}} \tag{10.24}$$

が得られる．(10.22) に (10.24) を代入すると，補助場 $\mathbf{H}$ は

$$\mathbf{H} = \frac{1}{\mu_0}\nabla \times (\mathbf{A}^J + \mathbf{A}^{\mathrm{b}}) - \mathbf{M}^{\mathrm{b}} = \frac{1}{\mu_0}\mathbf{B} - \mathbf{M}^{\mathrm{b}}$$

を満たす．(10.19) に帰着し，磁荷と電流による記述の等価性が示された．

10.4.1 透磁率

磁場 $\mathbf{B}$ が十分弱ければ，$\mathbf{M}^{\mathrm{b}} \cong \mathbf{M}$ と近似でき，$\mathbf{M}$ は $\mathbf{B}$ に比例するから

$$\mathbf{M} = \frac{\chi'_{\mathrm{m}}}{\mu_0}\mathbf{B} \tag{10.25}$$

と書ける．このとき (10.19) から

$$\mathbf{H} = \frac{1}{\mu}\mathbf{B}, \qquad \mu = \mu_0\mu_{\mathrm{r}}, \qquad \mu_{\mathrm{r}} = 1 + \chi_{\mathrm{m}}, \qquad \chi_{\mathrm{m}} = \frac{\chi'_{\mathrm{m}}}{1 - \chi'_{\mathrm{m}}} \tag{10.26}$$

である．W. トムソンに従って μ を透磁率，μ_{r} を比透磁率と呼ぶ．(10.25) においてその比例係数を χ_{m} としないのは，歴史的には F. ノイマンが $\mathbf{M} = \chi_{\mathrm{m}}\mathbf{H}$ によって磁気感受率 χ_{m} を定義したからだ．透磁率を使うと (10.25) は

$$\mathbf{M} = \frac{\chi_{\mathrm{m}}}{\mu}\mathbf{B} = \left(\frac{1}{\mu_0} - \frac{1}{\mu}\right)\mathbf{B} \tag{10.27}$$

と書ける．強磁性体を除くと χ_{m} は小さいから $\chi_{\mathrm{m}} \cong \chi'_{\mathrm{m}}$ である．物質のないときの透磁率 μ_0 を真空の透磁率と呼ぶ．もちろん真空の誘電率 ϵ_0 と同様，物理的な意味はない．強磁性体では外磁場によらない自発磁化 $\mathbf{M}_0$ があるから

$$\mathbf{M} = \frac{\chi_{\mathrm{m}}}{\mu}\mathbf{B} + \mathbf{M}_0$$

とすればよい．

透磁率 μ，半径 a の円柱状磁性体に一様電流 I を流したとき，円柱の中心軸からの距離を ρ として，半径 ρ の円をアンペールループとして取ると，アンペールの回路定理は，$\rho > a$ のときは $2\pi\rho B_\varphi = \mu_0 I$，$\rho < a$ のときは $2\pi\rho B_\varphi = \mu_0(\rho/a)^2 I + 2\pi\rho\mu_0 M_\varphi$ と (10.27) になるから

$$B_\varphi = \frac{\mu I \rho}{2\pi a^2}\theta(a-\rho) + \frac{\mu_0 I}{2\pi\rho}\theta(\rho-a), \qquad M_\varphi = \frac{\chi_{\mathrm{m}} I \rho}{2\pi a^2}\theta(a-\rho)$$

が得られる（補助場

$$H_\varphi = \frac{1}{\mu_0}B_\varphi - M_\varphi = \frac{I\rho}{2\pi a^2}\theta(a-\rho) + \frac{I}{2\pi\rho}\theta(\rho-a)$$

が (10.21) からすぐに得られ，磁性体がないときと変わらないのは，$\boldsymbol{\nabla}\cdot\mathbf{M} = \rho^{-1}\partial M_\varphi/\partial\varphi = 0$，すなわち $\boldsymbol{\nabla}\cdot\mathbf{H} = 0$ になっているからである）．

磁性体内部で磁化電流密度 $\mathbf{J}^M = \boldsymbol{\nabla}\times\mathbf{M}$ は z 軸を向き，その大きさは

$$J^M = \frac{1}{\rho}\frac{\mathrm{d}}{\mathrm{d}\rho}(\rho M_\varphi) = \frac{\chi_\mathrm{m} I}{\pi a^2}\theta(a-\rho) - \frac{\chi_\mathrm{m} I}{2\pi a}\delta(\rho-a) \tag{10.28}$$

である．磁性体表面で磁化が不連続変化することに注意し

$$\frac{1}{\rho}\frac{\mathrm{d}}{\mathrm{d}\rho}\{\rho^2\theta(a-\rho)\} = 2\theta(a-\rho) - a\delta(\rho-a)$$

になることを使った．(10.28) から，円柱内部で磁化電流 I^M，磁性体表面には伝導電流と逆向きに面電流密度 K^M の等価電流が流れている．それぞれ

$$I^M = \pi a^2 J^M = \chi_\mathrm{m} I, \qquad K^M = -\frac{\chi_\mathrm{m} I}{2\pi a}$$

で与えられる．磁性体表面で積分すると $2\pi a K^M = -\chi_\mathrm{m} I$ になり，磁性体外部では磁化電流の寄与はなくなるのである．この磁化面電流密度は (10.10) で与えられている $\mathbf{K}^M = -\mathbf{n} \times \mathbf{M}$ である．

単位長さあたりの巻き数 n，電流 I の螺旋状ソレノイド内部につくられる磁場 B_0 は，(7.39) により，$B_0 = \mu_0 n I$ だった．ソレノイド内部に透磁率 μ の磁性体を詰めたとき，(7.44) を計算したときと同じアンペールループを取ると，アンペールの回路定理から，$B = \mu_0 n I + \mu_0 M$ になる．(10.27) と組み合わせることによって，内部の磁場は $B = \mu n I$，磁化の大きさは $M = \chi_\mathrm{m} n I$ になる（H はソレノイド内部で一様で $H = nI$ になり，磁性体のないときと変わらないのは $\boldsymbol{\nabla}\cdot\mathbf{H} = 0$ になっているからである．このため H が外磁場として用いられるが，同じ外磁場でありながら，$B_0 = \mu_0 n I$ と $H = n I$ の 2 種類の場を考えるのは不合理だ．現実にはソレノイドの長さは有限だから $\mu_0 H$ は B_0 と異なる．H は特別な場合しか外磁場にならない）．磁化電流密度は内部になく，磁化が不連続に変化する磁性体の表面に，伝導電流と同じ向きに磁化面電流 K^M が流れている．それが内部につくる磁場は，(7.44) により，$\mu_0 K^M$ であるから，内部の磁場 B は，磁性体のないときの磁場 B_0 に磁化電流のつくる磁場を加えた

$$\mu n I = \mu_0 n I + \mu_0 K^M$$

である．これから磁化面電流密度は，(10.10) によって与えられるように，

$$K^M = \frac{\mu - \mu_0}{\mu_0} n I = \chi_\mathrm{m} n I$$

になる．大きさは M に等しく，I と同じ方向を持つ．

10.4.2 一様磁化球の磁場

一様に磁化した半径 a の球がつくる磁場を計算しよう．磁化 $\mathbf{M}$ が一様のとき，(10.18) からベクトルポテンシャルは

$$\mathbf{A}^M(\mathbf{x}) = -\frac{\mu_0}{4\pi}\mathbf{M}\times\boldsymbol{\nabla}\int\frac{\mathrm{d}V'}{|\mathbf{x}-\mathbf{x}'|}$$

である．球について行うこの積分は，一様帯電球の電位 (3.7) の計算から

$$\frac{1}{4\pi}\int\frac{\mathrm{d}V'}{|\mathbf{x}-\mathbf{x}'|} = \frac{1}{6}(3a^2-r^2)\theta(a-r) + \frac{a^3}{3r}\theta(r-a)$$

である．その結果，

$$\mathbf{A}^M = \begin{cases} \dfrac{1}{3}\mu_0\mathbf{M}\times\mathbf{x}, & (r<a) \\ \dfrac{a^3}{3}\mu_0\mathbf{M}\times\dfrac{\mathbf{x}}{r^3}, & (r>a) \end{cases}$$

になる．これは回転荷電球の磁気モーメント $\mathbf{m}=\frac{4\pi}{3}a^3\mathbf{M}$ がつくるベクトルポテンシャル (8.37) と同じである．したがって，磁場は (8.38) と一致し，

$$\mathbf{B} = \boldsymbol{\nabla}\times\mathbf{A}^M = \begin{cases} \dfrac{2}{3}\mu_0\mathbf{M}, & (r<a) \\ \dfrac{a^3}{3}\mu_0\left(3\dfrac{\mathbf{M}\cdot\mathbf{xx}}{r^5}-\dfrac{\mathbf{M}}{r^3}\right), & (r>a) \end{cases} \qquad (10.29)$$

になる．磁位による方法でも計算してみよう．(10.23) から磁位は

$$\phi_\mathrm{m}(\mathbf{x}) = -\frac{\mu_0}{4\pi}\mathbf{M}\cdot\boldsymbol{\nabla}\int\frac{\mathrm{d}V'}{|\mathbf{x}-\mathbf{x}'|}$$

を計算すればよい．球体積の積分は上で現れたものとまったく同じであるから

$$\phi_\mathrm{m}(\mathbf{x}) = -\frac{\mu_0 M}{4\pi}\frac{\partial}{\partial z}\int\frac{\mathrm{d}V'}{|\mathbf{x}-\mathbf{x}'|} = \frac{\mu_0 M z}{3}\theta(a-r) + \frac{\mu_0 M a^3 z}{3r^3}\theta(r-a)$$

が得られる（磁化の方向を z 軸に取った）．したがって，補助場は

$$\mathbf{H} = -\frac{1}{\mu_0}\boldsymbol{\nabla}\phi_\mathrm{m} = \begin{cases} -\dfrac{1}{3}\mathbf{M}, & (r<a) \\ \dfrac{a^3}{3}\left(3\dfrac{\mathbf{M}\cdot\mathbf{xx}}{r^5}-\dfrac{\mathbf{M}}{r^3}\right), & (r>a) \end{cases} \qquad (10.30)$$

になる．球内部で $\mathbf{B}=\mu_0(\mathbf{H}+\mathbf{M})=\frac{2}{3}\mu_0\mathbf{M}$，磁化のない球外部で $\mathbf{B}=\mu_0\mathbf{H}$ になるから，上の (10.29) に一致する．

10.5 微視的磁場と巨視的磁場：面平均

束縛電荷の微視的電流は，各分子の位置 $\mathbf{z}_i$ を中心とする電流を加えた

$$\mathbf{j}^{\mathrm{b}}(\mathbf{x}) = \sum_i \mathbf{j}_i^{\mathrm{b}}(\mathbf{x} - \mathbf{z}_i) \tag{10.31}$$

であるとする．関数 F を用いて平均化を行い，

$$\mathbf{J}^{\mathrm{b}}(\mathbf{x}) = \langle \mathbf{j}^{\mathrm{b}}(\mathbf{x}) \rangle = \sum_i \int dV' F(\mathbf{x} - \mathbf{x}' - \mathbf{z}_i) \mathbf{j}_i^{\mathrm{b}}(\mathbf{x}')$$

において $\mathbf{x}'$ を小さいとしてテイラー展開し，最初の 2 項を残すと

$$\mathbf{J}^M(\mathbf{x}) = \sum_i F(\mathbf{x} - \mathbf{z}_i) \int dV' \mathbf{j}_i^{\mathrm{b}}(\mathbf{x}') - \sum_i \int dV' \mathbf{j}_i^{\mathrm{b}}(\mathbf{x}') \mathbf{x}' \cdot \boldsymbol{\nabla} F(\mathbf{x} - \mathbf{z}_i)$$
$$\tag{10.32}$$

になる．(8.6) から定常電流では右辺第 1 項は 0 である．(8.7) の公式で，$\mathbf{x}$ を $\boldsymbol{\nabla} F(\mathbf{x} - \mathbf{z}_i)$，$\mathbf{J}$ を $\mathbf{j}_i^{\mathrm{b}}(\mathbf{x}')$ に読みかえると，右辺第 2 項の第 i 項は

$$\int dV' \{\boldsymbol{\nabla}' \cdot \mathbf{j}_i^{\mathrm{b}}(\mathbf{x}')\} \mathbf{x}' \mathbf{x}' \cdot \boldsymbol{\nabla} F(\mathbf{x} - \mathbf{z}_i) + \int dV' \mathbf{x}' \mathbf{j}_i^{\mathrm{b}}(\mathbf{x}') \cdot \boldsymbol{\nabla} F(\mathbf{x} - \mathbf{z}_i)$$
$$\tag{10.33}$$

である．第 1 項は定常電流では 0 だから，束縛電流は微視的な磁化電流密度 $-\sum_i \mathbf{m}_i \times \boldsymbol{\nabla} \delta(\mathbf{x} - \mathbf{z}_i)$ を平均した

$$\mathbf{J}^M = \boldsymbol{\nabla} \times \mathbf{M}, \qquad \mathbf{M}(\mathbf{x}) = \sum_i \mathbf{m}_i F(\mathbf{x} - \mathbf{z}_i) \tag{10.34}$$

になる．

$$\mathbf{m}_i = \frac{1}{2} \int dV' \mathbf{x}' \times \mathbf{j}_i^{\mathrm{b}}(\mathbf{x}')$$

は分子の磁気モーメントである．磁気モーメントの平均値を $\mathbf{m}$ とすると，

$$\mathbf{M} = N\mathbf{m}$$

である．$N(\mathbf{x}) = \sum_i F(\mathbf{x} - \mathbf{z}_i)$ は磁気モーメント数密度である．

磁気モーメント $\mathbf{m}_i$ は磁場

$$\mathbf{b}_i(\mathbf{x}) = \frac{\mu_0}{4\pi} \left\{ \frac{3\mathbf{m}_i \cdot (\mathbf{x} - \mathbf{z}_i)(\mathbf{x} - \mathbf{z}_i)}{|\mathbf{x} - \mathbf{z}_i|^5} - \frac{\mathbf{m}_i}{|\mathbf{x} - \mathbf{z}_i|^3} \right\} + \frac{2\mu_0}{3} \mathbf{m}_i \delta(\mathbf{x} - \mathbf{z}_i)$$
$$\tag{10.35}$$

10.5 微視的磁場と巨視的磁場:面平均

をつくる.外磁場 $\mathbf{B}_0$ があるときは,磁性体内部の微視的磁場は

$$\mathbf{b} = \mathbf{B}_0 + \sum_i \mathbf{b}_i$$

で与えられる.5.5節で行ったと同じように,$\mathbf{b}$ の平均が巨視的な磁場

$$\mathbf{B}(\mathbf{x}) = \int dV' F(\mathbf{x} - \mathbf{x}') \mathbf{b}(\mathbf{x}') \tag{10.36}$$

になる.$\mathbf{b}$ は激しく変化するが,(10.36) によって平均磁場を定義できるのは,$\mathbf{b}$ が $\nabla \cdot \mathbf{b} = 0$ を満たすからである(デルタ関数項の存在が必要).5.5節と同じように,分子間距離より十分大きい立方体の中で一定値を取る関数 F によって平均しよう.立方体を,平行する薄い面に分割し,1つの面について,$\mathbf{b}$ によって計算した磁束と巨視的磁場 $\mathbf{B}$ によって計算した磁束が等しく,

$$\int dS \mathbf{n} \cdot \mathbf{b} = \int dS \mathbf{n} \cdot \mathbf{B}$$

を満たせば巨視的な磁場を定義することができる.面積分 $\int dS \mathbf{n} \cdot \mathbf{b}$ を計算すると,面上で $\mathbf{b}$ が巨大になる場所があるが,$\nabla \cdot \mathbf{b} = 0$ のために,そのような場所を避ける面を取っても積分値は変わらない.こうして,すべての面について $\mathbf{b}$ の面平均は同じであるから,巨視的な磁場を定義することができるのである.

磁性体内の局所磁場は平均磁場と同じではない.磁気モーメント $\mathbf{m}_j$ はその位置 $\mathbf{z}_j$ での磁場をつくるのに寄与しないからである.$\mathbf{z}_j$ 近傍での磁場は $\mathbf{b}^{(j)} = \mathbf{b} - \mathbf{b}_j$ である.(10.35) のデルタ関数項を,1つの磁気モーメントが占める体積 N^{-1} で平均すると,$\frac{2}{3}\mu_0 N \mathbf{m} = \frac{2}{3}\mu_0 \mathbf{M}$ が得られる.局所磁場は

$$\mathbf{B}_{\text{local}} = \mathbf{B} - \frac{2\mu_0}{3} \mathbf{M} \tag{10.37}$$

である.第2項が磁場の場合のローレンツ項である.(10.25) は

$$\mathbf{M} = N\mathbf{m} = N\frac{\beta}{\mu_0}\mathbf{B}_{\text{local}} = N\frac{\beta}{\mu_0}\left(\mathbf{B} - \frac{2\mu_0}{3}\mathbf{M}\right)$$

としなければならない.すなわち

$$\chi'_{\text{m}} = \frac{N\beta}{1 + \frac{2}{3}N\beta}, \qquad \chi_{\text{m}} = \frac{N\beta}{1 - \frac{1}{3}N\beta}$$

が得られる.だが χ'_{m} は極めて小さいから,$\chi'_{\text{m}} = \chi_{\text{m}} = N\beta$ としてよい.

10.6 磁性体のエネルギー：熱力学方程式

物質があるとき，磁場のエネルギー密度を求めよう．伝導電流 $\mathbf{J}$ と磁化電流 $\boldsymbol{\nabla} \times \mathbf{M}$ があるとき，それらがつくる磁場のエネルギーは

$$U_\mathrm{m} = \frac{1}{2} \int dV \mathbf{A} \cdot (\mathbf{J} + \boldsymbol{\nabla} \times \mathbf{M})$$
$$= \frac{1}{2\mu_0} \int dV \mathbf{A} \cdot \boldsymbol{\nabla} \times \mathbf{B}$$
$$= \frac{1}{2\mu_0} \int dV (\mathbf{B} \cdot \boldsymbol{\nabla} \times \mathbf{A} - \boldsymbol{\nabla} \cdot \mathbf{A} \times \mathbf{B})$$

で与えられる．最後の項は発散定理によって表面積分にすれば落とすことができる．したがって，物質中の磁場のエネルギー密度は

$$u_\mathrm{m} = \frac{1}{2\mu_0} B^2 \tag{10.38}$$

になり，真空中と同じ形を取る．もちろん，磁性体の持つエネルギーはこれだけではない．磁場を準静的に増加させたとき，磁気モーメントに対して行った仕事が磁性体に蓄えられる．磁場 $\mathbf{B}$ の中で磁気モーメント $\mathbf{m}$ が持つポテンシャルエネルギーは，(8.26) で与えられたように $-\mathbf{m} \cdot \mathbf{B}$ である．したがって，磁場を $d\mathbf{B}$ だけ増加させるために外部から行う仕事は $-\mathbf{m} \cdot d\mathbf{B}$ である．温度 T，圧力 p，磁気モーメント $\mathbf{m}$ を持つ磁性流体のエントロピー，体積がそれぞれ dS，dV だけ変化したとすると，力学的エネルギーの準静的変化は

$$dU^\mathrm{mech} = TdS - pdV - \mathbf{m} \cdot d\mathbf{B}$$

である．求めたい量は $\mathbf{M}$ と T の関数としてのエネルギー密度である．エントロピーのかわりに温度，磁場のかわりに磁気モーメントを独立変数にするために，ルジャンドル変換（16.4 節参照）

$$\overline{F} = U^\mathrm{mech} - TS + \mathbf{m} \cdot \mathbf{B}$$

を行うと

$$d\overline{F} = -SdT - pdV + \mathbf{B} \cdot d\mathbf{m}$$

になる．誘電体と同様に，単位体積あたりの量で表し，$\overline{F} = V\overline{f}$, $S = Vs$, $\mathbf{m} = V\mathbf{M}$ とすると，$dV/V = -dN/N$ を用いて

10.6 磁性体のエネルギー：熱力学方程式

$$\mathrm{d}\overline{f} = -s\mathrm{d}T + \frac{\pi}{N}\mathrm{d}N + \mathbf{B}\cdot\mathrm{d}\mathbf{M} \tag{10.39}$$

になる．ここで

$$\pi = p + \overline{f} - \mathbf{M}\cdot\mathbf{B}$$

を定義した（$u^{\mathrm{mech}} = \overline{f} + Ts - \mathbf{M}\cdot\mathbf{B}$ の微分は

$$\mathrm{d}u^{\mathrm{mech}} = T\mathrm{d}s + \frac{\pi}{N}\mathrm{d}N - \mathbf{M}\cdot\mathrm{d}\mathbf{B}$$

である）．線形関係 (10.25) が成り立つときは，等温，等積で積分すると

$$\begin{aligned}\overline{f} &= \overline{f}_0 + \frac{\mu_0}{\chi'_{\mathrm{m}}}\int_0^M \mathrm{d}\mathbf{M}\cdot\mathbf{M} \\ &= \overline{f}_0 + \frac{\mu_0}{2\chi'_{\mathrm{m}}}M^2 \\ &= \overline{f}_0 + \frac{1}{2}\mathbf{M}\cdot\mathbf{B}\end{aligned}$$

である．これを用いると

$$\pi = N\frac{\partial\overline{f}}{\partial N} = \pi_0 - \frac{1}{2\mu_0}B^2 N\frac{\partial\chi'_{\mathrm{m}}}{\partial N}$$

が得られるから，流体の圧力はマズールとプリゴジーンが与えた

$$\begin{aligned}p &= p_0 + \frac{1}{2}\mathbf{M}\cdot\mathbf{B} - \frac{1}{2\mu_0}B^2 N\frac{\partial\chi'_{\mathrm{m}}}{\partial N} \\ &= p_0 + \frac{1}{2\mu_0}B^2\left(\chi'_{\mathrm{m}} - N\frac{\partial\chi'_{\mathrm{m}}}{\partial N}\right)\end{aligned}$$

になる．自由エネルギー密度は $f = u^{\mathrm{mech}} - Ts = \overline{f} - \mathbf{M}\cdot\mathbf{B}$ から

$$f = f_0 - \frac{1}{2}\mathbf{M}\cdot\mathbf{B}$$

のように決まる．また，エントロピー密度は

$$s = -\frac{\partial\overline{f}}{\partial T} = s_0 + \frac{1}{2\mu_0}B^2\frac{\partial\chi'_{\mathrm{m}}}{\partial T}$$

になる（この式から，断熱的に磁場を減少させたときの温度低下を計算できる）．したがって，力学的エネルギー密度

$$u^{\mathrm{mech}} = u_0^{\mathrm{mech}} - \frac{1}{2}\mathbf{M}\cdot\mathbf{B} + \frac{1}{2\mu_0}B^2 T\frac{\partial\chi'_{\mathrm{m}}}{\partial T}$$

が得られる．磁場のエネルギーと力学的エネルギーを加えると

$$u^{\text{tot}} = u + u_0^{\text{mech}} + \frac{1}{2\mu_0} B^2 T \frac{\partial \chi'_{\text{m}}}{\partial T}$$

になる．誘電体の (5.41) に対応して，磁場のエネルギー密度を加えた自由エネルギー密度は

$$u = \frac{1}{2\mu_0} B^2 - \frac{1}{2} \mathbf{M} \cdot \mathbf{B} = \frac{1}{2} \mathbf{H} \cdot \mathbf{B} \tag{10.40}$$

である．線形関係が成り立たないときは

$$du = \frac{1}{\mu_0} \mathbf{B} \cdot d\mathbf{B} + df = -sdT + \frac{\pi}{N} dN + \mathbf{H} \cdot d\mathbf{B} \tag{10.41}$$

である（$df = d\overline{f} - \mathbf{M} \cdot d\mathbf{B} - \mathbf{B} \cdot d\mathbf{M}$ に注意）．

(10.41) 右辺最後の項

$$w = \mathbf{H} \cdot d\mathbf{B}$$

は磁場中に磁性体があるとき，磁場を $d\mathbf{B}$ だけ変化させる単位体積あたりの仕事で，デュエームが与えた．これを簡単な例で確かめてみよう．電流が面密度 K で流れる断面積 S, 長さ l のソレノイドの内部に磁性体を挿入し，時間 δt の間に磁場を δB だけ変化させよう．静磁場中で導体を運動させることによって起電力 $\mathcal{E} = -\frac{d\Phi}{dt}$ が生じることを示したが，11.1 節で詳しく説明するように，磁束 Φ の時間変化の原因によらずこのノイマンの公式が成立する．ここで考えている例ではソレノイドを貫く磁束 $\Phi = SB$ が時間変化すると誘導起電力

$$\mathcal{E} = -S \frac{dB}{dt}$$

が生じる．この起電力に抗して電流を流し続けるのに必要な仕事は

$$W = -lK\delta t \cdot \mathcal{E} = lS \cdot K\delta B$$

である．ソレノイドを単位時間に流れる電荷は lK だから時間 δt の間に $lK\delta t$ の電荷が移動するからである．磁性体内部で $H = K$ であることに注意すると

$$W = lS \cdot H\delta B$$

が得られる．したがって単位体積あたりの仕事は

10.6 磁性体のエネルギー：熱力学方程式

$$w = H\delta B = \mathbf{H} \cdot \delta \mathbf{B}$$

になる．

同じ公式を一般的に導いてみよう．磁場 $\mathbf{B}$ の中で電流密度 $\mathbf{J}$ の電流が流れているとする．電流に沿って微小な長さ l を持つ断面積 S の体積要素 lS を考えよう．時間 δt の間に S を通過する電荷は $JS\delta t$ だから磁場の変化に伴って生じる誘導起電力 $\mathcal{E}$ に抗して電流を流すに必要な仕事は

$$W = -JS\delta t \cdot \mathcal{E}$$

である．起電力 $\mathcal{E}$ に伴う電場を E とすると $\mathcal{E} = lE$ だから

$$W = -JS\delta t \cdot lE = -lS \cdot JE\delta t = -lS\mathbf{J} \cdot \mathbf{E}\delta t$$

である．右辺に現れた $Q = lS\mathbf{J} \cdot \mathbf{E}\delta t$ はジュール熱だから，上式はエネルギー保存則 $W + Q = 0$ を表している．(6.16) で与えたように起電力 $\mathcal{E}$ に伴う電場の定義は $\mathcal{E} = \oint d\mathbf{x} \cdot \mathbf{E}$ だった．一方磁束は (7.47) で与えたように $\Phi = \oint d\mathbf{x} \cdot \mathbf{A}$ と書けた．したがって $\mathcal{E} = -\frac{d\Phi}{dt}$ は

$$\mathbf{E} = -\frac{\partial \mathbf{A}}{\partial t} \tag{10.42}$$

を意味する．(12.16) で導くように，電荷がつくる保存場 $-\boldsymbol{\nabla}\phi$ に加えて，誘導電場が生じることを表している．したがって単位体積あたりの仕事は

$$w = \mathbf{J} \cdot \frac{d\mathbf{A}}{dt}\delta t = \mathbf{J} \cdot \delta \mathbf{A}$$

になる．これから

$$W = \int dV \boldsymbol{\nabla} \times \mathbf{H} \cdot \delta \mathbf{A} = \int dV \mathbf{H} \cdot \delta \mathbf{B} \tag{10.43}$$

が導かれる（右辺にするのに表面項を落とした）．

真空中での磁場のエネルギーは (9.43) のように

$$U = \frac{1}{2}\int dV \mathbf{J} \cdot \mathbf{A}$$

で与えられた．この式を根拠にして

$$\delta U = \frac{1}{2}\int dV(\mathbf{J} \cdot \delta\mathbf{A} + \delta\mathbf{J} \cdot \mathbf{A}) \tag{10.44}$$

から (10.43) を導いている教科書がある．だが (10.44) を変形すると

$$\delta U = \int dV (\mathbf{H} \cdot \delta \mathbf{B} + \delta \mathbf{H} \cdot \mathbf{B})$$

になる．(10.43) が成り立つためには線形物質でなければならないから，この証明法は一般性がない．実は

$$\frac{1}{2} \int dV \mathbf{J} \cdot \mathbf{A} = \frac{1}{2} \int dV \mathbf{H} \cdot \mathbf{B}$$

が成り立つ．出発点となった磁場のエネルギーの式が物質中で成立するのは $\mathbf{B}$ と $\mathbf{H}$ が線形の関係にあるときだけである．

　ヴェーバーが考えたように，強磁性体が磁気モーメントの集まりであるとすると，磁化のない強磁性体に磁場を作用させたとき，磁気モーメントの向きがそろった飽和磁化に達する．そこから磁場を減少させていくと磁場が 0 になっても磁化が残るようになる．これを残留磁化と言う．強磁性体では磁場が与えられても磁化が定まらず，それまでの履歴に依存する．ヴァールブルク (E. Warburg, 1846-1931) とリーギ (A. Righi, 1850-1920) が 1880 年に独立に磁気履歴現象を発見した．ユーイング (J. A. Ewing, 1855-1935) は，東京帝国大学に在職中 (1878-83) の 1881 年に，応力による針金の熱電的性質の変化を調べているうちに，履歴に依存する効果を発見しヒステリシスと名づけた．磁気履歴現象もその 1 つである．残留磁化をなくすには逆向きの磁場を作用させなければならない．この磁場を保磁力と言う．履歴曲線は外磁場 B_0 の関数として磁場 B または磁化 M を書いた曲線である．$dU^{\text{mech}} = Q + W$ は微分であるから，ループ積分は 0 である．1 周後に

$$W = -Q = V \oint d\mathbf{B} \cdot \mathbf{H} = \mu_0 V \oint d\mathbf{M} \cdot \mathbf{H}$$

だけの仕事が磁性体に吸収されて熱になり磁性体の温度を上げる．

　飽和磁化に達するほどの磁場を作用させなくても残留磁化が生じる．火山から溶岩が噴出すると，キュリー点以上の高温状態にあるから，常磁性になっているが，冷却すると，キュリー点以下になり，地球磁場の作用によって残留磁化が生じる．火山岩や焼土の残留磁化は過去の地球磁場の記録になっている（古地磁気学）．現在の地球磁場の方向と逆を向いている天然の岩石が見つかり，過去に地球磁場の極性が逆転していたことがわかったのだ．

CHAPITRE 11

Champ électromagnétique variable
変動電磁場

11.1 ファラデイ - ノイマンの法則

　磁場の中でコイルを運動させると，(9.33) で与えられるように，ローレンツ力による起電力 $\mathcal{E}$ と，コイルを貫く磁束

$$\Phi(t) = \int dS \mathbf{n} \cdot \mathbf{B}(\mathbf{x})$$

の時間変化の間に

$$\mathcal{E} = -\frac{d\Phi}{dt} \qquad (11.1)$$

の関係があった．固定した磁石にコイルを近づけるとコイルに起電力が発生する．1831 年にファラデイが発見した実験事実である．またファラデイは，コイルを固定して磁石をコイルに近づけるときにもコイルに起電力が生じることを見つけた．だが，コイルは静止しているからこの起電力の原因をローレンツ力に求めることはできない．2つの実験を比べてみると，共通するのは，いずれの場合もコイルを貫く磁束が時間変化しているということである．コイルを固定して磁石を動かす場合は，コイルを貫く磁場が時間とともに変化するから磁束

$$\Phi(t) = \int dS \mathbf{n} \cdot \mathbf{B}(\mathbf{x}, t)$$

も時間変化する．コイルを動かすときは磁束の時間変化はコイルの囲む面の

移動から生じるのに対し，コイルを静止させ磁石を動かすときは磁束の時間変化は磁場 $\mathbf{B}$ の時間変化から生じる．だがコイルを貫く磁束が時間変化するという点において両者を区別することができない．互いに等速度で運動する座標系において自然法則は同じ形を取る，とするガリレイの相対性原理があるからである．コイルが動かなくても，同じ磁束変化には同じ起電力が生じているはずである．ローレンツ力による起電力は新たな法則を意味しないが，静止した任意の面を貫く磁束が時間変化しているとき起電力が生じているという事実は，今までの静電磁場の基本方程式にない新しい法則を意味する．起電力は電場 $\mathbf{E}(\mathbf{x}, t)$ によって

$$\mathcal{E} = \oint d\mathbf{x} \cdot \mathbf{E}(\mathbf{x}, t) = \int dS \mathbf{n} \cdot \boldsymbol{\nabla} \times \mathbf{E}(\mathbf{x}, t)$$

と書ける．一方，静止したコイルを貫く磁束の時間変化は

$$\frac{d\Phi(t)}{dt} = \int dS \mathbf{n} \cdot \frac{\partial \mathbf{B}(\mathbf{x}, t)}{\partial t}$$

である．$\mathcal{E} = -\dot{\Phi}$ が任意の面で成り立つためにはファラデイの法則

$$\boldsymbol{\nabla} \times \mathbf{E}(\mathbf{x}, t) + \frac{\partial \mathbf{B}(\mathbf{x}, t)}{\partial t} = 0 \tag{11.2}$$

が成り立たなければなければならない．この法則はコイルの有無に関係なく成り立つ．磁場が時間変化すれば，コイルの存在と関係なく，そこに電場が存在する．たまたまコイルがあればそのコイル中の荷電粒子にその電場が作用するのである．

(11.2) をアンペールの法則 $\boldsymbol{\nabla} \times \mathbf{B} = \mu_0 \mathbf{J}$ と比べて，電流が磁場をつくるように，「磁場の時間変化が電場をつくる」と言いたいところである．実際多くの教科書でそう言っているがそれは明らかに間違いである．$\mathcal{E} = -\dot{\Phi}$ は積分量の間に成り立つ関係式である．$\dot{\Phi}$ と $\mathcal{E}$ は同時刻の量である．同時刻の量の間に直接的な因果関係を求めることはできない．電気信号は光速度でしか伝わらないのである．ファラデイの法則は，磁場の変化がある場所では必ず電場が生じている，と言っているのである．微分方程式 (11.2) は，ある時刻で電場の回転密度が与えられたとき，時間 dt の後の磁場の変化 $d\mathbf{B} = -\boldsymbol{\nabla} \times \mathbf{E} dt$ を与える．磁場が電場をつくっているのではない．このことは 11.5 節でさらに詳しく論じることにしよう．

磁場が時間変化するとき電場が生じている現象を初めて発見したのはヘンリー (J. Henry, 1797-1878) で，1830 年のことだが，ヘンリーは論文を書くことが遅く，独立にすぐ後に同じ現象を発見したファラデイの論文が先になった．ヘンリーはファラデイの研究を知らずに自己誘導の現象を発見したがこのときはヘンリーが 1832 年に最初に論文を発表した．また電磁誘導の法則に数学的表現 $\mathcal{E} = -\dot{\Phi}$ を与えたのは F. ノイマンであるから，ノイマンの法則とも，ファラデイ - ノ

図 **11.1** ヘンリー

イマンの法則とも言う．ファラデイの法則の歴史については 18.18 節に詳しく述べる．

11.2 電気力学ポテンシャルと電流のエネルギー

(9.44) で示したように，電流の持つエネルギー U と電気力学ポテンシャル V は，大きさは同じで符号が逆だった．この違いについて考えよう．

導体に帯電させる力学的仕事を計算したのと同様に，電流の場合にも，コイルに微小電流をつけ加える操作をくり返すことによって，電流が流れていない状態から I に達するまでに要する仕事を計算することができる．アンペール力に抗して微小電流 dI をつけ加えるために外力がする仕事 W^{mech} は電気力学ポテンシャルの変化 $dV = -LIdI$ に等しい．したがって，I が流れるまでに要する仕事は

$$V = -L \int_0^I dI' I' = -\frac{1}{2}LI^2 = -\frac{1}{2}I\Phi$$

である．負符号はアンペール力が引力のためである．V は微小電流を集めるのに要する仕事で，電流自体をつくるエネルギーは含まれていない．一方，コ

第 11 章 変動電磁場

イルに電池をつないで電流を増加させると，それを貫く磁束の時間変化に伴う起電力 $\mathcal{E} = -\dot{\Phi}$ に抗して電流 I を流し続けるために，時間 $\mathrm{d}t$ の間に電池が $-I\mathcal{E}\mathrm{d}t = I\mathrm{d}\Phi$ の仕事をする．磁束の変化は $\mathrm{d}\Phi = L\mathrm{d}I$ であるから，仕事 $LI\mathrm{d}I$ が電流のエネルギー $\mathrm{d}U$ になる．すなわち，

$$U = L\int_0^I \mathrm{d}I'\,I' = \frac{1}{2}LI^2 = \frac{1}{2}I\Phi$$

になる．$\mathrm{d}U = LI\mathrm{d}I$ と $\mathrm{d}V = -LI\mathrm{d}I$ の差は，微小電流 $\mathrm{d}I$ をつけ加えるとき，I と $\mathrm{d}I$ を一定に保つために要する電気的仕事

$$W^{\mathrm{elect}} = 2LI\mathrm{d}I$$

（因子 2 の意味は (11.3) の導出を参照）である．すなわち，

$$\mathrm{d}U = W^{\mathrm{mech}} + W^{\mathrm{elect}}$$

が成り立つ．U と V の差は W^{elect} を積分した $2L\int_0^I \mathrm{d}I'\,I' = LI^2 = I\Phi$ である．

電流の自己エネルギーだけではなく，2 つのコイル間の磁場のエネルギー U_{12} も電気力学ポテンシャル V_{12} の符号を変えたものだった．その理由は，9.10 節で取り上げた例では，2 つの導体が静磁場中を逆向きに運動するため，各導体で電荷にローレンツ力が働き，これに抗して電池がそれぞれ $-V_{12}$ の仕事をしなければならないからだった．同じことを 2 つのコイルを使って考えてみよう．

2 つのコイルの電流 I_1，I_2 を一定に保ったまま，相互に動かしてみよう．9.10 節の例は，図 11.2 のように，2 つのコイルを，同時に逆向きに動かすのに対応する．コイル 2 が静止している座標系 A でこの様子を観測することにしよう．コイル 1 が少し動いたとき，相互誘導係数が $\mathrm{d}L_{12}$ だけ変化したとすると，コイル 1 を動かすのに外力がする仕事 W_{12}^{mech} は，電

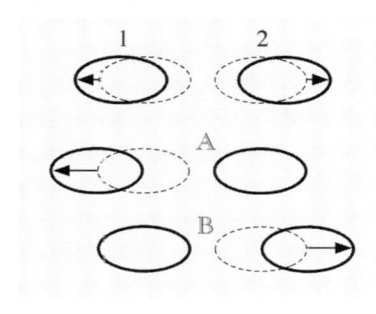

図 11.2 コイルの運動の相対性

気力学ポテンシャルの変化分 $dV_{12} = -dL_{12}I_1I_2$ である．静磁場の中でコイル1を運動させると，コイル1を貫く磁束が変化するから，それに伴う起電力に抗して一定電流を保つためには，(9.37) で示したように，コイル1で電池が電気的仕事 $I_1 d\Phi_1 = dL_{12}I_1I_2$ をする．コイル2は静止しているからローレンツ力は働かない．だが，コイル2に対して電池が仕事をする．それを理解するために，コイル1が静止する座標系Bで観測してみよう．座標系Bでは，コイル2が運動することによってローレンツ力が働き，電池が電気的仕事 $I_2 d\Phi_2 = dL_{21}I_1I_2$ をする．これから，磁束の変化の原因がどうであれ，それには必ず起電力が伴い，これに抗して一定電流 I_2 を保つためには，コイル2で電池が電気的仕事 $I_2 d\Phi_2 = dL_{21}I_1I_2$ をしなければならないと考えられる．座標系Bではコイル1は静止しているが，それを貫く磁束の時間変化に起電力が伴い，電池が電気的仕事 $I_1 d\Phi_1 = dL_{12}I_1I_2$ をすると解釈できる．どちらの座標系を取っても，電池が仕事をするという物理現象としては同じはずである．これがガリレイの相対性原理である．静磁場中でコイルが運動することによって磁束が変化する場合も，コイルが静止していて磁場が時間変化する場合も，磁束の変化の割合が同じである限り同じ物理的結果をもたらす．後者はローレンツ力ではなく，ファラデイの法則を意味する．こうして1, 2を合わせて電池は

$$W_{12}^{\text{elect}} = 2dL_{12}I_1I_2 = -2W_{12}^{\text{mech}} \tag{11.3}$$

の仕事をする．電気的仕事は力学的仕事と符号が逆で大きさが2倍である．それらの和が電流のエネルギー dU_{12} になっているから

$$dU_{12} = W_{12}^{\text{mech}} + W_{12}^{\text{elect}} = -W_{12}^{\text{mech}} = -dV_{12}$$

である．これから

$$U_{12} = -V_{12} = \frac{1}{2}L_{12}I_1I_2 \tag{11.4}$$

が得られる．こうして，コイル1, 2の電流が持つエネルギーは

$$U = \frac{1}{2}L_{11}I_1^2 + L_{12}I_1I_2 + \frac{1}{2}L_{22}I_2^2 = \frac{1}{2}I_1\Phi_1 + \frac{1}{2}I_2\Phi_2$$

になり，電気力学ポテンシャルの符号を変えたものになる．

11.2.1 電流回路に働く力

3つ以上の回路があるときも同様である．i 番目の回路に電流 I_i が流れ，それを貫く磁束を Φ_i とすると，Φ_i は誘導係数 L_{ij} を用いて

$$\Phi_i = \sum_j L_{ij} I_j$$

だった．これを I_i について解けば

$$I_i = \sum_j N_{ij} \Phi_j$$

になる．N_{ij} を逆誘導係数と呼ぶ．導体系の場合と同じようにベクトルと行列で表すと

$$\boldsymbol{\Phi} = \mathsf{L} \cdot \mathbf{I}, \qquad \mathbf{I} = \mathsf{N} \cdot \boldsymbol{\Phi}$$

である．導体系の電荷と電位の関係と同様に，行列 L の逆行列 N を定義した．電流の持つエネルギー (9.44) は

$$U = \frac{1}{2} \mathbf{I} \cdot \mathsf{L} \cdot \mathbf{I} = \frac{1}{2} \boldsymbol{\Phi} \cdot \mathsf{N} \cdot \boldsymbol{\Phi} \tag{11.5}$$

と表すことができる．

相反定理 $L_{ij} = L_{ji}$ は，(4.50) と同じように

$$L_{ij} = \frac{\partial \Phi_i}{\partial I_j} = \frac{\partial}{\partial I_j} \frac{\partial U}{\partial I_i} = \frac{\partial}{\partial I_i} \frac{\partial U}{\partial I_j} = L_{ji}$$

から明らかである．これも，dU が微分であるための条件である．L の逆行列 N も対称になる．導体系の場合の電荷 q，電位 φ，容量係数 C，電位係数 P のそれぞれに磁束 **Φ**，電流 **I**，誘導係数 L，逆誘導係数 N を対応させれば，導体系の場合と同様に，電流を一定にして回路を動かすときのエネルギー変化 dU_I と，磁束を一定にして回路を動かすときのエネルギー変化 dU_Φ は $dU_I = -dU_\Phi$ の関係があることがすぐわかる．その差は，W. トムソン (1851) が指摘したように，電流を一定に保つために電池がしなければならない仕事である．

回路系の幾何学的配置を表す座標を ξ としよう．各回路の磁束を一定に保ったまま，外力 $-F$ を加えて準静的に ξ を微小量 dξ だけ変化させたとき，

$\mathrm{d}U_\Phi = -F\mathrm{d}\xi$ である．したがって，回路系が外部に及ぼす力 F は，Φ を一定にしての偏導関数

$$F = -\left(\frac{\partial U}{\partial \xi}\right)_\Phi = -\frac{1}{2}\boldsymbol{\Phi} \cdot \frac{\partial \mathsf{N}}{\partial \xi} \cdot \boldsymbol{\Phi}$$

で与えられる．一方，電流を一定にして外力を加えたとき，系のエネルギーの変化は $\mathrm{d}U_I = F\mathrm{d}\xi$ であるから F は

$$F = \left(\frac{\partial U}{\partial \xi}\right)_I = \frac{1}{2}\mathbf{I} \cdot \frac{\partial \mathsf{L}}{\partial \xi} \cdot \mathbf{I}$$

のように，通常のエネルギーと力の関係ではなく符号が逆になる．例として，(9.47) で与えた円筒電流に働く力は，電流を一定にして加える力であるから，

$$F = \frac{\partial U}{\partial a} = \frac{1}{2}\frac{\partial L}{\partial a}I^2 = -\frac{\mu_0}{4\pi a}I^2$$

になっている．U は (9.46) を使った．

11.2.2 回路の方程式

閉回路の電流 I が持つエネルギー $\frac{1}{2}LI^2$ は電流を増加させるとき生じる誘導電場に抗して外からする仕事を計算したものだった．これは次のようにしても求めることができる．起電力 $\mathcal{E}$，抵抗 R，コンデンサー C をつないだ自己誘導係数 L を持つ閉回路を考えてみよう．起電力によって電流が流れると磁場がつくられる．回路を貫く磁束は電流に比例し自己誘導係数 L によって $\Phi = LI$ だから誘導起電力は

$$-\frac{\mathrm{d}\Phi}{\mathrm{d}t} = -L\frac{\mathrm{d}I}{\mathrm{d}t}$$

で与えられる．コンデンサーの電荷を q とするとオームの法則は

$$\mathcal{E} - L\frac{\mathrm{d}I}{\mathrm{d}t} - \frac{q}{C} = RI \tag{11.6}$$

になる．両辺に I を乗じ，電流が $I = \dot{q}$ であることを使えば

$$\frac{\mathrm{d}}{\mathrm{d}t}\left(\frac{1}{2}LI^2\right) + RI^2 + \frac{\mathrm{d}}{\mathrm{d}t}\left(\frac{1}{2C}q^2\right) = \mathcal{E}I$$

になる．この結果はエネルギー保存則を表している．両辺に時間 $\mathrm{d}t$ を乗じた

$$d\left(\frac{1}{2}LI^2\right) + RI^2 dt + d\left(\frac{1}{2C}q^2\right) = \mathcal{E}I dt$$

は，起電力 $\mathcal{E}$ がする仕事 $\mathcal{E}I dt$ の一部がジュール熱 $RI^2 dt$ として消費され，残りが回路の磁場のエネルギー $\frac{1}{2}LI^2$ の変化量，コンデンサーの電場のエネルギー $\frac{1}{2C}I^2$ の変化量になることを表している．W. トムソン (1853) はエネルギー保存則に基づいてこの方程式を導いた．(11.6) の両辺を t で微分すれば

$$L\frac{d^2I}{dt^2} + R\frac{dI}{dt} + \frac{1}{C}I = \frac{d\mathcal{E}}{dt} \tag{11.7}$$

になる．起電力 $\mathcal{E}$ がなく抵抗 R もなければ

$$L\frac{d^2I}{dt^2} + \frac{1}{C}I = 0$$

は調和振動子の運動方程式である．その一般解は

$$I(t) = I_0 \cos(\omega_0 t - \alpha_0), \qquad \omega_0 = \frac{1}{\sqrt{LC}}$$

になり ω_0 は固有角振動数である．コンデンサーに蓄えられた電場と回路に蓄えられた磁場の間でエネルギーのやり取りをして振動が続く．ヘルムホルツは 1847 年にエネルギー保存則を確立した論文の中で電気振動が可能であることを最初に示唆したが，W. トムソンは理論的に電気振動が可能であることを証明した．

非斉次方程式 (11.7) の解は斉次方程式，すなわち起電力 $\mathcal{E}$ がない場合の一般解と非斉次方程式の特殊解の和で与えられる．斉次方程式

$$L\frac{d^2I}{dt^2} + R\frac{dI}{dt} + \frac{1}{C}I = 0 \tag{11.8}$$

を最初に解いたのも W. トムソンである．線形方程式だから電流の複素数表示が便利である．実数部，虚数部がそれぞれ同じ方程式を満たすから複素数表示の解を求め，最後にその実数部または虚数部を取れば元の方程式の解が得られる．$I(t) \propto e^{i\omega t}$ を仮定すると

$$-L\omega^2 + iR\omega + \frac{1}{C} = 0$$

になる．抵抗値が十分大きく $R^2 > 4L/C$ を満たすときは純虚数の 2 つの解

$$\omega = i\left(\gamma \pm \sqrt{\gamma^2 - \omega_0^2}\right), \qquad \gamma = \frac{R}{2L}$$

11.2 電気力学ポテンシャルと電流のエネルギー

がある．いずれも実数解なので一般解は実数 A と B を積分定数として

$$I(t) = e^{-\gamma t}\left(Ae^{-\sqrt{\gamma^2-\omega_0^2}\,t} + Be^{\sqrt{\gamma^2-\omega_0^2}\,t}\right)$$

になり，電気振動が起こらず，時間とともに減衰する．特にコンデンサーがない場合は

$$I(t) = Ae^{-2\gamma t} = Ae^{-t/\tau}$$

が一般解である（B 項はない）．$\tau = L/R$ を時定数と呼ぶ．

抵抗値が小さく $R^2 < 4L/C$ を満たすときは

$$\omega = \omega_1 + i\gamma$$

のように複素数になる（$\omega = -\omega_1 + i\gamma$ は独立な解ではない）．

$$\omega_1 = \sqrt{\frac{1}{LC} - \left(\frac{R}{2L}\right)^2} = \sqrt{\omega_0^2 - \gamma^2}$$

が W. トムソンの得た公式である．斉次方程式 (11.8) の一般解は，A を複素定数として，振動しながら減衰する解

$$I(t) = Ae^{-\gamma t}e^{i\omega_1 t}$$

になる．$A = I_1(0)e^{-i\alpha_1}$ として実数部を取れば

$$I(t) = I_1(t)\cos(\omega_1 t - \alpha_1)$$

が得られる．$I_1(0)$ と α_1 が初期条件によって決まる積分定数である．振動の振幅

$$I_1(t) = I_1(0)e^{-\gamma t}$$

は抵抗のため減衰する．こうして斉次方程式の一般解はいずれも時間がたつと抵抗のために減衰してなくなってしまう．

次に (11.7) の特殊解を求めよう．時間がたてば特殊解だけになる．この特殊解が起電力 $\mathcal{E}$ によって流れる電流である．$\mathcal{E}$ が定数で，抵抗 R を持つ閉回路にスイッチを入れた場合を考えてみよう．$\mathcal{E}$ によって電流が流れ始めると磁場がつくられ，しだいに増加していく．特殊解は時間によらない解 $\mathcal{E}/R$ であ

る．斉次方程式の一般解と非斉次方程式の特殊解を加え，初期条件を $I(0) = 0$ とすると

$$I(t) = \frac{\mathcal{E}}{R}(1 - \mathrm{e}^{-t/\tau})$$

になる．t が時定数より十分小さい間は

$$I(t) \cong \frac{\mathcal{E}}{R} \cdot \frac{t}{\tau} = \frac{\mathcal{E}}{L}t$$

のように時間に比例して電流が増加していくが，t が時定数の程度以上になると急速に定数 $\mathcal{E}/R$ に近づいていき $t \to \infty$ で定常電流になる．電流が一定値になると磁束の変化がなくなり誘導起電力がなくなる．誘導起電力に抗して起電力 $\mathcal{E}$ が行った仕事は

$$U = \int_0^\infty \mathrm{d}t \frac{\mathrm{d}}{\mathrm{d}t}\left(\frac{1}{2}LI^2(t)\right) = \frac{1}{2}LI^2(\infty)$$

になる．$I(\infty)$ は定常電流になった後の電流値である．このエネルギーが磁場をつくるのに費やされ，磁場のエネルギーとして蓄えられていると考えられる．

起電力として $\mathcal{E} = \mathcal{E}_0 \cos \omega t$ を取れば交流理論の基礎方程式になる．この場合も起電力と電流の複素数表示

$$\mathcal{E} = \mathcal{E}_0 \mathrm{e}^{\mathrm{i}\omega t}, \qquad I = I_0 \mathrm{e}^{\mathrm{i}\omega t}$$

を取れば複素数表示の電流の実数部が求める電流である．回路の方程式は

$$\mathcal{E} = ZI$$

になる．自己誘導係数および電気容量がある回路についてオームの法則を一般化したもので

$$Z = R + \mathrm{i}\left(L\omega - \frac{1}{C\omega}\right) = R + \mathrm{i}X$$

はインピーダンスと呼ばれる量である．インピーダンスという用語も，Z という記号もヘヴィサイドに由来する．インピーダンスの虚数部 X をリアクタンスと呼ぶ．インピーダンスを

$$Z = |Z|\mathrm{e}^{\mathrm{i}\varphi}$$

のようにその大きさと位相部分に分けると

$$|Z| = \sqrt{R^2 + \left(L\omega - \frac{1}{C\omega}\right)^2}, \qquad \tan\varphi = \frac{L\omega - \frac{1}{C\omega}}{R}$$

で与えられる．したがって求める電流は

$$I(t) = \text{Re}\frac{\mathcal{E}}{Z} = I_2 \cos(\omega t - \varphi)$$

になる．ここで

$$I_2 = \frac{\mathcal{E}_0}{|Z|} = \frac{\mathcal{E}_0}{\sqrt{R^2 + \left(L\omega - \frac{1}{C\omega}\right)^2}}$$

を定義した．時間が $1/\gamma$ 以上たつと回路にはこの電流が流れ続ける．電流の振幅は $\omega = \omega_0 = 1/\sqrt{LC}$ のとき最大になる．このとき直列共振と呼び，オームの法則 $I_2 = \mathcal{E}_0/R$ が成り立つ．

11.3　ベータトロン：ヴィーデレーエの 1/2 則

9.7節では軸対称の静磁場中の荷電粒子の運動を調べたが，ここでは，同じ対称性を持った磁場が時間的に変動する場合を考えてみよう．z 軸に選んだ対称軸に垂直な xy 面に z 軸を中心とする半径 ρ の円を閉曲線として取ると，閉曲線を貫く磁束は，閉曲線を特徴付ける $\rho, z,$ および t の関数として

$$\Phi(\rho, z, t) = 2\pi \int_0^\rho d\rho' \rho' B(\rho', z, t)$$

である．ファラデイ - ノイマンの法則 $\oint d\mathbf{x} \cdot \mathbf{E} = -\frac{d\Phi}{dt}$ を適用すると

$$2\pi\rho E_\varphi(\rho, z, t) + \frac{\partial \Phi(\rho, z, t)}{\partial t} = 0 \tag{11.9}$$

が成り立つから電場は

$$E_\varphi(\rho, z, t) = -\frac{1}{\rho} \int_0^\rho d\rho' \rho' \frac{\partial B(\rho', z, t)}{\partial t}$$

になる．

磁場が時間変化する場合は電場も存在するから，粒子の質量を m, 電荷を q とすると，粒子の力学的角運動量 $\mathbf{l}^{\text{mech}} = m\mathbf{z} \times \mathbf{v}$ は

$$\frac{\mathrm{d}\mathbf{l}^{\mathrm{mech}}}{\mathrm{d}t} = q\mathbf{z} \times (\mathbf{E} + \mathbf{v} \times \mathbf{B})$$

を満たす．その z 成分は

$$\frac{\mathrm{d}l_z^{\mathrm{mech}}}{\mathrm{d}t} = q\rho E_\varphi + q\rho\left(-\frac{\mathrm{d}\rho}{\mathrm{d}t}B_z + \frac{\mathrm{d}z}{\mathrm{d}t}B_\rho\right)$$

である．右辺第 1 項に (11.9)，第 2 項に (9.26), (9.27) を代入すると

$$\frac{\mathrm{d}l_z^{\mathrm{mech}}}{\mathrm{d}t} = -\frac{q}{2\pi}\frac{\partial \Phi}{\partial t} - \frac{q}{2\pi}\left(\frac{\mathrm{d}\rho}{\mathrm{d}t}\frac{\partial \Phi}{\partial \rho} + \frac{\mathrm{d}z}{\mathrm{d}t}\frac{\partial \Phi}{\partial z}\right) = -\frac{q}{2\pi}\frac{\mathrm{d}\Phi}{\mathrm{d}t}$$

になり，z 軸のまわりの正準角運動量

$$l_z = l_z^{\mathrm{mech}} + \frac{q\Phi}{2\pi} = l_z^{\mathrm{mech}} + q\rho A_\varphi \tag{11.10}$$

が保存され，ブッシュの定理が再び得られる．

磁場 B_z が中心軸からの距離 ρ のみの関数である場合に，磁場が時間変化しなければ電場はなく，φ 方向の力学的運動量 p^{mech} は一定になり，荷電粒子は等速円運動をする．一様磁場のときと同じで，動径方向はローレンツ力と遠心力の釣りあいから $p^{\mathrm{mech}} = -q\rho B_z$ である．B_z が時間変化するときは，電場はファラデイの法則 (11.9) によって与えられるから，粒子は (11.10) を満たしながら軌道を変える．だが，電場があるときも，p^{mech} と B_z が比例して変化すれば同じ円運動を続けることができる．$l_z^{\mathrm{mech}} = \rho p^{\mathrm{mech}}$ に注意すると，(11.10) から円軌道を保つためのベータトロンの条件

$$B_z = \frac{1}{2}\frac{\Phi}{\pi\rho^2}$$

が得られる．これをヴィーデレーエの 1/2 則と言う (1928)．$\Phi/\pi\rho^2$ が半径 ρ の円内の平均磁場であるから，磁場 B_z を，内側に強く，外側に弱くして，この条件が満たされるように設計すればよい．ベータトロンの原理はヴィーデレーエ (R. Wideröe, 1902-96) が 1922 年に与えたが，実際につくることには成功しなかった．1929 年にはウォルトン (E. Walton, 1903-95) が安定性を理論的に考察したが，最初のベータトロンは 1935 年にシュテーンベック (M. Steenbeck, 1904-81) によって，実用的なベータトロンは 1941 年にサーバー (R. Serber, 1909-97) の理論的な助言のもとにカースト (D. W. Kerst, 1911-93) によってつくられた．

11.4 エーレンフェストの断熱定理

一様磁場中で質量 m, 電荷 $-e$ の電子はローレンツ力によって半径 $\rho = mv/eB$ の円運動をする. その磁気モーメントの大きさは 8.12 節から

$$m_z = \frac{1}{2}ev\rho = \frac{mv^2}{2B} = \frac{\varepsilon}{B}$$

である. $\varepsilon = \frac{1}{2}mv^2$ は電子の運動エネルギーである. 静磁場中の電子の磁気モーメントは運動の恒量である. ここで, 磁場をゆっくり変化させてみよう. このとき誘導起電力 $-\pi\rho^2 \dot{B}$ が単位時間に電子にする仕事は

$$\dot{\varepsilon} = e\pi\rho^2 \dot{B} \frac{\omega}{2\pi} = m_z \dot{B}$$

である. これから

$$\frac{d\varepsilon}{dB} = \frac{\varepsilon}{B}$$

が得られるから ε は B に比例する. 磁場の変化に伴って起電力が生じているから電子の運動エネルギーが増加するが, ε と B の比は時間によらず一定であり, したがって磁気モーメントも時間によらない. このように, 厳密にいうと不変量ではないが, 系の外部変数をゆっくり変化させたときにそれ以上にゆっくりとしか変化しない量を断熱不変量と言う (熱力学から借用した用語である).

この結果をもう少し正確に導いてみよう. ベクトルポテンシャルとして $\mathbf{A} = (0, Bx, 0)$ を取ると電場は $\mathbf{E} = (0, -\dot{B}x, 0)$ である. このとき電子の運動方程式は

$$m\dot{v}_x = -eBv_y, \qquad m\dot{v}_y = eBv_x + e\dot{B}x$$

である. 第2の方程式を積分すると

$$v_y = \omega x + v_0, \qquad \omega = \frac{eB}{m}$$

が得られる. ω は時間の関数である. $x = 0$ を通過するとき $v_0 = 0$ になる初期条件を選び, 第1の方程式に代入すれば, x に対する運動方程式は

$$\ddot{x} + \omega^2 x = 0$$

になる．この方程式は数学的には1次元のシュレーディンガー方程式（17.5.2節参照）と同形である．そこでシュレーディンガー方程式を近似的に解くWKB法を利用することができる．WKB は 1926 年に独立にこれを導いたヴェンツェル (G. Wentzel, 1898-1978)，クラマース (H. A. Kramers, 1894-1952)，ブリユアン (L. Brillouin, 1889-1969) の頭文字である．また 1924 年に古典波動の近似解法として導かれたからジェフリーズの方法 (H. Jeffreys, 1891-1989) とも，JWKB 法とも言う．だがグリーンは 1838 年に運河の波の運動に関する論文で同じ近似法を発見していた．

ω が時間によらないときこの方程式の解は三角関数になるから，解を

$$x = A \cos S$$

の形で探してみよう．これを運動方程式に代入すると

$$(\ddot{A} - A\dot{S}^2 + \omega^2 A)\cos S - (2\dot{A}\dot{S} + A\ddot{S})\sin S = 0$$

になる．そこで A と S は

$$\ddot{A} - A\dot{S}^2 + \omega^2 A = 0, \qquad 2\dot{A}\dot{S} + A\ddot{S} = 0$$

を満足するようにすればよい．ここで，$\dot{A}$ の変化はゆっくりなので第1の方程式の $\ddot{A}$ は無視できるとする．そのとき $\dot{S} = \pm\omega$ になるから積分すると

$$S = \pm \int_0^t dt\, \omega + 定数$$

である．これを第2の方程式に代入すると

$$A = \frac{定数}{\sqrt{\omega}}$$

が得られる．これらから初期条件 $\omega(0) = \omega_0$, $x(0) = a$ のもとに

$$x = a\sqrt{\frac{\omega_0}{\omega}} \cos\left(\int_0^t dt\, \omega\right)$$

になる．また，$\dot{\omega}$ を無視する近似では

$$v_x = -a\sqrt{\omega_0 \omega} \sin\left(\int_0^t dt\, \omega\right), \qquad v_y = -a\sqrt{\omega_0 \omega} \cos\left(\int_0^t dt\, \omega\right)$$

である．これから磁気モーメントは

$$m_z = \frac{ma^2\omega_0\omega}{2B} = \frac{ma^2\omega_0^2}{2B_0}$$

になり,時間によらず一定値を取る.

断熱不変量は前期量子論で重要な役割を果たした.物理量が量子化されるということはそれが離散的な値を取るということである.すなわち,それが連続的に変化することを妨げるような性質を持っている量である.そのような量の古典的な対応物は,外部変数の変化に応じて連続的に変化するようなものであるとは考えられず,外部変数の変化よりもさらに緩やかに変化する断熱不変量になっているはずだ,と考えたのである.これがエーレンフェスト (P. Ehrenfest, 1880-1933) の断熱定理である (1913).エーレンフェストの生涯の親友アインシュタインが命名した.

一様磁場中で円運動する電子の正準角運動量は

$$l_z = l_z^{\text{mech}} - \frac{e\Phi}{2\pi} = \frac{m^2v^2}{2eB} \quad (11.11)$$

であるからこれも断熱不変量である.また円運動の軌道を貫く磁束

$$\Phi = \pi\rho^2 B = \pi\frac{m^2v^2}{e^2B} = \frac{2\pi}{e}l_z$$

も断熱不変量である.16.5 節で示すように,1 次元の系で座標 x の正準運動量を p,正準エネルギー(ハミルトン関数と呼ぶ)を H とすると,時空の 2 次元空間内の閉曲線に沿って積分した $\oint(\mathrm{d}x\,p - \mathrm{d}t\,H)$ は一定である.特に,エネルギー保存則が成り立つとき,周期

図 11.3 エーレンフェスト

運動をする軌道について正準運動量を 1 周積分した作用変数 $J = \oint \mathrm{d}x\,p$ が一定である.この事実はギブズによって証明された (1901).空間 3 次元のときは $\oint \mathrm{d}\mathbf{x} \cdot \mathbf{p}$ が不変である.これをポアンカレーの積分不変定理と言う.もっと一般の場合の証明はエーレンフェストの学生ブルヘルス (J. M. Burgers, 1895-1981) が与えた (1917).電荷 q が磁場中にあるときのポアンカレーの積分不変式は

$$J = \oint d\mathbf{x} \cdot \mathbf{p} = \oint d\mathbf{x} \cdot \mathbf{p}^{\text{mech}} + q\Phi$$

である．ここで第 2 項には

$$\oint d\mathbf{x} \cdot \mathbf{A} = \int dS \mathbf{n} \cdot \mathbf{B} = \Phi$$

を使った．Φ は閉軌道を貫く磁束である．一様磁場中の半径 ρ の円軌道に適用すれば

$$\oint d\mathbf{x} \cdot \mathbf{p} = 2\pi\rho p = 2\pi l_z, \qquad \oint d\mathbf{x} \cdot \mathbf{p}^{\text{mech}} = 2\pi\rho p^{\text{mech}} = 2\pi l_z^{\text{mech}}$$

になるから

$$J = 2\pi l_z = 2\pi l_z^{\text{mech}} + q\Phi$$

すなわちブッシュの定理 (11.11) が得られる．

これらはどのように量子化されるのだろうか．プランクのエネルギー量子，アインシュタインの光量子，ボーアの原子軌道について，またそこから到達した量子力学については 17 章で述べるが，ここでは 1915-16 年にウィルソン (W. Wilson, 1875-1945)，石原純 (1881-1947)，プランク，ゾマーフェルトが独立に導いた，断熱不変量である作用変数がプランク定数 h の整数倍になるという量子化条件（ボーア - ゾマーフェルトの量子化条件と呼ぶ）によって量子化してみよう．今の場合，力学変数は角度 φ，その正準運動量は l_z であるから

$$\oint d\varphi l_z = 2\pi l_z = nh, \qquad l_z = n\hbar \tag{11.12}$$

である．すなわち，ディラック定数 $\hbar = h/2\pi$ は角運動量の量子である．また，磁束は

$$\Phi = n\phi_0, \qquad \phi_0 = \frac{h}{e} \tag{11.13}$$

のように量子化される．ϕ_0 は磁束量子と呼ばれる量である．そしてエネルギーは

$$\varepsilon = \frac{1}{2}mv^2 = n\hbar\omega$$

である．これは $\frac{1}{2}\hbar\omega$ のずれを除いて量子力学による結果と同じである．

11.5 画竜点睛:マクスウェルの変位電流

静磁場の基本方程式,アンペールの法則は非定常の場合には成り立たない.磁場と電流密度を時間に依存するようにした

$$\nabla \times \mathbf{B}(\mathbf{x},t) = \mu_0 \mathbf{J}(\mathbf{x},t)$$

は電荷保存則と矛盾する.両辺の発散密度を計算すると,左辺が恒等的に 0 になるのに対し,右辺は $\mu_0 \nabla \cdot \mathbf{J}$ になるが,非定常電流では 0 にならないからである.ところで,ガウスの法則は,電場をつくる源が電荷であることを表すから,非定常の場合にも

$$\nabla \cdot \mathbf{E}(\mathbf{x},t) = \frac{1}{\epsilon_0} \varrho(\mathbf{x},t)$$

が成り立つ.連続の方程式とガウスの法則を使うと

$$\mu_0 \nabla \cdot \mathbf{J}(\mathbf{x},t) = -\mu_0 \frac{\partial \varrho(\mathbf{x},t)}{\partial t} = -\mu_0 \epsilon_0 \nabla \cdot \frac{\partial \mathbf{E}(\mathbf{x},t)}{\partial t}$$

が得られる.そこで,アンペールの法則の左辺に,その発散密度が上式になる項をつけ加えて

$$\nabla \times \mathbf{B}(\mathbf{x},t) - \frac{1}{c^2} \frac{\partial \mathbf{E}(\mathbf{x},t)}{\partial t} = \mu_0 \mathbf{J}(\mathbf{x},t) \tag{11.14}$$

のように修正すると,両辺の発散密度は等しくなり矛盾が生じなくなる.こうして,アンペールの法則を非定常の場合に拡張したアンペール - マクスウェルの法則が得られる.(11.14) を

$$\nabla \times \mathbf{B}(\mathbf{x},t) = \mu_0 \left\{ \mathbf{J}(\mathbf{x},t) + \epsilon_0 \frac{\partial \mathbf{E}(\mathbf{x},t)}{\partial t} \right\} \tag{11.15}$$

のように書き直すと,アンペールの法則において伝導電流密度 $\mathbf{J}$ に変位電流密度 $\epsilon_0 \dot{\mathbf{E}}$ が加わった形をしている.1861 年,この変位電流の発見によってマクスウェルはその理論を完成させたのである.その名前の由来は,力 $\mathbf{E}$ が加わると誘電体が分極するように,物質が存在しない真空でも充満しているエーテルに電気変位 $\epsilon_0 \mathbf{E}$ が生じ,それによって電流 $\epsilon_0 \dot{\mathbf{E}}$ が流れると考えたからである.上の変位電流の導出はどの教科書でも取り上げる標準的なものだが,マクスウェル自身はエーテルの力学的模型から変位電流を発見したのである(車軸や遊び車からなるマクスウェルのような英国派模型を,マクス

ウェルを嫌ったデュエームは「まるで工場の中にいるようだ」と評した）．

マクスウェルはこのように真空を分極可能なエーテルとしていたから，変位電流は伝導電流と対等な量であると考えていた．だが，変位電流という名前は歴史的なものである．電流と呼ぶことは避け，マクスウェル項などと呼ぶ方がよい．真空中で電場が時間変化しているだけで，電荷が流れているわけではない．(11.15) において，「変位電流が磁場をつくる」などと考えてはいけない．ヘルムホルツの定理によれば，ベクトル場はその発散密度と回転密度を与えると決まる．$\nabla \cdot \mathbf{B} = 0$ とアンペール - マクスウェルの法則によって磁場の発散密度と回転密度が与えられているから，それらを組み合わせればヘルムホルツの定理によって

$$\mathbf{B}(\mathbf{x},t) = \frac{\mu_0}{4\pi} \int dV' \{\mathbf{J}(\mathbf{x}',t) + \epsilon_0 \dot{\mathbf{E}}(\mathbf{x}',t)\} \times \frac{\mathbf{x}-\mathbf{x}'}{|\mathbf{x}-\mathbf{x}'|^3} \qquad (11.16)$$

が得られる．これから「時刻 t における磁場はその瞬間の全空間の伝導電流と変位電流によってつくられる」ように見える．同様にガウスの法則とファラデイの法則によって電場の発散密度と回転密度が与えられているから

$$\mathbf{E}(\mathbf{x},t) = \frac{1}{4\pi\epsilon_0} \int dV' \varrho(\mathbf{x}',t) \frac{\mathbf{x}-\mathbf{x}'}{|\mathbf{x}-\mathbf{x}'|^3} - \frac{1}{4\pi} \int dV' \dot{\mathbf{B}}(\mathbf{x}',t) \times \frac{\mathbf{x}-\mathbf{x}'}{|\mathbf{x}-\mathbf{x}'|^3}$$
$$(11.17)$$

も得られる．この式から「ある時刻 t における電場はその瞬間の全空間の電荷密度と磁場の時間変化によってつくられる」ように見える．マクスウェルの『電気磁気論考』には (11.16), (11.17) に対応するポテンシャルの式 (12.25), (12.26) が書いてある．だが，これらの式は，$\mathbf{E}(\mathbf{x},t)$ や $\mathbf{B}(\mathbf{x},t)$ の源になりえない位置での量を積分しているから，電気信号が瞬間的に伝わることがないとする近接作用の考え方に反している．また，これらの式は現実の電磁場を解くのにも役に立たない．(11.16) によって時刻 t での磁場を計算するためにはその時刻での全空間の電場が必要だが，その電場を (11.17) によって計算するためには時刻 t での全空間の磁場が必要になる．次章以下で示すように，電場と磁場はそれぞれ電荷と電流によってつくられ有限の速度で伝搬する．上の2式は電磁場がすでに解けているときに成り立つ数学的な恒等式である．積分形のガウスの法則でもそうだったように，数学的には正しい式であっても，必ずしも物理の内容に則した表現になっていないのである．電場

11.5 画竜点睛：マクスウェルの変位電流

や磁場をつくるのは電荷と電流であり，その電場と磁場がファラデイの法則とアンペール - マクスウェルの法則を満たすのである．電磁場は同時に一体としてつくられる．電場が磁場をつくったり，磁場が電場をつくるという表現は正しくない．

静磁場のときと同様にアンペール - マクスウェルの法則を積分すると

$$\oint d\mathbf{x} \cdot \mathbf{B}(\mathbf{x}, t) = \mu_0 I(t) + \mu_0 I_d(t)$$

になる（アンペール - マクスウェルの回路定理と呼ぶことにしよう）．ここで

$$I(t) = \int dS \mathbf{n} \cdot \mathbf{J}(\mathbf{x}, t)$$

はループが囲む面を通過する伝導電流，

$$I_d(t) = \epsilon_0 \frac{d\Phi^E(t)}{dt}, \qquad \Phi^E(t) = \int dS \mathbf{n} \cdot \mathbf{E}(\mathbf{x}, t)$$

は同じ面を通過する変位電流である．伝導電流の寄与がないときはファラデイの法則において電場と磁場を入れかえたものになっている．だが $-\dot{\mathbf{\Phi}}$ を「磁流」などと呼ばなかったように，$\epsilon_0 \dot{\Phi}^E$ を「電流」などと呼ぶのは誤解を招く．上でも注意したように，積分形の法則はそれが数学的には厳密に成り立つ式であっても近接作用論を適切に表していないのである．

変位電流の例として必ず取り上げられる次のような問題を考えてみよう．時間的に変動する起電力 $\mathcal{E}$ に平行板コンデンサーをつなぐ．コンデンサーの電荷を q，電気容量を C とすると $q = C\mathcal{E}$ だから導線を流れる伝導電流は $I = -\dot{q} = -C\dot{\mathcal{E}}$ である．もし変位電流がなければ，任意の閉曲線での磁場の線積分は回転定理によってそれを端とする面積分

$$\oint d\mathbf{x} \cdot \mathbf{B} = \mu_0 \int dS \mathbf{n} \cdot \mathbf{J}$$

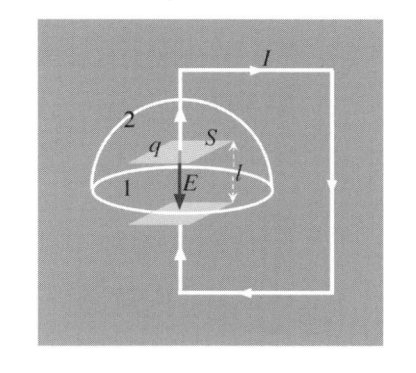

図 **11.4** 変位電流

で表すことができる．面として，コンデンサーの極板間を通り導線を横切らない面 1 と，導線を横切る面 2 を考えてみよう．面 1 上では伝導電流が流れ

ていないから $\int dS_1 \mathbf{n}\cdot\mathbf{J}=0$ になるのに対し,面 2 上では $\int dS_2 \mathbf{n}\cdot\mathbf{J}=I$ になって矛盾してしまう.だが,極板間の時間変化する電場 $E=\mathcal{E}/l$ は変位電流をつくる.l は極板間の距離である.それは

$$I_{\mathrm{d}} = \epsilon_0 \int dS_1 \mathbf{n}\cdot\frac{\partial \mathbf{E}}{\partial t} = -\epsilon_0 \frac{dE}{dt}S = -\frac{\epsilon_0 S}{l}\frac{d\mathcal{E}}{dt}$$

で与えられる.S は極板の面積である.電気容量は $C=\epsilon_0 S/l$ で与えられるから $I_{\mathrm{d}}=-C\dot{\mathcal{E}}=I$,すなわち伝導電流と変位電流が同じ大きさを持っている.こうして,伝導電流と変位電流が閉回路をつくるため $I+I_{\mathrm{d}}$ はどのような面を取っても一定値を取ることになる.だが,このコンデンサーの例では変位電流が磁場をつくっているような誤解を与える.コンデンサーの場合は解析的な解が得られないので簡単に解が得られる半無限直線電流を次小節で考えてみよう.

11.5.1 変位電流は磁場をつくらない

7.7.1 節で考えた,z 軸に沿って $-\infty$ から 0 まで流れている直線電流 I を取り上げよう.$z=0$ で導線は切れているから,そこに電荷が時間とともにたまっていく.時刻 t での電荷 $q=It$ は電場

$$\mathbf{E} = \frac{It}{4\pi\epsilon_0}\frac{\mathbf{x}}{r^3} \tag{11.18}$$

をつくる(7.7.1節でも注意したように,時刻 t における電荷が瞬間的に全空間に電場をつくっているから,電気信号が無限に大きな速度で伝わることになり近接作用の考え方に反するように見えるが,電気信号の遅延効果を考慮に入れても (11.18) は厳密に成り立つ.14.2節参照).この電場は変位電流密度

$$\mathbf{J}_{\mathrm{d}} = \epsilon_0\frac{\partial \mathbf{E}}{\partial t} = \frac{I}{4\pi}\frac{\mathbf{x}}{r^3}$$

をつくり,原点から球対称に湧き出して流れていく.変位電流は $4\pi r^2\cdot J_{\mathrm{d}}=I$ になり,伝導電流と変位電流で閉じた回路になっている.そこで,まずアンペール - マクスウェルの回路定理を用いて磁場を計算してみよう.対称性から磁場は z 軸のまわりに z 軸からの距離 ρ だけで方位角によらない関数にな

11.5 画竜点睛：マクスウェルの変位電流

るはずである．z 軸を中心とする半径 ρ の閉曲線上で磁場の線積分を行うと $2\pi\rho B$ である．一方，その閉曲線で囲まれた円形面に変位電流

$$I_\mathrm{d} = \frac{I}{4\pi} \int_0^\rho \rho' \mathrm{d}\rho' \int_0^{2\pi} \mathrm{d}\varphi' \frac{z}{(\rho'^2 + z^2)^{3/2}} = \frac{I}{2} \frac{z}{|z|} \frac{\rho^2}{r(r+|z|)}$$

が流れている．$z < 0$ のとき，伝導電流と変位電流を加えると

$$I + I_\mathrm{d} = I - \frac{I}{2} \frac{\rho^2}{r(r-z)} = \frac{I}{2} \frac{\rho^2}{r(r+z)}$$

である．したがって，アンペール‐マクスウェルの回路定理 $2\pi\rho B = \mu_0(I + I_\mathrm{d})$ から

$$B = \frac{\mu_0 I}{4\pi} \frac{\rho}{r(r+z)} \tag{11.19}$$

が得られる．$z > 0$ では伝導電流はなく変位電流だけである．$2\pi\rho B = \mu_0 I_\mathrm{d}$ に

$$I_\mathrm{d} = \frac{I}{2} \frac{\rho^2}{r(r+z)}$$

を代入し再び (11.19) が導かれる．

こうして，アンペール‐マクスウェルの回路定理を使うと，磁場の計算に変位電流が不可欠である．だが，得られた磁場はビオ‐サヴァールの法則から求めた (7.30) とまったく同じである．すなわち変位電流は磁場をつくっていないのである．一般に変位電流を磁場の源と考えることができないことはすでに述べたが，この問題では変位電流密度 $\mathbf{J}_\mathrm{d}$ は時間によらないから (11.16) を使って磁場を計算できる．ではなぜ変位電流の寄与がないのだろう．伝導電流がない場合，(11.16) から変位電流の寄与

$$\mathbf{B} = \frac{\mu_0}{4\pi} \int \mathrm{d}V' \mathbf{J}_\mathrm{d}(\mathbf{x}') \times \frac{\mathbf{x}-\mathbf{x}'}{|\mathbf{x}-\mathbf{x}'|^3} = \frac{\mu_0 I}{(4\pi)^2} \int \mathrm{d}V' \frac{\mathbf{x}'}{r'^3} \times \frac{\mathbf{x}-\mathbf{x}'}{|\mathbf{x}-\mathbf{x}'|^3}$$

は原点を中心として球対称に流れる伝導電流がつくる磁場 (7.28) とまったく同じものであり，そのとき示したように球対称の電流は磁場をつくることができない．こうして変位電流は磁場の源になっていないのである．この事実はすでに 1881 年にフィッツジェラルドが示している．

この例題では $\mathbf{J}_\mathrm{d}$ が球対称であるために磁場をつくらなかったが，一般に，

$$\mathbf{B}(\mathbf{x},t) = \frac{\mu_0 \epsilon_0}{4\pi} \int dV' \dot{\mathbf{E}}(\mathbf{x}',t) \times \frac{\mathbf{x}-\mathbf{x}'}{|\mathbf{x}-\mathbf{x}'|^3}$$
$$= \frac{\mu_0 \epsilon_0}{4\pi} \int dV' \left\{ \frac{\boldsymbol{\nabla}' \times \dot{\mathbf{E}}(\mathbf{x}',t)}{|\mathbf{x}-\mathbf{x}'|} - \boldsymbol{\nabla}' \times \frac{\dot{\mathbf{E}}(\mathbf{x}',t)}{|\mathbf{x}-\mathbf{x}'|} \right\}$$

の 2 行目の積分で，第 2 項は積分定理 (A.24) により無限遠の表面積分にすれば 0 である．第 1 項にファラデイの法則を代入すると

$$\mathbf{B}(\mathbf{x},t) = -\frac{1}{4\pi c^2} \int dV' \frac{\ddot{\mathbf{B}}(\mathbf{x}',t)}{|\mathbf{x}-\mathbf{x}'|} \tag{11.20}$$

になる．上で考えたような $\mathbf{J}_\mathrm{d}$ が時間によらないときは，$\mathbf{B}$ も時間によらないから，$\ddot{\mathbf{B}} = 0$ になり，変位電流による磁場は常に 0 である．また，時間変化が緩やかで，$\ddot{\mathbf{B}}$ を無視できる準定常の場合も，変位電流は磁場をつくらない．1922 年に出版された『電気磁気理論入門』でプランクは (11.20) と同等の (12.26) に基づいて，準定常電流では閉じない回路でも変位電流を考慮せず伝導電流だけから磁場を計算できることを証明している．ここで，前節のコンデンサーの問題に戻ろう．準定常の場合，磁場は導線と極板を流れる伝導電流によってつくられる．時間変化が激しい非定常の場合，電磁場は (14.10) および (14.12) で与えられるように伝導電流によってつくられ，極板間を電磁波として伝搬する．(11.20) の両辺に ∇^2 を作用させると波動方程式 $\nabla^2 \mathbf{B} = \frac{1}{c^2}\ddot{\mathbf{B}}$ になっている．

11.5.2　運動する点電荷のつくる場

点電荷 q が速度 $\mathbf{v}$ で運動しているとき，そのまわりにつくる電磁場を考えよう．点電荷の電流密度は，(6.2) で与えられたように，$\mathbf{J}(\mathbf{x},t) = q\mathbf{v}\delta(\mathbf{x}-\mathbf{z})$ である．ビオ - サヴァールの法則によって点電荷がつくる磁場は

$$\mathbf{B}^{(1)} = \frac{\mu_0}{4\pi} q\mathbf{v} \times \frac{\mathbf{R}}{R^3} = -\frac{\mu_0}{4\pi} q\mathbf{v} \times \boldsymbol{\nabla} \frac{1}{R} \tag{11.21}$$

で与えられる．ここで $\mathbf{R} = \mathbf{x}-\mathbf{z}$ と置いた．この磁場の回転密度は

$$\boldsymbol{\nabla} \times \mathbf{B}^{(1)} = -\frac{\mu_0 q}{4\pi} \left(\mathbf{v}\nabla^2 \frac{1}{R} - \mathbf{v} \cdot \boldsymbol{\nabla}\boldsymbol{\nabla} \frac{1}{R} \right) = \mu_0 q \mathbf{v} \delta(\mathbf{R}) + \frac{\mu_0 q}{4\pi} \mathbf{v} \cdot \boldsymbol{\nabla}\boldsymbol{\nabla} \frac{1}{R} \tag{11.22}$$

11.5 画竜点睛：マクスウェルの変位電流

である．ところで，点電荷はクーロンの法則によって電場

$$\mathbf{E}^{(0)} = \frac{q}{4\pi\epsilon_0}\frac{\mathbf{R}}{R^3} = -\frac{q}{4\pi\epsilon_0}\boldsymbol{\nabla}\frac{1}{R} \tag{11.23}$$

をつくっているが，電荷の位置の変化とともに時間変化する．したがって

$$\frac{\partial}{\partial t}\frac{1}{R} = -\mathbf{v}\cdot\boldsymbol{\nabla}\frac{1}{R}$$

を使うと変位電流密度は

$$\epsilon_0\frac{\partial \mathbf{E}^{(0)}}{\partial t} = \frac{q}{4\pi}\mathbf{v}\cdot\boldsymbol{\nabla}\boldsymbol{\nabla}\frac{1}{R}$$

で与えられる．(11.22) はアンペール - マクスウェルの法則

$$\boldsymbol{\nabla}\times\mathbf{B}^{(1)} - \frac{1}{c^2}\frac{\partial \mathbf{E}^{(0)}}{\partial t} = \mu_0\mathbf{J}$$

にほかならない．

次に，ファラデイの法則を見てみよう．電場 (11.23) の回転密度は恒等的に 0 であるのに対し，磁場 (11.21) の時間変化は

$$\frac{\partial \mathbf{B}^{(1)}}{\partial t} = \frac{\mu_0 q}{4\pi}\mathbf{v}\times\boldsymbol{\nabla}\mathbf{v}\cdot\boldsymbol{\nabla}\frac{1}{R} - \frac{\mu_0 q}{4\pi}\dot{\mathbf{v}}\times\boldsymbol{\nabla}\frac{1}{R} \tag{11.24}$$

になり，0 ではないからファラデイの法則が成り立っていない．だが，右辺は，$\frac{1}{\epsilon_0}$ を含むクーロン電場に比べ，$\frac{1}{c^2}$ の因子を含んでいる．したがって，ファラデイの法則を満たすためには，クーロン電場 $\mathbf{E}^{(0)}$ のほかに，$\frac{1}{c^2}$ の因子を含む電場が必要になる．そこで，求める電場を $\mathbf{E} = \mathbf{E}^{(0)} + \mathbf{E}^{(2)}$ として $\mathbf{E}^{(2)}$ を計算してみよう．$\mathbf{E}$ がガウスの法則とファラデイの法則を満たすためには，$\mathbf{E}^{(2)}$ は

$$\boldsymbol{\nabla}\cdot\mathbf{E}^{(2)} = 0, \qquad \boldsymbol{\nabla}\times\mathbf{E}^{(2)} + \frac{\partial \mathbf{B}^{(1)}}{\partial t} = 0$$

を満たさなければならない．そこで

$$\boldsymbol{\nabla}\cdot\mathbf{A} = 0, \qquad \boldsymbol{\nabla}\times\mathbf{A} = \mathbf{B}^{(1)}$$

を満たす $\mathbf{A}$ を求め，(10.42) を用いて $\mathbf{E}^{(2)} = -\dot{\mathbf{A}}$ を計算することにしよう．2 番目の式を解くのは，アンペールの法則によって電流から磁場を求めるのと同じである．一様に荷電した半径 a の球殻が一定角速度で回転するとき，

(8.36) で与えられた球面上の電流密度

$$\mathbf{K} = \frac{1}{\frac{4\pi}{3}a^3}\frac{\mathbf{m}\times\mathbf{R}}{a}$$

がつくる磁場が (8.38) だった．これを利用するために，全空間を半径 a，幅 $\mathrm{d}a$ の球殻に分けると，球殻上の $\mathbf{R}$ での磁場は，$R = |\mathbf{R}| = a$ に注意し，(11.21) から

$$\mathbf{B}^{(1)} = \frac{\mu_0 q}{4\pi}\frac{\mathbf{v}\times\mathbf{R}}{a^3} \tag{11.25}$$

で与えられる．この $\mathbf{B}^{(1)}$ と $\mu_0\mathbf{J} = \mu_0\mathbf{K}/\mathrm{d}a$ を比べると，$q\mathbf{v} \leftrightarrow 3\mathbf{m}/a\mathrm{d}a$ の対応関係がある．そこで，(11.25) のつくる $\mathrm{d}\mathbf{A}$ は，(8.38) において $3\mathbf{m}/a \to q\mathbf{v}\mathrm{d}a$ の置きかえを行って

$$\mathrm{d}\mathbf{A} = \begin{cases} \dfrac{\mu_0 q}{4\pi}\dfrac{2\mathbf{v}}{3}\dfrac{\mathrm{d}a}{a^2}, & (R < a) \\ \dfrac{\mu_0 q}{4\pi}\dfrac{1}{3}\left(\dfrac{3\mathbf{v}\cdot\mathbf{R}\mathbf{R}}{R^5} - \dfrac{\mathbf{v}}{R^3}\right)a\mathrm{d}a, & (R > a) \end{cases}$$

である．これらをすべての球殻について加えると

$$\begin{aligned}\mathbf{A} &= \frac{\mu_0 q}{4\pi}\frac{1}{3}\left(\frac{3\mathbf{v}\cdot\mathbf{R}\mathbf{R}}{R^5} - \frac{\mathbf{v}}{R^3}\right)\int_0^R \mathrm{d}a\,a + \frac{\mu_0 q}{4\pi}\frac{2\mathbf{v}}{3}\int_R^\infty \frac{\mathrm{d}a}{a^2} \\ &= \frac{\mu_0 q}{8\pi}\left(\frac{\mathbf{v}\cdot\mathbf{R}\mathbf{R}}{R^3} + \frac{\mathbf{v}}{R}\right)\end{aligned}$$

になる．これから $\mathbf{E}^{(2)} = -\dot{\mathbf{A}}$ が

$$\mathbf{E}^{(2)} = -\frac{\mu_0 q}{8\pi}\left\{\frac{3(\mathbf{v}\cdot\mathbf{R})^2}{R^2} - v^2\right\}\frac{\mathbf{R}}{R^3} - \frac{\mu_0 q}{8\pi}\left(\frac{\dot{\mathbf{v}}\cdot\mathbf{R}\mathbf{R}}{R^3} + \frac{\dot{\mathbf{v}}}{R}\right) \tag{11.26}$$

で与えられる．もちろん，$\mathbf{E}^{(2)}$ がつけ加わったために，電磁場はもはやアンペール - マクスウェルの法則を満たさなくなる．これを正すためには $\mathbf{B}^{(3)}$ を加える必要がある．$\mathbf{B}^{(3)}$ を加えると電場もさらに変更を受ける．このようにして電磁場は $\mathbf{E} = \mathbf{E}^{(0)} + \mathbf{E}^{(2)} + \cdots$，$\mathbf{B} = \mathbf{B}^{(1)} + \mathbf{E}^{(3)} + \cdots$ のように，$\frac{1}{c^2}$ に関する無限級数になる．実際は 14.4.3 節で示すように，逐次近似法によらず，マクスウェル方程式を直接解くことによって，厳密な解を求めることができる．

11.6 ファラデイの法則とガリレイ不変性

ニュートンの運動方程式は質量 × 加速度 = 力という形をしているが，同じ現象を記述するにもどのような座標系を取るかによって，一般には加速度が異なる．そこで慣性力の現れない座標系（慣性系）を考える．ある慣性系があったとして，それに対し等速運動している座標系も慣性系である．質点の速度がある座標系で $\mathbf{v}$ であれば，それに対し一定速度 $\mathbf{u}$ で動いている系で見ると，質点の速度は $\mathbf{v}' = \mathbf{v} - \mathbf{u}$ になる．だが速度の時間変化である加速度はどちらの系でも同じであるから，力は座標系によらず，運動方程式は不変である．これが 1.8 節でも述べたガリレイの相対性原理である．

アインシュタインの『運動物体の電気力学について』(1905) と題する相対論に関する論文の冒頭の部分を見てみよう．

> マクスウェルの電気力学は——今日通常理解されている限りでは——運動する物体に適用すると，その現象に固有とは思えない非対称性に至ることが知られている．例えば，磁石と導体の電気力学的な相互運動を考えてみよう．ここで観測される現象は導体と磁石の相対運動にのみ依存しているが，従来の見方ではそれらのうちいずれが運動するかによってはっきりした区別をしている．磁石が運動し導体が静止していると磁石のまわりには，ある一定のエネルギーを持った電場が生じ，導体のある場所で電流をつくる．ところが，磁石が静止し導体が運動するときは磁石のまわりには電場が生じない．しかし，——両者の相対運動の同等性を仮定すると——導体には，それ自体は対応するエネルギーを持たないが，第 1 の例における電気力と同一の経路と強度を持つ電流を誘導する起電力が生じるのである．

静止している磁石にコイルが近づく場合も，静止しているコイルに磁石が近づく場合も，同様にコイルに起電力が生じるという事実は，物理法則がどの慣性系で見ても同じように見えるという，ガリレイの相対性原理によって説明することができた．上の 2 つの現象は，ローレンツ力とファラデイの法則という，異なる原理によるものだが，ガリレイの相対性原理を仮定すると，

両者は磁束の変化が起電力に等しいという1つの法則にまとめることができた．物理の法則がどの慣性系で見ても同じ形の方程式を満たすとき，その方程式は座標の変換に対し共変性を持つと言う．

11.1節のファラデイの法則の導出はガリレイ共変性に基づいている．座標系 K の座標 $\mathbf{x} = (x, y, z)$ と，速度 $\mathbf{u}$ で動く座標系 K′ の座標 $\mathbf{x}' = (x', y', z')$ の間には

$$\mathbf{x}' = \mathbf{x} - \mathbf{u}t$$

の関係がある．磁場はガリレイ不変であるとする．すなわち座標系 K での磁場 $\mathbf{B}$ と座標系 K′ での磁場 $\mathbf{B}'$ は

$$\mathbf{B}'(\mathbf{x}', t) = \mathbf{B}(\mathbf{x}, t) \tag{11.27}$$

であるとする．$\mathbf{B}'(\mathbf{x}', t) = \mathbf{B}(\mathbf{x}' + \mathbf{u}t, t)$ に注意すると，$\mathbf{B}'$ の時間変化は

$$\frac{\partial \mathbf{B}'(\mathbf{x}', t)}{\partial t} = \frac{\partial \mathbf{B}(\mathbf{x}, t)}{\partial t} + \mathbf{u} \cdot \boldsymbol{\nabla} \mathbf{B}(\mathbf{x}, t)$$

になる．右辺は，ヘルムホルツ (1874) が任意のベクトルに対して導いた，運動する座標系での時間導関数

$$\frac{d\mathbf{B}}{dt} = \frac{\partial \mathbf{B}}{\partial t} - \boldsymbol{\nabla} \times (\mathbf{u} \times \mathbf{B}) + \mathbf{u} \boldsymbol{\nabla} \cdot \mathbf{B} \tag{11.28}$$

に等しい．磁場の場合，最後の項は $\boldsymbol{\nabla} \cdot \mathbf{B} = 0$ によって落とせる．

$$\frac{d}{dt} \equiv \frac{\partial}{\partial t} + \mathbf{u} \cdot \boldsymbol{\nabla} \tag{11.29}$$

はラグランジュ微分演算子（物質微分演算子あるいは対流微分演算子）と呼ばれる演算子である．

まず，座標系 K で，$\mathbf{B}$ は時間によらないものとしよう．等速度 $\mathbf{u}$ で運動する導体内の電荷 q にはローレンツ力 $q\mathbf{u} \times \mathbf{B}$ が作用するが，導体とともに等速度で運動する座標系 K′ では電荷は静止しているから，その力は電場からの力 $q\mathbf{E}'$ として作用する．ガリレイ不変性から $\mathbf{E}' = \mathbf{u} \times \mathbf{B}$ である．$\partial \mathbf{B}/\partial t = 0$, $d\mathbf{B}/dt = \partial \mathbf{B}'/\partial t$ を (11.28) に適用すると，座標系 K′ でのファラデイの法則

$$\boldsymbol{\nabla} \times \mathbf{E}' + \frac{\partial \mathbf{B}'}{\partial t} = 0 \tag{11.30}$$

が導かれる．次に，座標系 K でも $\mathbf{B}$ が時間変化する一般の場合を考えてみよう．このとき，座標系 K においてファラデイの法則

$$\boldsymbol{\nabla} \times \mathbf{E} + \frac{\partial \mathbf{B}}{\partial t} = 0$$

を満たす電場 $\mathbf{E}$ が存在するから，速度 $\mathbf{u}$ で運動するコイル中の電荷 q はローレンツ力 $\mathbf{F} = q(\mathbf{E} + \mathbf{u} \times \mathbf{B})$ を受ける．コイルが静止している座標系 K′ では電荷に力 $\mathbf{F}' = q\mathbf{E}'$ が働く．どの系でも電荷に働く力が同じであるとするガリレイ不変性から，電場のガリレイ変換

$$\mathbf{E}' = \mathbf{E} + \mathbf{u} \times \mathbf{B} \tag{11.31}$$

が得られる．このとき，$\partial \mathbf{B}/\partial t = -\boldsymbol{\nabla} \times (\mathbf{E}' - \mathbf{u} \times \mathbf{B})$，$\mathrm{d}\mathbf{B}/\mathrm{d}t = \partial \mathbf{B}'/\partial t$ を (11.28) に代入し，座標系 K′ でのファラデイの法則 (11.30) が得られる．こうしてファラデイの法則は，座標系 K でも K′ でも，同じ形で成り立つことになる．

11.7 アルヴェーンの閉じ込め定理：銀河の磁場

閉曲線が磁場中を速度 $\mathbf{u}$ で運動する場合を考えよう．時刻 t において閉曲線が囲む面を 1，$t + \Delta t$ での面を 2 とすると磁束の変化は，(9.32) で与えたように

$$\Delta \Phi(t) = \int \mathrm{d}S_2 \mathbf{n} \cdot \mathbf{B}(\mathbf{x}, t + \Delta t) - \int \mathrm{d}S_1 \mathbf{n} \cdot \mathbf{B}(\mathbf{x}, t)$$

である．最初の項を Δt について展開し，Δt の 1 次の項までを残すと

$$\Delta \Phi = \Delta t \int \mathrm{d}S \mathbf{n} \cdot \frac{\partial \mathbf{B}}{\partial t} + \int \mathrm{d}S_2 \mathbf{n} \cdot \mathbf{B} - \int \mathrm{d}S_1 \mathbf{n} \cdot \mathbf{B}$$

になる．面 1，2 と閉曲線が掃く側面からなる閉曲面を中から外へ流れ出る磁束は

$$\int \mathrm{d}V \boldsymbol{\nabla} \cdot \mathbf{B} = \int \mathrm{d}S_2 \mathbf{n} \cdot \mathbf{B} - \int \mathrm{d}S_1 \mathbf{n} \cdot \mathbf{B} - \Delta t \oint \mathbf{B} \cdot \mathbf{u} \times \mathrm{d}\mathbf{x} \tag{11.32}$$

である．側面から流れ出る磁束の計算は 9.8 節と同じである．これによって

$$\Delta\Phi = \Delta t \int dS \mathbf{n} \cdot \frac{\partial \mathbf{B}}{\partial t} + \Delta t \oint d\mathbf{x} \cdot \mathbf{B} \times \mathbf{u} + \Delta t \int dS \boldsymbol{\nabla} \cdot \mathbf{B} \mathbf{n} \cdot \mathbf{u} \tag{11.33}$$

が得られる．右辺の最後の $\int dV \boldsymbol{\nabla} \cdot \mathbf{B}$ から来る項は，体積を，$\mathbf{u}$ に沿って長さ $\mathbf{u}\Delta t$，断面積 dS の体積要素 $\mathbf{n} \cdot \mathbf{u}\Delta t dS$ に分割して積分した．右辺第 2 項のループ積分を面積分に書きかえ，(11.33) の両辺を Δt で割って $\Delta t \to 0$ の極限を取ると，運動する閉曲線を通過する磁束の変化

$$\frac{d\Phi}{dt} = \int dS \mathbf{n} \cdot \left\{ \frac{\partial \mathbf{B}}{\partial t} - \boldsymbol{\nabla} \times (\mathbf{u} \times \mathbf{B}) + \mathbf{u}\boldsymbol{\nabla} \cdot \mathbf{B} \right\} = \int dS \mathbf{n} \cdot \frac{d\mathbf{B}}{dt} \tag{11.34}$$

が得られる．閉曲線と同じ速度で運動する観測者が見た磁束の変化率である．

(11.34) は任意のベクトル場 $\mathbf{B}$ について成り立つレノルズの輸送定理 (O. Reynolds, 1842-1912) である．オームの法則が成り立つ導体において，伝導電子の速度場を $\mathbf{v}$ とし，$\mathbf{J} = g(\mathbf{E} + \mathbf{v} \times \mathbf{B})$ をファラデイの法則に代入すると

$$\frac{\partial \mathbf{B}}{\partial t} = \boldsymbol{\nabla} \times (\mathbf{v} \times \mathbf{B}) - \frac{1}{g}\boldsymbol{\nabla} \times \mathbf{J}$$

になる．さらに，準定常的であると仮定し，変位電流を無視すると

$$\frac{\partial \mathbf{B}}{\partial t} = \boldsymbol{\nabla} \times (\mathbf{v} \times \mathbf{B}) + \nu \nabla^2 \mathbf{B}, \qquad \nu = \frac{1}{\mu_0 g}$$

のように書き直すことができる．これは，縮まない粘性流体の渦度

$$\mathbf{w} = \boldsymbol{\nabla} \times \mathbf{v}$$

に対する方程式と同じであるから，ν を磁気粘性率と呼ぶ．自由電子気体のような，電気伝導率が大きな流体では，磁気粘性の項は無視できるから

$$\frac{d\mathbf{B}}{dt} = \frac{\partial \mathbf{B}}{\partial t} - \boldsymbol{\nabla} \times (\mathbf{v} \times \mathbf{B}) = 0 \tag{11.35}$$

が成り立つ．これは，完全流体において，渦度 $\mathbf{w}$ が流体とともに運動し，不変である，というヘルムホルツの渦定理 (1858)

$$\frac{d\mathbf{w}}{dt} = \frac{\partial \mathbf{w}}{\partial t} - \boldsymbol{\nabla} \times (\mathbf{v} \times \mathbf{w}) = 0 \tag{11.36}$$

と同じである．また (11.34) から

11.7 アルヴェーンの閉じ込め定理：銀河の磁場

$$\frac{d\Phi}{dt} = \int dS\mathbf{n}\cdot\frac{d\mathbf{B}}{dt} = \oint d\mathbf{x}\cdot\frac{d\mathbf{B}}{dt} = 0$$

である．これは，流体と一緒に運動する任意の閉曲面を通過する渦度（速度場の循環）

$$\Gamma = \int dS\mathbf{n}\cdot\mathbf{w} = \oint d\mathbf{x}\cdot\mathbf{v}$$

が時間によらないとするケルヴィンの循環定理と同じである．磁場は流体に凍りついたようになり，流体と一緒になって運動する．これをアルヴェーンの閉じ込め定理と言う (H. Alfvén, 1908-95)．恒等式

$$\boldsymbol{\nabla}\times(\mathbf{v}\times\mathbf{B}) = \mathbf{B}\cdot\boldsymbol{\nabla}\mathbf{v} + \mathbf{v}\boldsymbol{\nabla}\cdot\mathbf{B} - \mathbf{v}\cdot\boldsymbol{\nabla}\mathbf{B} - \mathbf{B}\boldsymbol{\nabla}\cdot\mathbf{v}$$

において，$\boldsymbol{\nabla}\cdot\mathbf{B}=0$ と，粒子数保存則 $\dot{N}+\boldsymbol{\nabla}\cdot N\mathbf{v}=0$ から得られる

$$\frac{dN}{dt} = \frac{\partial N}{\partial t} + \mathbf{v}\cdot\boldsymbol{\nabla}N = -N\boldsymbol{\nabla}\cdot\mathbf{v} \tag{11.37}$$

を使うと，(11.35) は

$$\frac{d}{dt}\frac{\mathbf{B}}{N} = \frac{\mathbf{B}}{N}\cdot\boldsymbol{\nabla}\mathbf{v}$$

と表すこともできる．N は粒子数密度である．

1927年にオールト (J. H. Oort, 1900-92) は，天の川銀河の星が大円盤になって回転しているとするリンドブラード (B. Lindblad, 1895-1965) の説を確かめた．1944年にファン・デ・フルスト (H. C. van de Hulst, 1918-2000) は波長 21.12 cm の輻射を検出することによって星間水素気体分布を測定する可能性を指摘した．水素原子の基底状態には，陽子と電子のスピン磁気モーメントが平行と反平行で (8.28) の右辺第2項で与えられるエネルギー差（超微細構造）があり，エネルギーの高い平行状態からエネルギーの低い反平行状態に遷移するとき，そのエネルギー差に相当する波長 21 cm の電磁波を放射する．1951年にパーセル，ユーエン (H. Ewen, 1922-97)，ウェスターハウト (G. Westerhout, 1927-) がその検出に成功し，1954年にオールトは 21 cm 輻射の測定によって銀河系が渦巻き銀河であることを明らかにした．約 10^{-10} T の磁場は，アルヴェーンの閉じ込め定理によって，この回転する銀河流体に凍りついて運動している．

11.8 ヘルツ方程式：克服できなかった矛盾

　ファラデイの法則とアンペール‐マクスウェルの法則によって，電場と磁場は独立した存在ではなく，磁場の時間変化があれば電場が存在し，磁場の時間変化があれば電場が存在する．ところで，ある座標系 K で電場 **E**，磁場 **B** があるとき，一定速度 **u** で運動する座標系 K′ で，電場は，(11.31) で与えたように，**E′** = **E** + **u** × **B** である．K 系は K′ 系に対して −**u** で運動するから，(11.31) を適用すると

$$\mathbf{E} = \mathbf{E}' - \mathbf{u} \times \mathbf{B}' \tag{11.38}$$

である．この変換が (11.31) と矛盾しないためには，(11.27) のように

$$\mathbf{B}' = \mathbf{B} \tag{11.39}$$

を仮定しなければならない．だが，電磁場のガリレイ変換において，磁場が変化しないのは，上で述べた電場と磁場の対称性に合致しない．

　実際，(11.39) はこれまでの知識とも矛盾する．K′ 系で原点に静止している点電荷 q は位置 **x′** に静電場

$$\mathbf{E}'(\mathbf{x}') = \frac{q}{4\pi\epsilon_0} \frac{\mathbf{x}'}{r'^3} \tag{11.40}$$

をつくる．これを等速度 −**u** で運動する K 系で観測すると，点電荷は等速度 **u** で運動している．この点電荷のまわりには磁場

$$\mathbf{B}(\mathbf{x}, t) = \frac{\mu_0 q}{4\pi} \mathbf{u} \times \frac{\mathbf{x} - \mathbf{u}t}{|\mathbf{x} - \mathbf{u}t|^3} \tag{11.41}$$

がつくられる．K′ 系では **B′** = 0 であるから **B′** = **B** が成り立たないのである．**E′** を K 系の座標で表すと，

$$\mathbf{E}'(\mathbf{x}') = \frac{q}{4\pi\epsilon_0} \frac{\mathbf{x} - \mathbf{u}t}{|\mathbf{x} - \mathbf{u}t|^3}$$

であるから，K 系で点電荷のつくる磁場 (11.41) は

$$\mathbf{B}(\mathbf{x}, t) = \frac{1}{c^2} \mathbf{u} \times \mathbf{E}'(\mathbf{x}')$$

になる．この事実は，一般に K′ 系で電磁場 **E′**，**B′** があるとき，K 系での磁

11.8 ヘルツ方程式：克服できなかった矛盾

場は $\mathbf{B} = \mathbf{B}'$ ではなく,

$$\mathbf{B} = \mathbf{B}' + \frac{1}{c^2}\mathbf{u} \times \mathbf{E}' \tag{11.42}$$

になることを示唆している．ここで電場の変換則を使って

$$\mathbf{B} = \mathbf{B}' + \frac{1}{c^2}\mathbf{u} \times \mathbf{E} + \frac{1}{c^2}\mathbf{u} \times (\mathbf{u} \times \mathbf{B})$$

になるから，(11.42) の逆変換

$$\mathbf{B}' = \mathbf{B} - \frac{1}{c^2}\mathbf{u} \times \mathbf{E} \tag{11.43}$$

が成り立つためには u^2/c^2 の項を無視しなければならない．電場の変換でも同様である．すなわち，(11.38) において磁場の変換 (11.42) を使うと

$$\mathbf{E} = \mathbf{E}' - \mathbf{u} \times \mathbf{B} + \frac{1}{c^2}\mathbf{u} \times (\mathbf{u} \times \mathbf{E})$$

になるから (11.31) が得られるためには u^2/c^2 の項を落とさなければならない．

磁場の中で運動する閉曲線に電場が現れるように，電場の中で運動する閉曲線に磁場が現れることから磁場の変換則 (11.42) を導いてみよう．閉曲線が電場中を速度 $\mathbf{u}$ で運動するとき，閉曲線と同じ速度で運動する座標系で

$$\oint d\mathbf{x} \cdot \mathbf{B}' = \mu_0 I' + \mu_0 I'_{\mathrm{d}} \tag{11.44}$$

が成り立つと仮定する．$I' = \int dS \mathbf{n} \cdot \mathbf{J}'$ は，速度 $\mathbf{u}$ で運動する座標系で，閉曲線が囲む面を流れる伝導電流である．変位電流 I'_{d} は，(11.34) において $\mathbf{B}$ を $\epsilon_0 \mathbf{E}$ に置きかえるだけでよいから，

$$I'_{\mathrm{d}} = \epsilon_0 \int dS \mathbf{n} \cdot \left\{ \frac{\partial \mathbf{E}}{\partial t} - \boldsymbol{\nabla} \times (\mathbf{u} \times \mathbf{E}) + \mathbf{u}\boldsymbol{\nabla} \cdot \mathbf{E} \right\}$$

である．「起磁力」を，回転定理を用いて $\oint d\mathbf{x} \cdot \mathbf{B}' = \int dS \mathbf{n} \cdot \boldsymbol{\nabla} \times \mathbf{B}'$ のように書き直すと，任意の閉曲線について (11.44) が成り立つための条件として

$$\boldsymbol{\nabla} \times \left(\mathbf{B}' + \frac{1}{c^2}\mathbf{u} \times \mathbf{E} \right) - \frac{1}{c^2}\frac{\partial \mathbf{E}}{\partial t} = \mu_0(\mathbf{J}' + \mathbf{u}\varrho) \tag{11.45}$$

が得られる．物体と同じ速度で運動する座標系では，すべての荷電粒子の速度が $\mathbf{u}$ だけ減少するため，電流密度もその分減少し，

$$\mathbf{J}' = \mathbf{J} - \mathbf{u}\varrho \tag{11.46}$$

になるから (11.45) の右辺は $\mu_0 \mathbf{J}$ である.そこで,アンペール - マクスウェルの法則を用いると磁場の変換則 (11.43) が得られるのである.

だが,こうして得られた電磁場の変換は現実の物理を記述できない.点電荷のつくる電磁場をもう一度取り上げると,K′ 系では磁場は存在しないから

$$\mathbf{E} = \mathbf{E}' - \mathbf{u} \times \mathbf{B}' = \frac{q}{4\pi\epsilon_0} \frac{\mathbf{x} - \mathbf{u}t}{|\mathbf{x} - \mathbf{u}t|^3}$$

である.その逆変換は

$$\mathbf{E}' = \mathbf{E} + \mathbf{u} \times \mathbf{B} = \frac{q}{4\pi\epsilon_0} \frac{\mathbf{x} - \mathbf{u}t}{|\mathbf{x} - \mathbf{u}t|^3} + \frac{\mu_0 q}{4\pi} \mathbf{u} \times \left(\mathbf{u} \times \frac{\mathbf{x} - \mathbf{u}t}{|\mathbf{x} - \mathbf{u}t|^3} \right)$$

になる.2 つの式が矛盾しないためには u^2/c^2 の項を無視しなければならない.ところが,この余分な項こそ電流が磁場をつくるビオ - サヴァールの法則であり,ローレンツ力である.磁気作用は本質的に u^2/c^2 の程度の効果であり,ガリレイの相対性原理では矛盾なしに記述することができない.

物体が運動する場合の電磁場の方程式を最初に考察したのはマクスウェルである.物体の運動によって電場 $\mathbf{u} \times \mathbf{B}$ が生じることは,ファラデイの法則が相対運動にしか依存しないことを使ってマクスウェルが導いた.だが,アンペール - マクスウェルの法則については物体の運動の効果を考えなかった (18.18 節).物体の運動によって磁場 $-\frac{1}{c^2}\mathbf{u} \times \mathbf{E}$ が生じることはヘヴィサイドが考えた (1885).ヘヴィサイドは前者を運動による電気力,後者を運動による磁気力と呼んだ.マクスウェルのように,電場のみが変更を受けるとすると,K′ 系でのファラデイの法則 $\nabla \times \mathbf{E}' + \dot{\mathbf{B}}' = 0$ は

$$\nabla \times (\mathbf{E} + \mathbf{u} \times \mathbf{B}) + \frac{\partial \mathbf{B}}{\partial t} = 0 \tag{11.47}$$

になる.ヘルツは電磁場の対称性から,運動による磁気力があるため,K′ 系でのアンペール - マクスウェルの法則 $\nabla \times \mathbf{B}' - \frac{1}{c^2}\dot{\mathbf{E}}' = \mu_0 \mathbf{J}'$ も

$$\nabla \times \left(\mathbf{B} - \frac{1}{c^2} \mathbf{u} \times \mathbf{E} \right) - \frac{1}{c^2} \frac{\partial \mathbf{E}}{\partial t} = \mu_0 (\mathbf{J} - \mathbf{u}\varrho) \tag{11.48}$$

になるとした (1890).この 2 つの方程式をヘルツ方程式と呼んでいる.1891 年にはヘヴィサイドも類似した方程式を導いている(ヘルツとヘヴィサイドでは $\mathbf{u}$ の意味が異なる).だが,ヘルツ方程式は電磁場の変換式 (11.31),(11.43) とつじつまが合わない.次節で系統的な議論をしよう.

11.9 電磁場の非相対論的変換

電磁場の基本方程式はマクスウェル方程式

$$\nabla \times \mathbf{E} + \dot{\mathbf{B}} = 0$$
$$\nabla \times \mathbf{B} - \frac{1}{c^2}\dot{\mathbf{E}} = \mu_0 \mathbf{J}$$
$$\nabla \cdot \mathbf{E} = \frac{1}{\epsilon_0}\varrho$$
$$\nabla \cdot \mathbf{B} = 0$$

である．それぞれファラデイの法則，アンペール - マクスウェルの法則，ガウスの法則，およびモノポールが存在しないことを表す名無しの法則である（マクスウェルは，ファラデイの法則も $\nabla \cdot \mathbf{B} = 0$ も基本方程式に含めなかった．18.18節参照．$\nabla \cdot \mathbf{B} = 0$ は，それを最初に発見した W. トムソンにちなんでトムソンの法則とすべきなのだろう）．これらの方程式の意味と，それが記述するさまざまな現象を調べるのが次章以下の目的だが，この節ではこれらの方程式のガリレイ変換のもとでの変換性を調べ，相対論のための準備をすることにしよう．

K系の時空の座標を $(t, \mathbf{x})$，一定速度 $\mathbf{u}$ で運動する K′系の座標を $(t', \mathbf{x}')$ とすると，両者はガリレイ変換

$$t' = t, \qquad \mathbf{x}' = \mathbf{x} - \mathbf{u}t \tag{11.49}$$

によって関係づけられている．これから，微分演算子の変換式は

$$\frac{\partial}{\partial t'} = \frac{\partial}{\partial t} + \mathbf{u} \cdot \nabla, \qquad \nabla' = \nabla \tag{11.50}$$

である．K′系での時間微分演算子はラグランジュ微分演算子 (11.29) になっている．電場と磁場を，K系で $\mathbf{E}$, $\mathbf{B}$，K′系で $\mathbf{E}'$, $\mathbf{B}'$ とすると，それらのガリレイ変換は

$$\mathbf{E}' = \mathbf{E} + \mathbf{u} \times \mathbf{B}, \qquad \mathbf{B}' = \mathbf{B}$$

だった．ところが，前節で示したことは，磁場が座標系によって変更を受けることだった．この節では，マクスウェル方程式のガリレイ変換を系統的に調べ，そこから相対論の手がかりを探すことにしよう．

そのためまず，ガリレイ変換のもとに，電荷密度と電流密度がどう変換されるか見てみよう．電荷は電荷保存則によって不変量である．電荷はどの慣性系で観測するかによって変化してはならない．また，体積もガリレイ変換によって変化しない．ある立方体の体積をどの慣性系で測定しても，立方体の各辺は一定速度で運動しているから辺の長さ自体は不変である．したがって体積も不変量である．電荷密度は単位体積あたりの電荷量であるから，電荷密度もどの慣性系で測定しても同じはずである．電荷密度のガリレイ変換は

$$\varrho' = \varrho \tag{11.51}$$

である．一方，電流密度は慣性系によって異なる．なぜなら，粒子の位置座標と速度を，K系で $\mathbf{z}$, $\mathbf{v}$, K′系で $\mathbf{z}'$, $\mathbf{v}'$ とすると，ガリレイ変換 (11.49) によって位置座標は $\mathbf{z}' = \mathbf{z} - \mathbf{u}t$ の関係があるから速度は

$$\mathbf{v}' = \frac{d\mathbf{z}'}{dt'} = \frac{d(\mathbf{z} - \mathbf{u}t)}{dt} = \mathbf{v} - \mathbf{u} \tag{11.52}$$

によって変換される．そこで，電流密度は (11.46) で与えられたように

$$\mathbf{J}' = \mathbf{J} - \mathbf{u}\varrho$$

のように変更を受ける．K系で連続の方程式 $\dot{\varrho} + \boldsymbol{\nabla} \cdot \mathbf{J} = 0$ が成り立てば，K′系でも連続の方程式が満たされることを確かめておこう．実際，

$$\frac{\partial \varrho'}{\partial t'} + \boldsymbol{\nabla}' \cdot \mathbf{J}' = \left(\frac{\partial}{\partial t} + \mathbf{u} \cdot \boldsymbol{\nabla}\right)\varrho + \boldsymbol{\nabla} \cdot (\mathbf{J} - \mathbf{u}\varrho) = 0$$

になっている．

K系では電場も磁場も時間によらないものとし，

$$\boldsymbol{\nabla} \cdot \mathbf{E} = \frac{1}{\epsilon_0}\varrho, \quad \boldsymbol{\nabla} \times \mathbf{E} = 0, \quad \boldsymbol{\nabla} \cdot \mathbf{B} = 0, \quad \boldsymbol{\nabla} \times \mathbf{B} = \mu_0 \mathbf{J}$$

が成り立っているとき，K′系での基本方程式を導いてみよう．

$$\boldsymbol{\nabla}' \times \mathbf{E}' = \boldsymbol{\nabla} \times (\mathbf{E} + \mathbf{u} \times \mathbf{B}) = \boldsymbol{\nabla} \times \mathbf{E} + \mathbf{u}\boldsymbol{\nabla} \cdot \mathbf{B} - \mathbf{u} \cdot \boldsymbol{\nabla}\mathbf{B} \tag{11.53}$$

において，右辺第1項は $\boldsymbol{\nabla} \times \mathbf{E} = 0$，第2項は $\boldsymbol{\nabla} \cdot \mathbf{B} = 0$ のため消える．さらに，$\mathbf{B}$ が時間によらず，また $\mathbf{B} = \mathbf{B}'$ であること，および (11.50) を使って

$$\frac{\partial \mathbf{B}'}{\partial t'} = \left(\frac{\partial}{\partial t} + \mathbf{u} \cdot \boldsymbol{\nabla}\right)\mathbf{B} = \mathbf{u} \cdot \boldsymbol{\nabla}\mathbf{B}$$

11.9 電磁場の非相対論的変換

になるから

$$\nabla' \times \mathbf{E}' + \frac{\partial \mathbf{B}'}{\partial t'} = 0$$

が得られる．静磁場の中を速度 $\mathbf{u}$ で運動するコイルを，同じ速度で動く座標系から見ると，ファラデイの法則を得る．これはすでに示したことである．

次に，ガウスの法則を用いて電流密度を

$$\mathbf{J} = \mathbf{J}' + \mathbf{u}\varrho = \mathbf{J}' + \epsilon_0 \mathbf{u} \nabla \cdot \mathbf{E} = \mathbf{J}' + \epsilon_0 \{\mathbf{u} \cdot \nabla \mathbf{E} + \nabla \times (\mathbf{u} \times \mathbf{E})\}$$

のように変形しておく．K 系で $\mathbf{E}$ も $\mathbf{B}$ も時間に依存しないから

$$\frac{\partial \mathbf{E}'}{\partial t'} = \left(\frac{\partial}{\partial t} + \mathbf{u} \cdot \nabla\right)(\mathbf{E} + \mathbf{u} \times \mathbf{B}) = \mathbf{u} \cdot \nabla \mathbf{E} + \mathbf{u} \cdot \nabla \mathbf{u} \times \mathbf{B}$$

である．ここで $\mathbf{u}$ を 2 つ含む右辺第 2 項は $\frac{1}{c^2}$ と合わせて u^2/c^2 程度の量であるから無視することにしよう．これを用いると (11.9) は

$$\mathbf{J} = \mathbf{J}' + \epsilon_0 \frac{\partial \mathbf{E}'}{\partial t'} + \epsilon_0 \nabla \times (\mathbf{u} \times \mathbf{E})$$

になる．これをアンペールの法則 $\nabla \times \mathbf{B} = \mu_0 \mathbf{J}$ に代入して整理すると

$$\nabla \times \left(\mathbf{B} - \frac{1}{c^2}\mathbf{u} \times \mathbf{E}\right) - \frac{1}{c^2}\frac{\partial \mathbf{E}'}{\partial t'} = \mu_0 \mathbf{J}'$$

が得られる．こうして，ガリレイ共変性を仮定することにより，ローレンツ力からファラデイの法則が得られたように，変位電流も導くことができる．だが，このとき，磁場の変換則も $\mathbf{B}' = \mathbf{B}$ ではなく

$$\mathbf{B}' = \mathbf{B} - \frac{1}{c^2}\mathbf{u} \times \mathbf{E} \tag{11.54}$$

のように変更されなければならない．このことは前節ですでに見たことだが，この変換性を考慮してもう一度ファラデイの法則を見ると

$$\nabla' \times \mathbf{E}' + \frac{\partial \mathbf{B}'}{\partial t'} = -\frac{1}{c^2}\mathbf{u} \cdot \nabla \mathbf{u} \times \mathbf{E}$$

になるから，u^2/c^2 の程度の量を落とす近似の範囲で再びファラデイの法則が導かれる．また $\nabla \cdot \mathbf{B} = 0$, $\nabla \times \mathbf{E} = 0$ により

$$\nabla' \cdot \mathbf{B}' = \nabla \cdot \mathbf{B} + \frac{1}{c^2}\mathbf{u} \cdot \nabla \times \mathbf{E} = 0$$

だからこれも成立する．最後に K′ 系で電場の発散密度を計算すると

$$\nabla' \cdot \mathbf{E}' = \nabla \cdot \mathbf{E} - \mathbf{u} \cdot \nabla \times \mathbf{B} = \frac{1}{\epsilon_0}\varrho - \mu_0 \mathbf{u} \cdot \mathbf{J}$$

になる．電場の発散密度は電荷密度にほかならないから，K′ 系で電荷密度が

$$\varrho' = \varrho - \frac{1}{c^2}\mathbf{u} \cdot \mathbf{J} \tag{11.55}$$

になることを意味している．電荷密度のガリレイ変換は (11.51) としたが，それでは矛盾が生じる．そこで，物理的な理由は明らかではないが，電荷密度の変換則は (11.55) のように変更されるとしてみよう．このように変更しても，K 系で電流密度も電荷密度も時間に依存しないから

$$\frac{\partial \varrho'}{\partial t'} + \nabla' \cdot \mathbf{J}' = \mathbf{u} \cdot \nabla \varrho + \nabla \cdot \mathbf{J} - \mathbf{u} \cdot \nabla \varrho = 0$$

になり，電荷保存則に抵触しない．電荷密度が変換されるということを除いて，ガウスの法則が成立するように見える．

こうして，K 系で静電磁場があれば，K′ 系では近似的ながらマクスウェル方程式が得られることがわかった．ここで必要な変換は

$$\mathbf{E}' = \mathbf{E} + \mathbf{u} \times \mathbf{B}, \qquad \mathbf{B}' = \mathbf{B} - \frac{1}{c^2}\mathbf{u} \times \mathbf{E} \tag{11.56}$$

$$\varrho' = \varrho - \frac{1}{c^2}\mathbf{u} \cdot \mathbf{J}, \qquad \mathbf{J}' = \mathbf{J} - \mathbf{u}\varrho \tag{11.57}$$

である．これをガリレイ変換と区別して非相対論的変換と呼ぶことにしよう．$\frac{1}{c^2}$ を含む項を落とせばガリレイ変換になる．では，K 系で時間に依存する電磁場があるとき，非相対論的変換によって K′ 系でのマクスウェル方程式を導くことができるだろうか．15.2 節で示すように，それは不可能である．相対論がどうしても必要になる．

APPENDICE A

Électromagnétisme et mathématiques
電磁気学と数学

A.1 ベクトルの積
A.1.1 グラスマン：ベクトルの内積と外積

ベクトル解析の完成は古典電磁気学の完成と軌を一にしている．

スカラーとベクトルの名づけ親はハミルトンである．スカラーはエスカレイター，スケイルなどと語源が同じで，目盛りだけで定義できる量であるのに対し，ベクトルは「移動するもの」を意味するラテン語に由来し，大きさ，方向，向きを持つ量である．ベクトルの加法は古くから知られていた（力の平行四辺形の法則は 1586 年のステフィン (S. Stevin, 1548-1620) による）が，ベクトルの積の歴史は古くない．ベクトルの内積と外積を初めて定義したのがグラスマンで 1844 年のことである．グラスマンは任意の次元のベクトルについて内積と外積を考え，これによって線形代数（ベクトル代数）を創造した独創的な先駆者である．だが，生涯をギムナジウム教師で通したグラスマンの天才的な仕事はほとんど知られることがなかった．マクスウェルもその方程式をハミルトンの 4 元数で記述した．

複素数は 2 つの実数 u, v を用いて $u + v\mathrm{i}$ と表せる．$\mathrm{i}^2 = -1$ である．デカルトなどは $\mathrm{i} = \sqrt{-1}$ を虚構の量として拒否しているが，デカルトの虚数という用語は呼び誤りである．ガウスは複素数を複素平面上のベクトルとして幾何学的意味を与えた (1801)．複素平面をガウスの数平面と言う．さらに複

素数を実数の組 (u, v) で表したのはハミルトンである (1835). ハミルトンは複素数を拡張して 4 元数 $w + x\mathrm{i} + y\mathrm{j} + z\mathrm{k}$ を考えた (1843). w, x, y, z は実数, i, j, k は $\mathrm{ij} = -\mathrm{ji} = \mathrm{k}$, $\mathrm{jk} = -\mathrm{kj} = \mathrm{i}$, $\mathrm{ki} = -\mathrm{ik} = \mathrm{j}$, $\mathrm{i}^2 = \mathrm{j}^2 = \mathrm{k}^2 = -1$ を満たす単位である. w をスカラー, 残りをベクトルと呼んだ. そこで, 2 つのベクトル $\alpha = x\mathrm{i} + y\mathrm{j} + z\mathrm{k}$ と $\alpha' = x'\mathrm{i} + y'\mathrm{j} + z'\mathrm{k}$ の積は

$$\alpha\alpha' = -(xx' + yy' + zz') + (yz' - zy')\mathrm{i} + (zx' - xz')\mathrm{j} + (xy' - yx')\mathrm{k}$$

になる. $S\alpha\alpha'$ と表すスカラー部分はグラスマンの内積の符号を変えたもの, $V\alpha\alpha'$ と表すベクトル部分はグラスマンの外積にほかならない. スカラー部分を切り離し, 今日のベクトル解析を完成させたのはギブズとヘヴィサイドである. W. トムソンは光の電磁波説を終生認めなかったが, またベクトルを忌避したことも有名である. 1896 年, フィッツジェラルドに宛てた手紙で「ベクトルは 4 元数の無用の残存物であり, 誰にとってもまったく使いものにならない. ヘルツは賢明にもそれを避けたが, 愚かなことに一時的にヘヴィサイドのニヒリズム (権威を無視して自己流を通すとトムソンは考えたのであろう) を採用してしまった. ヘルツが長生きしていればそのようなものから脱することができたであろうに」と述べた.

図 A.1 ギブズ

ベクトルについて記法は統一されていない. 今日最もよく使われるのはヘヴィサイドに始まるベクトルを太字で表す記法である (オクスフォード大学出版部のクラレンドン書体を使った). これは印刷には向いているが, ノートや黒板に書く場合は少々不便だ. そこで $\vec{A}$ や $\underset{\sim}{A}$ などと表す. $|A\rangle$ と書くディラックの記法は B.2.4 節で述べる. 任意の 2 つのベクトル $\mathbf{A}$, $\mathbf{B}$ の内積 (スカラー積, ドット積とも言う) を $\mathbf{A} \cdot \mathbf{B}$, 外積 (ベクトル積, クロス積とも言う) を $\mathbf{A} \times \mathbf{B}$ と表すのはギブズに由来する. ウェッジ記号 $\mathbf{A} \wedge \mathbf{B}$ やグラスマン記号 $[\mathbf{AB}]$ も使われている. 本書ではもっぱらギブズ - ヘヴィサイド記法を

使う．ウェッジ記号は微分形式（A.8 節）で使うことにしよう．

ベクトルの内積と外積に関する基本的な性質をまとめておこう．ベクトル $\mathbf{A}$, $\mathbf{B}$ の長さ（ノルム）を A, B, $\mathbf{A}$ と $\mathbf{B}$ がなす角度を θ $(<\pi)$ とすると $\mathbf{A}\cdot\mathbf{B} = AB\cos\theta$ である．互いに直交する x, y, z 方向に $\mathbf{e}_x, \mathbf{e}_y, \mathbf{e}_z$ の単位ベクトルを取ると

$$\mathbf{A} = A_x\mathbf{e}_x + A_y\mathbf{e}_y + A_z\mathbf{e}_z, \qquad \mathbf{B} = B_x\mathbf{e}_x + B_y\mathbf{e}_y + B_z\mathbf{e}_z$$

のように表せる（グラスマンにならって $\mathbf{e}$ を用いるのはドイツ語の「単位」からである．ハミルトンにちなんで $\mathbf{i}, \mathbf{j}, \mathbf{k}$ とする流儀もある．デカルトは『幾何学』で座標を導入し解析幾何学を創始した．最初変数を z から始めたが，印刷所で活字の z が少なくなったため変数を x, y, z の順にした，という伝説がある）．内積は

$$\mathbf{A}\cdot\mathbf{B} = A_xB_x + A_yB_y + A_zB_z$$

である．ベクトル $\mathbf{A}$ の長さは

$$A = |\mathbf{A}| = \sqrt{\mathbf{A}\cdot\mathbf{A}} = \sqrt{A_x^2 + A_y^2 + A_z^2}$$

で与えられる．外積 $\mathbf{A}\times\mathbf{B}$ は $\mathbf{A}$ と $\mathbf{B}$ がつくる平行四辺形に垂直の方向を持ち，$\mathbf{A}$ から $\mathbf{B}$ に右ねじを回したときにそれが進むのと同じ向きを持つ．その長さは $AB\sin\theta$ である．デカルト座標（カルテジャン座標）では

$$\mathbf{A}\times\mathbf{B} = (A_yB_z - A_zB_y)\mathbf{e}_x + (A_zB_x - A_xB_z)\mathbf{e}_y + (A_xB_y - A_yB_x)\mathbf{e}_z$$

になる．すぐ確かめられるように $\mathbf{B}\times\mathbf{A} = -\mathbf{A}\times\mathbf{B}$ という性質がある．

ベクトルの計算はクロネッカーのデルタ記号とリッチ - レヴィ＝チヴィタのイプシロン記号 (G. Ricci, 1853-1925, T. Levi-Cività, 1873-1941) を使うと便利である．添字 x, y, z を 1, 2, 3 と置きかえ，i, j, k などは 1, 2, 3 のいずれかを表すものとすると，クロネッカーのデルタ記号は

$$\delta_{ij} = \begin{cases} 1, & (i = j) \\ 0, & (i \neq j) \end{cases} \tag{A.1}$$

である．スカラー積は

$$\mathbf{A}\cdot\mathbf{B} = \delta_{ij}A_iB_j = A_iB_i$$

と書くことができる．2度現れる添字について和を取る（縮約と言う）とき和の記号を略すアインシュタインの規約 (1916) はよく使われる記法である．またリッチ - レヴィ＝チヴィタのイプシロン記号は

$$\epsilon_{123} = \epsilon_{231} = \epsilon_{312} = 1, \qquad \epsilon_{132} = \epsilon_{213} = \epsilon_{321} = -1$$

のように定義し，同じ添字が現れる場合は0である．すなわち 1, 2, 3 の偶数回の置換のとき 1，奇数回の置換のとき -1 を取る．ベクトル積の成分は

$$(\mathbf{A} \times \mathbf{B})_i = \epsilon_{ijk} A_j B_k$$

のように表せる．

任意の 3 つのベクトル $\mathbf{A}$, $\mathbf{B}$, $\mathbf{C}$ からつくられるスカラー量（スカラー 3 重積）$\mathbf{A} \cdot \mathbf{B} \times \mathbf{C}$ は，$\mathbf{A}$, $\mathbf{B}$, $\mathbf{C}$ を巡回的に入れかえても同じ値を持つ．すなわち

$$\mathbf{A} \cdot \mathbf{B} \times \mathbf{C} = \mathbf{B} \cdot \mathbf{C} \times \mathbf{A} = \mathbf{C} \cdot \mathbf{A} \times \mathbf{B} \tag{A.2}$$

である．スカラー 3 重積は，グラスマンの記法で $[\mathbf{A}, \mathbf{B}, \mathbf{C}]$ とも書き，$\mathbf{A}$, $\mathbf{B}$, $\mathbf{C}$ を 3 辺に持つ平行 6 面体の体積に等しく，$\mathbf{A}$, $\mathbf{B}$, $\mathbf{C}$ を 3 行に持つ行列式

$$\det(\mathbf{A}, \mathbf{B}, \mathbf{C}) = \epsilon_{ijk} A_i B_j C_k \tag{A.3}$$

に等しい．$\mathbf{A}$, $\mathbf{B}$, $\mathbf{C}$ からつくられるベクトル量（ベクトル 3 重積）$\mathbf{A} \times (\mathbf{B} \times \mathbf{C})$ は $\mathbf{B}$ と $\mathbf{C}$ によって決まる平面内にあるから $\mathbf{B}$ と $\mathbf{C}$ の線形結合

$$\mathbf{A} \times (\mathbf{B} \times \mathbf{C}) = \mathbf{B}(\mathbf{A} \cdot \mathbf{C}) - \mathbf{C}(\mathbf{A} \cdot \mathbf{B}) \tag{A.4}$$

で書ける．これは，左辺の i 成分

$$\{\mathbf{A} \times (\mathbf{B} \times \mathbf{C})\}_i = \epsilon_{ijk} A_j (\mathbf{B} \times \mathbf{C})_k = \epsilon_{ijk} \epsilon_{klm} A_j B_l C_m$$

において公式

$$\epsilon_{ijk} \epsilon_{klm} = \delta_{il} \delta_{jm} - \delta_{im} \delta_{jl}$$

を用いることによって容易に証明できる．

A.1.2 ギブズのダイアドとテンソル

任意のベクトル $\mathbf{A}$ と $\mathbf{B}$ からつくられる積として，ギブズ (1884) は内積と外積のほかに，$\mathbf{AB}$ と書くダイアド（グラスマンの不定積）を考えた．ダイアドはひげ飾りのないサンセリフ書体で表すことにしよう．ダイアド $\mathsf{D} = \mathbf{AB}$ とベクトル $\mathbf{C}$ とのドット積は

$$\mathsf{D} \cdot \mathbf{C} = \mathbf{AB} \cdot \mathbf{C} \equiv \mathbf{A}(\mathbf{B} \cdot \mathbf{C})$$
$$\mathbf{C} \cdot \mathsf{D} = \mathbf{C} \cdot \mathbf{AB} \equiv (\mathbf{C} \cdot \mathbf{A})\mathbf{B}$$

によって定義する．そこで，$(\mathbf{A} \cdot \mathbf{B})\mathbf{C}$ は，$\mathbf{A}$ と $\mathbf{BC}$ との積と見てもよいので，わずらわしいスカラー積の括弧ははずしておける．ただし，ナブラ ∇ の場合はどのベクトルを微分するかを明示するため括弧が必要である．$(\mathbf{A} \cdot \nabla)\mathbf{B}$ を $\mathbf{A} \cdot \nabla\mathbf{B}$ としても紛らわしくないが，$(\nabla \cdot \mathbf{A})\mathbf{B}$ のときは $\nabla \cdot \mathbf{AB}$ とするとナブラが $\mathbf{B}$ にも作用するように見えるので（そういうときもあるので）括弧が必要である．同様に，ダイアド $\mathsf{D} = \mathbf{AB}$ とベクトル $\mathbf{C}$ とのクロス積は

$$\mathsf{D} \times \mathbf{C} = \mathbf{AB} \times \mathbf{C} \equiv \mathbf{A}(\mathbf{B} \times \mathbf{C}), \quad \mathbf{C} \times \mathsf{D} = \mathbf{C} \times \mathbf{AB} \equiv (\mathbf{C} \times \mathbf{A})\mathbf{B} \tag{A.5}$$

によって定義する．すなわちクロス積は別のダイアドをつくる．ダイアドは単位ベクトル $\mathbf{e}_x, \mathbf{e}_y, \mathbf{e}_z$ からつくったダイアドを用いて

$$\begin{aligned}\mathsf{D} = &A_x B_x \mathbf{e}_x \mathbf{e}_x + A_x B_y \mathbf{e}_x \mathbf{e}_y + A_x B_z \mathbf{e}_x \mathbf{e}_z \\ &+ A_y B_x \mathbf{e}_y \mathbf{e}_x + A_y B_y \mathbf{e}_y \mathbf{e}_y + A_y B_z \mathbf{e}_y \mathbf{e}_z \\ &+ A_z B_x \mathbf{e}_z \mathbf{e}_x + A_z B_y \mathbf{e}_z \mathbf{e}_y + A_z B_z \mathbf{e}_z \mathbf{e}_z\end{aligned}$$

のように表すことができる．ダイアドの線形結合をダイアディックと言う．

1 成分しかない量をスカラー，3 成分を持つ量をベクトルと言うのに対し，2 つの添字を持つ $3 \times 3 = 9$ 成分の量を 2 階のテンソルと言う．テンソルはフォークト (W. Voigt, 1850-1919) が張力からつくった用語である．任意のテンソル T_{ij} はそれ以上分解できない既約テンソルに分解できる．テンソルの対角成分の和（トレイス）$T = T_{ii}$ はスカラー量である．反対称テンソル

$$A_{ij} = \frac{1}{2}(T_{ij} - T_{ji})$$

の独立成分は3つである.

$$A_{12} = C_3, \qquad A_{23} = C_1, \qquad A_{31} = C_2$$

と置けば，ベクトル $\mathbf{C}$ に同等である（A.9節参照）．残りの5成分は対称テンソル

$$S_{ij} = \frac{1}{2}(T_{ij} + T_{ji}) - \frac{1}{3}T\delta_{ij}$$

である．最後の項はトレイスがスカラー成分を持たないようにするためである．こうしてテンソルは

$$T_{ij} = \frac{1}{3}T\delta_{ij} + A_{ij} + S_{ij}$$

のように0階のテンソル（スカラー），1階のテンソル（ベクトル），2階のテンソルの，3つの既約テンソルに分解できる．

ダイアドも2階のテンソルである．ダイアドはテンソルの記法で

$$(\mathbf{AB})_{ij} = A_i B_j$$

と表すことができる．そのスカラー成分

$$A_x B_x + A_y B_y + A_z B_z = \mathbf{A} \cdot \mathbf{B}$$

がスカラー積である．これに対し，反対称成分

$$A_i B_j - A_j B_i = \epsilon_{ijk}(\mathbf{A} \times \mathbf{B})_k$$

がベクトル積である．ここで ϵ_{ijk} はA.1.1節で定義したリッチ - レヴィ＝チヴィタ記号である．残りの対称成分は

$$\frac{1}{2}(A_i B_j + A_j B_i) - \frac{1}{3}\mathbf{A} \cdot \mathbf{B}\delta_{ij}$$

で与えられる．こうしてダイアドを

$$\mathbf{AB} = \frac{1}{3}\mathbf{A} \cdot \mathbf{B} + \frac{1}{2}(\mathbf{AB} - \mathbf{BA}) + \left\{\frac{1}{2}(\mathbf{AB} + \mathbf{BA}) - \frac{1}{3}\mathbf{A} \cdot \mathbf{B}\right\}$$

の3成分に分解することができる．$\frac{1}{3}\mathbf{A} \cdot \mathbf{B}$ は恒等ダイアディック $\mathbf{e}_x\mathbf{e}_x + \mathbf{e}_y\mathbf{e}_y + \mathbf{e}_z\mathbf{e}_z = 1$ に比例しているが，恒等ダイアディックに改めて記号を使わなくても混乱はないだろう．

A.2　ヘヴィサイドの階段関数とディラックのデルタ関数

　導関数を，ニュートンのように $\dot{f}$ と表したり，ラグランジュのように f' と表すのではなく，ライプニッツのように微分演算子 $\mathrm{d}/\mathrm{d}x$ を使う記号法は，単に便利という以上の意味がある．$p = \mathrm{d}/\mathrm{d}x$ を，あたかも普通の数のように，逆数を取ったり平方根を取るなど，微分演算子を代数的に扱う演算子法は，ライプニッツ，ラグランジュ，ラプラス，コーシー (A.-L. Cauchy, 1789-1857) らによって研究されたが，積極的に物理の問題に適用し発展させたのはヘヴィサイドである．数学的に厳密な基礎づけはともかく，微分方程式を解く強力な方法だった．「消化の過程を完全には理解していないからといって夕食を食べないのか？」というのが数学者に対するヘヴィサイドの態度だった．ハーディー (G. H. Hardy, 1877-1947) は，その著書『ある数学者の弁明』で数学の魅力は役に立たないところにあると述べているが，後に「ヘヴィサイドは数学者としての功績はともかく，多才かつ創造的であり，彼の言っていることは（数学者はしばしば腹立たしくなるけれども）常に興味を抱かせる」と言っている．ヘヴィサイドを支持する援軍は意外にもケンブリッジの数学者だった．1916 年にブロムウィッチ (T. J. I'A. Bromwich, 1875-1929) はラプラース変換によってその基礎づけを行った．(2.15) で定義された階段関数は演算子法でヘヴィサイドが導入し単位関数と呼んだ．ヘヴィサイド自身は単に $\mathbf{1}$ と表した．著書『電磁気理論』第 2 巻 (1899) の中で，「$p\mathbf{1}$〔$\mathrm{d}\theta(x)/\mathrm{d}x$ のことである〕は $x = 0$ に完全に集中し，全強度が 1 である x の関数である．それは言ってみればインパルス関数である」と述べている．インパルス関数はすなわちデルタ関数のことである．ディラックは 1927 年にデルタ関数を量子力学に導入したが，それ以前にヘヴィサイドやキルヒホフが使っていた．今日では物理のあらゆる分野で使われる便利な道具である．

　$\theta(x)$ を微分すると

$$\frac{\mathrm{d}}{\mathrm{d}x}\theta(x) = \delta(x) \tag{A.6}$$

になる．シュワルツ (L. Schwartz, 1915-2002) は 1945 年に階段関数やデルタ関数の数学的基礎づけを行った．シュワルツは『分布の理論』(1950) で「ヘヴィサイド関数の導関数がディラックのデルタ関数であるなどと言うのは数

学者の許容範囲を逸脱するものだが,物理学者の使う「厳密ではないがうまくいく」方法を変形し正当化する新しい数学の理論が必ず生まれるものである.むしろそこに数学と物理学の進歩の重要な源泉の1つがある」と述べている.

大胆なヘヴィサイドのアプローチを次のようにして確かめてみよう. α を媒介変数とする関数

$$\Theta_\alpha(x) = \frac{1}{\pi}\tan^{-1}\frac{x}{\alpha} + \frac{1}{2}$$

を定義すると,図 A.2 で示したように,α が小さいとき,$\Theta_\alpha(x)$ は $x=0$ 近傍で 0 から 1 に急激に変化する関数である.$\alpha \to 0$ の極限で階段関数

$$\theta(x) = \lim_{\alpha \to 0}\Theta_\alpha(x)$$

を定義できる.$\Theta_\alpha(x)$ の導関数は,図 A.2で示したように,α が小さいとき,$x=0$ 近傍で鋭いピークを持つローレンツ型と呼ばれる関数

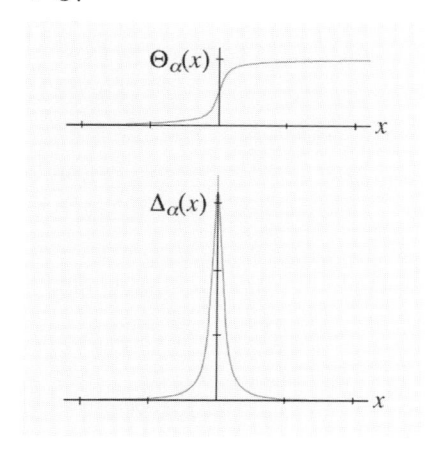

図 A.2 階段関数とその微分

$$\Delta_\alpha(x) = \frac{\mathrm{d}}{\mathrm{d}x}\Theta_\alpha(x) = \frac{1}{\pi}\frac{\alpha}{x^2+\alpha^2} \tag{A.7}$$

になる.この関数を $x=-\infty$ から ∞ まで積分すれば

$$\int_{-\infty}^\infty \mathrm{d}x \Delta_\alpha(x) = 1 \tag{A.8}$$

である.そこで,α を無限小にする極限を取り,$\Delta_\alpha(x)$ の極限でデルタ関数

$$\delta(x) = \lim_{\alpha \to 0}\Delta_\alpha(x)$$

を定義すると,$\delta(x)$ は $x=0$ で無限大で,それ以外のいたるところで 0 である.だが (A.8) の積分値は α の値によらないから

$$\int_{-\infty}^\infty \mathrm{d}x \delta(x) = 1$$

になる.$\delta(x-a)$ は $x=a$ でしか値を持たないから,任意の関数 $f(x)$ を乗

A.2 ヘヴィサイドの階段関数とディラックのデルタ関数

じても積分の外に出して

$$\int_{-\infty}^{\infty} \mathrm{d}x f(x)\delta(x-a) = f(a) \int_{-\infty}^{\infty} \mathrm{d}x \delta(x) = f(a)$$

である.

$$\int_{-\infty}^{\infty} \mathrm{d}x \delta(f(x)) = \left|\frac{\mathrm{d}f(x_0)}{\mathrm{d}x_0}\right|^{-1} \tag{A.9}$$

も容易に示せるだろう.この公式で x_0 は $f(x)=0$ の根(零点)である.x_0 が複数個あれば,それらの寄与を加えればよい.またその特別の場合として $\int_{-\infty}^{\infty} \mathrm{d}x \delta(c(x-a)) = \frac{1}{|c|}$ もよく使う.

デルタ関数にはさまざまな表現方法がある.幅が 0 の極限で関数値が無限大になるが,積分すれば 1 になる関数ならどのようなものでもよい.最も簡単な関数は,$x=0$ を中心として幅が α,高さが $\frac{1}{\alpha}$ の関数

$$\Delta_\alpha(x) = \begin{cases} \frac{1}{\alpha}, & (|x| < \frac{1}{2}\alpha) \\ 0, & (|x| > \frac{1}{2}\alpha) \end{cases} \tag{A.10}$$

である.$\alpha \to 0$ の極限を取ることによって (A.6) を示すことができる.そのほかよく使われる表示は

$$\frac{\sin(x/\alpha)}{\pi x}, \quad \frac{\sin^2(x/\alpha)}{\pi x^2/\alpha}, \quad \frac{1}{\sqrt{\pi}\alpha}\mathrm{e}^{-x^2/\alpha^2}, \quad \frac{1}{2\alpha}\mathrm{e}^{-|x|/\alpha}, \quad \frac{1}{2\alpha \cosh^2(x/\alpha)} \tag{A.11}$$

などである.最初の表示については B.2.8 節で詳しく調べる.3 番目の表示がデルタ関数になることを示すにはガウス積分

$$I = \int_{-\infty}^{\infty} \mathrm{d}x\, \mathrm{e}^{-x^2/\alpha^2} = \sqrt{\pi}\alpha \tag{A.12}$$

を用いればよい.ガウス積分はその 2 乗を計算すると

$$I^2 = \int_{-\infty}^{\infty} \mathrm{d}x\, \mathrm{e}^{-x^2/\alpha^2} \int_{-\infty}^{\infty} \mathrm{d}y\, \mathrm{e}^{-y^2/\alpha^2} = \int_0^{\infty} \mathrm{d}\rho\, \rho \int_0^{2\pi} \mathrm{d}\varphi\, \mathrm{e}^{-\rho^2/\alpha^2} = \pi\alpha^2$$

になるから容易に計算することができる.途中で平面極座標に変数変換した.これはラプラスが用いた積分法である.

デルタ関数を 3 次元に拡張するためには

$$\delta(\mathbf{x}) = \lim_{\alpha \to 0} \Delta_\alpha(x)\Delta_\alpha(y)\Delta_\alpha(z) = \delta(x)\delta(y)\delta(z)$$

とすればよい．ガウス型の表示を使えば

$$\delta(\mathbf{x}) = \lim_{\alpha \to 0} \left(\frac{1}{\sqrt{\pi}\alpha}\right)^3 e^{-r^2/\alpha^2}$$

のように表すことができる．(A.10) の表示を使えば，有限の α に対し，1 辺の長さが α，体積 $V = \alpha^3$ の立方体の中で，値が $\frac{1}{V}$，その外で 0 の関数だが，積分すれば 1 になっている．また，半径 α の球を考え，球の体積を $\frac{4\pi}{3}\alpha^3$ として関数 (2.32) の極限を取ればよいことはすでに見た通りである．

A.3 ヘルムホルツの定理

　静電場も静磁場も，その基本方程式は発散密度と回転密度を与える形をしている．このように，場の発散密度と回転密度が与えられると，境界条件のもとに解は一意的に決まる．これをヘルムホルツの定理と言う．ヘルムホルツ (1858) は発散密度のない場合を考えたが，ここでは，発散密度と回転密度がある一般の場合を考えよう．直感的なイメージが得られるので，ヘルムホルツと同じく，流体を考えるが，6.3 節でも述べたように，電場や磁場は流量を表していない．あくまでも，数学上の類似であることに注意しよう．

図 **A.3** 　ヘルムホルツ

　流体の運動は速度場 $\mathbf{v}$ によって記述される．速度場は基本方程式

$$\nabla \cdot \mathbf{v} = \Theta, \quad \nabla \times \mathbf{v} = \mathbf{w}$$

を満たすとする．湧き出し密度 Θ と渦度 $\mathbf{w}$ が与えられ，無限遠で流体が静止しているとき速度場を決める問題を考えよう．

　この問題の解は，もし存在するとすればただ 1 つしかないことを証明できる．もし 2 つあれば，それらを $\mathbf{v}_1$，$\mathbf{v}_2$ として，その差 $\mathbf{v} = \mathbf{v}_1 - \mathbf{v}_2$ は $\nabla \cdot \mathbf{v} = 0$，$\nabla \times \mathbf{v} = 0$ を満たす．すなわち，湧き出し密度がなく，渦度も

持たない流体の満たす方程式になる．渦度を持たないことから，速度は任意のスカラー関数 χ によって $\mathbf{v} = \boldsymbol{\nabla}\chi$ のように書ける．したがって，χ はラプラス方程式 $\nabla^2\chi = 0$ を満たす．無限遠で流体が静止しているとき，そこでは $\mathbf{n}\cdot\boldsymbol{\nabla}\chi = 0$ であるから，(4.19) と同じように，リウヴィルの定理によって $\mathbf{v} = \boldsymbol{\nabla}\chi = 0$ が得られる．これから，$\mathbf{v}_1 = \mathbf{v}_2$ が得られる．

さて，解を $\mathbf{v} = \mathbf{v}^\mathrm{L} + \mathbf{v}^\mathrm{T}$ のように 2 成分に分離し，それぞれ

$$\boldsymbol{\nabla}\cdot\mathbf{v}^\mathrm{L} = \Theta, \qquad \boldsymbol{\nabla}\times\mathbf{v}^\mathrm{L} = 0, \qquad \boldsymbol{\nabla}\cdot\mathbf{v}^\mathrm{T} = 0, \qquad \boldsymbol{\nabla}\times\mathbf{v}^\mathrm{T} = \mathbf{w}$$

を満たすものとしよう．解の一意性から解を見つけさえすればよい．$\mathbf{v}^\mathrm{L}$ と $\mathbf{v}^\mathrm{T}$ をそれぞれベクトル場 $\mathbf{v}$ の縦成分と横成分と言う（$\boldsymbol{\nabla}$ に平行な成分，垂直な成分という意味である）．$\mathbf{v}^\mathrm{L}$ はポテンシャル（速度ポテンシャル）ϕ によって $\mathbf{v}^\mathrm{L} = -\boldsymbol{\nabla}\phi$ と書けるから，ϕ はポアソン方程式 $\nabla^2\phi = -\Theta$ を満たす．無限遠で 0 になるこの方程式の解は

$$\phi(\mathbf{x}) = \frac{1}{4\pi}\int dV' \frac{\Theta(\mathbf{x}')}{|\mathbf{x}-\mathbf{x}'|} \tag{A.13}$$

だった．一方，$\mathbf{v}^\mathrm{T}$ はベクトルポテンシャル $\mathbf{A}$ によって $\mathbf{v}^\mathrm{T} = \boldsymbol{\nabla}\times\mathbf{A}$ と書けるから，$\mathbf{A}$ はポアソン方程式 $\nabla^2\mathbf{A} = -\mathbf{w}$ を満たす．この解は同様に

$$\mathbf{A}(\mathbf{x}) = \frac{1}{4\pi}\int dV' \frac{\mathbf{w}(\mathbf{x}')}{|\mathbf{x}-\mathbf{x}'|}$$

である．これらから

$$\mathbf{v}^\mathrm{L}(\mathbf{x}) = \frac{1}{4\pi}\int dV'\Theta(\mathbf{x}')\frac{\mathbf{x}-\mathbf{x}'}{|\mathbf{x}-\mathbf{x}'|^3}$$

$$\mathbf{v}^\mathrm{T}(\mathbf{x}) = \frac{1}{4\pi}\int dV'\mathbf{w}(\mathbf{x}')\times\frac{\mathbf{x}-\mathbf{x}'}{|\mathbf{x}-\mathbf{x}'|^3}$$

が得られる．こうして，湧き出し密度と渦度が与えられ，無限遠で 0 になる速度場の解が得られた．縦成分と横成分は関数として直交している．すなわち，

$$\int dV\mathbf{v}^\mathrm{L}\cdot\mathbf{v}^\mathrm{T} = -\int dV\boldsymbol{\nabla}\phi\cdot\mathbf{v}^\mathrm{T} = \int dV\phi\boldsymbol{\nabla}\cdot\mathbf{v}^\mathrm{T} - \int dV\boldsymbol{\nabla}\cdot(\phi\mathbf{v}^\mathrm{T}) \tag{A.14}$$

だが，右辺第 1 項は $\boldsymbol{\nabla}\cdot\mathbf{v}^\mathrm{T} = 0$ によって 0 である．第 2 項は，大きな領域で体積積分すると，発散定理によって表面積分になるから 0 である．

こうしてみると，湧き出し密度だけが与えられただけでは速度場を決めることができないし，渦度が与えられただけでも速度場を決めることができない．電磁場の問題に戻ると，電荷密度が与えられただけでは静電場は決まらなかった．$\boldsymbol{\nabla}\times\mathbf{E}=0$ によって回転密度のある解を排除している．同様に，電流密度が与えられただけでは磁場は決まらなかった．$\boldsymbol{\nabla}\cdot\mathbf{B}=0$ によって発散密度のある解を排除している．アンペールの法則だけではなく，$\boldsymbol{\nabla}\cdot\mathbf{B}=0$ があって初めてビオ - サヴァールの法則が導かれる．

ところで，ϕ はポアソン方程式 $\nabla^2\phi=-\boldsymbol{\nabla}\cdot\mathbf{v}$ の解だから形式的に

$$\phi=-\nabla^{-2}\boldsymbol{\nabla}\cdot\mathbf{v}$$

と書き表しておくと便利である．∇^{-2} は，任意の関数を f とすると，

$$\nabla^{-2}f(\mathbf{x})=-\frac{1}{4\pi}\int dV'\,\frac{f(\mathbf{x}')}{|\mathbf{x}-\mathbf{x}'|}$$

によって定義した積分演算子である．ϕ を次のように書いてみよう．

$$\begin{aligned}\phi(\mathbf{x})&=\frac{1}{4\pi}\int dV'\,\frac{\boldsymbol{\nabla}'\cdot\mathbf{v}(\mathbf{x}')}{|\mathbf{x}-\mathbf{x}'|}\\&=\frac{1}{4\pi}\int dV'\left\{\boldsymbol{\nabla}'\cdot\frac{\mathbf{v}(\mathbf{x}')}{|\mathbf{x}-\mathbf{x}'|}-\mathbf{v}(\mathbf{x}')\cdot\boldsymbol{\nabla}'\frac{1}{|\mathbf{x}-\mathbf{x}'|}\right\}\\&=-\frac{1}{4\pi}\int dV'\,\mathbf{v}(\mathbf{x}')\cdot\boldsymbol{\nabla}'\frac{1}{|\mathbf{x}-\mathbf{x}'|}\\&=\frac{1}{4\pi}\boldsymbol{\nabla}\cdot\int dV'\,\frac{\mathbf{v}(\mathbf{x}')}{|\mathbf{x}-\mathbf{x}'|}\end{aligned}$$

2 行目から 3 行目を得るためには，発散定理によって，十分大きな積分領域の表面積分にして落とせばよい．また最後の行を得るためには，$\boldsymbol{\nabla}'$ を $-\boldsymbol{\nabla}$ にして積分の外に出した．これによって

$$\phi=-\boldsymbol{\nabla}\cdot\nabla^{-2}\mathbf{v}$$

と書いてもよい．すなわちラプラース演算子の逆演算子 ∇^{-2} は微分演算子と演算の順番を入れかえてもよい．このような記法を用いると

$$\mathbf{v}^{\mathrm{L}}=-\boldsymbol{\nabla}\phi=\nabla^{-2}\boldsymbol{\nabla}\boldsymbol{\nabla}\cdot\mathbf{v}$$

と書ける．この結果を使うと

A.3　ヘルムホルツの定理

$$\mathbf{v}^{\mathrm{T}} = \mathbf{v} - \mathbf{v}^{\mathrm{L}} = \mathbf{v} - \nabla^{-2}\boldsymbol{\nabla}\boldsymbol{\nabla}\cdot\mathbf{v} = -\nabla^{-2}\boldsymbol{\nabla}\times(\boldsymbol{\nabla}\times\mathbf{v}) \tag{A.15}$$

である．ここで，テンソル演算子

$$\mathsf{P}^{\mathrm{L}} = \nabla^{-2}\boldsymbol{\nabla}\boldsymbol{\nabla}, \qquad \mathsf{P}^{\mathrm{T}} = 1 - \mathsf{P}^{\mathrm{L}} = 1 - \nabla^{-2}\boldsymbol{\nabla}\boldsymbol{\nabla}$$

を定義すると，ヘルムホルツの定理は極めて見通しよく，

$$\mathbf{v} = \mathbf{v}^{\mathrm{L}} + \mathbf{v}^{\mathrm{T}}, \qquad \mathbf{v}^{\mathrm{L}} = \mathsf{P}^{\mathrm{L}}\cdot\mathbf{v}, \qquad \mathbf{v}^{\mathrm{T}} = \mathsf{P}^{\mathrm{T}}\cdot\mathbf{v} \tag{A.16}$$

のように導くことができる．具体的に書けば

$$\mathbf{v}(\mathbf{x}) = -\frac{1}{4\pi}\int \mathrm{d}V' \frac{\boldsymbol{\nabla}'\boldsymbol{\nabla}'\cdot\mathbf{v}(\mathbf{x}') - \boldsymbol{\nabla}'\times\{\boldsymbol{\nabla}'\times\mathbf{v}(\mathbf{x}')\}}{|\mathbf{x}-\mathbf{x}'|}$$

である．右辺を

$$-\frac{1}{4\pi}\int \mathrm{d}V' \frac{\nabla'^2\mathbf{v}(\mathbf{x}')}{|\mathbf{x}-\mathbf{x}'|} = -\frac{1}{4\pi}\int \mathrm{d}V' \left(\nabla'^2\frac{1}{|\mathbf{x}-\mathbf{x}'|}\right)\mathbf{v}(\mathbf{x}')$$
$$= \int \mathrm{d}V'\delta(\mathbf{x}-\mathbf{x}')\mathbf{v}(\mathbf{x}') = \mathbf{v}(\mathbf{x})$$

のように書き直せばその意味は明らかであろう．1 行目で，グリーンの定理 (4.16) を使い，無限遠での表面積分項を落とした．

P^{L}, P^{T} は任意のベクトル場からその縦横成分を取り出す働きをするので，射影演算子の一種である．実際これらは射影演算子の満たすべき性質

$$\mathsf{P}^{\mathrm{L}} + \mathsf{P}^{\mathrm{T}} = 1, \qquad \mathsf{P}^{\mathrm{L}}\mathsf{P}^{\mathrm{L}} = \mathsf{P}^{\mathrm{L}}, \qquad \mathsf{P}^{\mathrm{T}}\mathsf{P}^{\mathrm{T}} = \mathsf{P}^{\mathrm{T}}, \qquad \mathsf{P}^{\mathrm{L}}\mathsf{P}^{\mathrm{T}} = 0$$

を持っている．$\mathbf{v}^{\mathrm{L}}$, $\mathbf{v}^{\mathrm{L}}$ の i 成分は

$$v_i^{\mathrm{L}}(\mathbf{x}) = \int \mathrm{d}V' \delta_{ij}^{\mathrm{L}}(\mathbf{x}-\mathbf{x}')v_j(\mathbf{x}'), \qquad v_i^{\mathrm{T}}(\mathbf{x}) = \int \mathrm{d}V' \delta_{ij}^{\mathrm{T}}(\mathbf{x}-\mathbf{x}')v_j(\mathbf{x}') \tag{A.17}$$

である．ここでデルタ関数の縦成分 $\delta_{ij}^{\mathrm{L}}(\mathbf{x}) = P_{ij}^{\mathrm{L}}\delta(\mathbf{x})$,

$$\delta_{ij}^{\mathrm{L}}(\mathbf{x}) = -\frac{1}{4\pi}\partial_i\partial_j\frac{1}{r} = \frac{1}{3}\delta_{ij}\delta(\mathbf{x}) - \frac{1}{4\pi}\left(\frac{3x_ix_j}{r^5} - \frac{\delta_{ij}}{r^3}\right) \tag{A.18}$$

を定義した．右辺で (3.33) を使って微分を実行した．同様に，横成分は

$$\delta_{ij}^{\mathrm{T}}(\mathbf{x}) = \delta_{ij}\delta(\mathbf{x}) - \delta_{ij}^{\mathrm{L}}(\mathbf{x}) = \frac{2}{3}\delta_{ij}\delta(\mathbf{x}) + \frac{1}{4\pi}\left(\frac{3x_ix_j}{r^5} - \frac{\delta_{ij}}{r^3}\right) \tag{A.19}$$

である．$\delta_{ij}^{\mathrm{T}}(\mathbf{x}) = P_{ij}^{\mathrm{T}}\delta(\mathbf{x})$ になっている．

A.4　発散定理

関数 $f(x)$ の導関数 $\mathrm{d}f(x)/\mathrm{d}x$ を a から b まで積分すると

$$\int_a^b \mathrm{d}x \frac{\mathrm{d}f(x)}{\mathrm{d}x} = f(b) - f(a) \tag{A.20}$$

になることはよく知られている．1665年にニュートン，1675年にライプニッツが発見した微積分の基本定理である（発表はライプニッツが1684年，ニュートンが1687年と前後した．今日広く使われているのはライプニッツの記法である）．導関数の積分は積分区間の端の関数値だけで与えられる．この定理を3次元に拡張したものが発散定理である．任意の閉曲面で囲まれた領域内で，3変数関数 $f(\mathbf{x})$ の z に関する偏導関数の積分 $\int \mathrm{d}V \partial_z f(\mathbf{x})$ を考えてみよう．この積分は，領域を x 方向に Δx, y 方向に Δy の微小な幅を持つ角柱に分割し，各角柱についての寄与を加えればよい．Δx, Δy は微小量だから，角柱の上下端の z 座標を $b(x,y)$ および $a(x,y)$ とすれば

$$\Delta x \Delta y \{f(x,y,b(x,y)) - f(x,y,a(x,y))\} \tag{A.21}$$

である．この段階で，$\int \mathrm{d}V \partial_z f(\mathbf{x})$ は体積積分といっても，関数 $f(x,y,z)$ の閉曲面上での値のみが必要であることが明らかである．一方，$\Delta x \Delta y$ は角柱の端の面積要素 ΔS の xy 面への射影であるから，閉曲面上での法線ベクトル $\mathbf{n}$ によって上端で $\Delta x \Delta y = n_z \Delta S$, 下端で $\Delta x \Delta y = -n_z \Delta S$ と書ける．閉曲面の法線は常に閉曲面の中側から外側に向くように定義するので，上端で $n_z > 0$, 下端では $n_z < 0$ になる．負符号はこのためである．これらを用いて (A.21) を書き直し，すべての角柱について和を取ると $\sum_{\mathbf{x}} n_z \Delta S f(\mathbf{x})$ である．$\mathbf{x}$ に関する和は，閉曲面上のすべての面積要素 ΔS について取る．ΔS を無限小にすることによって

$$\int \mathrm{d}V \partial_z f = \oint \mathrm{d}S n_z f \tag{A.22}$$

が得られる．x, y についての偏導関数を積分すれば，右辺に n_x, n_y が現れることは自明であろう．それらをまとめて

$$\int \mathrm{d}V \boldsymbol{\nabla} f = \oint \mathrm{d}S \mathbf{n} f \tag{A.23}$$

と書くことができる.

ベクトル量 $\boldsymbol{\nabla} f$ は,その x, y, z 成分が任意のスカラー関数 $f(\mathbf{x})$ の x, y, z 軸方向への傾き,勾配を与えている.つまり

$$\boldsymbol{\nabla} f = \mathrm{grad}\, f = \mathbf{e}_x \frac{\partial f}{\partial x} + \mathbf{e}_y \frac{\partial f}{\partial y} + \mathbf{e}_z \frac{\partial f}{\partial z}$$

である.(A.23) から勾配は体積要素 ΔV の面積分を用いて

$$\boldsymbol{\nabla} f = \lim_{\Delta V \to 0} \frac{1}{\Delta V} \oint \mathrm{d}S \mathbf{n} f$$

によって定義されていると考えてよい.

任意のベクトル場 $\mathbf{A}$ の A_x, A_y, A_z に,(A.23) の x, y, z 成分を適用し,それらを加えれば発散定理

$$\int \mathrm{d}V \boldsymbol{\nabla} \cdot \mathbf{A} = \oint \mathrm{d}S \mathbf{n} \cdot \mathbf{A}$$

が得られる.また,$\boldsymbol{\nabla} \times \mathbf{A}$ の体積積分も

$$\int \mathrm{d}V \boldsymbol{\nabla} \times \mathbf{A} = \oint \mathrm{d}S \mathbf{n} \times \mathbf{A} \tag{A.24}$$

になることが容易にわかる.

空間が 2 次元の場合は,面積分がそれを取りまく閉曲線上の線積分になり

$$\int \mathrm{d}S \boldsymbol{\nabla} f(x, y) = \oint \mathrm{d}s \mathbf{n} f(x, y) \tag{A.25}$$

である.2 次元のベクトル場 $\mathbf{A} = (A_x, A_y)$ に対し,平面のガウスの定理

$$\int \mathrm{d}S (\partial_x A_x + \partial_y A_y) = \oint \mathrm{d}s (n_x A_x + n_y A_y) \tag{A.26}$$

が成り立つ(A.5節参照).1813 年にガウスが導いた.3 重積分を 2 重積分にすることはラグランジュ(1760) までさかのぼり,ポアソン (1826) も導いているが,発散定理を明確に述べたのはオストログラツキイ (M. Ostrogradsky, 1801-62) の論文 (1831) で,マクスウェルも『電気磁気論考』でオストログラツキイだけを引用している.また,4.4節で述べたグリーンの定理 (1828) は発散定理と等価の恒等式に基づいているので,発散定理をグリーンの補助定理とも言う.

A.5 回転定理

発散定理が微積分の基本定理 (A.20) を 3 次元に拡張し，体積積分を面積分に変える公式であるのに対し，回転定理 (2.44) は同じ 1 次元の積分公式に基づいて面積分を線積分に変える公式である．任意の関数 f に対し

$$\int \mathrm{d}S(\mathbf{n} \times \boldsymbol{\nabla})_z f = \int \mathrm{d}S(n_x \partial_y - n_y \partial_x) f$$

を考えよう．

図 A.4 のように曲面が $z = g(x, y)$ によって表されているとすると，2 変数関数 $F(x, y) = f(x, y, g(x, y))$ の偏導関数は連鎖則によって

$$\frac{\partial F}{\partial y} = \partial_y f + \frac{\partial g}{\partial y} \partial_z f$$

$$\frac{\partial F}{\partial x} = \partial_x f + \frac{\partial g}{\partial x} \partial_z f$$

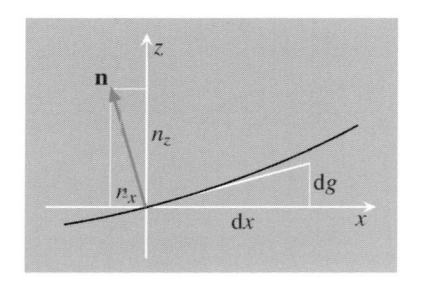

図 A.4 曲面を $y = 0$ 平面で切る

である．f の偏導関数は $\partial_x f$ などで，F の偏導関数は $\partial F/\partial x$ などで表すことにしよう．ところで，$\partial g/\partial x = -n_x/n_z$, $\partial g/\partial y = -n_y/n_z$ の関係があることは図 A.4 から明らかである．これらを用いて，$\partial_y f$ と $\partial_x f$ を消去すると，曲面上の積分は

$$\int \mathrm{d}S \left(n_x \frac{\partial F}{\partial y} - n_y \frac{\partial F}{\partial x} \right) = \int \frac{\mathrm{d}x \mathrm{d}y}{n_z} \left(n_x \frac{\partial F}{\partial y} - n_y \frac{\partial F}{\partial x} \right)$$

のように，曲面の xy 面への射影上での 2 次元積分になる．もう一度同じ関係式を使うと

$$\int \mathrm{d}x \mathrm{d}y \left(-\frac{\partial g}{\partial x} \frac{\partial F}{\partial y} + \frac{\partial g}{\partial y} \frac{\partial F}{\partial x} \right) = \int \mathrm{d}x \mathrm{d}y \left\{ \frac{\partial}{\partial x} \left(F \frac{\partial g}{\partial y} \right) - \frac{\partial}{\partial y} \left(F \frac{\partial g}{\partial x} \right) \right\}$$

であるから，平面のガウスの定理 (A.25) を適用できる．曲面を取り囲む閉曲線上の位置を $(x(s), y(s))$ とすると，そこでの法線ベクトルは

$$n_x(x(s), y(s)) = \frac{\mathrm{d}y(s)}{\mathrm{d}s}, \qquad n_y(x(s), y(s)) = -\frac{\mathrm{d}x(s)}{\mathrm{d}s} \tag{A.27}$$

になるから

$$\oint ds \left\{ \frac{dy(s)}{ds}\frac{\partial g}{\partial y} + \frac{dx(s)}{ds}\frac{\partial g}{\partial x} \right\} f = \oint ds \frac{dg}{ds} f = \oint dz f$$

が得られる．x, y 成分も同様である．まとめて書くと

$$\int dS \mathbf{n} \times \boldsymbol{\nabla} f = \oint d\mathbf{x} f \tag{A.28}$$

である．f は任意の関数だから，直ちにベクトル場 $\mathbf{A}$ に対する回転定理

$$\int dS \mathbf{n} \times \boldsymbol{\nabla} \cdot \mathbf{A} = \oint d\mathbf{x} \cdot \mathbf{A} \tag{A.29}$$

が得られる．(2.44) と同じである．またテイト - マコーレイの定理

$$\int dS(\mathbf{n} \times \boldsymbol{\nabla}) \times \mathbf{A} = \oint d\mathbf{x} \times \mathbf{A} \tag{A.30}$$

も得られる (A. McAulay, 1863-1931).

2.9節では xy 平面上の長方形面積要素を用いて回転定理を証明したが，次のように一般の面積要素を用いても同じである．空間の座標 $\mathbf{x}$ を頂点として 2 つの線要素 $d\mathbf{x}$ と $\delta\mathbf{x}$ を 2 辺に持つ平行四辺形を考えよう．2 つのベクトルの外積は，平行四辺形の面積 dS と同じ大きさで，面積要素の法線ベクトル $\mathbf{n}$ の方向を持つ．すなわち

$$d\mathbf{x} \times \delta\mathbf{x} = \mathbf{n} dS$$

である．この面積要素上で $\mathbf{n} \cdot \boldsymbol{\nabla} \times \mathbf{A}$ の面積分 dI は

$$dI = \mathbf{n} \cdot \boldsymbol{\nabla} \times \mathbf{A} dS = \boldsymbol{\nabla} \times \mathbf{A} \cdot d\mathbf{x} \times \delta\mathbf{x}$$

である．任意のベクトル $\mathbf{A}, \mathbf{B}, \mathbf{C}, \mathbf{D}$ に対し

$$\mathbf{A} \times \mathbf{B} \cdot \mathbf{C} \times \mathbf{D} = \mathbf{A} \cdot \mathbf{C} \mathbf{B} \cdot \mathbf{D} - \mathbf{A} \cdot \mathbf{D} \mathbf{B} \cdot \mathbf{C}$$

となることを使って

$$dI = d\mathbf{x} \cdot \boldsymbol{\nabla} \mathbf{A} \cdot \delta\mathbf{x} - \delta\mathbf{x} \cdot \boldsymbol{\nabla} \mathbf{A} \cdot d\mathbf{x}$$

のように書き直す．$\boldsymbol{\nabla}$ は $\mathbf{A}$ だけを微分することに注意する．$\mathbf{A}(\mathbf{x} + d\mathbf{x})$ はテイラー展開を行うと微小量の 1 次の項までで

$$\mathbf{A}(\mathbf{x} + d\mathbf{x}) - \mathbf{A}(\mathbf{x}) = d\mathbf{x} \cdot \boldsymbol{\nabla} \mathbf{A}(\mathbf{x})$$

になる．同様に

$$\mathbf{A}(\mathbf{x}+\delta\mathbf{x}) - \mathbf{A}(\mathbf{x}) = \delta\mathbf{x} \cdot \boldsymbol{\nabla}\mathbf{A}(\mathbf{x})$$

が得られる．これらを代入すると 2.9 節と同じように

$$dI = \mathbf{A}(\mathbf{x})\cdot d\mathbf{x} + \mathbf{A}(\mathbf{x}+d\mathbf{x})\cdot\delta\mathbf{x} - \mathbf{A}(\mathbf{x}+\delta\mathbf{x})\cdot d\mathbf{x} - \mathbf{A}(\mathbf{x})\cdot\delta\mathbf{x}$$

は，$\mathbf{x}$ を出発して平行四辺形の 4 辺を回る経路上の線積分を行ったものにほかならない．任意の面積 S を碁盤の目のように面積要素 dS に分割すると，S 上の面積分は，面積要素上の積分 dI を加えたものである．それらをすべての面積要素について加えると，隣同士で辺を共有する積分の寄与は互いに相殺するから，生き残るのは隣がない外側の閉曲線 C 上の積分だけである．こうして回転定理 (A.29) が再び証明された．

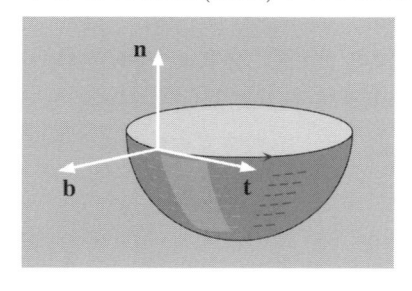

図 **A.5** 曲面の法線と曲線の接線

回転定理を用いて曲面上の発散定理を証明しよう．そのために (3.22) で定義した法線微分演算子に対し，曲面の法線ベクトルに直交する微分演算子（曲面微分演算子）

$$\boldsymbol{\nabla}_\perp = \boldsymbol{\nabla} - \mathbf{n}\frac{\partial}{\partial n} = \boldsymbol{\nabla} - \mathbf{n}\mathbf{n}\cdot\boldsymbol{\nabla}$$

を定義する．同様に $\mathbf{A}$ の曲面内成分 $\mathbf{A}_\perp = \mathbf{A} - \mathbf{n}\mathbf{n}\cdot\mathbf{A}$ を定義する．$\mathbf{t}$ を閉曲線の単位接線ベクトルとすると $d\mathbf{x} = \mathbf{t}ds$ だから，回転定理は

$$\int dS\, \mathbf{n}\times\boldsymbol{\nabla}_\perp \cdot \mathbf{A} = \oint ds\, \mathbf{t}\cdot\mathbf{A}$$

と書くことができる．任意のベクトル $\mathbf{A}$ に $\mathbf{n}\times\mathbf{A} = \mathbf{n}\times\mathbf{A}_\perp$ を適用し，$\mathbf{n}\cdot(\mathbf{A}_\perp\cdot\boldsymbol{\nabla}_\perp\mathbf{n}) = \frac{1}{2}\mathbf{A}_\perp\cdot\boldsymbol{\nabla}_\perp n^2 = 0$ に注意して $\mathbf{n}\times\boldsymbol{\nabla}_\perp\cdot\mathbf{n}\times\mathbf{A}_\perp = \boldsymbol{\nabla}_\perp\cdot\mathbf{A}_\perp$ となることを使えば曲面上の発散定理

$$\int dS\, \boldsymbol{\nabla}_\perp\cdot\mathbf{A}_\perp = \oint ds\, \mathbf{b}\cdot\mathbf{A} \tag{A.31}$$

が得られる．ここで，$\mathbf{b} = \mathbf{t}\times\mathbf{n}$ を定義した（図中の $\mathbf{n}$ は，曲面の法線ではなく，曲線の陪法線で，$\mathbf{b}$ は曲線の法線を表す）．曲面を囲む空間曲線に対

する回転定理 (A.31) を平面曲線に適用すると平面のガウスの定理 (A.26) が得られる．曲面が平面のとき，$\mathbf{b}$ は曲線の法線になる．

　p. 168 で述べたように，アンペールは 1827 年に，平面上のループ積分をループが囲む面積分にする操作を行っていた．現在の回転定理は W. トムソンが 1850 年にストークス (G. G. Stokes, 1819-1903) への手紙の追伸で述べていた．ストークスは「君の知らせてくれた定理は非常にエレガントで僕も知らなかった」と返事を書いている．マクスウェルも受験し首席を取った 1854 年のスミス賞の試験問題としてストークスが与えたので，今日ではストークスの定理と呼ぶのが普通である．W. トムソンはテイトと共著の有名な教科書『自然哲学論考』(1867) にその定理を載せた．

　2 次元のベクトル場 $\mathbf{A} = (A_x, A_y)$ に対し，回転定理を xy 面上の閉曲線とそれを囲む面積に適用するとリーマンの積分定理 (1857)

$$\int dS (\partial_x A_y - \partial_y A_x) = \oint (A_x dx + A_y dy)$$

になる．リーマンの学生ハンケル (H. Hankel, 1839-73) は 1861 年の論文でこの積分定理を用いて 3 次元の回転定理を証明した．

A.5.1　コーシーの積分定理

　2 次元のラプラス方程式の解は複素関数を用いて表すことができる．複素数 $z = x + iy$ の関数 $f(z)$ が z について微分可能であるとき $f(z)$ は正則であると言う．正則関数 $f(z) = u + iv$ は x と y を $x + iy$ の形で含んでいるので

$$\frac{df(z)}{dz} = \frac{\partial u}{\partial x} + i\frac{\partial v}{\partial x}, \qquad i\frac{df(z)}{dz} = \frac{\partial u}{\partial y} + i\frac{\partial v}{\partial y} \qquad (A.32)$$

になるから，コーシー - リーマンの関係式

$$\frac{\partial u}{\partial x} = \frac{\partial v}{\partial y}, \qquad \frac{\partial u}{\partial y} = -\frac{\partial v}{\partial x} \qquad (A.33)$$

が得られる．この微分方程式はダランベール (1747) にさかのぼるが，この関係式が複素関数の基本的な性質であることを認識したのはコーシーとリーマン (1851) である．このとき，u も v も 2 次元のラプラス方程式

$$\nabla^2 u = 0, \qquad \nabla^2 v = 0$$

を満たす．u を電位とすれば電場が $\mathrm{d}f(z)/\mathrm{d}z = -E_x + \mathrm{i}E_y$ によって与えられることは (A.32) とコーシー - リーマンの関係式からすぐにわかる．簡単な例として電荷線密度 λ の直線電荷のつくる電位は $f(z) = (\lambda/2\pi\epsilon_0)\ln(1/z)$ の実数部を取ればよい．

回転定理 (A.29) はコーシーの積分定理と密接な関係にある．複素平面の閉曲線上の点は実数の媒介変数 s で指定できるから，線積分は

$$\oint \mathrm{d}z f(z) = \int \mathrm{d}s\, z'(s) f(z(s))$$

で定義できる．例えば，z_0 を中心とする単位円上での $(z-z_0)^{-1}$ の積分は，$z = z_0 + \mathrm{e}^{\mathrm{i}s}$ として

$$\oint \frac{\mathrm{d}z}{z-z_0} = \int_0^{2\pi} \mathrm{d}s \frac{-\sin s + \mathrm{i}\cos s}{\cos s + \mathrm{i}\sin s}$$
$$= 2\pi\mathrm{i} \qquad (A.34)$$

図 **A.6** コーシー

のように計算できる．この積分はガウス (1811) が論じたもので，単位円をどのように変形しても，それが z_0 を1周する限り積分値は変化しない．すなわち変形によって変化した領域を回る経路の積分値は常に0である．コーシー (1825) は関数が有界で連続である限り，積分経路の連続変形（ホモトピーという概念を初めて導入した）によって不変であることを証明した．さらに，閉曲線で囲まれた領域で $f(z)$ が正則であれば積分値が0になる，というコーシーの積分定理 (1840) を証明した．それは2次元の回転定理（リーマンの積分定理）を使って容易に証明できる．

$$\oint \mathrm{d}z f(z) = \oint (u\mathrm{d}x - v\mathrm{d}y) + \mathrm{i}\oint (v\mathrm{d}x + u\mathrm{d}y)$$
$$= \int \mathrm{d}x\mathrm{d}y \left(-\frac{\partial u}{\partial y} - \frac{\partial v}{\partial x}\right) + \mathrm{i}\int \mathrm{d}x\mathrm{d}y \left(-\frac{\partial v}{\partial y} + \frac{\partial u}{\partial x}\right)$$

になるから，コーシー - リーマンの関係式を満たす正則関数に対し

$$\oint \mathrm{d}z f(z) = 0$$

が得られる．これを使うとコーシーの積分公式

$$f(z) = \frac{1}{2\pi \mathrm{i}} \oint \mathrm{d}z' \frac{f(z')}{z'-z}$$

になる．右辺を変形した

$$\frac{1}{2\pi \mathrm{i}} \oint \mathrm{d}z' \frac{f(z')-f(z)}{z'-z} + \frac{f(z)}{2\pi \mathrm{i}} \oint \frac{\mathrm{d}z'}{z'-z}$$

において，第1項は被積分関数が正則であるから0になるのに対し，第2項は (A.34) から $f(z)$ になる．

A.5.2 リーマンのツェータ関数

前節のコーシーの積分公式の例題として，17.1 節で必要になるリーマンのツェータ関数

$$\zeta(s) = \sum_{n=1}^{\infty} \frac{1}{n^s}$$

を計算してみよう．リーマン (1859) は，複素数 $s = \sigma + \mathrm{i}t$ の関数として，その実数でない零点はすべて $\sigma = \frac{1}{2}$ の直線上にあると予想した．ハーディー (1914) はこの直線上に零点が無限個存在することを示したが，リーマンの予想自体はこれまで誰も証明できず，現代数学の最大の

図 **A.7** リーマン

難問の1つになっている．ヒルベルト (D. Hilbert, 1862-1943) は「皇帝バルバロッサのように数世紀後に蘇るとしたら何をしたいか」と訊かれて「誰かがリーマン予想を証明したか訊いてみたい」と答えたということである．また，ハーディーは，荒れた北海をわたって帰国するとき，乗船前に友人の数学者ボーア (H. Bohr, 1887-1951) に「リーマン予想を証明した」と書いた葉書を出しておいた．船が沈めば皆はハーディーがリーマン予想を証明したと

思うだろうが，神がそんな名誉を与えてくれるはずはないというわけである．ハーディーは無神論者なのだが．

$1/\tan\pi z$ はすべての整数値で 1 位の極を持つから，和を複素平面での積分にすることができる．オイラーの公式

$$\frac{\pi}{\tan\pi z} = \sum_{n=-\infty}^{\infty} \frac{1}{z-n}$$

から，0 でない整数 n の近傍で

$$\frac{1}{z^s}\frac{\pi}{\tan\pi z} \sim \frac{1}{n^s}\frac{1}{z-n}$$

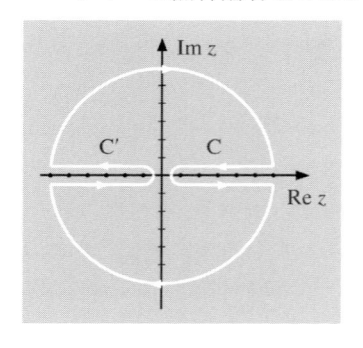

図 A.8 複素 z 平面

である．そこで図 A.8 のように，正の整数値での極を反時計回りに取りまく経路 C の積分で書くことができる．ここでは s が偶数の場合を考えよう．このとき求める和は n を -1 から $-\infty$ まで加えたものと同じであるから，図 A.8 のように，負の整数値のまわりを反時計回りに取りまく経路 C′ で計算しても同じである．すなわち

$$\frac{1}{2\pi i}\oint_C dz \frac{\pi}{z^s\tan\pi z} = \frac{1}{2\pi i}\oint_{C'} dz \frac{\pi}{z^s\tan\pi z} = \frac{1}{4i}\oint_{C+C'} \frac{dz}{z^s\tan\pi z}$$

と書くことができる．さらに，無限遠の半円上での積分を 2 つつけ加えても被積分関数が 0 になるため積分値は変わらない．こうして積分は C, C′ と 2 つの半円からなる閉じた経路上の積分になった．この経路に囲まれた領域で特異性は原点での極だけであるから，積分経路を原点を取りまく時計回りの小さな円経路 C_0 に変形させれば，被積分関数は z について展開でき

$$\frac{1}{z^s\tan\pi z} = \frac{1}{\pi z^{s+1}}\left(1 - \frac{1}{3}\pi^2 z^2 - \frac{1}{45}\pi^4 z^4 + \cdots\right)$$

になるが，z^{-1} の項以外は積分に寄与しないから

$$\zeta(2) = \frac{1}{4i}\oint_{C_0}\frac{dz}{z^2\tan\pi z} = -\frac{\pi}{12i}\oint_{C_0}\frac{dz}{z} = \frac{\pi^2}{6}$$

$$\zeta(4) = \frac{1}{4i}\oint_{C_0}\frac{dz}{z^4\tan\pi z} = -\frac{\pi^3}{180i}\oint_{C_0}\frac{dz}{z} = \frac{\pi^4}{90} \quad (A.35)$$

などが得られる．これらの和は 1734 年にオイラーが見いだしていた．

A.6 多次元空間のグリーン関数

n 次元ユークリッド空間ではグリーン関数はどうなるだろうか．(4.13) を n 次元空間に拡張するため，空間の位置座標を $\mathbf{x} = (x^1, x^2, \ldots, x^n)$，ナブラを $\boldsymbol{\nabla} = (\partial_1, \partial_2, \ldots, \partial_n)$ とするとラプラス演算子は

$$\nabla^2 = \partial_1^2 + \partial_2^2 + \cdots + \partial_n^2 \quad (A.36)$$

である．1869 年にベルトラミ (E. Beltrami, 1835-1900) が n 次元空間のラプラス演算子を考えたので，(A.36) をラプラス‐ベルトラミ演算子と言う．n 次元空間のデルタ関数を

$$\int dx^1 dx^2 \ldots dx^n \delta(\mathbf{x} - \mathbf{x}') = 1$$

図 **A.9** ラプラース

によって定義しよう．グリーン関数は $\mathbf{x}$ と $\mathbf{x}'$ の間の距離

$$R = \sqrt{(x^1 - x'^1)^2 + (x^2 - x'^2)^2 + \cdots + (x^n - x'^n)^2}$$

だけの関数だから

$$\nabla^2 G = G'' + \frac{n-1}{R} G' = \frac{1}{R^{n-1}} \frac{d}{dR}(R^{n-1} G')$$

と表すことができる．$\nabla^2 G(\mathbf{x}, \mathbf{x}') = -\delta(\mathbf{x} - \mathbf{x}')$ の両辺を，R が一定の面（超球面）で囲まれた領域で積分すると，発散定理によって球面上の積分になるが，球面上で G' は一定であるから容易に積分ができる．n 次元空間内の球表面積は，単位球の表面積 ω_n によって $R^{n-1} \omega_n$ であることを使って

$$\int dx^1 dx^2 \ldots dx^n \nabla^2 G = \omega_n R^{n-1} G' = -1 \quad (A.37)$$

である．これからグリーン関数の基本解は $n=2$ を除いて

$$G = \frac{1}{(n-2)\omega_n R^{n-2}} \quad (A.38)$$

になる．ω_n を求めるには，n 次元積分を球座標で行った

$$\int dx^1 dx^2 \ldots dx^n e^{-R^2} = \omega_n \int_0^\infty dR R^{n-1} e^{-R^2} = \frac{1}{2}\omega_n \Gamma\left(\frac{n}{2}\right) \quad \text{(A.39)}$$

を使う．ガンマ関数は引数が正の整数のとき階乗関数 $\Gamma(z) = (z-1)!$ だが，オイラーは積分 $\Gamma(z) = \int_0^\infty dt\, t^{z-1} e^{-t}$ によって階乗関数を整数ではない引数に拡張した (1729)．Γ の記号はルジャンドルが初めて使った (1811)．一方，(A.39) の左辺はガウス積分 (A.12) を用いると $\pi^{n/2}$ であるから

$$\omega_n = \frac{2\pi^{n/2}}{\Gamma(n/2)} \quad \text{(A.40)}$$

が得られる．

(A.40) において，$n=1$ のとき，$\omega_1 = 2$ から (4.20) が得られる．$n=2$ の場合は (A.38) は適用できないから，(A.37) に戻って積分し，2次元空間の「球面積」(すなわち円周) $\omega_2 = 2\pi$ を使うと (4.21) になる．$n=3$ のときは，$\omega_3 = 4\pi$ から $G = 1/4\pi R$ になり，クーロンポテンシャルが再現できる．$n=4$ のときは，$\omega_3 = 2\pi^2$ から

$$G = \frac{1}{4\pi^2 R^2} \quad \text{(A.41)}$$

である．

n 次元空間の半径 a の球面上で電位が与えられたとき，鏡像法によって求めた調和関数 h を加え，$k = a/r$ として

$$G_{\mathrm{D}}(\mathbf{x}, \mathbf{x}') = \frac{1}{(n-2)\omega_n}\left(\frac{1}{|\mathbf{x}-\mathbf{x}'|^{n-2}} - \frac{k^{n-2}}{|k^2\mathbf{x}-\mathbf{x}'|^{n-2}}\right)$$

とすれば，$\mathbf{x}'$ が球面上にあるとき $G_{\mathrm{D}} = 0$ になるから，ディリクレー問題を解くことができる．球面上での G_{D} の法線導関数

$$\frac{\partial}{\partial n'} G_{\mathrm{D}}(\mathbf{x}, \mathbf{x}') = -\frac{r^2 - a^2}{a\omega_n |\mathbf{x}-\mathbf{x}'|^n}$$

を用いると，球外でラプラス方程式を満たす電位はポアソンの積分公式

$$\phi(\mathbf{x}) = \frac{r^2 - a^2}{a\omega_n} \oint dS' \frac{\phi(\mathbf{x}')}{|\mathbf{x}-\mathbf{x}'|^n}$$

で与えられる．$n=2$ の場合 $dS' = a d\varphi'$ とすれば (4.26) になる．

A.7 テイラーの定理とカルノーの微分

有限の差を表す Δx に対し，無限小の極限を取った dx を微分と言う．マクスウェルの論文でも盛んに使われている微分について考えてみよう．

任意の関数 $f(x)$ の展開

$$f(x + \Delta x) = f(x) + \Delta x f'(x) + \frac{1}{2!}\Delta x^2 f''(x) + \cdots = \sum_{n=0}^{\infty} \frac{\Delta x^n}{n!} f^{(n)}(x) \tag{A.42}$$

はテイラー級数 (1712) として知られている (B. Taylor, 1685-1731)．Δx^n は $(\Delta x)^n$ を表す習慣である．テイラー級数はテイラーより前の 1670 年にグレゴリー (J. Gregory, 1638-75) が使っていた．f', f'' などの記号と導関数の命名はラグランジュによる．フランス語の「デリヴェ」は「川から流れ出る」を意味する．導関数は微分係数とも微分商とも言う．$f^{(n)}(x)$ は f の n 階導関数を表す．特に $x=0$ での展開をマクローリン級数 (1742) と言う (C. Maclaurin, 1698-1746)．もっとも，それはテイラー級数の特別の場合であり，スターリング (J. Stirling, 1692-1770) が 1730 年に書き記している．いずれにしても 1772 年のラグランジュまではテイラー級数の重要性は認識されていなかったし，収束性を証明したのはコーシーで 1821 年になってからである．ライブニッツは導関数を df/dx で表したが，ラグランジュはそれを微分演算子 d/dx と関数の積のように書いた．

指数関数のマクローリン展開

$$e^x = 1 + x + \frac{1}{2!}x^2 + \cdots = \sum_{n=0}^{\infty} \frac{x^n}{n!}$$

を使うと，テイラー級数 (A.42) を

$$f(x + \Delta x) = e^{\Delta x \frac{d}{dx}} f(x)$$

のように表すこともできる．無限微小量 dx に対し，$f(x)$ の変化量は

$$df(x) = f'(x) dx$$

になる．最初にこのように表したのはラグランジュで，カルノー (L. Carnot, 1753-1823) は $df(x)$ を微分と呼んだ (1813).

1 変数関数についてのテイラーの定理を多変数関数に拡張するのは容易である．3 変数関数 $f(x,y,z)$ において，y, z を固定し，x だけを変化させたときの関数 $f(x,y,z)$ の変化の割合

$$\frac{\partial f(x,y,z)}{\partial x} = \lim_{\Delta x \to 0} \frac{f(x+\Delta x, y, z) - f(x,y,z)}{\Delta x}$$

を x に関する偏導関数と言う．y, z に関する偏導関数も同様に定義できる．丸いデルタ ∂ を用いて偏微分演算子を表したのはルジャンドル (A.-M. Legendre, 1752-1833) が最初 (1786) で，ヤコービ (C. G. J. Jacobi, 1804-51) も同じ記号を使った (1841) のでヤコービのデルタ記号とも呼ぶが，一般に使われるようになったのは 19 世紀の終わりからである．(A.42) を x, y, z についてくり返せば，テイラー展開は

$$\begin{aligned}
f(x+\Delta x, &y+\Delta y, z+\Delta z) \\
&= f(x,y,z) + \Delta x \frac{\partial f}{\partial x} + \Delta y \frac{\partial f}{\partial y} + \Delta z \frac{\partial f}{\partial z} \\
&\quad + \frac{1}{2}\Delta x^2 \frac{\partial^2 f}{\partial x^2} + \frac{1}{2}\Delta y^2 \frac{\partial^2 f}{\partial y^2} + \frac{1}{2}\Delta z^2 \frac{\partial^2 f}{\partial z^2} \\
&\quad + \Delta x \Delta y \frac{\partial^2 f}{\partial x \partial y} + \Delta y \Delta z \frac{\partial^2 f}{\partial y \partial z} + \Delta z \Delta x \frac{\partial^2 f}{\partial z \partial x} + \cdots
\end{aligned}$$

になるから，

$$f(x+\Delta x, y+\Delta y, z+\Delta z) = e^{\Delta x \frac{\partial}{\partial x} + \Delta y \frac{\partial}{\partial y} + \Delta z \frac{\partial}{\partial z}} f(x,y,z)$$

と表すこともできる．無限微小量 dx, dy, dz に対し，

$$f(x+dx, y+dy, z+dz) = f(x,y,z) + df + \frac{1}{2}d^2 f + \cdots$$

のように表したとき，f の n 階の微分は

$$d^n f = \left(dx \frac{\partial}{\partial x} + dy \frac{\partial}{\partial y} + dz \frac{\partial}{\partial z}\right)^n f \tag{A.43}$$

で与えられる．ベクトル記法を使うと

$$d^n f = (d\mathbf{x} \cdot \boldsymbol{\nabla})^n f$$

になる．

A.8 カルターンの微分形式

グラスマンは外部積を導入することによって線形代数をつくったが，それを発展させ微分形式をつくったのがカルターン (É. Cartan, 1869-1951) である (1901). その記号法も現代物理学でよく使われるので慣れておくことにしよう. 3 次元空間の任意のベクトルは正規直交基底 $\mathbf{e}_1, \mathbf{e}_2, \mathbf{e}_3$ によって表せる. 任意の 2 つのベクトルの外積は外積でつくった 3 つのベクトル $\mathbf{e}_1 \times \mathbf{e}_2, \mathbf{e}_2 \times \mathbf{e}_3, \mathbf{e}_3 \times \mathbf{e}_1$ によって表せる. 3 次元は特殊で，これらの正規直交基底は同一だが，一般には両者は異なる. 一般に, n 次元ユークリッド空間の座標を $(x^1, x^2, \ldots, x^n)$ としたとき，微分 $(\mathrm{d}x^1, \mathrm{d}x^2, \ldots, \mathrm{d}x^n)$ を基底に取り, 反対称基底ベクトルを構成する. それを $\mathrm{d}x^i \wedge \mathrm{d}x^j$ のように表す. これを外部積（ウェッジ積，グラスマン積）と呼ぶ. 普通の積と異なるのは，$i = j$ のときは 0, $i \neq j$ のときは $\mathrm{d}x^i \wedge \mathrm{d}x^j = -\mathrm{d}x^j \wedge \mathrm{d}x^i$ になることである. このようにしてつくった基底を用いて表せる完全反対称テンソルを微分 2 形式と言う. さらに $\mathrm{d}x^i \wedge \mathrm{d}x^j \wedge \mathrm{d}x^k$ を基底にすれば微分 3 形式, など微分 n 形式までつくることができる. また微分 k 形式を双対微分 $n - k$ 形式に変換する演算子がホッジの星印演算子である (W. V. D. Hodge, 1903-75).

具体例として 3 次元空間を取り，基底に微分 $\mathrm{d}x, \mathrm{d}y, \mathrm{d}z$ を取ってみよう. 微分 0 形式は普通のスカラー場，微分 1 形式はベクトル場のことである. 微分 1 形式はパフ形式とも言う (J. F. Pfaff, 1765-1825). 微分 $0, 1, 2, 3$ 形式はそれぞれ

$$\omega = \begin{cases} \omega \\ \omega_x \mathrm{d}x + \omega_y \mathrm{d}y + \omega_z \mathrm{d}z \\ \omega_{yz} \mathrm{d}y \wedge \mathrm{d}z + \omega_{zx} \mathrm{d}z \wedge \mathrm{d}x + \omega_{xy} \mathrm{d}x \wedge \mathrm{d}y \\ \omega_{xyz} \mathrm{d}x \wedge \mathrm{d}y \wedge \mathrm{d}z \end{cases}$$

のように表す. これらの双対微分 $3, 2, 1, 0$ 形式は星印演算子によって

$$*\omega = \begin{cases} \omega \mathrm{d}x \wedge \mathrm{d}y \wedge \mathrm{d}z \\ \omega_x \mathrm{d}y \wedge \mathrm{d}z + \omega_y \mathrm{d}z \wedge \mathrm{d}x + \omega_z \mathrm{d}x \wedge \mathrm{d}y \\ \omega_{yz} \mathrm{d}x + \omega_{zx} \mathrm{d}y + \omega_{xy} \mathrm{d}z \\ \omega_{xyz} \end{cases} \quad (\mathrm{A.44})$$

である．

2つの微分1形式 u, v があるとき，そのウェッジ積は

$$u \wedge v = (u_y v_z - u_z v_y)\mathrm{d}y \wedge \mathrm{d}z$$
$$+ (u_z v_x - u_x v_z)\mathrm{d}z \wedge \mathrm{d}x + (u_x v_y - u_y v_x)\mathrm{d}x \wedge \mathrm{d}y$$

である．したがって，その双対微分形式

$$^*(u \wedge v) = (u_y v_z - u_z v_y)\mathrm{d}x + (u_z v_x - u_x v_z)\mathrm{d}y + (u_x v_y - u_y v_x)\mathrm{d}z$$

は u と v のベクトル積を与えている．また，微分1形式 u の双対微分形式 $^*u$ と微分1形式 v のウェッジ積は微分3形式

$$^*u \wedge v = (u_x v_x + u_y v_y + u_z v_z)\mathrm{d}x \wedge \mathrm{d}y \wedge \mathrm{d}z \tag{A.45}$$

になるから u と v のスカラー積は $^*(^*u \wedge v)$ で与えられる．

微分0形式 ω，つまり普通の関数の外微分は

$$\mathrm{d}\omega = \partial_x \omega \mathrm{d}x + \partial_y \omega \mathrm{d}y + \partial_z \omega \mathrm{d}z$$

で普通の微分である．これを使うと微分1形式 ω の外微分は微分2形式

$$\mathrm{d}\omega = (\partial_y \omega_z - \partial_z \omega_y)\mathrm{d}y \wedge \mathrm{d}z$$
$$+ (\partial_z \omega_x - \partial_x \omega_z)\mathrm{d}z \wedge \mathrm{d}x + (\partial_x \omega_y - \partial_y \omega_x)\mathrm{d}x \wedge \mathrm{d}y$$

になる．ナブラは微分1形式であるから，外微分はナブラと ω のウェッジ積 $\mathrm{d}\omega = \nabla \wedge \omega$ である．$\mathrm{d}\omega$ の双対微分形式は

$$^*\mathrm{d}\omega = (\partial_y \omega_z - \partial_z \omega_y)\mathrm{d}x + (\partial_z \omega_x - \partial_x \omega_z)\mathrm{d}y + (\partial_x \omega_y - \partial_y \omega_x)\mathrm{d}z$$

である．これは ω の回転密度を与えている．また，(A.45) からわかる通り，ω の発散密度は $^*(^*\nabla \wedge \omega)$ である．

微分形式における積分は次のように定義する．$\omega = \omega_{12\ldots n}\mathrm{d}x^1 \wedge \mathrm{d}x^2 \wedge \cdots \wedge \mathrm{d}x^n$ を微分 n 形式とする．このとき n 次元空間の領域 M の積分を

$$\int \omega = \int \mathrm{d}x^1 dx^2 \ldots \mathrm{d}x^n \omega_{12\ldots n}$$

によって定義する．このようにすると，発散定理も回転定理も統一的に同じ

形に書くことができる．まず回転定理を書き直してみよう．ベクトル場 E の循環は，$\omega = E$ とすると，

$$\oint d\mathbf{x} \cdot \mathbf{E} = \oint (dxE_x + dyE_y + dzE_z) = \int_{\partial M} \omega$$

である．M が曲面上の領域で，∂M はその境界である．一方，M 上の積分は図 A.4 から求めた関係 $\partial g/\partial x = -n_x/n_z$, $\partial g/\partial y = -n_y/n_z$ を使って

$$\int dS \mathbf{n} \cdot \boldsymbol{\nabla} \times \mathbf{E} = \int dxdy \left\{ -\frac{\partial g}{\partial x}(\boldsymbol{\nabla}\times\mathbf{E})_x - \frac{\partial g}{\partial y}(\boldsymbol{\nabla}\times\mathbf{E})_y + (\boldsymbol{\nabla}\times\mathbf{E})_z \right\}$$

である．

$$dz = \frac{\partial g}{\partial x}dx + \frac{\partial g}{\partial y}dy \tag{A.46}$$

に注意すれば

$$\int \{(\boldsymbol{\nabla}\times\mathbf{E})_x dy \wedge dz + (\boldsymbol{\nabla}\times\mathbf{E})_y dz \wedge dx + (\boldsymbol{\nabla}\times\mathbf{E})_z dx \wedge dy\} = \int_M d\omega$$

になるから回転定理は

$$\int_M d\omega = \int_{\partial M} \omega \tag{A.47}$$

と書くことができる．

次に発散定理を書き直してみよう．まず 3 次元空間内の領域 M の境界 ∂M での積分は，上とまったく同様で，(A.46) を使うと

$$\oint dS \mathbf{n} \cdot \mathbf{E} = \int dS(n_x E_x + n_y E_y + n_z E_z)$$
$$= \int dxdy \left(-\frac{\partial g}{\partial x}E_x - \frac{\partial g}{\partial y}E_y + E_z \right) = \int_{\partial M} \omega$$

である．今度は $\omega = {}^*E$ である．一方，$\boldsymbol{\nabla}\cdot\mathbf{E}$ の M 上の積分は

$$\int dxdydz \boldsymbol{\nabla}\cdot\mathbf{E} = \int dx \wedge dy \wedge dz \boldsymbol{\nabla}\cdot\mathbf{E} = \int_M d\omega$$

である．発散定理も (A.47) の形に書くことができた．さらに一般の次元に拡張することもできる．

A.9　極性ベクトルと軸性ベクトル

クーロンの法則は，電場が電荷から放射状に広がるようにつくられることを表している．それに対して，ビオ - サヴァールの法則は，磁場が直線電流を取り巻くようにつくられることを表している．電場と磁場は同じベクトル記号を使うので紛らわしいが，本来まったく異なる性質を持っていることを示そう．

座標ベクトルの 3 成分の符号を変える変換を空間反転と言う．例えば粒子の位置座標，速度，加速度は空間の反転に対して符号を変える．したがって力も同じである．だが，すべてのベクトルがこの性質を持つとは限らない．角運動量は位置座標と運動量の積であるから空間反転に対して符号を変えない．空間反転に対し符号を変えるベクトルを極性ベクトル，符号を変えないベクトルを軸性ベクトルと呼ぶ．1896 年にフォークトはこれら 2 種類のベクトルを区別した．軸性ベクトルという用語はコラーチェク (F. Koláček, 1851-1913) の 1895 年の論文に由来する．

A.1.2節で調べたように，ベクトルの外積は実は 2 階の反対称テンソルだった．軸性ベクトルは 2 つの極性ベクトルからつくられた反対称テンソルのことである．角速度ベクトルもまた軸性ベクトルである．角速度ベクトルは次のようにして導くことができる．正規直交基底ベクトル $\mathbf{e}_x, \mathbf{e}_y, \mathbf{e}_z$ が回転する座標系を考えよう．この座標で，静止している質点の位置ベクトルを

$$\mathbf{z} = x\mathbf{e}_x + y\mathbf{e}_y + z\mathbf{e}_z$$

とすると，x, y, z は時間変化しない．座標ベクトルの時間導関数はベクトルであるから，基底ベクトルの線形結合によって

$$\dot{\mathbf{e}}_x = \omega_{xx}\mathbf{e}_x + \omega_{xy}\mathbf{e}_y + \omega_{xz}\mathbf{e}_z$$
$$\dot{\mathbf{e}}_y = \omega_{yx}\mathbf{e}_x + \omega_{yy}\mathbf{e}_y + \omega_{yz}\mathbf{e}_z$$
$$\dot{\mathbf{e}}_z = \omega_{zx}\mathbf{e}_x + \omega_{zy}\mathbf{e}_y + \omega_{zz}\mathbf{e}_z$$

と書ける．$\mathbf{e}_x^2 = 1$ の両辺を微分すると $\mathbf{e}_x \cdot \dot{\mathbf{e}}_x = 0$ から $\omega_{xx} = 0$ が得られる．同様に $\omega_{yy} = \omega_{zz} = 0$ である．また，基底ベクトルの直交性 $\mathbf{e}_x \cdot \mathbf{e}_y = 0$ を微分すると，$\dot{\mathbf{e}}_x \cdot \mathbf{e}_y + \mathbf{e}_x \cdot \dot{\mathbf{e}}_y = 0$ であるから $\omega_{xy} + \omega_{yx} = 0$ になる．

A.9 極性ベクトルと軸性ベクトル

$\omega_{yz} + \omega_{zy} = 0$, $\omega_{zx} + \omega_{xz} = 0$ も同様に導くことができる．この結果，テンソル ω_{ij} は2階の反対称テンソルである．反対称テンソルは独立成分が3つしかないから，

$$\omega_x = \omega_{yz}, \qquad \omega_y = \omega_{zx}, \qquad \omega_z = \omega_{xy}$$

を独立成分に選べば

$$\dot{\mathbf{e}}_x = \omega_z \mathbf{e}_y - \omega_y \mathbf{e}_z, \qquad \dot{\mathbf{e}}_y = -\omega_z \mathbf{e}_x + \omega_x \mathbf{e}_z, \qquad \dot{\mathbf{e}}_z = \omega_y \mathbf{e}_x - \omega_x \mathbf{e}_y$$

になる．そこで

$$\dot{\mathbf{z}} = \boldsymbol{\omega} \times \mathbf{z} \tag{A.48}$$

と書ける．$\boldsymbol{\omega} = (\omega_x, \omega_y, \omega_z)$ が角速度ベクトルである．ω_z だけが0でない場合を考えてみよう．このとき粒子の速度は $\dot{\mathbf{z}} = (-y\omega_z, x\omega_z, 0)$ である．すなわち，粒子は z 軸を中心として角速度 ω_z で回転している．一般の場合も同じことである．粒子はベクトル $\boldsymbol{\omega}$ を回転軸として回転する．このように，軸性ベクトルは，その方向が回転軸の方向を表すことから，その名前がついているのである．ベクトルの成分 ω_i とテンソル ω_{ij} の関係は

$$\omega_i = \frac{1}{2}\epsilon_{ijk}\omega_{jk} \tag{A.49}$$

のように表すことができる．

この ω_i と ω_{jk} の関係は，A.8節の (A.44) のように，微分1形式と微分2形式の双対の関係である．極性ベクトルは微分1形式，軸性ベクトルは微分2形式と考えてよい．電場は極から広がっていく極性ベクトル，磁場は2つの極性ベクトル，電流要素と距離ベクトルの外積の形をしている軸性ベクトルである．磁場がベクトルポテンシャルを用いて2階の反対称テンソル

$$B_{ij} = \partial_i A_j - \partial_j A_i \tag{A.50}$$

として書けることからも明らかであろう．アンペール力は

$$\mathrm{d}\mathbf{F} = \mathrm{B} \cdot I\mathrm{d}\mathbf{x}$$

のように表すことができる．

ベクトルポテンシャルを微分形式で書くと
$$A = A_x \mathrm{d}x + A_y \mathrm{d}y + A_z \mathrm{d}z$$
であるから，その外微分
$$\mathrm{d}A = (\partial_y A_z - \partial_z A_y)\mathrm{d}y \wedge \mathrm{d}z + (\partial_z A_x - \partial_x A_z)\mathrm{d}z \wedge \mathrm{d}x + (\partial_x A_y - \partial_y A_x)\mathrm{d}x \wedge \mathrm{d}y$$
は，(A.50) の関係から，微分 2 形式の磁場
$$B = B_{yz}\mathrm{d}y \wedge \mathrm{d}z + B_{zx}\mathrm{d}z \wedge \mathrm{d}x + B_{xy}\mathrm{d}x \wedge \mathrm{d}y$$
に等しい．B の外微分は
$$\mathrm{d}B = (\partial_x B_{yz} + \partial_y B_{zx} + \partial_z B_{xy})\mathrm{d}x \wedge \mathrm{d}y \wedge \mathrm{d}z$$
になるから $\nabla \cdot \mathbf{B} = 0$ を代入すれば $\mathrm{d}B = 0$ が得られる．また B の双対微分形式は
$$^*B = B_{yz}\mathrm{d}x + B_{zx}\mathrm{d}y + B_{xy}\mathrm{d}z = B_x\mathrm{d}x + B_y\mathrm{d}y + B_z\mathrm{d}z$$
であるからその外微分
$$\mathrm{d}^*B = (\partial_y B_z - \partial_z B_y)\mathrm{d}y \wedge \mathrm{d}z + (\partial_z B_x - \partial_x B_z)\mathrm{d}z \wedge \mathrm{d}x + (\partial_x B_y - \partial_y B_z)\mathrm{d}x \wedge \mathrm{d}y$$
にアンペールの法則 $\nabla \times \mathbf{B} = \mu_0 \mathbf{J}$ の各成分を代入すれば
$$\mathrm{d}^*B = \mu_0(J_x\mathrm{d}y \wedge \mathrm{d}z + J_y\mathrm{d}z \wedge \mathrm{d}x + \mathrm{d}x \wedge \mathrm{d}y) = \mu_0 {}^*J$$
になる．J は電流密度で微分 1 形式である．

静磁場の基本方程式は
$$\mathrm{d}^*B = \mu_0 {}^*J, \qquad \mathrm{d}B = 0$$
と表すことができる．同様に静電場の基本方程式が
$$\mathrm{d}^*E = \frac{1}{\epsilon_0} {}^*\varrho, \qquad \mathrm{d}E = 0$$
になることを示すのは容易である．第 1 式がガウスの法則，第 2 式が $\nabla \times \mathbf{E} = 0$ を表している．E は電場で微分 1 形式，ϱ は電荷密度で微分 0 形式である．微分形式における電磁場の対称性に注目しよう．微分形式におけるマクスウェル方程式は 15.16 節で与える．

A.10　非カルテジャン：曲線座標

デカルト座標では任意の線要素ベクトルを $d\mathbf{x} = \mathbf{e}_x dx + \mathbf{e}_y dy + \mathbf{e}_z dz$ と表したが，問題によってその対称性を考慮し，曲線座標を使った方が便利だ．一般の座標を u^1, u^2, u^3 とすると，デカルト座標 x, y, z はそれらの関数として表せる．(A.43) を用いて，$\mathbf{x}$ の微分は

$$d\mathbf{x} = \frac{\partial \mathbf{x}}{\partial u^1} du^1 + \frac{\partial \mathbf{x}}{\partial u^2} du^2 + \frac{\partial \mathbf{x}}{\partial u^3} du^3 = \frac{\partial \mathbf{x}}{\partial u^i} du^i$$

で与えられる．ここで現れた基底

$$\mathbf{a}_1 = \frac{\partial \mathbf{x}}{\partial u^1}, \qquad \mathbf{a}_2 = \frac{\partial \mathbf{x}}{\partial u^2}, \qquad \mathbf{a}_3 = \frac{\partial \mathbf{x}}{\partial u^3} \tag{A.51}$$

をユニタリーベクトルと呼ぶ．

一般に $\mathbf{a}_i$ は互いに直交しない．すなわち $i \neq j$ で $\mathbf{a}_i \cdot \mathbf{a}_j$ は 0 にならない．対称行列

$$g_{ij} = \mathbf{a}_i \cdot \mathbf{a}_j \tag{A.52}$$

を計量テンソルと呼ぶ．$d\mathbf{x}$ は

$$d\mathbf{x} = \mathbf{a}_1 du^1 + \mathbf{a}_2 du^2 + \mathbf{a}_3 du^3 \tag{A.53}$$

になる．$d\mathbf{x}$ の長さ ds を計算すると

$$ds^2 = dx^2 + dy^2 + dz^2 = g_{ij} du^i du^j$$

図 **A.10**　ヤコービ

である．(A.53) で加えた 3 つのベクトル $\mathbf{a}_1 du^1, \mathbf{a}_2 du^2, \mathbf{a}_3 du^3$ は u^1, u^2, u^3 をそれぞれ du^1, du^2, du^3 だけ変化させたときの $\mathbf{x}$ の変化である．これら 3 つのベクトルがつくる平行 6 面体の体積要素 dV は，(A.3) のようにスカラー 3 重積で与えられるから，

$$dV = \det(\mathbf{a}_1 du^1, \mathbf{a}_2 du^2, \mathbf{a}_3 du^3) = J du^1 du^2 du^3$$

になる．

$$J = \det(\mathbf{a}_1, \mathbf{a}_2, \mathbf{a}_3)$$

324   付録 A   電磁気学と数学

をヤコービの関数行列式 (1841) と言う．計量テンソルの行列式を $g = \det(g_{ij})$ とすると，(A.52) から $g = J^2$，すなわち $J = \sqrt{g}$ である．

特に，これら 3 つのベクトルが直交する直交曲線座標では，$g_{11} = h_1^2$ 等と表すと，

$$\mathbf{e}_1 = \frac{1}{h_1}\mathbf{a}_1, \qquad \mathbf{e}_2 = \frac{1}{h_2}\mathbf{a}_2, \qquad \mathbf{e}_3 = \frac{1}{h_3}\mathbf{a}_3 \tag{A.54}$$

は正規直交基底をつくっている．線要素は

$$\mathrm{d}s^2 = (h_1 \mathrm{d}u^1)^2 + (h_2 \mathrm{d}u^2)^2 + (h_3 \mathrm{d}u^3)^2$$

体積要素は $\mathrm{d}V = h_1 h_2 h_3 \mathrm{d}u^1 \mathrm{d}u^2 \mathrm{d}u^3$ で与えられる．任意のベクトル $\mathbf{A}$ は，正規直交基底 $\mathbf{e}_1, \mathbf{e}_2, \mathbf{e}_3$ を用いて

$$\mathbf{A} = A_1 \mathbf{e}_1 + A_2 \mathbf{e}_2 + A_3 \mathbf{e}_3$$

のように表すことができる．

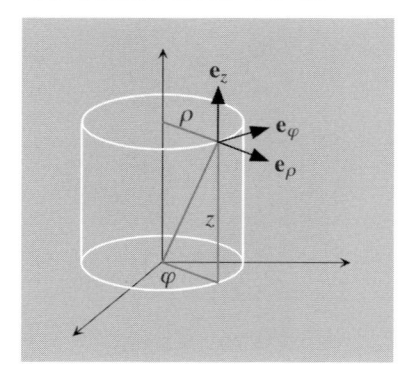

図 A.11　円柱座標

図 A.11 のように，円柱座標は z 軸からの距離 $u^1 = \rho$，方位角 $u^2 = \varphi$ および $u^3 = z$ で表す（座標 ρ と電荷密度 ϱ は紛らわしいがやむをえない）．デカルト座標は $x = \rho\cos\varphi$, $y = \rho\sin\varphi$ である．計量は $g_{11} = 1$, $g_{22} = \rho^2$, $g_{33} = 1$ であるから，$h_{11} = 1$, $h_{22} = \rho$, $h_{33} = 1$ になり，(A.54) によって正規直交基底は

$$\mathbf{e}_\rho = \mathbf{e}_x \cos\varphi + \mathbf{e}_y \sin\varphi$$
$$\mathbf{e}_\varphi = -\mathbf{e}_x \sin\varphi + \mathbf{e}_y \cos\varphi$$

および $\mathbf{e}_z$ である．体積要素は $\mathrm{d}V = \rho \mathrm{d}\rho \mathrm{d}\varphi \mathrm{d}z$ である．線要素ベクトルは

$$\mathrm{d}\mathbf{x} = \mathbf{e}_\rho \mathrm{d}\rho + \mathbf{e}_\varphi \rho \mathrm{d}\varphi + \mathbf{e}_z \mathrm{d}z$$

になり，$\mathrm{d}V$ は ρ, φ, z 方向に $\mathrm{d}\rho, \rho \mathrm{d}\varphi, \mathrm{d}z$ の長さを持つ立体の体積である．

球座標は，図 A.12 のように，原点からの距離 $u^1 = r$，天頂角 $u^2 = \theta$ および方位角 $u^3 = \varphi$ で表す．z 軸からの距離は $\rho = r\sin\theta$ だから，デカルト座標は $x = r\sin\theta\cos\varphi$，$y = r\sin\theta\sin\varphi$ と表すことができる．また，$z = r\cos\theta$ である．計量は $g_{11} = 1$，$g_{22} = r^2$，$g_{33} = r^2\sin^2\theta$ だから，$h_{11} = 1$，$h_{22} = r$，$h_{33} = r\sin\theta$ になり，体積要素 $dV = r^2\sin\theta\, dr d\theta d\varphi$ は r，θ，φ 方向に dr, $rd\theta$, $r\sin\theta d\varphi$ の長さを持つ立体の体積である．線要素ベクトルは

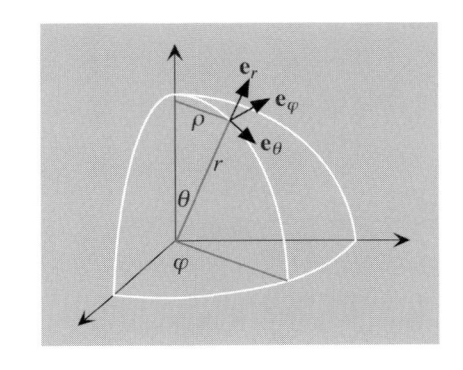

図 A.12　球座標

$$d\mathbf{x} = \mathbf{e}_r dr + \mathbf{e}_\theta r d\theta + \mathbf{e}_\varphi r\sin\theta d\varphi$$

と書ける．正規直交基底は

$$\mathbf{e}_r = \mathbf{e}_x \sin\theta\cos\varphi + \mathbf{e}_y \sin\theta\sin\varphi + \mathbf{e}_z \cos\theta$$
$$\mathbf{e}_\theta = \mathbf{e}_x \cos\theta\cos\varphi + \mathbf{e}_y \cos\theta\sin\varphi - \mathbf{e}_z \sin\theta$$
$$\mathbf{e}_\varphi = -\mathbf{e}_x \sin\varphi + \mathbf{e}_y \cos\varphi$$

になる．

A.10.1　微分演算子を曲線座標で表す

スカラー関数（微分 0 形式）ϕ の微分は微分 1 形式になり

$$d\phi = \frac{\partial\phi}{\partial x}dx + \frac{\partial\phi}{\partial y}dy + \frac{\partial\phi}{\partial z}dz$$

であるから，その双対変換は

$${}^*d\phi = \frac{\partial\phi}{\partial x}dy \wedge dz + \frac{\partial\phi}{\partial y}dz \wedge dx + \frac{\partial\phi}{\partial z}dx \wedge dy$$

である．そこでこの外微分を計算すると

$$d{}^*d\phi = \left(\frac{\partial^2\phi}{\partial x^2} + \frac{\partial^2\phi}{\partial y^2} + \frac{\partial^2\phi}{\partial z^2}\right)dx \wedge dy \wedge dz = \nabla^2\phi\, dx \wedge dy \wedge dz$$

が得られる．この関係は任意の直交曲線座標で成り立つ．この節では円柱座標または球座標での微分演算子を，微分形式を用いて求めておこう．

円柱座標での ϕ の微分は

$$\mathrm{d}\phi = \frac{\partial \phi}{\partial \rho}\mathrm{d}\rho + \frac{\partial \phi}{\partial \varphi}\mathrm{d}\varphi + \frac{\partial \phi}{\partial z}\mathrm{d}z = \frac{\partial \phi}{\partial \rho}\mathrm{e}_\rho + \frac{1}{\rho}\frac{\partial \phi}{\partial \varphi}\mathrm{e}_\varphi + \frac{\partial \phi}{\partial z}\mathrm{e}_z$$

である．右辺は正規直交基底 $\mathrm{e}_\rho = \mathrm{d}\rho$, $\mathrm{e}_\varphi = \rho\mathrm{d}\varphi$, $\mathrm{e}_z = \mathrm{d}z$ で表した．ベクトル表示では

$$\boldsymbol{\nabla}\phi = \frac{\partial \phi}{\partial \rho}\mathbf{e}_\rho + \frac{1}{\rho}\frac{\partial \phi}{\partial \varphi}\mathbf{e}_\varphi + \frac{\partial \phi}{\partial z}\mathbf{e}_z$$

になる．$\mathrm{d}\phi$ の双対は

$$^*\mathrm{d}\phi = \rho\frac{\partial \phi}{\partial \rho}\mathrm{d}\varphi \wedge \mathrm{d}z + \frac{1}{\rho}\frac{\partial \phi}{\partial \varphi}\mathrm{d}z \wedge \mathrm{d}\rho + \rho\frac{\partial \phi}{\partial z}\mathrm{d}\rho \wedge \mathrm{d}\varphi$$

になるからこの外微分を計算すると

$$\mathrm{d}^*\mathrm{d}\phi = \left\{\frac{\partial}{\partial \rho}\left(\rho\frac{\partial \phi}{\partial \rho}\right) + \frac{1}{\rho}\frac{\partial^2 \phi}{\partial \varphi^2} + \rho\frac{\partial^2 \phi}{\partial z^2}\right\}\mathrm{d}\rho \wedge \mathrm{d}\varphi \wedge \mathrm{d}z$$

である．これが $\nabla^2\phi\, \mathrm{e}_\rho \wedge \mathrm{e}_\varphi \wedge \mathrm{e}_z$ に等しい．したがってラプラス演算子は

$$\nabla^2 = \frac{1}{\rho}\frac{\partial}{\partial \rho}\left(\rho\frac{\partial}{\partial \rho}\right) + \frac{1}{\rho^2}\frac{\partial^2}{\partial \varphi^2} + \frac{\partial^2}{\partial z^2} \tag{A.55}$$

である．微分 1 形式

$$A = A_1\mathrm{d}\rho + A_2\mathrm{d}\varphi + A_3\mathrm{d}z$$

の外微分は

$$\mathrm{d}A = \left(\frac{\partial A_3}{\partial \varphi} - \frac{\partial A_2}{\partial z}\right)\mathrm{d}\varphi\wedge\mathrm{d}z + \left(\frac{\partial A_1}{\partial z} - \frac{\partial A_3}{\partial \rho}\right)\mathrm{d}z\wedge\mathrm{d}\rho + \left(\frac{\partial A_2}{\partial \rho} - \frac{\partial A_1}{\partial \varphi}\right)\mathrm{d}\rho\wedge\mathrm{d}\varphi$$

である．正規直交基底の成分 $A_1 = A_\rho$, $A_2 = \rho A_\varphi$, $A_3 = A_z$ で表すと

$$^*\mathrm{d}A = \left(\frac{1}{\rho}\frac{\partial A_z}{\partial \varphi} - \frac{\partial A_\varphi}{\partial z}\right)\mathrm{e}_\rho + \left(\frac{\partial A_\rho}{\partial z} - \frac{\partial A_z}{\partial \rho}\right)\mathrm{e}_\varphi + \frac{1}{\rho}\left\{\frac{\partial}{\partial \rho}(\rho A_\varphi) - \frac{\partial A_\rho}{\partial \varphi}\right\}\mathrm{e}_z$$

になる．ベクトル表示で

$$\boldsymbol{\nabla}\times\mathbf{A} = \left(\frac{1}{\rho}\frac{\partial A_z}{\partial \varphi} - \frac{\partial A_\varphi}{\partial z}\right)\mathbf{e}_\rho + \left(\frac{\partial A_\rho}{\partial z} - \frac{\partial A_z}{\partial \rho}\right)\mathbf{e}_\varphi + \frac{1}{\rho}\left\{\frac{\partial}{\partial \rho}(\rho A_\varphi) - \frac{\partial A_\rho}{\partial \varphi}\right\}\mathbf{e}_z$$

が得られる．$\mathrm{d}^*A = \boldsymbol{\nabla}\cdot\mathbf{A}\,\mathrm{e}_\rho \wedge \mathrm{e}_\varphi \wedge \mathrm{e}_z$ から発散密度

$$\boldsymbol{\nabla} \cdot \mathbf{A} = \frac{1}{\rho}\frac{\partial}{\partial \rho}(\rho A_\rho) + \frac{1}{\rho}\frac{\partial A_\varphi}{\partial \varphi} + \frac{\partial A_z}{\partial z}$$

が得られることは言うまでもない.

球座標でもまったく同様である. 微分 $\mathrm{d}\phi$ を正規直交基底 $\mathrm{e}_r = \mathrm{d}r$, $\mathrm{e}_\theta = r\mathrm{d}\theta$, $\mathrm{e}_\varphi = r\sin\theta \mathrm{d}\varphi$ で表すと

$$\mathrm{d}\phi = \frac{\partial \phi}{\partial r}\mathrm{d}r + \frac{\partial \phi}{\partial \theta}\mathrm{d}\theta + \frac{\partial \phi}{\partial \varphi}\mathrm{d}\varphi = \frac{\partial \phi}{\partial r}\mathrm{e}_r + \frac{1}{r}\frac{\partial \phi}{\partial \theta}\mathrm{e}_\theta + \frac{1}{r\sin\theta}\frac{\partial \phi}{\partial \varphi}\mathrm{e}_\varphi$$

になりベクトル表示の勾配

$$\boldsymbol{\nabla}\phi = \frac{\partial \phi}{\partial r}\mathrm{e}_r + \frac{1}{r}\frac{\partial \phi}{\partial \theta}\mathrm{e}_\theta + \frac{1}{r\sin\theta}\frac{\partial \phi}{\partial \varphi}\mathrm{e}_\varphi$$

がわかる. $\mathrm{d}\phi$ の双対変換の外微分を計算すると

$$\mathrm{d}^*\mathrm{d}\phi = \left\{\sin\theta\frac{\partial}{\partial r}\left(r^2\frac{\partial \phi}{\partial r}\right) + \frac{\partial}{\partial \theta}\left(\sin\theta\frac{\partial \phi}{\partial \theta}\right) + \frac{1}{\sin\theta}\frac{\partial^2 \phi}{\partial \varphi^2}\right\}\mathrm{d}r \wedge \mathrm{d}\theta \wedge \mathrm{d}\varphi$$

になるから $\nabla^2\phi\,\mathrm{e}_r \wedge \mathrm{e}_\theta \wedge \mathrm{e}_\varphi$ と比較することによってラプラース演算子は

$$\nabla^2 = \frac{1}{r^2}\frac{\partial}{\partial r}\left(r^2\frac{\partial}{\partial r}\right) + \frac{1}{r^2\sin\theta}\frac{\partial}{\partial \theta}\left(\sin\theta\frac{\partial}{\partial \theta}\right) + \frac{1}{r^2\sin^2\theta}\frac{\partial^2}{\partial \varphi^2} \quad (\text{A.56})$$

と表すことができる. 球座標の微分 1 形式

$$A = A_1\mathrm{d}r + A_2\mathrm{d}\theta + A_3\mathrm{d}\varphi$$

を正規直交基底の成分 $A_1 = A_r$, $A_2 = rA_\theta$, $A_3 = r\sin\theta A_\varphi$ で表すと

$$^*\mathrm{d}A = \frac{1}{r\sin\theta}\left\{\frac{\partial}{\partial \theta}(\sin\theta A_\varphi) - \frac{\partial A_\theta}{\partial \varphi}\right\}\mathrm{e}_r$$
$$+ \frac{1}{r}\left\{\frac{1}{\sin\theta}\frac{\partial A_r}{\partial \varphi} - \frac{\partial}{\partial r}(rA_\varphi)\right\}\mathrm{e}_\theta + \frac{1}{r}\left\{\frac{\partial}{\partial r}(rA_\theta) - \frac{\partial A_r}{\partial \theta}\right\}\mathrm{e}_\varphi$$

から回転密度のベクトル表示

$$\boldsymbol{\nabla}\times\mathbf{A} = \frac{1}{r\sin\theta}\left\{\frac{\partial}{\partial \theta}(\sin\theta A_\varphi) - \frac{\partial A_\theta}{\partial \varphi}\right\}\mathrm{e}_r$$
$$+ \frac{1}{r}\left\{\frac{1}{\sin\theta}\frac{\partial A_r}{\partial \varphi} - \frac{\partial}{\partial r}(rA_\varphi)\right\}\mathrm{e}_\theta + \frac{1}{r}\left\{\frac{\partial}{\partial r}(rA_\theta) - \frac{\partial A_r}{\partial \theta}\right\}\mathrm{e}_\varphi$$

がわかる. $\mathrm{d}^*A = \boldsymbol{\nabla}\cdot\mathbf{A}\,\mathrm{e}_r \wedge \mathrm{e}_\theta \wedge \mathrm{e}_\varphi$ から発散密度

$$\boldsymbol{\nabla}\cdot\mathbf{A} = \frac{1}{r^2}\frac{\partial}{\partial r}(r^2 A_r) + \frac{1}{r\sin\theta}\frac{\partial}{\partial \theta}(\sin\theta A_\theta) + \frac{1}{r\sin\theta}\frac{\partial A_\varphi}{\partial \varphi}$$

が得られる.

A.10.2　反変ベクトルと共変ベクトル

直交系をつくらない一般の曲線座標（非ユークリッド空間）の幾何学はボヤイ (J. Bolyai, 1802-60) とロバチェフスキー (L. I. Lobachevsky, 1792-1856) が創始したが（ガウスの研究もあるがガウスは公表しなかった），リーマン，クリストッフェル (E. B. Christoffel, 1829-1900) が発展させ，リッチとレヴィ＝チヴィタがテンソル解析を完成させた．アインシュタインは友人のグロスマン (M. Grossman, 1878-1936) からテンソル解析を学び一般相対論を完成させることになる．

一般の曲線座標 (u^1, u^2, u^3) で，(A.51) のように規格化しないで定義した基底を用いて任意のベクトル場を表すと

$$\mathbf{A} = A^1 \mathbf{a}_1 + A^2 \mathbf{a}_2 + A^3 \mathbf{a}_3 = A^i \mathbf{a}_i \tag{A.57}$$

である．A^i を反変ベクトルと呼ぶ．$\mathbf{a}_i$ のかわりに，それに直交する

$$\mathbf{a}^1 = \nabla u^1, \qquad \mathbf{a}^2 = \nabla u^2, \qquad \mathbf{a}^3 = \nabla u^3$$

を基底に取ることもできる．直交性は，容易に示せるように

$$\mathbf{a}^i \cdot \mathbf{a}_j = \frac{\partial u^i}{\partial x}\frac{\partial x}{\partial u^j} + \frac{\partial u^i}{\partial y}\frac{\partial y}{\partial u^j} + \frac{\partial u^i}{\partial z}\frac{\partial z}{\partial u^j} = \delta^i_j$$

である．δ^i_j はクロネッカーのデルタ記号である．$\mathbf{a}^i$ を相反ユニタリーベクトル，1 形式基底などと言う．これらを基底に選ぶと

$$\mathbf{A} = A_1 \mathbf{a}^1 + A_2 \mathbf{a}^2 + A_3 \mathbf{a}^3 = A_i \mathbf{a}^i$$

と表すこともできる．A_i を共変ベクトルと呼ぶ（共変，反変はリッチとレヴィ＝チヴィタのつくった用語である）．

ベクトル $\mathbf{A}$，$\mathbf{B}$ の内積は

$$\mathbf{A} \cdot \mathbf{B} = g_{ij} A^i B^j = g^{ij} A_i B_j = A_i B^i = A^i B_i$$

の 4 種類の書き方ができる．ここで

$$g_{ij} = \mathbf{a}_i \cdot \mathbf{a}_j, \qquad g^{ij} = \mathbf{a}^i \cdot \mathbf{a}^j \tag{A.58}$$

は計量テンソルである．そこで共変ベクトルと反変ベクトルは

A.10 非カルテジアン：曲線座標

$$A_i = g_{ij}A^j, \qquad A^i = g^{ij}A_j$$

の関係がある．また基底ベクトルも

$$\mathbf{a}_i = g_{ij}\mathbf{a}^j, \qquad \mathbf{a}^i = g^{ij}\mathbf{a}_j$$

によって変換する．計量テンソルは添字を上げ下げする役をする（正規直交座標系では $g_{ij} = g^{ij} = \delta_{ij}$ であるから，共変，反変の区別をする必要はない）．また

$$A^i = g^{ik}A_k = g^{ik}g_{kj}A^j$$

が成り立つから

$$g^{ik}g_{kj} = \delta^i_j$$

すなわち g_{ij} と g^{ij} は互いに逆行列になっている．

別の曲線座標 (u'^1, u'^2, u'^3) を取ってみよう．元の座標 (u^1, u^2, u^3) との関係は

$$\mathrm{d}u'^i = \frac{\partial u'^i}{\partial u^j}\mathrm{d}u^j \tag{A.59}$$

で与えられる．この変数変換によって基底は

$$\mathbf{a}'_i = \frac{\partial \mathbf{x}}{\partial u'^i} = \frac{\partial u^j}{\partial u'^i}\mathbf{a}_j, \qquad \mathbf{a}'^i = \boldsymbol{\nabla} u'^i = \frac{\partial u'^i}{\partial u^j}\mathbf{a}^j$$

のように変換される．このとき

$$\mathbf{A} = A^i\mathbf{a}_i = A'^i\mathbf{a}'_i = A_i\mathbf{a}^i = A'_i\mathbf{a}'^i$$

になるから，反変ベクトル，共変ベクトルはそれぞれ

$$A'^i = \frac{\partial u'^i}{\partial u^j}A^j, \qquad A'_i = \frac{\partial u^j}{\partial u'^i}A_j$$

のように変換する．座標の微分の変換 (A.59) と同じ変換をする量が反変ベクトル，基底 $\mathbf{a}_i$ と同じ変換則に従うのが共変ベクトルである．計量テンソルは

$$g'_{ij} = \mathbf{a}'_i \cdot \mathbf{a}'_j = \frac{\partial u^k}{\partial u'^i}\frac{\partial u^l}{\partial u'^j}g_{kl}, \qquad g'^{ij} = \mathbf{a}'^i \cdot \mathbf{a}'^j = \frac{\partial u'^i}{\partial u^k}\frac{\partial u'^j}{\partial u^l}g^{kl}$$

のように変換する．

A.10.3 クリストッフェルの共変微分

曲線座標でのベクトルは空間の各点で変換則が異なるので微分をするとき注意が必要である．同一座標点での2つのベクトルの差はベクトルとして変換するが，異なる座標点でのベクトルの差はベクトルにならないからである．u でのベクトルを $u+\delta u$ まで平行移動した $A_\|^i(u+\delta u)$ と $u+\delta u$ でのベクトル $A^i(u+\delta u)$ の差はベクトルになるから共変導関数を定義で

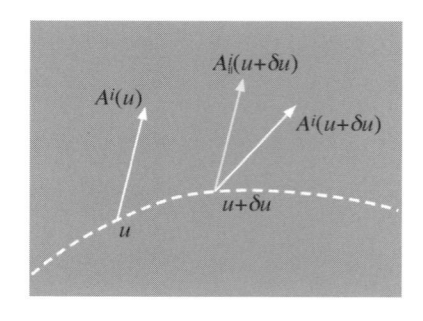

図 A.13 平行移動

きる．曲線座標におけるベクトルの平行移動を理解するために具体例を考えてみよう．円柱座標の反変ベクトルの成分は

$$A^1 = A_x \cos\varphi + A_y \sin\varphi, \quad A^2 = -\frac{A_x}{\rho}\sin\varphi + \frac{A_y}{\rho}\cos\varphi, \quad A^3 = A_z$$

である．座標の変化に対し，A_x, A_y, A_z が変化しないのがベクトルの平行移動である．座標が $\delta\rho, \delta\varphi, \delta z$ だけ変化し，ベクトルが平行移動すると A^1 と A^2 は

$$\delta A^1 = \rho A^2 \delta\varphi, \qquad \delta A^2 = -\frac{A^2}{\rho}\delta\rho - \frac{A^1}{\rho}\delta\varphi \qquad \text{(A.60)}$$

だけ変化しなければならない．一般の曲線座標で平行移動 $A_\|^i$ を求めてみよう．座標の変化 δu によってベクトルは (A.57) から

$$\delta\mathbf{A} = \delta A^i \mathbf{a}_i + A^i \delta\mathbf{a}_i = \delta A^i \mathbf{a}_i + A^i \left\{{k \atop ij}\right\}\delta u^j \mathbf{a}_k \qquad \text{(A.61)}$$

だけ変化する．ここで $\left\{{k \atop ij}\right\}$ はクリストッフェルの3指標記号と呼ばれる量で

$$\frac{\partial \mathbf{a}_i}{\partial u^j} = \frac{\partial^2 \mathbf{x}}{\partial u^i \partial u^j} = \left\{{k \atop ij}\right\}\mathbf{a}_k$$

によって定義した．平行移動の定義は $\delta\mathbf{A} = 0$ である．そのとき曲線座標での成分の変化 $\delta A^i = A_\|^i(u+\delta u) - A^i(u)$ は (A.61) から決まる．ベクトルの平行移動は

$$A^i_{\parallel}(u+\delta u) = A^i(u) - A^k \{{}^{\ i}_{kj}\}\delta u^j$$

である．円柱座標の例では

$$\{{}^{1}_{22}\} = -\rho, \qquad \{{}^{2}_{12}\} = \{{}^{2}_{21}\} = \frac{1}{\rho}$$

のみが 0 でないから (A.60) が得られる．こうして A^i の微分は

$$A^i(u+\delta u) - A^i_{\parallel}(u+\delta u) = A^i(u+\delta u) - A^i(u) + A^k\{{}^{\ i}_{kj}\}\delta u^j = \nabla_j A^i \delta u^j$$

によって定義すればよい．1869 年にクリストッフェルが導いた

$$\nabla_j A^i = \frac{\partial A^i}{\partial u^j} + A^k \{{}^{\ i}_{kj}\} \tag{A.62}$$

をリッチとレヴィ＝チヴィタが共変導関数と名づけた．曲線座標では通常の $\partial_j A^i$ と異なり $\nabla_j A^i$ がテンソルとして変換する．デカルト座標ではクリストッフェル記号が 0 であるから共変導関数は $\partial_j A^i$ に一致する．曲線座標における平行移動を最初に定式化したのはレヴィ＝チヴィタ (1917) である．クリストッフェル自身は記号 $\{{}^{\ k}_{ij}\}$ のかわりに $\{{}^{ij}_{\ k}\}$ を使っていた．

$\{{}^{\ k}_{ij}\}$ は明らかに ij の入れかえで対称である．(A.58) の両辺を微分すると

$$\frac{\partial g_{ij}}{\partial u^k} = \frac{\partial \mathbf{a}_i}{\partial u^k} \cdot \mathbf{a}_j + \mathbf{a}_i \cdot \frac{\partial \mathbf{a}_j}{\partial u^k} = \{{}^{\ l}_{ik}\}g_{lj} + \{{}^{\ l}_{jk}\}g_{li} \tag{A.63}$$

になる．これから

$$\{{}^{\ l}_{ij}\}g_{lk} = \frac{1}{2}\left(\frac{\partial g_{ik}}{\partial u^j} + \frac{\partial g_{jk}}{\partial u^i} - \frac{\partial g_{ij}}{\partial u^k}\right)$$

が得られる．これを解けば

$$\{{}^{\ l}_{ij}\} = \frac{1}{2}g^{kl}\left(\frac{\partial g_{ik}}{\partial u^j} + \frac{\partial g_{jk}}{\partial u^i} - \frac{\partial g_{ij}}{\partial u^k}\right) \tag{A.64}$$

である．

(A.61) から

$$\frac{\partial \mathbf{A}}{\partial u^j} = \frac{\partial A^i}{\partial u^j}\mathbf{a}_i + A^i\{{}^{\ k}_{ij}\}\mathbf{a}_k = \nabla_j A^i \mathbf{a}_i = \nabla_j A_i \mathbf{a}^i$$

である．共変ベクトルの共変導関数が $\nabla_j A_i$ である．(A.62) を使うと

$$\nabla_j A_i = g_{ik}\nabla_j A^k = g_{ik}\left(\frac{\partial A^k}{\partial u^j} + A^l\{{}^{\ k}_{lj}\}\right) = \frac{\partial A_i}{\partial u^j} - A^k\frac{\partial g_{ik}}{\partial u^j} + g_{ik}A^l\{{}^{\ k}_{lj}\}$$

が得られるから (A.63) を代入して整理すると

$$\nabla_j A_i = \frac{\partial A_i}{\partial u^j} - A_k \{{}^{k}_{ij}\}$$

で与えられる．ベクトルの発散密度は (A.64) を代入すると

$$\boldsymbol{\nabla} \cdot \mathbf{A} = \nabla_i A^i = \frac{\partial A^i}{\partial u^i} + A^k \{{}^{i}_{ki}\} = \frac{\partial A^i}{\partial u^i} + \frac{1}{2} A^k g^{ji} \frac{\partial g_{ij}}{\partial u^k} \tag{A.65}$$

になる．さらに計量テンソルを微小変化させたときの行列式の変化は

$$g + \delta g = \det(g_{ij} + \delta g_{ij}) = g \det(\delta^k_j + g^{ki} \delta g_{ij}) = g + g g^{ji} \delta g_{ij}$$

になるから

$$\frac{\partial g}{\partial u^k} = g g^{ji} \frac{\partial g_{ij}}{\partial u^k}$$

が得られる．これを使うと一般の座標で表したベクトルの発散密度

$$\boldsymbol{\nabla} \cdot \mathbf{A} = \frac{\partial A^i}{\partial u^i} + \frac{1}{2g} A^i \frac{\partial g}{\partial u^i} = \frac{1}{\sqrt{g}} \frac{\partial}{\partial u^i} (\sqrt{g} A^i) \tag{A.66}$$

が得られる．また任意のスカラー関数 ϕ に対し

$$\frac{\partial \phi}{\partial x^k} = \frac{\partial u^j}{\partial x^k} \frac{\partial \phi}{\partial u^j} = g^{ij} \frac{\partial \phi}{\partial u^j} \frac{\partial x^k}{\partial u^i}$$

すなわち

$$\boldsymbol{\nabla} \phi = g^{ij} \frac{\partial \phi}{\partial u^j} \mathbf{a}_i$$

が成り立つから (A.66) で A^i を $g^{ij} \partial \phi / \partial u^j$ で置きかえることによって一般座標におけるラプラス演算子の式

$$\nabla^2 \phi = \boldsymbol{\nabla} \cdot \boldsymbol{\nabla} \phi = \frac{1}{\sqrt{g}} \frac{\partial}{\partial u^i} \left(\sqrt{g} g^{ij} \frac{\partial \phi}{\partial u^j} \right)$$

が得られる．任意の直交曲線座標に対して $g^{ij} = h_i^{-2} \delta^{ij}$, $\sqrt{g} = h_1 h_2 h_3$ だったからラプラス演算子は

$$\nabla^2 = \frac{1}{h_1 h_2 h_3} \left(\frac{\partial}{\partial u^1} \frac{h_2 h_3}{h_1} \frac{\partial}{\partial u^1} + \frac{\partial}{\partial u^2} \frac{h_3 h_1}{h_2} \frac{\partial}{\partial u^2} + \frac{\partial}{\partial u^3} \frac{h_1 h_2}{h_3} \frac{\partial}{\partial u^3} \right)$$

である．前節の円柱座標，球座標のラプラス演算子を再現することができる．

TOME
I

Index
索引

太字で表記されているページは本巻に収録されている

■ア行
アーンショーの定理 **99**
アイヴズ **460**
アイコナール近似 **591**
アイヒェンヴァルト **596**
アインシュタイン **7, 21, 139, 199,**
 269, 279, 349, 350, 394, 447, 460,
 462, 463, 494, 496, 532, 536, 543,
 597, 605, 654
アインシュタインの関係式 **349**
アインシュタインの規約 **294**
アヴォガードロ **5**
アヴォガードロ定数 **532**
アダマール **501**
アダムズ **216**
アハロノフ - ボーム効果 **551**
アブラハム **99, 485, 603, 608**
アブラハム模型 **99**
アブラハム力 **604**
アブラハム - ローレンツ模型 **487**
アブリコソヴァ **572**
アブリコソフの渦糸 **367**
アプルトン - ハートリーの公式 **589**
アポロニオスの定理 **76**
アラゴー **4, 145, 219, 580**
アラゴーの円板 **219**
アルヴァレズ **200**
アルヴェーンの閉じ込め定理 **283**

アルヴェーン波 **595**
アル・ハイサム **15**
アルファー **535**
アンダーソン **380**
アンドルーズ **7**
案内電荷 **143**
アンペール **5, 15, 18, 142, 145, 151,**
 166, 168, 174, 239, 309
アンペールの回路定理 **168, 185**
アンペールの法則 **154**
アンペール - マクスウェルの法則
 271

イヴァネンコ **11**, 482
石原純 **270**
位相 **384**
位相速度 **384**
位相波 **384**
一般化運動量 **507**
一般化座標 **503**
一般化速度 **503**
移動速度 **132**
易動度 **137, 205**
インピーダンス **264**

ヴァーリー **209**
ヴァールブルク **254**
ヴァイル **171**, 380, 528, 550

ヴァイルゲージ　*518*
ヴァヴィロフ - チェレンコフ効果　*593*
ヴァラー　*547*
ヴァン・アレン　*378*
ヴァン・ヴレック　*358*
ヴィーデマン　*210*
ヴィーデレーエの1/2則　*266*
ヴィーヒェルト　*429, 434*
ヴィーン　*391, 529, 533, 541*
ヴィーンの輻射式　*529, 536*
ヴィーンの変位則　*394*
ヴィーンの法則　*391*
ヴィッラーリ　*608*
ウィリアムズ　*98*
ウィルキンズ　*434*
ヴィルケ　*239*
ウィルソン, H. A.　*380, 597*
ウィルソン, R. W.　*535*
ウィルソン, W.　*270*
ウィルブレアム - ギブズ現象　*624*
ウーレンベック　*216*
ヴェーバー, H.　*394*
ヴェーバー, W.　*9, 15, 16, 18, 182, 234, 236, 254, 411*
ヴェクスラー　*482*
ウェスターハウト　*283*
ウェッジ記号　*292*
ヴェルデー　*589*
ヴェンツェル　*268, 547, 562, 652*
ウォータストン　*5*
ヴォルコフ　*428*
ヴォルテッラ　*501*
ウォルトン　*266*
渦電流　*219*
渦度　*50, 282*
宇宙背景輻射　*535*
運動量平衡方程式　*349*
運動量流束密度　*106*

エーテル　*1*
エールステズ　*145*
エーレンフェスト　*269, 532, 535*
江口元太郎　*111*
エクルズ　*590*
SI単位　*22*
X線　*434*

エディントン　*350, 444*
エディントン限界　*444*
エネルギー運動量テンソル　*497, 523*
エネルギー平衡方程式　*345*
エピヌス　*239*
エルザッサー　*190, 544*
エルミート　*622*
エルミート演算子　*628*
エレクトレット　*111*
円柱座標　*324*
円柱対称性　*32*
円柱対称電荷　*32, 59, 63, 83*
円柱対称電流　*159*
円筒電荷　*32, 64*
円偏光　*396*

オイラー　*58, 63, 101, 132, 312, 314, 500, 504, 505, 623*
オイラー - ラグランジュ方程式　*504*
応力テンソル　*106, 232, 348*
オーム　*129, 141, 142*
オームの法則　*134*
オールト　*283*
オクセンフェルト　*367*
オストヴァルト　*8, 533*
オストログラツキイ　*305*
オッペンハイマー　*428, 653*
オティング　*460*
オンサーガー　*369*

■カ行
カー　*590*
カーシュヴィンク　*4*
カースト　*266*
ガーマー　*544*
カール　*49*
ガイガー　*11*
解析力学　*500*
回転　*49*
回転定理　*51, 306*
回転偏光　*396*
回転密度　*49*
回転面密度　*61*
外微分　*318*
外部積　*317*
ガウス　*9, 18, 40, 53, 204, 291, 305,*

310, *328*
ガウス積分 *299*
ガウス単位 *22*
ガウスの公式 *68*, *184*
ガウスの法則 *40*, *47*
ガウス波束 *630*
ガウス面 *40*
カウフマン *10*, *485*
角運動量平衡方程式 *352*
核磁子 *200*
隠れた運動量 *358*, *603*
隠れたエネルギー流束 *358*, *600*
重ね合わせの原理 *26*, *154*
ガサンディー *21*
カシミール効果 *569*
仮想仕事の原理 *601*
カットオフ *59*
カマーリング・オーネス *365*
ガモフ *535*
ガリレイ *16*, *20*
ガリレイの相対性原理 *21*, *256*, *259*, *279*
ガリレイ変換 *287*, *452*
カルターン *317*
カルノー *315*
カルマン *139*
環状電流 *163*
慣性系 *21*, *279*
カントン *76*
カンニッツァーロ *5*

擬運動量 *211*, *604*
菊池正士 *544*
基準座標 *619*
基準振動 *618*
起電力 *141*
軌道磁気モーメント *198*, *212*
ギブズ *6*, *121*, *149*, *269*, *292*, *295*, *624*, *655*
キャヴェンディシュ *25*, *35*, *53*, *97*, *117*, *142*, *350*
逆誘導係数 *260*
キャパシター *95*
ギュイ *481*
球殻電荷 *35*, *38*, *56*
球座標 *325*
球対称電荷 *35*, *56*, *64*
球電荷 *56*
球面波 *616*
キュリー定数 *124*
キュリーの法則 *237*
キュリー - ワイスの法則 *124*, *237*
境界値問題 *74*
強磁性 *233*
鏡像法 *75*
共変導関数 *330*, *493*
共変ベクトル *328*, *489*
共鳴子 *442*, *529*
強誘電体 *111*, *124*
局所ゲージ不変の原理 *551*
局所時間 *454*
局所磁場 *249*
局所的位相変換 *550*
局所電場 *123*
極性ベクトル *320*
曲線座標 *323*
曲面上の発散定理 *308*
曲率テンソル *496*
ギルバート *14*, *189*, *233*, *237*
キルヒホフ *82*, *135*, *142*, *297*, *370*, *391*, *411*, *608*, *647*
キルヒホフの法則 *391*
ギンズブルグ *607*

グーイ *7*
クヴィンケ *608*
空洞輻射 *388*
クーパー *365*, *369*
クーロン *24*, *26*, *74*, *181*, *239*
クーロンエネルギー *88*
クーロンゲージ *171*, *340*
クーロンの定理 *74*
クーロンの法則 *24*, *110*, *181*
クーロンポテンシャル *54*
クーロン力 *24*
クッシュ *200*
屈折率 *123*
クニピング *434*
クノル *218*
クライスト *95*
クライン *519*
クラウジウス *5*, *6*, *9*, *123*, *137*, *149*

クラウジウス - モッソッティの式　*123*, *447*
グラウバー　*567*
グラスマン　*148*, *152*, *291*, *293*, *295*, *317*, *655*
グラスマン記号　*292*
グラスマンの法則　*148*
クラマース　*268*, *584*, *587*
クラマース - クローニヒの分散公式　*587*
グラム　*633*
グリーン　*48*, *53*, *81*, *82*, *178*, *268*, *305*
グリーン関数　*81*
グリーンスタイン　*461*
グリーンの公式　*82*
グリーンの定理　*82*, *305*
グリーンの補助定理　*305*
繰り込み　*438*
クリスティアンセン　*584*
クリストッフェル記号　*330*
クリツィング　*557*
クリック　*434*
クリフォード　*44*
グリマルディ　*2*
クルックス　*209*
クルルバウム　*530*, *531*
グレイ　*73*
クレーニヒ　*5*
グレゴリー　*315*
クローニヒ　*587*
グロスマン　*328*, *494*
クロネッカーのデルタ記号　*293*
クンスマン　*543*
群速度　*418*, *582*

携帯電流　*131*
計量テンソル　*323*, *489*
ゲージ関数　*171*
ゲージ固定　*171*
ゲージ場　*551*
ゲージ不変性　*171*, *527*
ゲージ変換　*171*, *227*, *339*
ケーソム　*447*
ゲーテ　*3*
ゲーリケ　*25*

結合定数　*228*
ケネリー　*243*, *590*
ケプラー　*378*
ケルヴィンの循環定理　*283*
ケルヴィン力　*114*, *241*, *608*
ゲルマン　*11*
ゲルラッハ　*200*
原子分極率　*112*

光学活性体　*578*
光子　*86*, *190*, *404*, *562*
光子の運動量　*404*
光子の軌道角運動量　*404*
光子のスピン角運動量　*404*
構成方程式　*578*
光速度　*2*
光速度不変の原理　*462*
光電効果　*537*
勾配　*305*
勾配定理　*54*
光量子仮説　*536*
コーシー　*297*, *309*, *310*, *315*, *335*
コーシーの解法　*638*
コーシーの積分定理　*310*
コーシー - リーマンの関係式　*309*
ゴードン　*604*
ゴールト　*429*
ゴールドライク　*483*
コールマン　*358*
コールラウシュ　*16*, *182*
コーン　*597*
黒体輻射　*391*
コックス　*189*
古典電子半径　*439*
コトラー　*494*
コトン　*590*
コノピンスキー　*354*
コヒーレント状態　*560*, *566*
コペルニクス　*20*
固有時　*477*
コラーチェク　*320*
コリオリース　*217*
コルテウェフ　*601*
コルテウェフ - ヘルムホルツ力　*608*
ゴルトシュタイン　*209*
コルニュ　*216*

コンデンサー　**95**
近藤淳　**138**
コンプトン，A. H.　***439, 537***
コンプトン，K. T.　***537***
コンプトン効果　***537***
コンプトン波長　***439, 538***

■サ行
サーバー　***266, 440***
サール　***20, 451, 480, 486***
サイクロイド　***214***
サイクロトロン　***482***
サイクロトロン振動　***210***
サイクロトロン振動数　***210***
サヴァール　***150***
ザヴォイスキー　***202***
サハ　***380***
作用　***501***
作用汎関数　***501***
作用変数　***269***
作用量子　***534***
4/3 問題　***486***
散乱行列　***646***

磁位　***178, 184, 244***
ジーメンス　***134***
ジーンズ　***26, 532, 533***
ジェイムズ　***358***
ジェフリーズの方法　***268***
ジオーク　***237***
磁化　***198, 239***
磁荷　***153***
紫外破綻　***532***
磁化電流密度　***240***
時間の遅れ　***463***
磁気圧　***231***
磁気回転異常　***199, 216***
磁気回転比　***198***
磁気感受率　***245***
磁気 4 極子モーメント　***176, 242***
磁気スピン共鳴　***200***
磁気双極子　***179***
磁気双極子層　***184***
磁気双極子輻射　***428***
磁気伝導率　***374***
磁気粘性率　***282***

磁気分極　***243***
磁気ベクトルポテンシャル　***370***
磁気モーメント　***164, 173***
磁気モーメント密度　***176***
磁気モーメント面密度　***185***
磁気モノポール　***153, 372, 374, 552***
4 極子モーメント　***71***
4 極子モーメント密度　***115***
軸性ベクトル　***320***
軸対称　***30***
軸対称電荷　***58***
自己エネルギー　***88, 92***
自己場　***92***
自己誘導　***257***
自己誘導係数　***194***
自己力　***106, 360***
磁性体　***198***
自然単位　***440***
磁束　***170***
磁束密度　***170, 178***
磁束量子　***270, 369, 556***
シッフ　***496***
磁場　***21, 150, 170***
自発磁化　***237***
自発分極　***124***
磁場のエネルギー　***223***
磁場の接続条件　***156***
シャールの定理　***134***
シャル　***233***
ジャンスキー　***482***
シュヴァルツ　***633***
シュヴァルツシルト　***208, 514, 516***
シュヴァルツシルト計量　***498***
シュウィンガー　***200, 440, 487***
シュウォーツ　***22***
重力場方程式　***496***
ジュール　***5, 139, 608***
ジュール熱　***139***
ジュールの法則　***139***
主関数　***507***
縮退圧　***138***
シュクロフスキー　***482***
シュスター　***434***
シューテンベック　***266***
シュテファン　***388, 394***
シュテファン - ボルツマン定数　***531***

シュテファン - ボルツマンの法則　*388*
シュテルン - ゲルラッハの実験　***200***
シュミット，E.　*633*
シュミット，M.　*461*
シュリーファー　*365*
シュレーディンガー　***190***, *592*
シュレーディンガー方程式　***268***, *545*
シュワルツ　*297*
循環　*51*
循環座標　*519*
循環的ベクトル場　***133***
常磁性　***233***
ショーロウ　*387*
ショックリー　*358*
ショット　*482*
ジョルジ　*22*
ジョルダーンの補助定理　*649*
真空のインピーダンス　*408*
真空の透磁率　***22***, *146*, *245*
真空の誘電率　***22***, *117*
シンクロトロン輻射　*482*

スカラー　***291***
スカラー3重積　***294***
スターリング　***315***, *534*
スティルウェル　*460*
ステフィン　***291***
ステュアート　*391*
ステルマー　*377*
ストークス　***309***, *434*, *584*
ストークスの定理　***309***
ストーニー　*10*, *11*
ストリング　*374*, *552*
スネル　*579*
スピン　***199***, *216*
スピン磁気モーメント　***199***
スピン電流　***199***
スマート　***233***
スモルコフスキー　*7*, *447*
スライファー　*392*
スレイター　***124***

星間赤方化　*447*
正規直交完備系　*621*
正準運動量　***208***, *507*
正準角運動量　***198***, *212*

正準方程式　*507*
静電単位　***22***
静電誘導　*76*
制動輻射　*434*
ゼーマン　***215***, *477*
ゼーマン効果　***216***
ゼーリガー　*85*
セグレ　*380*, *651*, *654*
接線ベクトル　***308***
ゼルマイアー　*584*
線形物質　*579*
先進伝搬関数　*420*
先進ポテンシャル　*421*
線平均　***123***

双極子　*66*
双極子層　*68*
双極子モーメント　*66*
双極子モーメント密度　*67*, *113*
双極子モーメント面密度　*68*
相互誘導係数　***193***
相対論　*21*
双対テンソル　*490*
双対微分形式　***317***
送電線　*407*
相反定理　*94*, *101*, *196*, *260*
速度場　*132*
束縛電荷　***116***
束縛電流　***248***
素電荷　*532*
ゾマーフェルト　*17*, *138*, *243*, *270*, *380*, *434*, *539*, *541*, *591*, *593*, *647*, *652*
ゾルドナー　*350*
ソレノイド　*166*

■夕行
ダーウィンの相互作用　*364*
ダイアディック　***295***
ダイアド　***295***
大局的位相変換　*550*
対称ゲージ　*172*
対数ポテンシャル　*59*
体積力密度　*151*
ダイソン　*440*
対流電流　*131*

対流微分演算子 **280**
ダ・ヴィンチ **3**
タウンゼンド **10**
楕円体導体 **77**
多極子展開 **71, 116, 174**
WKB法 **268**
タム **139**, 593
ダランベール **78, 309, 335, 613**
ダランベール演算子 **335**
ダランベールの解 **614**
ダランベール方程式 **335, 419**
単極誘導 **221**
断熱定理 **269**
断熱不変量 **267**

チェレンコフ輻射 **593**
遅延時刻 **424**
遅延伝搬関数 **420**
チェンバーズ **552**
チェンバレン **380**
遅延ポテンシャル **421**
地球磁場 **189**
チャドウィック **11**
チャンドラセカール **428**
超伝導 **365**
超ポテンシャル **343**
調和関数 **83**
直線電荷 **30, 58**
直線電流 **158**
直線偏光 **396**

対合性 **506**
ツヴァイク **11**
ツヴィキー **428**

ディーヴァー **369**
D関数 **615**
デイヴィーの公式 **142**
デイヴィソン **543**
抵抗率 **134**
定常電流 **133**
ディッケ **535**
テイト **45, 307, 309, 651**
テイト‐マコーレイの定理 **307**
テイラーの定理 **315**
ディラック **57, 292, 297, 369, 374,**
380, 440, 545, 562, 564, 566, 626
ディラック定数 **57**
ディラックの量子化条件 **380, 552**
ディリクレー **82**
ディリクレー核 **622**
ディリクレーの積分定理 **623**
ディリクレー問題 **82**
ディレクトリース **151**
ティンダル **3, 4, 388, 445**
デカルト **2, 15, 214, 291, 293, 521,**
579
デカルト座標 **293**
デ・クードル **593**
デザギュリエ **73**
テスラ **170**
デ・ハース **199**
デバイ **139, 237, 406, 446, 538, 652**
デバイ‐ブロムウィッチポテンシャル
406
デュエイン‐ハントの法則 **537**
デュエーム **8, 252, 272**
デュ・フェー **25**
デュ・ボア＝レモーン，E. **29**
デュ・ボア＝レモーン，P. **504**
デュローン **388**
寺田寅彦 **387, 434, 651**
デリャーギン **572**
デルタ関数 **46, 297**
デルタ関数の縦成分 **303**
デルタ関数の横成分 **303**
電位 **54**
電位係数 **93**
電位の接続条件 **61**
電荷 **24**
電荷線密度 **30**
電荷保存則 **25, 129**
電荷密度 **29**
電荷面密度 **30**
電気感受率 **117**
電気4極子輻射 **429**
電気遮蔽 **95**
電気双極子輻射 **426**
電気抵抗 **134**
電気伝導度 **134**
電気伝導率 **134**
電気分極 **111**

電気分極率　*547*
電気変位　*116*
電気容量　*87*
電気力学ポテンシャル　*193*
電気力管　*43*
電気力線　*42*
電磁単位　*22*
電磁波の運動量　*386*
電磁場の運動量　*209*, *349*
電磁波のエネルギー　*382*
電磁場のエネルギー密度　*345*
電磁場の角運動量　*351*, *359*
電磁波の軌道角運動量　*402*
電磁波のスピン　*402*
電磁波のスピン演算子　*399*
電磁場のローレンツ変換　*466*
電磁ポテンシャル　*337*
電磁ポテンシャルのローレンツ変換　*467*
電磁誘導の法則　*257*
電信方程式　*384*
テンソル　*295*
天頂角　*325*
点電荷　*27*
伝導電流　*132*
電場　*21*, *28*
電波インピーダンス　*408*
電場のエネルギー　*89*
電場のエネルギー密度　*89*
電場の屈折の法則　*120*
電場の接続条件　*60*
電場の流束　*44*
伝搬関数　*420*
電離層　*590*
電流　*129*
電流のエネルギー　*257*
電流密度　*129*
電流要素　*147*, *149*, *157*

等価磁荷密度　*240*
等価双極子層の法則　*165*, *185*
等価電流密度　*240*
導関数　*315*
透磁率　*245*
導体　*73*
導波管　*407*

トーリー　*202*
トールマン　*10*, *478*
トールマン - バーネット効果　*10*
特性インピーダンス　*408*
外村彰　*552*
ドプラー効果　*392*, *455*, *460*
ド・ブロイ　*86*, *537*, *543*, *592*
トムソン, G. P.　*544*
トムソン, J. J.　*10*, *36*, *204*, *210*, *215*, *349*, *354*, *377*, *379*, *438*, *444*, *469*, *538*, *612*
トムソン, W.　*25*, *36*, *53*, *75*, *108*, *113*, *114*, *140*, *155*, *178*, *222*, *223*, *226*, *243*, *245*, *260*, *262*, *287*, *292*, *309*, *410*, *651*
トムソン双極子　*379*
トムソン断面積　*444*
トムソンの定理　*510*
トムソンの原子模型　*111*
朝永振一郎　*440*
トランブラー　*447*
ドル　*369*
ドルーデ　*135*
トルートン - ノーブルの実験　*20*, *452*, *480*
トロイダル　*158*, *406*

■ナ行
長岡半太郎　*1*, *11*, *608*
ナブラ　*45*

2項近似　*31*
ニコルズ　*387*
西川正治　*544*
ニュートン　*2*, *8*, *15*, *18*, *24*, *36*, *181*, *297*, *304*, *584*

ネイピア　*58*
ネーター　*519*, *528*
ネーターの定理　*519*
ネーター流　*523*
ネーバウアー　*369*
ネール　*233*
熱輻射　*388*, *529*
ネルンスト　*569*

ノイマン, C. **9**, *59*, *82*, *85*
ノイマン, F. *15*, *155*, *193*, *245*, *257*
ノイマンの公式 **193**
ノイマン問題 **82**
ノーブル **20**
ノルドストレム *498*

■ハ行
場 **28**
バークラ *434*
ハース *539*
パーセル *117*, **202**, **283**, *472*, *575*, *652*
ハーゼンエールル *481*, *533*
バーデ *428*
ハーディー **297**, *311*
バーディーン *365*
ハートリー *589*
バーネット **10**, *198*
バーネット効果 **190**
バーバー *463*
ハーマン *535*
バーンサイド **5**
パイエルス *605*
配向分極率 **124**
バイス・バロー **137**, *392*
ハイゼンベルク **11**, **238**, *541*, *569*, *584*, *652*
ハイトラー *652*
ハイヘンス **2**
ハイヘンスの原理 *420*
陪法線ベクトル **308**
ハウス *358*, *601*
ハウトスミット **216**
パウリ **138**, **154**, **199**, **216**, *437*, *569*, *652*
パウリの常磁性 **236**
パウリのパラドクス *437*
パウンド **202**
ハギンズ *392*
パスカル **214**
波束 *383*, *630*
パチーニ *429*, *483*
パッカード **202**
発散 **44**
発散定理 *47*, *304*

発散密度 **44**
発散面密度 **60**
パッシェン *394*, *529*, *540*
ハッブル *392*
波動関数 *336*, *613*
波動方程式 *336*, *381*, *613*
場の強さ *489*
パフ **317**
バブコック, H. D. **216**
バブコック, H. W. **216**
ハミルトン **45**, *292*, *501*, *504*, *592*, *655*
ハミルトン関数 *269*, *501*
ハミルトン関数密度 *512*
ハミルトンの原理 *501*
ハミルトン - ヤコービ方程式 *508*
ハリオット *579*
ハル *387*
ハルヴァクス *537*
パルスヴァル *626*
パルスヴァルの定理 *626*
バルマー *540*
汎関数 *501*
汎関数導関数 *504*
反強磁性 **233**
ハンケル *309*
反磁性 **233**
反磁場 **187**, *244*
ハンセン **202**
ハント *537*
ハンフリーズ *540*
反変ベクトル **328**, *489*

ビアンキ *489*
ピープルズ *535*
ビールマン *378*
ビオー - サヴァールの法則 **150**, *471*, *474*
ビオーの法則 *580*
光のエーテル **9**, *452*
微細構造定数 *380*
ヒットルフ **209**
比透磁率 *245*
微分 **315**
微分形式 **317**, *491*
ピュイズー *571*

ヒューイシュ　*428*
ヒューズ　*537*
比誘電率　***117***
表皮効果　*385*
ヒル　***98***
ビルケラン - ポアンカレー効果　*377*
ヒルベルト　***311****, 519, 622*
ヒルベルト変換　*588*

ファインマン　*354, 431, 440, 575, 652*
ファインマンのパラドクス　*354*
ファウラー　*428*
ファラデイ　***9****,* ***15****,* ***18****,* ***25****,* ***42****,* ***104****,* ***113****,* ***117****, 204, 219, 221, 234, 255, 257, 337, 589*
ファラデイ円板　*221*
ファラデイ効果　*589*
ファラデイ定数　*532*
ファラデイ - ノイマンの法則　*257*
ファラデイの法則　*255*
ファン・デ・フルスト　*283*
ファン・レーウェンの定理　*235*
フィールツベクトル　*378*
フィゾー　***2****,* ***16****, 392, 407, 477*
フィッツジェラルド　***20****, 210, 275, 292, 334, 428, 457, 513, 612, 654*
フィッツジェラルド双極子　*428*
フィッツジェラルド - ローレンツ収縮仮説　*457*
フィリップス　*653*
フーコー　***2****,* ***16****,* ***219****, 580*
フーコー電流　*219*
フーリエ　*410, 617, 620*
フーリエ級数　*620*
フーリエ積分　*625*
フーリエの定理　*620*
フーリエ変換　*625*
フェアバンク　*369*
フェヒナー　***9***
フェプル　*612*
フェルマー　*500*
フェルミ　***138***
フォークト　*295, 320, 458*
フォーラー　***98***
フォック　*550*

フォトン　***86***
フォノン　***139***
フォンタナ　*608*
不確定性関係　*632*
不確定性原理　*541*
輻射　*424*
輻射圧　*378, 387*
輻射帯　*426*
輻射の反作用　*437*
複素数表示　*383*
複素電気感受率　*581*
フック　***2***
物質微分演算子　*280*
ブッシュ　***218***
ブッシュの定理　*212,* ***218****, 266, 270, 522*
プティー　*388*
不定積　*295*
ブヒェラー　*481*
フプカ　*481*
不変線要素　*489*
ブラード　***190****,* ***221***
ブラウン　***7***
フラウンホーファー　*392*
フラクソイド　*368*
ブラケット　*540*
プラズマ振動数　*585*
ブラッグ, W. H.　***434***
ブラッグ, W. L.　***434***
ブラッドリー　***16***
プランク　***6****, 276, 334, 341, 350, 440, 442, 516, 529, 532*
フランク, I. M.　*593*
プランク距離　*440*
プランク時間　*440*
プランク質量　*440*
プランク定数　***57****, 530*
プランクの関係式　*350, 442*
プランクの輻射式　*531*
フランク - ヘルツの実験　*540*
フランクリン, B.　***24****,* ***25****,* ***73****, 239*
フランクリン, R.　***434***
プリーストリー　***24****,* ***35****,* ***73***
フリードリヒ　*434*
プリゴジーン　***126****, 251, 607*
フリッシュ, K.　***4***

フリッシュ, O. R. **200**
ブリユアン **268**
プリュッカー **209**
プリングスハイム **531**
プリンプトン **98**
ブルーエット **482**
ブルフマンス **234**, **239**
ブルヘルス **269**
ブルンス **591**
ブレイクモア **233**
ブレゲー **2**
プレストン **216**
フレネール **2**, **239**, **382**, **478**
フレネールの随伴係数 **478**
フレンケル **139**
プロカ方程式 **86**, **190**
ブロッホ **139**, **200**, **202**
ブロムウィッチ **297**, **406**
分極 **113**
分極磁荷密度 **240**
分極磁荷面密度 **240**
分極電荷 **116**
分極電荷密度 **113**
分極電流 **577**
分極率 **111**
分散 **581**, **584**
分散関係 **418**, **617**
分子電流 **234**, **239**
プント **540**

平均値定理 **99**
平行移動 **330**
ペイジ **474**
平面電荷 **34**, **38**, **40**, **83**
平面電流 **161**
平面のガウスの定理 **305**
平面波 **381**
ヘイル **216**
ヘヴィサイド **5**, **17**, **22**, **44**, **49**, **111**, **152**, **157**, **204**, **264**, **286**, **292**, **297**, **333**, **345**, **356**, **372**, **374**, **385**, **409**, **412**, **431**, **433**, **438**, **449**, **458**, **475**, **485**, **513**, **590**, **593**, **604**, **611**, **654**, **655**
ヘヴィサイド条件 **410**
ヘヴィサイド層 **590**

ヘヴィサイドの階段関数 **33**, **297**
ヘヴィサイドの楕円体 **451**
ヘヴィサイド方程式 **372**
ヘヴィサイド - ローレンツ単位 **22**
ベータトロンの条件 **266**
ベーテ **652**
ベクトル **291**
ベクトル3重積 **294**
ベクトル場の縦成分 **301**
ベクトル場の横成分 **301**
ベクトルポテンシャル **154**, **171**
ベクトルポテンシャルの接続条件 **156**
ベクレール **589**
ベッセル **368**
ベッセル=ハーゲン **528**
ベドノルツ **365**
ヘラパス **5**
ペラン **8**, **11**
ペリー **198**
ヘリシティー **396**
ベリンファンテ **525**
ベル **428**
ヘルグロツ **460**, **650**
ヘルグロツ表示 **460**
ヘルツ, G. **540**
ヘルツ, H. **16**, **17**, **117**, **210**, **221**, **286**, **292**, **334**, **350**, **356**, **370**, **388**, **411**, **537**, **612**, **654**
ヘルツ双極子 **426**
ヘルツベクトル **343**
ヘルツ方程式 **286**
ベルトラミ **313**, **647**
ベルヌーイ **5**, **390**, **617**, **618**, **620**
ベルヌーイ - フーリエの方法 **617**
ヘルム **8**
ヘルムホルツ **127**, **140**, **222**, **262**, **280**, **300**, **519**, **601**
ヘルムホルツの渦定理 **282**
ヘルムホルツの定理 **300**
ヘルムホルツ方程式 **640**
変位電流 **271**
偏極 **396**
偏極ベクトル **382**
ペンジアス **535**
ヘンシュ **387**

変数分離法　**78**, *617*
偏導関数　**316**
偏微分演算子　**316**
ペンフィールド　**358**, *601*
変分　**504**
変分原理　*501*
ヘンリー　**257**

ポアソン　**53**, **62**, **63**, **74**, **113**, **239**, **305**, *504*
ポアソン因子　**635**
ポアソンの積分公式　**85**, **314**
ポアソン分布　*567*
ポアソン方程式　**62**, **155**
ポアンカレー　**168**, *349*, *377*, *379*, *439*, *458*, *460*, *464*, *467*, *470*, *475*, *478*, *479*, *487*
ポアンカレー円錐　*378*
ポアンカレー応力　*487*
ポアンカレー - カルターンの不変式　*508*
ポアンカレーの積分不変定理　**269**
ポアンカレーの不変式　*508*
ポアンカレー方程式　*377*
ホイートストン　**16**, *407*
ホイーラー　**483**, *653*
ホイッタカー　*405*, *653*
ホイッタカーポテンシャル　*406*
ポインティング　*345*, *395*, *412*
ポインティング - ヘヴィサイドの定理　*345*
ポインティングベクトル　*346*
ポインティング - ロバートソン効果　*395*
方位角　**324**
法線微分演算子　**61**
法線ベクトル　**37**
ボーア，H.　**311**
ボーア，N.　**11**, **57**, **199**, **235**, *539*
ボーア磁子　**199**
ボーア - ゾマーフェルトの量子化条件　**270**, *369*
ボーア半径　**57**
ボース - アインシュタイン凝縮　*369*
ボーム　*551*, *592*
ホール　**205**

ホール係数　**205**
ホール効果　**205**
ホール伝導率　**205**
ホール電場　**205**
ボシェール　*624*
星印演算子　**317**
補足方程式　*333*
保存場　**51**
ホッジ　**317**
ポテンシャル　**53**
ポテンシャル場　**55**
ポポフ　*590*
ポメランチュク　*482*
ボヤイ　**328**
ボルツマン　**5**, **8**, **16**, *388*, *390*, *513*, *533*, *580*
ボルツマン因子　*532*
ボルツマン定数　**8**, *531*
ボルン　**139**, *513*, *545*, *584*
ポロイダル　**158**, *406*
本多光太郎　*608*

■マ行
マースデン　**11**
マーフィー　**62**
マイアー，J.T.　**24**, **181**
マイアー，O.E.　**6**
マイアー，R.　**139**
マイケルソン　*456*, *477*
マイケルソン - モーリーの実験　*457*
マイスナー - オクセンフェルト効果　*367*
マカリスター　**25**
マクスウェル　**2**, **5**, **6**, **9**, **11**, **15**, **17**, **25**, **42**, **44**, **49**, **116**, **117**, **135**, **149**, **152**, **154**, **155**, **168**, **178**, **182**, **183**, **185**, **195**, **271**, **286**, **287**, **291**, **305**, *309*, *337*, *340*, *354*, *355*, *356*, *387*, *475*, *584*, *604*, *651*
マクスウェル応力　**105**, **231**
マクスウェルの関係式　*580*
マクスウェル方程式　**287**, *333*
マクスウェル方程式の共変性　*468*
マクミラン　*482*
マクローリン　**315**
マコーレイ　*307*

マズール **126, 251**, 607
マッカラー **71**
マッハ **8**
松山基範 **189**
マティーセン則 **138**
マリュース **396**
マルコーニ **590**
マレー **593**
マンスフィールド **202**

ミー **407, 411, 446**
ミー表示 **407**
ミッチェル **24, 181**
ミニマルな置きかえ **551**
ミュシェンブルク **95**
ミュラー **365**
ミリカン **12, 18, 537**
ミンコフスキー **476, 489, 597, 604, 614**
ミンコフスキー方程式 **598**

メラー **11**
面電流密度 **152**
面平均 **249**

モーペルテュイ **500**
モーリー **457, 477**
モッソッティ **112, 113, 123**

■ヤ行
ヤコービ **163, 316, 324, 501**
ヤコービの関数行列式 **324**
ヤング **2, 103, 382**

ユーイング **254**
ユーエン **283**
誘電体 **111**
誘電率 **117**
誘導係数 **196**
ユーリー **11**
有理化単位 **22**
湯川ポテンシャル **85**
ユニタリーベクトル **323**
ゆらぎ **447, 537**

容量係数 **93**

ヨルダン **584**
4元運動量 **481**
4元速度 **477**
4元電流密度 **490**
4元ベクトル **461**

■ラ行
ラージゲージ変換 **554**
ラービ **200**
ラーマン **1, 8, 404**
ラーモア **201, 216, 458, 538**
ラーモア振動数 **213, 234**
ラーモアの公式 **433**
ラーモアの定理 **216**
ライスナー‐ノルドストレム計量 **498**
ライブニッツ **214, 297, 304, 315**
ライマン **540**
ラウエ **434, 458, 478, 480**
ラウプ **597, 605**
ラヴリー **233**
ラグランジュ **53, 297, 305, 315, 500, 503**
ラグランジュ関数 **501**
ラグランジュ関数密度 **511**
ラグランジュ微分演算子 **280**
ラザフォード **11, 444**
ラトノフスキー **481**
ラプラース **53, 62, 63, 150, 297, 299**
ラプラース演算子 **62**
ラプラースの積分 **630**
ラプラース方程式 **63**
ラプラース‐ヤング方程式 **103**
ラム **385**
ラングミュア **585**
ランジュヴァン **234**
ランジュヴァン‐デバイ方程式 **124, 237**
ランダウ **172, 236, 637**
ランダウゲージ **172**
ランダウ準位 **555**
ランダウの反磁性 **236**
ランデ **198, 216, 652**
ランデの g 因子 **198**
ランベルトの法則 **446**

リアクタンス **264**
リー　*397*
リーギ　**254**, *344*
リーケ　**135**, **204**, **210**
リー微分　*397*, *522*
リーマン　**18**, **309**, **311**, **328**, **341**, *421*, *571*, *620*
リーマンのツェータ関数　**311**
リヴィングストン　*482*
リウヴィル　**82**, *647*
リウヴィルの定理　**82**
リエナール　*429*, *433*
リエナール - ヴィーヒェルトポテンシャル　*430*
リチャードソン　**199**, *537*
立体角　*37*
リッチ　**293**, **328**, **331**
リッチ - レヴィ＝チヴィタのイプシロン記号　*293*
リフシッツ　*572*
流束　**133**
リュードベリ　*539*
量子ホール効果　*557*
リンドブラード　*283*

ルイス　**86**
ルーベンス　*530*, *585*
ルジャンドル　**78**, *163*, *314*, *316*, *505*
ルジャンドルの多項式　**78**
ルジャンドル変換　*505*
ルスカ　*218*
ルベーグ　*620*
ルマー　*531*
ルメートル　*392*
ルンゲ, C.　*539*
ルンゲ, I.　*591*

レイリー　**1**, **3**, **5**, **6**, **16**, *445*, *446*, *532*, *533*, *611*
レイリー散乱　*445*
レイリー - ジーンズの輻射式　*532*
レイリーの定理　*626*
レヴィ＝チヴィタ　**293**, **328**, **331**, *421*
レーナルト　*537*
レーベデフ　*378*, *387*
レーマー　**16**

レスリー　**142**
レッシャー　*411*
レノルズの輸送定理　**282**
連続の方程式　**130**
レンツの法則　**222**
レントゲン　**20**, *434*, *452*, *596*
レントゲン電流　*596*

ロウランド　**204**
ローゼンフェルト　*577*
ロートン　**98**
ローレンス, E. O.　*482*
ローレンス, L.　**6**, **18**, **124**, *341*, *410*, *411*, *421*, *446*
ローレンスゲージ　*341*
ローレンス条件　*341*
ローレンス - ローレンツの関係式　**124**
ローレンツ　**18**, **22**, **121**, **124**, **135**, **152**, **204**, **215**, **235**, *334*, *336*, *349*, *388*, *454*, *456*, *457*, *458*, *460*, *462*, *478*, *487*, *532*, *533*, *584*, *596*, *597*
ローレンツ項　**123**, **249**
ローレンツ変換　*458*
ローレンツ力　**152**, **204**
ローレンツ力密度　**204**
ロシュミット　**6**, **10**
ロッシ　*463*
ロッジ　**215**, *411*, *654*
ロバートソン　*395*
ロバートソン・スミス　**45**
ロバチェフスキー　**328**
ロビソン　**24**
ロベルヴァル　**214**
ロンドン, F.　*365*, *369*, *550*, *554*
ロンドン, H.　*365*
ロンドンゲージ　*366*
ロンドンの位相因子　*550*
ロンドン方程式　*365*

■ワ行
ワイス　**237**
ワイスコップ　*439*
湧き出し　**44**
湧き出し密度　**44**, **50**
ワトソン　*434*

本書は，シュプリンガー・ジャパン株式会社より 2007 年に出版された同名書籍を再出版したものです．

著 者

太田 浩一（おおた　こういち）
1967 年　東京大学理学部物理学科卒業．
1972 年　東京大学大学院理学系研究科物理学専攻修了．理学博士．
1980-2 年　マサチューセッツ工科大学理論物理学センター研究員．
1982-3 年　アムステルダム自由大学客員教授．
1990-1 年　エルランゲン大学客員教授．
現在　東京大学名誉教授．

主要著書
『電磁気学 I』，『電磁気学 II』（丸善，2000 年）
『マクスウェル理論の基礎』（東京大学出版会，2002 年）
『マクスウェルの渦　アインシュタインの時計』（東京大学出版会，2005 年）
『アインシュタインレクチャーズ@駒場』（共編，東京大学出版会，2007 年）
『哲学者たり，理学者たり』（東京大学出版会，2007 年）
『ほかほかのパン』（東京大学出版会，2008 年）
『がちょう娘に花束を』（東京大学出版会，2009 年）
『それでも人生は美しい』（東京大学出版会，2010 年）
『ナブラのための協奏曲——ベクトル解析と微分積分』（共立出版，2015 年）
『熱の理論——お熱いのはお好き』（共立出版，2018 年）

電磁気学の基礎 I

2012 年 3 月 22 日　初　版
2022 年 6 月 14 日　第 4 刷

[検印廃止]

著　者　太田浩一
発行所　一般財団法人 東京大学出版会
　　　　代表者 吉見俊哉
　　　　153-0041 東京都目黒区駒場 4-5-29
　　　　電話 03-6407-1069　Fax 03-6407-1991
　　　　振替 00160-6-59964
　　　　URL http://www.utp.or.jp/
印刷所　三美印刷株式会社
製本所　牧製本印刷株式会社

ⓒ2012 Koichi Ohta
ISBN 978-4-13-062613-2 Printed in Japan

JCOPY 〈出版者著作権管理機構 委託出版物〉
本書の無断複写は著作権法上での例外を除き禁じられています．複写される場合は，そのつど事前に，出版者著作権管理機構（電話 03-5244-5088，FAX 03-5244-5089，e-mail: info@jcopy.or.jp）の許諾を得てください．

書名	著者	判型/価格
電磁気学の基礎 II	太田浩一	A5/3500 円
物理学者のいた街 哲学者たり，理学者たり	太田浩一	46/2500 円
物理学者のいた街 2 ほかほかのパン	太田浩一	46/2800 円
物理学者のいた街 3 がちょう娘に花束を	太田浩一	46/2800 円
物理学者のいた街 4 それでも人生は美しい	太田浩一	46/2800 円
目からウロコの物理学 1 　力学・電磁気学・熱力学	牧島一夫	A5/3800 円
アインシュタイン レクチャーズ＠駒場 　東京大学教養学部特別講義	太田・松井・米谷編	46/2600 円
高校数学でわかるアインシュタイン 　科学という考え方	酒井邦嘉	46/2400 円
振動と波動	吉岡大二郎	A5/2500 円
解析力学・量子論［第 2 版］	須藤 靖	A5/2800 円
宇宙観 5000 年史 　人類は宇宙をどうみてきたか	中村 士・岡村定矩	A5/3200 円
現代宇宙論 　時空と物質の共進化	松原隆彦	A5/3800 円
量子力学 　物質科学に向けて	マイケル・D・フェイヤー 谷俊朗 訳	A5/5200 円

ここに表示された価格は本体価格です．御購入の際には消費税が加算されますので御了承下さい．